HISTÓRIAS DE UMA CIÊNCIA REGIONAL

cientistas e suas instituições no Paraná (1940-1960)

HISTÓRIAS DE UMA CIÊNCIA REGIONAL

cientistas e suas instituições no Paraná (1940-1960)

FABIANO ARDIGÓ
(organizador)

editoracontexto

Foto de capa
Loureiro Fernandes (à frente) e colegas,
na saída do Museu Paranaense.
Foto cedida pelo Círculo de Estudos Bandeirantes

Montagem de capa
Gustavo S. Vilas Boas

Diagramação
Julio Portellada

Revisão
Rinaldo Milesi

Dados Internacionais de Catalogação na Publicação (CIP)
(Câmara Brasileira do Livro, SP, Brasil)

Histórias de uma ciência regional : cientistas e suas instituições
no Paraná (1940-1960) / organização Fabiano Ardigó. –
São Paulo : Contexto, 2011.

Vários autores.
ISBN 978-85-7244-542-9

1. Paraná – Ciências – Pesquisa – História 2. Paraná –
Ciências – Práticas – História 3. Trabalhos científicos
I. Ardigó, Fabiano.

11-02350 CDD-509.8162

Índice para catálogo sistemático:
1. Paraná : Estado : Trajetória científica de indivíduos
e instituições : História da ciência 509.8162

2011

EDITORA CONTEXTO
Diretor editorial: *Jaime Pinsky*

Rua Dr. José Elias, 520 — Alto da Lapa
05083-030 — São Paulo — SP
PABX: (11) 3832 5838
contexto@editoracontexto.com.br
www.editoracontexto.com.br

Sumário

Prefácio

A POLÍTICA DA TEORIA NA HISTÓRIA DA CIÊNCIA

Pietro Corsi

À primeira vista, faria pouco sentido um professor da Universidade de Oxford escrever o prefácio de uma coletânea de artigos produzida por colegas brasileiros acerca das atividades científicas – entendidas em termos gerais – que ocorreram no estado do Paraná durante a metade do século XX. Não seria justificativa suficiente fazer referência aos laços acadêmicos que formei durante os últimos três anos com o organizador deste livro, Fabiano Ardigó, aluno do programa de doutorado em História da Ciência de nossa universidade. É verdade que li, por interesse próprio, versões iniciais de cada capítulo e os discuti detalhadamente com seu organizador. Além disso, durante os anos que Fabiano completou seu mestrado – cuja pesquisa constitui o capítulo "Uma ciência improvável: o Museu Paranaense entre 1940 e 1960" –, nós discutimos em profundidade à respeito da forma de se abordar questões metodológicas clássicas, tais como a dicotomia entre "centros" e "periferias", o tema da transmissão de conhecimento e a relação entre desenvolvimento econômico e o crescimento da pesquisa técnico-científica financiada pelo Estado – tópico particularmente relevante para a história contemporânea do Brasil. Em linhas mais gerais, também discutimos sobre a função e o uso de modelos historiográficos dentro da história da ciência e tecnologia como praticada hoje.

A propósito deste último tema – o mais genérico e, certamente, o menos discutido –, considero muito difícil transmitir aos alunos, quanto mais convencer colegas, de que o emprego intencional ou inconsciente de modelos teóricos é quase inevitável em qualquer pesquisa, no entanto exige que o historiador mantenha seu senso crítico e sua reflexividade em alerta. É claro que existem colegas, e mesmo setores inteiros dentro da comunidade da história da ciência e tecnologia, convencidos de que o trabalho teórico de elaboração, e crítica, de ferramentas de análise e sistemas de interpretação constitui o aspecto mais importante de nosso trabalho. Não é necessário dizer que esse fato é legítimo, e aqueles que têm a paciência de pesquisar os índices das principais publicações internacionais de nossa complexa área de estudo durante o período de várias décadas irão perceber que a fascinação por sucessivas – ou antagônicas – questões metodológicas e teóricas marcaram profundamente o desenvolvimento da disciplina. É como se, por muito tempo, historiadores da ciência tivessem – e muitos ainda o fazem – compartilhado implicitamente a crença de que a "Ciência" é passível de ser reduzida a um conjunto de enunciados teóricos ou protocolos de experimentação, a paradigmas e articulações, a práticas institucionais, relações sociais e de gênero, de estilos literários ou mesmo posturas corporais. Modelos teóricos surgem, então, aqui, para garantir que essa "Ciência" possa ser descrita a partir de práticas discursivas (nossos textos) capazes de capturar a essência, ou pelo menos isolar e identificar características que podem ser vistas em ação em qualquer momento ou lugar, em que algo chamado ciência, antes ou agora, foi conduzido ou debatido. De forma semelhante, episódios isolados, porém cruciais, do desenvolvimento da ciência contemporânea, como a chamada Revolução Científica do século XVIII, têm sido narrados a partir de uma pluralidade – às vezes, severamente competitiva – de abrangentes modelos epistemológicos, intelectuais, sociais e religiosos, cada um visto por aqueles que os aplicam como sendo o único capaz de dar conta do evento ou momento histórico considerado. Um debate ardoroso foi até mesmo conduzido para se definir se o protestantismo ou o catolicismo poderiam ser vistos como pré-condições para a Revolução Científica: como se as palavras "protestante" ou "católico", assim como "ciência", indicassem um corpo unificado de crenças, de articulações e práticas políticas, sociais e institucionais de entendimentos acerca de Deus e sua relação com o mundo natural.

Outra pretensa característica desses amplos pronunciamentos teóricos não é tanto seu caráter descritivo, que eles explicitamente fazem uso, mas a tendência de atribuir a eles um papel prescritivo. Quase sem exceção, os principais modelos teóricos no passado defendiam, e ainda defendem, poder dar conta de explicar o fenômeno "Ciência". Quase todas as articulações subdisciplinares da história da ciência assumem que "Ciência" sempre existiu, e continua a existir, de uma forma única e particular, com características essenciais que apenas o mais novo modelo disponível é, enfim, capaz de conceituar e explicar. Posições teóricas bem delimitadas parecem funcionar mais como um critério de exclusão do que de inclusão. Elas patrulham fronteiras disciplinares, determinam a aparente objetiva economia de citações e referências bibliográficas e indicam mais um critério de pertencimento do que de engajamento com o assunto. Quase todos os proponentes de modelos teóricos, assim como seus seguidores, tendem a delinear uma visão simplificada do passado da disciplina como sendo dominada por descrições positivistas e idealizadas, bem como conduzidas por simples amadores – como se a história da ciência tivesse jamais existido como disciplina unificada e como se, de fato, disciplinas monoliticamente unificadas jamais pudessem ter existido fora de reconstruções anacrônicas, pós-factuais e normalmente a serviço de interesses ideológicos, políticos ou meramente acadêmicos. Grandes enunciados teóricos ajudam a criar uma sensação de expectativa e pertencimento, uma convicção de que novos horizontes de pesquisa estão, enfim, se abrindo e, desta vez, serão verdadeiramente confiáveis. Eles dispensam o tedioso e demorado engajamento com a historiografia do passado, selecionando as fontes primárias que valem a pena ser trabalhadas e indicando os tipos de exemplos que seriam ideais para atender aos requerimentos do modelo. Uma divisão de trabalho quase arcaica e altamente hierarquizada é, então, implicitamente instituída: o proponente teórico indica o caminho a seguir e, por consequência, aqueles a evitar, e o doutorando ou o aspirante a uma posição acadêmica se encarrega de reunir evidências apropriadas, e talvez propor pequenas variações do modelo original.

Não estou argumentando que novos insights metodológicos não tenham utilidade ou que apenas respondam às necessidades de uma geração, de uma carreira ou de um país, embora seja conhecido que órgãos de fomento adorem ouvir que aqueles dois ou três anos de pesquisa que irão financiar, amparada por insights teóricos radicalmente inovadores, irão revolucionar o mundo acadêmico e estabelecer a primazia de uma escola ou grupo de pesquisadores em uma escala global. Mas a rotina da pesquisa e os benefícios profissionais decorrentes do alinhamento a sólidos modelos teóricos não deveriam esconder o fato de que, nas últimas quatro décadas, uma rápida sucessão de opções teóricas surgiu, frequentemente em decorrência do interesse que a história da ciência tem despertado em um crescente número de domínios disciplinares – desde a sociologia, passando pelos estudos coloniais e literários, pela geografia, história econômica, antropologia, até estudos de gênero, de religião e ambientais – que de fato produziu novos insigths sobre o fenômeno chamado, em termos gerais e não muito criticamente, de "ciência", tradicionalmente, mas não exclusivamente, estudada por seus benefícios ao progresso da humanidade que raramente são colocados em questão. Em termos mais explícitos, mesmo que redutivos, a complexidade histórica, epistemológica, cultural, econômica e política do fenômeno que costumamos chamar de "ciência" ou "tecnologia" permite, convida e, de fato, requer uma pluralidade de abordagens metodológicas. No entanto, em vez dessa pluralidade ser considerada como uma oportunidade, é frequentemente vista por defensores de um ou outro modelo como um problema a ser enfrentado, o que normalmente é feito através de uma respeitosa recusa em reconhecer sua mútua coexistência.

Não há espaço e nem mesmo seria apropriado, aqui, detalhar o fato de que a história da ciência foi sempre caracterizada por uma pluralidade de abordagens, e que estudiosos que dedicaram suas vidas a enaltecer um ou outro benfeitor científico da humanidade raramente foram a maioria. Continua sendo verdade, entretanto, que apenas muito recentemente robustos e antagônicos modelos teóricos têm sido propostos, e novas publicações e sociedades têm sido estabelecidas, geralmente demonstrando uma ignorância aparentemente desdenhosa acerca de todos os competidores. As novas configurações teóricas, sociais e, às vezes, até mesmo geracionais da multiplicidade de tendências dedicadas ao estudo da ciência e tecnologia – sejam elas quais forem suas definições – na história, de fato, talvez possam explicar por que modelos teóricos são raramente vistos como heurísticos, mas tendem a ser apresentados com uma conotação exclusivamente prescritiva. Modelos teóricos são raramente considerados como ferramentas ou referências metodológicas a serem testadas empiricamente: cada vez mais assumem a função muito menos flexível de guardiões de fronteiras disciplinares. Adesão ou rejeição a um modelo específico define relacionamentos pessoais e acadêmicos, determina a política editorial de publicações e, em muitos países, influencia de forma fundamental a distribuição de fundos, prêmios e bolsas de doutoramento e pós-doutoramento.

Não que tenham existido bons tempos em que isso não acontecesse. Um historiador marxista penava para encontrar trabalho em departamentos dominados por popperianos ou historiadores positivistas e vice-versa. Durante as longas décadas da Guerra Fria – mesmo dentro da ainda pouco povoada paisagem da história da ciência e tecnologia –, conflitos tendiam a ser acirrados e uma militância política direta nunca chegava a estar longe, mesmo daqueles que proclamavam que "ciência" não tinha nenhuma relação com "política", nem nunca havia tido no passado. Hoje, as conexões com a política são, talvez, menos dramáticas e imediatas, e, de qualquer forma, fala-se muito menos sobre elas. A aspereza de alguns debates, ou o *dammatio silenti* ao qual os rivais são condenados, geralmente estão mais relacionados com política acadêmica do que com o mundo político, embora existam acadêmicos tão genuinamente devotados às suas opções metodológicas que chegam a acreditar que os dois coincidem. Portanto, nossas discussões com os alunos de pós-graduação em Oxford têm muita relação com essa sensação de que historiadores da ciência precisam levar a proliferação de insights e modelos teóricos a sério, mas nunca perder de vista a diferença essencial entre o caráter heurístico de um modelo e seu prescritivo, quase "degenerativo", potencial. Isso não requer, no entanto, uma manobra conciliatória: é, na verdade, exatamente o contrário. Precisamente porque a história da ciência, entendida em termos gerais, tem sido frequentemente guiada por uma sucessão de modelos teóricos quase monolíticos e, agora, se subdivide em uma série de empreitadas guiadas por modelos, cada um parecendo trazer a chave para todas as portas, é importante ter pelo menos uma ideia de como essa situação ocorreu, para evitar a explicação fácil e frequentemente ouvida de que os defensores de uma metodologia rival estão simplesmente errados e, portanto, precisam ser ignorados. Historiadores da ciência deveriam simplesmente aceitar que o objeto altamente complexo que tentam estudar – teórica e historicamente – nunca existiu dessa forma, isto é, como um conjunto único de práticas. Além disso, a pluralidade de modelos heurísticos antagônicos é mais provável que ajude nosso trabalho do que uma única abordagem teórica que prometa ser a melhor alternativa em um tempo futuro, mas ao custo de reduzir toda complexidade existente aos padrões de seus próprios requerimentos prescritivos. Para tomar um exemplo clássico, nos anos 1970, quando os sociólogos do conhecimento lançaram seus poderosos ataques contra o positivismo anglo-americano e depois contra a epistemologia popperiana, eles estavam corretamente enfatizando características da empreitada científica tradicionalmente ignoradas por historiadores da ciência inspirados pela filosofia da ciência clássica. Novamente, quando teorias da militância feminista ganharam espaço dentro da história da ciência, o resultado foi, sem dúvida, uma rejuvenescedora ampliação dos tipos de questão que historiadores têm que manter em mente quando consideram os episódios na ciência do passado em que têm interesse. Exemplos mais recentes resultariam em uma lista longa, mesmo que superficialmente. Vou, portanto, deter-me, ainda que brevemente, a uma tendência metodológica que tem recentemente atraído muita atenção, com o objetivo de enfatizar o perigo de se cair a um reducionismo prescritivo e acrítico.

Refiro-me ao renovado interesse nos objetos e na cultura material dentro da história da ciência. Esse debate tem várias nuances diferentes, e as duas questões que eu coloco juntas – objetos e cultura material – não seriam consideradas assim por muitos colegas. Na minha área de pesquisa, a história das ciências da vida e, em particular, a história de teorias evolucionistas – assunto que tem atraído cada vez menos interesse dentro de áreas centrais da história da ciência –, a atenção às coleções de espécimes, e mesmo à própria questão preliminar do que constitui um espécime, é, de fato, crucial. Colegas que estão se concentrando no estudo de coleções, em suas economias morais e requisitos financeiros, na reconstituição de redes de colecionadores, comerciantes e usuários, estão, assim, fornecendo conhecimento mais profundo da dimensão colonial e global de debates taxonômicos no mundo moderno e contemporâneo e adicionando dimensões extremamente importantes ao nosso entendimento da história das ciências da vida. Mas eles, ao mesmo tempo, correm o risco de perder de vista dimensões sociais, culturais e políticas das práticas de história natural nas sociedades em que eram conduzidas. Uma sociologia de colecionadores só é possível em uma sociedade, ou em sociedades, em que um número suficiente de indivíduos esteja disposto a pagar por coleções e pelo que as acompanha: desde uma mobília própria, até livros e publicações especializadas, práticas de preservação e seus compostos químicos, e mesmo técnicas de desenho e impressão. Mais do que isso, é necessário se perguntar por que, em um determinado período, membros de uma sociedade em particular estariam preparados para fazer isso por esses tipos de espécimes e não por objetos paleontológicos, desenhos e pinturas, livros, moedas, ou porcelana chinesa. De fato, alguns colecionadores continuavam a acumular grandes quantidades desses objetos no mesmo lugar, mesmo na segunda metade do século XIX. No entanto, durante as últimas décadas do século XVIII, a especialização cresceu exponencialmente ao nível de coleções particulares, com suporte institucional, favorecendo espécimes botânicos, zoológicos e mineralógicos – especialmente os exóticos e os trazidos dos domínios coloniais –, e, portanto, condicionando a relação entre demanda e oferta com efeitos importantes para o mercado de espécimes. A competição dentro desse mercado tomava formas diferentes, e uma delas – muito dispendiosa em termos de recursos e tempo – era a produção de trabalhos teóricos decorrentes da superioridade da coleção de seus autores. Portanto, a distância entre o trabalho teórico e o comércio de espécimes era geralmente mínima. Os trabalhos teóricos eram uma parte integral do negócio e não podem ser ignorados ou relegados a um mundo de ideias pretensamente inútil. Em termos gerais, sustento que debates ideológicos, bem como os filosóficos e teológicos, são uma parte integral das sociedades em que ocorrem e servem para posicionar, orientar, representar e condenar estratégias individuais e coletivas. Um trabalho puramente teórico que proclama um caráter universal é capaz de dizer mais sobre os interesses privados e práticas sociais de seu autor do que seus controles contábeis.

Se ampliamos o nosso foco para um domínio público mais amplo – e paradoxalmente ainda pouco estudado, em que ocorriam debates sobre história natural durante os séculos XVIII, XIX, e parte do XX – e para os debates sobre teorias evolucionistas, nos surpreendemos pelo fato de que espécimes e coleções, obviamente, tinham um papel central, mas apenas uma fração dos indivíduos que fizeram parte dessa complexa história possuiu espécimes, quanto mais coleções inteiras. Isso, é claro, ainda é verdade hoje em dia, em uma época de opiniões especializadas e fronteiras disciplinares bem definidas, garantidas pela existência de instituições de ensino e pesquisa. De fato, quantos distintos participantes das celebrações do bicentenário de Darwin, em 2009, estudaram, algum dia, uma coleção de história natural? Ou mesmo quantos leram o trabalho de Darwin (poderíamos nos perguntar, se nos fosse permitido um pouco de crueldade)? Quantos debates sobre evolução no século XIX, bem como no século XX, eram, de forma semelhante, conduzidos por pessoas que sentiam não precisar entender todos os minuciosos detalhes do assunto para darem suas opiniões? Estou usando esse exemplo também devido a sua natureza paradoxal: se seria impossível, e mesmo ingênuo, negar o papel de espécimes dentro da história natural em geral e na história da evolução em particular, uma história que apenas lida com objetos materiais seria dificilmente confiável e correria o risco de ser anacrônica, já que teria que presumir uma atribuição de autoridade exclusiva para os donos das coleções ou para naturalistas bem estabelecidos que trabalhassem em prestigiosas instituições especializadas. Esse era raramente o caso até a metade do século XIX, quando naturalistas de renome tinham dificuldade para estabelecer suas autoridades. No que se refere à questão da evolução, comentaristas influentes, intérpretes e oponentes de doutrinas evolucionistas, frequentemente meros leitores de trabalhos em história natural, desafiavam a autoridade de especialistas em questões que eles consideravam importantes demais para serem deixadas nas mãos deles. Portanto, estudar práticas e o impacto do estudo da história natural nas décadas entre os séculos XVIII e XIX, por exemplo, ignorando de antemão amadores e jornalistas, novelistas e escritores religiosos, políticos e educadores, significa, em última análise, reintroduzir suposições positivistas sobre os procedimentos "apropriados" que determinam a produção de conhecimento e sobre quem seriam as pessoas para as quais se deveria olhar para entender a ciência no passado. O que torna essa questão ainda mais complicada é que o núcleo de participantes em debates sobre história natural não era nitidamente dividido em dois campos – dos especialistas e dos leigos –, já que as fronteiras entre esses dois grupos estavam constantemente mudando, e o número de "especialistas", no sentido atual da palavra, era bastante desprezível.

Uma grande parcela da produção acadêmica da história da ciência tem sistematicamente ignorado essas chamadas figuras secundárias, ou tradições científicas que ocupavam espaços institucionais, sociais e culturais no passado. Se nos permitissem a indulgência de certo exagero, poderíamos dizer até que quase todos os novos modelos teóricos têm sido aplicados para o mesmo núcleo de indivíduos, instituições e eventos históricos – tanto reais quanto míticos: Galileu, Newton, Darwin; a Real Academia de Londres ou a Academia de Ciências de Paris; a Revolução Científica ou Química. Como se o hall da fama da ciência moderna se provasse capaz de sobreviver ao desaparecimento dos critérios altamente tendenciosos e amplamente desmascarados que o criaram, o que, a propósito, são exatamente os mesmos critérios que cada novo modelo teórico se propõe a se opor implícita ou explicitamente.

Até não muito tempo atrás, a mesma negligência que condenava ao esquecimento as chamadas figuras secundárias se aplicava às práticas científicas em contextos coloniais e pós-coloniais, ou em países e áreas geográficas que não tomaram parte ativa no desenvolvimento de impérios científicos do passado recente ou de hoje. A reflexão teórica sobre centros e periferias, o número crescente de estudos dedicados a essa questão, bem como a atenção ainda mais recente dada à história colonial e global, tem contribuído muito para modificar essa já antiga negligência. Porém, é comum se procurar práticas científicas e estudar suas articulações sociais e culturais de forma contínua, com base no que ocorria nos "centros" ou nos países mais "avançados". Em outras palavras, os termos de aparência puramente descritiva de "centro" e "periferia" de fato escondem uma série impressionante de suposições que orientam vigorosamente prioridades de pesquisa e seus direcionamentos. Além disso, apenas para apontar algumas dificuldades adicionais, "centros" são muito difíceis de ser definidos em termos históricos, já que raramente são proponentes de visões unificadas de uma variedade de áreas de pesquisa de forma definitiva e monolítica, enquanto indivíduos ativos em "periferias" frequentemente provam sua astúcia ao negociar com vários "centros", a fim de maximizar suas vantagens locais. Periferias em geral merecem ser estudadas em seus próprios termos, sem assumir uma universalidade de prioridades de pesquisa e valores que raramente existiram no passado, nos chamados centros, contra a qual se poderia julgar práticas científicas locais.

Essa é a razão pela qual, no meu ponto de vista, a questão aparentemente simples que este volume tenta abordar, considerando indivíduos, instituições e redes de intercâmbio que caracterizaram as práticas científicas conduzidas em Curitiba durante meados do século XX, conseguiu produzir tantas perspectivas interessantes. Como Fabiano Ardigó argumenta na "Introdução", a perspectiva que ele chama de "história regional" permite que ele e seus colegas analisem instituições, trajetórias profissionais de indivíduos, competição política e religiosa e conflitos entre grupos de interesse sem ter que se questionar até que ponto Curitiba era uma periferia – e se era –, o que ela possuía ou deixava de apresentar para que fosse possível incluí-la no exclusivo grupo de lugares que são dignos da atenção do historiador da ciência. Como o editor desta coleção corretamente aponta, países como o Brasil apresentam um problema adicional: suas dimensões continentais. O caminho das histórias regionais parece, portanto, como uma ferramenta capaz de mapear territórios sociais, científicos e institucionais até então completamente negligenciados. A perspectiva adotada por cada autor de certa forma também questiona explicações correntes acerca da ciência contemporânea no Brasil, que parece ser vista como ligada ao crescimento da economia e à fundação do sistema de universidades federais. Esse modelo poderoso, é preciso que seja dito, inspirou estudos importantes sobre o desenvolvimento científico de grandes cidades brasileiras como São Paulo e Rio de Janeiro, em particular. Como todos os modelos, no entanto, não deveria ser tomado como o plano esquemático para todas as narrativas possíveis.

Os autores dos capítulos que seguem evitaram as armadilhas de aplicar de forma não crítica modelos abrangentes, e os resultados, em minha opinião, estão retribuindo seu esforço coletivo. Com cerca de 120 mil habitantes no período aqui estudado, relativamente isolada geograficamente e localizada a 400 impossíveis quilômetros de São Paulo, Curitiba abrigava uma significativa variedade de atividades científicas, especialmente entre as disciplinas naturais e agrícolas. Indivíduos ativos na cidade incluíam o eminente entomologista Jesus Santiago Moure, que provavelmente tinha mais ligações com a Real Sociedade de Londres e com a Fundação Rockefeller do que com instituições de história natural de seu próprio país, e Reinhard Maack, o viajante alemão, especialista em mineração e geólogo, se tornou um dos primeiros defensores da teoria da deriva continental de Wegener ao fornecer uma análise comparativa detalhada da geologia paranaense com áreas correspondentes na costa oeste africana. Isso não quer dizer que Curitiba seja interessante porque alguns indivíduos lá ativos mereceriam ser incluídos na história da Ciência, com "C" maiúsculo. De fato, o que emerge com clareza fascinante é o primeiro esboço do retrato de uma cidade abrigando uma variedade de instituições de pesquisa e educacionais, religiosas e seculares, e de laboratórios que atendiam a interesses agrícolas, especialmente das indústrias madeireira, cafeeira e pecuarista. A história do Museu Paranaense, de seus pesquisadores e publicações, suas estratégias de sobrevivência e eventual fracasso decorrente da complexa política local e do Estado é particularmente reveladora nesse sentido.

Não é minha tarefa explorar as estratégias adotadas pelos vários autores e a lógica editorial que originou este livro. Para isso, a "Introdução" de Fabiano Ardigó é amplamente suficiente. É claro que a ferramenta da "história regional" irá provar seus méritos quando outros estudos "regionais" forem levados adiante. Curitiba foi uma exceção ou outras capitais regionais abrigaram a variedade de instituições descritas neste volume? Em que medida desenvolvimentos regionais exerceram influência entre si, e até que ponto pesquisadores circulavam entre as diversas regiões? É claro que existem muitas questões a serem colocadas a teste, e os capítulos aqui apresentados já contribuem para responder algumas delas. É por fim esperado que uma versão em inglês desse volume esteja disponível em breve. Embora também se espere que historiadores da ciência logo percebam que existem mais idiomas do que os falados na academia anglo-saxã.

Prefácio traduzido por Fabiano Ardigó.
(For the original English version, see "Appendix"*.)*

Introdução

Fabiano Ardigó

Todos aprendemos que ciência não tem pátria. O exemplo clássico é o da tabela periódica que, por representar características químicas ditas universais, é a mesma em qualquer lugar do planeta. De fato, são constantes como essas que normalmente diferem a ciência de outras práticas.[1] No entanto, a razão pela qual se pratica ciência tem sim contornos geográficos e até endereços específicos. Se nos mantivermos com o exemplo da química e olharmos para o começo do século XIX, veremos que essa ciência teve desenvolvimentos distintos em diferentes países europeus. Na França, em virtude das guerras napoleônicas, compostos químicos passaram a atrair o interesse dos militares que desejavam explosivos mais eficientes e versáteis. Enquanto isso, na Alemanha, industriais investiam em laboratórios de química pelo retorno potencial que a aplicação de novas fórmulas poderia trazer para as técnicas de tingimento têxtil. Já na Inglaterra, o interesse pela química dos gases levou à invenção das lâmpadas chamadas seguras. Esses dispositivos fizeram com que os trabalhadores das minas de carvão passassem a respirar, literalmente, mais aliviados, já que os mesmos evitavam a combustão de gases presentes em seus locais de trabalho. Esses três exemplos apontam para demandas que eram peculiares e circunscritas a fronteiras nacionais, e que estavam atreladas a "espaços" específicos dentro dessas fronteiras, como os campos de batalha, as minas de carvão e os parques industriais. Assim, podemos afirmar que, embora a ciência se baseie em constantes universais, sua prática e objetos de estudo variaram, no passado, de acordo com demandas que podem ser relacionadas a determinadas espacialidades, sejam elas as fronteiras geopolíticas de uma nação, as margens difusas de um campo de batalha ou mesmo as paredes enegrecidas de uma mina de carvão.

Essa relação entre espaços e práticas científicas se encontra de certa forma já consolidada dentro da historiografia das ciências, ao menos no que se refere à análise de iniciativas dentro de contornos geopolíticos. Termos como "geologia britânica" ou "química alemã", ou mesmo "ciência brasileira", são adotados e discutidos com naturalidade. Ou seja, aceita-se que as fronteiras de um país também sirvam para delimitar um conjunto comum de características culturais, políticas e econômicas que influenciam as práticas científicas daquele território de forma semelhante. A partir disso, a historiografia toma essas fronteiras como referência também para delimitar objetos de estudo ao identificar, por exemplo, elementos nacionais e estrangeiros, assim como suas decorrentes interações, tais como aquelas analisadas através dos conceitos de recepção, apropriação, entre outros. No entanto, do ponto de vista de um país continental como o Brasil, um problema que se torna evidente nesse tipo de enfoque é o da escala utilizada. Ao se adotarem fronteiras nacionais como critério, países como Brasil, China e Rússia entram na mesma categoria de outros como Holanda, Suécia ou Japão, que possuem áreas bem menores. Análises que tratam da circulação de ideias, bem como da dicotomia entre "centros" e "periferias", sejam elas nacionais ou internacionais, raramente levam em consideração fatores das geografias física e humana que são peculiares em países de grandes extensões, tais como a grande diversidade étnica, a existência de biomas distintos e mesmo o isolamento geográfico de algumas de suas regiões. Existem ainda poucos estudos que buscam identificar de que maneira essas características influenciaram de forma particular as práticas científicas de países com estas configurações. Consequentemente, temos pouca informação sobre como, e mesmo até que ponto poderíamos tratar dos contrastes regionais de países continentais, da mesma forma com que lidamos, por exemplo, com a interação entre nações separadas pelas mesmas extensões territoriais.

No caso brasileiro, em específico, se fôssemos indagar de que maneira seus marcantes contrastes regionais influenciaram as práticas científicas de diferentes locais do país, poderíamos recorrer a duas tradições historiográficas bem consolidadas. A primeira é a dos estudos disciplinares que focam no desenvolvimento de áreas científicas específicas, como a geologia ou a genética. Essa tradição nos apresentaria linhas de pesquisa, instituições e cientistas dedicados à mesma área durante um determinado período histórico, nos oferecendo um denominador comum aplicável ao contexto daquelas disciplinas. A segunda tradição é a dos estudos institucionais que focariam em tipos específicos de locais de ciência, como museus ou laboratórios acadêmicos. Essa abordagem iria agrupar instituições semelhantes e identificar linhas-mestras que pudessem fornecer um panorama institucional uniforme.

Embora essas correntes sejam muito úteis em termos descritivos, elas não têm como objetivo a comparação da influência de fatores regionais sobre as práticas científicas de diferentes partes do país. Uma evidência disso é o pouco que se sabe sobre as atividades científicas realizadas fora de São Paulo e do Rio de Janeiro, já que o grande foco de atenção da historiografia nacional tem sido a ciência produzida nesses dois centros. Apesar do esforço de demonstrar que a posição do Brasil na "periferia" da ciência mundial não deve ser negligenciada, estados brasileiros na "periferia" da ciência nacional não têm recebido a mesma atenção.[2] De forma semelhante, estudos disciplinares tendem a encobrir dinâmicas regionais envolvidas na implantação e desenvolvimento de práticas científicas, já que tradicionalmente têm dado maior destaque àquelas ocorridas na região sudeste.

Este livro foi organizado com o intuito de subverter essa lógica. Ao destacar um estado da região Sul, nosso objetivo é fornecer subsídios para a elaboração de estudos comparativos que possam considerar as especificidades regionais envolvidas nos processos de apropriação e institucionalização do conhecimento científico brasileiro. É preciso notar, no entanto, que esse recorte regional precisa ser considerado como uma hipótese de trabalho em seu estágio inicial que foi testada mais pela forma ideal com que os capítulos podem ser lidos, isto é, em conjunto, do que como um direcionamento metodológico adotado por cada um dos autores. Embora, a essa altura, tendo modestas ambições metodológicas, o que é natural de se esperar de uma abordagem em seus estágios iniciais, encontramos respaldo na crescente atenção da historiografia das ciências para a influência de diferentes limites espaciais, entre eles os das fronteiras geopolíticas, sobre as práticas científicas. Esse interesse pode ser identificado desde, pelo menos, estudos comparativos que avaliaram como diferentes países se apropriaram de ideias científicas.[3] O enfoque na recepção do darwinismo a partir da segunda metade do século XIX é um dos exemplos clássicos dessa abordagem.[4] Mais recentemente, um segundo e mais organizado movimento passou a se preocupar mais explicitamente com o papel da geografia na circulação de ideias científicas, o chamado *geographical turn*.[5] Esses dois enfoques têm um importante ponto em comum. Os estudos que avaliavam as diferentes apropriações de ideários científicos entre países eram essencialmente comparativos, e, de forma semelhante, a questão da influência geográfica sobre a produção científica só pode ser avaliada em sua plenitude quando diferentes regiões ou países são também colocados em perspectiva.

Quando trazemos essas temáticas para o contexto de extrema diversidade regional brasileira, vemos que existe um campo enorme dentro da história das ciências do país ainda a ser explorado. Fala-se normalmente de uma ciência brasileira, ou instituições brasileiras, sem se considerar nossas marcantes diferenças regionais.[6] No entanto, como Graciela de Souza Oliver irá propor no capítulo "As ciências agrícolas e suas perspectivas para estudos comparativos", podemos antever uma série de possibilidades para análises comparativas que poderiam ser expandidas para outros estados a fim de investigar a existência de especificidades regionais. Assim, poderíamos passar a problematizar um pouco mais o termo "nacional" quando usado para descrever o passado das nossas ciências. Gostaríamos de saber, por exemplo, que respaldo o uso desse termo mantém quando analisamos quais foram os fatores determinantes e de que forma se deu a apropriação e circulação de ideias científicas em diferentes estados brasileiros. Por exemplo, quais seriam os eixos de influência que podem ser identificados e até que ponto eles seriam determinados pelo isolamento ou pela proximidade geográfica? Poderíamos ainda trabalhar questões de ordem mais metodológica, como qual seria, em termos territoriais, a dimensão ideal para explicar o desenvolvimento científico brasileiro: a nacional, estadual, municipal ou, ainda, outras que não necessariamente geopolíticas? Afinal, existe mesmo algo regional que escape das generalizações no nível nacional?

Outra justificativa para esse enfoque comparativo regionalizado seria a possibilidade de encontrarmos pistas para a análise de problemas, tais como o da imensa concentração da atividade científica brasileira, cujas raízes históricas ainda são pouco conhecidas.[7] Apesar de nossa historiografia da ciência reconhecer a atuação de cientistas em várias partes do país, pouco se tem indagado sobre até que ponto fatores geográficos, como localização, características físicas e mesmo composição populacional local determinaram o desenvolvimento científico em diferentes estados. Os tradicionais enfoques de nossa historiografia não permitem uma visão ampliada dessas realidades e especificidades regionais e, em parte, essa limitação é compreensível. A própria natureza do trabalho historiográfico exige uma qualidade de generalização: é preciso apresentar conclusões e direcionamentos e, para isso, pontos em comum ajudam a criar um cenário nacional independente dos locais onde as atividades científicas se deram. O resultado final, no entanto, é o que Pietro Corsi chama no "Prefácio" de uma espécie de "chave para todas as portas". Respostas que podemos usar para qualquer lugar, em qualquer momento histórico. Um exemplo disso seria a ideia de que se pode explicar o sucesso ou o fracasso da atividade científica no Brasil pela falta flagrante, ou presença evidente, de iniciativa política. Esse argumento se baseia no fato de que até o início do século XX a atividade científica no Brasil se desenvolveu basicamente em instituições dependentes de subvenções públicas e, portanto, vontade política estaria por trás tanto das iniciativas que deram certo quanto daquelas que falharam. Um segundo argumento que possui ampla possibilidade de aplicação é o da correlação entre desenvolvimento econômico e atividade científica. Nesse caso, a justificativa é a evidência de que estados brasileiros com maior atividade industrial foram também aqueles que mais bem desenvolveram suas infraestruturas de ciência.

Sem dúvida, tanto vontade política como desenvolvimento econômico são fatores determinantes para explicar exemplos regionais de nossas ciências no passado. Entretanto, o enfoque adotado neste livro pode ampliar o entendimento sobre outros elementos igualmente importantes. Quando se avalia o caso do Museu Paranaense, por exemplo, nota-se um eixo de influência marcante que se deu com a consolidação do centro de pesquisas da Faculdade de Filosofia da USP. No entanto, a aproximação dos pesquisadores curitibanos com seus colegas da USP, ao mesmo tempo em que pode ser indiretamente relacionada com questões políticas e econômicas, também depende de fatores culturais e sociais locais, tais como identidade religiosa. Como será demonstrado a seguir, um dos fatores que criou laços de afinidade entre esses dois grupos, além das áreas científicas em comum, foi o fato de pertencerem e praticarem a mesma religião. Esse tipo de condicionante poderia escapar de uma análise puramente política ou econômica, embora seja essencial para explicar o caso paranaense. De forma semelhante, os estrangeiros que receberam treinamento científico no exterior e trouxeram esses conhecimentos para o Paraná também contribuíram para o desenvolvimento científico do Estado. Entretanto, apesar de movimentos migratórios estarem ligados a questões políticas e econômicas, a simples presença de mão de obra especializada não é garantia de replicação de ideários científicos.[8] Foram necessárias condições sociais, tais como a integração de estrangeiros no contexto local, para que ideias e práticas científicas desses indivíduos fossem também apropriadas. Para se entender essa apropriação é necessário, outra vez, olhar para questões culturais e sociais locais.[9]

Dessa maneira, este livro apresentará narrativas sobre a história de nossas ciências de uma forma mais flexível. O fato de ser uma reunião de trabalhos elaborados em épocas e com referenciais teóricos distintos possibilita ao leitor fazer uma avaliação sobre o processo de geração de conhecimentos e de implantação das práticas científicas em um estado brasileiro de forma mais abrangente do que aquela oferecida pelos enfoques eminentemente disciplinares ou institucionais. Em vez de privilegiar uma disciplina ou modelo institucional, a temática comum dos capítulos seguintes será a trajetória científica de indivíduos e instituições dentro de uma mesma área geográfica. Além disso, enquanto motivações políticas e econômicas são consideradas com atenção, outros fatores recebem destaque equivalente. Assim, as narrativas apresentadas a seguir se destinam a todos aqueles interessados em saber um pouco mais sobre a atividade científica, mas não aquela que independe dos indivíduos e das regiões onde atuam. Pelo contrário, o que se pretende explorar, aqui, é o passado de uma ciência que é o resultado de fatores como idealismo, esforço individual, interesses políticos, ambições pessoais e até mesmo identidade religiosa, todos de alguma forma ligados a questões locais.

UM ESTADO, CINCO HISTÓRIAS

O primeiro critério para a seleção dos textos apresentados a seguir foi o de representarem pesquisas sobre a história das ciências no Paraná entre 1940 e 1960. Além disso, buscou-se reunir um conjunto de narrativas que apresentassem de uma forma abrangente os múltiplos fatores que caracterizaram o início da pesquisa no Estado. Como um indivíduo ou uma única instituição não representariam a diversidade dessa realidade, buscou-se reunir diferentes perspectivas de ambos. Também se procurou privilegiar trabalhos acadêmicos que já tivessem passado pelo crivo de universidades nacionais e estrangeiras e que apresentassem um significativo estudo de fontes primárias originais. Essas condições foram, em grande medida, atendidas por todos os autores dos capítulos a seguir.

A primeira história narrada aqui é a do Instituto de Biologia e Pesquisas Tecnológicas do Paraná (IBPT), atual Tecpar, cuja gênese remonta ao ano de 1940. Maria Elizabeth Lunardi examina as principais condicionantes que levaram à criação e ao desenvolvimento do que logo se tornaria o maior centro de pesquisas do estado. Concebido para apoiar a expansão da fronteira agrícola regional, o IBPT alcançou uma qualidade de produção científica reconhecida por seus congêneres nacionais em áreas como a bioquímica, geologia, agronomia e veterinária. Ao analisar as duas primeiras décadas de atuação do IBPT, Lunardi sugere que a implantação de um modelo organizacional de pesquisa baseado no tripé pesquisa-produção-ensino foi um dos traços marcantes da instituição.

Em seguida, a trajetória científica do Museu Paranaense é apresentada por Fabiano Ardigó. Após a reinauguração ocorrida em 1939, o Museu Paranaense floresceu durante o período da Segunda Guerra, estando próximo de construir um novo prédio que o colocaria entre os maiores museus de história natural da América do Sul. Após 1945, entretanto, uma série de questões, apresentadas por meio do uso de fontes originais, frustrou os planos da instituição, que acabou encerrando suas pesquisas em meados dos anos 1950, período em que se processava a federalização do ensino superior do país. Como esses dois eventos estavam relacionados e até que ponto o enfoque regional pode oferecer uma nova perspectiva sobre a migração de pesquisadores para o ambiente acadêmico são alguns dos questionamentos explorados neste capítulo.

O próximo é o de André de Souza Carvalho, que trata da trajetória científica de Jesus Santiago Moure, zoólogo e especialista em sistemática de abelhas. A trajetória de padre Moure, como era conhecido, ilustra uma particularidade da comunidade científica brasileira no período em que muitos cientistas possuíam claros posicionamentos religiosos sem que houvesse nenhum problema em acomodar fé com práticas científicas. Padre Moure representa um exemplo peculiar dessa realidade, já que, ao mesmo tempo em que mantinha as práticas de um sacerdote católico, consolidou seu nome dentro da entomologia. O fato de um núcleo religioso muito atuante ter se estabelecido em Curitiba faz parte do rico pano de fundo que ajudará a explicar a prática e a projeção científica deste pesquisador.

O capítulo de Drielli Peyerl e Elvio Pinto Bosetti sobre o paleontólogo Frederico Waldemar Lange é o seguinte da série de três trabalhos biográficos. A partir da pesquisa de um vasto acervo de fontes primárias originais, os autores narram a trajetória científica de Lange, que conduziu pesquisas importantes sobre a microfauna do período devoniano e acerca da bacia sedimentar do Paraná. A geologia peculiar do estado foi o laboratório ao ar livre desse paleontólogo paranaense que se projetou como um especialista em sua área no Brasil e no exterior. Além disso, o fato de que o interesse por microfósseis acabou por levar Lange ao centro de pesquisas da Petrobras serve para ilustrar a diversidade de iniciativas que caracterizou a comunidade de geólogos brasileiros e suas interações no nível local, nacional e internacional.

O terceiro capítulo biográfico foi escrito por Alessandro Casagrande e descreve a trajetória do geólogo alemão Reinhard Maack, que se mudou para o Paraná na década de 1930. O caso de Maack é o oposto de Lange, já que o geólogo alemão iniciou sua pesquisa com interesse na exploração dos recursos minerais do estado, mas tornou-se um defensor da questão ecológica. Ou seja, nesse caso, a mudança foi da pesquisa "aplicada" para a pesquisa "básica". Mas, acima de tudo, o fascínio de Maack pelos rios, florestas e riqueza natural do Paraná foi um dos fatores que o levaram a se fixar em Curitiba e eventualmente influenciar uma geração de geólogos que iria se destacar dentro do que viria a ser chamado de Ciências da Terra.

O capítulo final, escrito por Graciela de Souza Oliver, irá discutir possíveis direcionamentos a partir do material pesquisado nos cinco capítulos anteriores. Tendo como referência seu trabalho com a institucionalização das ciências agrícolas no país, Oliver discutirá a possibilidade de se pensar em uma agenda que possa delinear estudos comparativos entre estados brasileiros. Esse direcionamento, por mais que ainda seja preliminar, faz com que este livro não apenas apresente uma nova dimensão da história de um estado brasileiro – a científica –, mas também possibilite que o mesmo seja feito em outras partes do país.

O autor gostaria de agradecer os comentários e sugestões de Flávia Morais da Silva Ardigó, Graciela de Souza Oliver e Maria Elizabeth Lunardi para esta Introdução. Da mesma forma, ele é grato pelo esforço, dedicação e comprometimento dos autores que, durante vários meses, trabalharam para adequar suas pesquisas ao formato que atingimos nesta obra. Esse agradecimento também se estende a todos os responsáveis por arquivos, bancos de dados e acervos de onde as fontes usadas neste livro se originaram, bem como aqueles que cederam o uso das imagens que ilustram os capítulos que seguirão. Em especial, o autor agradece Lupércio Ardigó pelo apoio logístico e de divulgação no Brasil.

Notas

1 Para a discussão sobre até que ponto a tabela periódica representa um instrumento descritivo fruto de consenso mútuo em contraste com outros padrões como o métrico, que não tiveram a mesma sorte, ver Bernadette Bensaude-Vincent e Ferdinando Abbri (eds.), *Lavoisier in European Context: Negotiating a New language for Chemistry*, Science History Publications, Canton, Science History Publications, 1995, p. 2.

2 Para argumentos a favor de um maior destaque da ciência brasileira no contexto mundial, ver Maria Margaret Lopes e Irina Podgorny, "The Shaping of Latin American Museums of Natural History, 1850-1990", em Roy Macleod (ed.), *Nature and Empire*, London, University of Chicago Press, 2000; Clarete Silva e Silvia Figueirôa, "Enlightened Mineralogists", em Roy Macleod (ed.), *Nature and Empire*, London, University of Chicago Press, 2000.

3 Embora essa vertente tenha perdido um pouco de fôlego justamente pela dificuldade em se definir exatamente o que seria uma doutrina científica, a mesma influenciou outras vertentes conhecidas como *cross-national studies*. Ver, por exemplo, Josep Simon, *Beyond Borders: Fresh Perspectives in History of Science*, Cambridge, Cambridge Scholars Publishing, 2008.

4 Para um apanhado geral, ver, por exemplo, D. Kohn e M. J. Kottler, *The Darwinian Heritage*, Princeton, Princeton University Press, 1985. Para o caso do Brasil, ver T. F. Glick, H. M. B. Domingues et al., *A recepção do darwinismo no Brasil*, Rio de Janeiro, Fiocruz, 2003. Para exemplos mais recentes, ver G. Boeck, "About the Periodic Table in Germany", artigo apresentado na STEP Conference 2010; K. Masanori e N. Brooks, "The Early Reception of Mendeleev's Periodic Law in Russia", artigo apresentado na STEP Conference 2010 e Masanori, "Chemical Classification and the Response to the Periodic Law of Elements", artigo apresentado na STEP Conference 2010.

5 Mesmo a história da ciência sendo uma área interdisciplinar por excelência, com a introdução de uma abordagem espacial foi adicionado mais uma dimensão de análise. A literatura sobre a importância da espacialidade para o entendimento das práticas científicas tem se avolumado nos últimos anos tanto na historiografia quanto na sociologia da ciência. Para um sumário de estudos históricos dentro dessa temática, ver Crosbie Smith e John Agar, *Making Space for Science*, London, St. Martin's Press, 1998 e David N. Livingstone, *Putting Science in Its Place*, London, The University of Chicago Press, 2003. Para um enfoque mais sociológico, ver Steven Shapin, "Here and Everywhere", *Annual Review of Sociology*, 21, 1995, pp. 289-321 e Thomas Gieryn, "A Space for Place in Sociology", *Annual Review of Sociology*, 26, 2000, pp. 463-96.

6 Uma exceção seriam os estudos sobre o processo de inovação que focam nos chamados *clusters* regionais. Porém, essas análises são de sistemas complexos e muito mais heterogêneos das que as relacionadas às dinâmicas específicas das ciências básicas e aplicadas. Para exemplos de estudos sobre inovação com foco regional, ver Rui Baptista, "Geographical Clusters and Innovation Difusion", *Technological Forecasting and Social Change*, 66, 2001.

7 45% de todos os orçamentos estaduais de pesquisa no Brasil estão concentrados apenas em São Paulo. Além disso, a USP, sozinha, é responsável por 25% de todos os doutorados concedidos no país e quase 50% de toda

publicação científica nacional é produzida pelos estados de São Paulo e Rio de Janeiro. Em termos regionais, o Sul e o Sudeste respondem por quase 87% da produção científica brasileira. Kirsten Bound, *Brazil the Natural Knowledge Economy*, London, Demos, 2008.

8 Para exemplos clássicos de presença estrangeira que foi reconhecida apenas posteriormente, ver os casos de Orville Derby e Fritz Muller, respectivamente, em Silvia Figueirôa, *As ciências geológicas no Brasil*, São Paulo, Hucitec, 1997 e Thomas F. Glick et al., *A recepção do darwinismo no Brasil*, Rio de Janeiro, Fiocruz, 2003.

9 Para a ideia de apropriação, ver Kostas Gavroglu, "The Centre from the Periphery", em Robert Fox (ed.), *Centre and Periphery Revisited*, Oxford, Maison française d'Oxford, 2003.

O IBPT:
reprodução e esgotamento de um modelo organizacional de pesquisa

Maria Elizabeth Lunardi

Estudar o desenvolvimento da ciência e da tecnologia moderna significa, também, conhecer e analisar os arranjos organizacionais criados ao longo do tempo para abrigar estas atividades. Para Ben-David,[1] as condições que explicam a estrutura da ciência moderna podem ser compreendidas se olharmos em três dimensões: a primeira é a mutável constelação de valores que motivaram as pessoas a apoiar e a aceitar a ciência ou dela participar, a segunda, concerne à organização do trabalho científico e à busca de sua eficiência e, a terceira, refere-se ao nível da pesquisa individual e sua relação com os diferentes aspectos da vida da comunidade científica, tais como a estrutura do sistema educacional e acadêmico, as associações, os relacionamentos universidade-empresa, os agentes financiadores etc.

Esta compreensão é ampliada com o estudo aprofundado dos contextos socioeconômicos, políticos e culturais que motivaram a criação e a manutenção das instituições de pesquisa, identificando os fatores determinantes na conformação dos modelos e das estruturas organizacionais adotados. A historiografia social da ciência mostra que, não raramente, as histórias e trajetórias destas instituições se confundem com a própria vida e trabalho dos primeiros cientistas, trazendo à luz uma teia de relações que abrange desde a comunidade científica, organismos públicos e privados, até relações estritamente pessoais destes cientistas e administradores científicos com gestores e governantes públicos e outros segmentos da sociedade. Hebe Vessuri[2] salienta que o estudo das instituições técnico-científicas e seus relacionamentos com a sociedade são importantes, principalmente em países em desenvolvimento, pois a consolidação das atividades científicas é praticamente inseparável dos processos de institucionalização, o que nos remete à questão dos modelos institucionais e das estruturas organizacionais da ciência.

Assim, neste capítulo, faremos algumas reflexões sobre a gênese e evolução do Instituto de Biologia e Pesquisas Tecnológicas (IBPT), atual Instituto de Tecnologia do Paraná (Tecpar), durante o período de 1940-1960.[3] Este Instituto tornou-se a principal instituição de pesquisa paranaense e foi o responsável pela formação da primeira geração local de pesquisadores nas áreas de agronomia, veterinária, química, geologia e bioquímica, alguns dos quais reconhecidos nacional e internacionalmente pela qualidade de suas produções científicas e pela relevância dos serviços prestados ao desenvolvimento econômico do estado.

Este capítulo inicia com um breve retrospecto sobre os contextos que levaram à criação dos primeiros institutos de pesquisa no Brasil e o papel destes nos processo de desenvolvimento econômico e institucionalização da ciência no país. Em seguida, apresenta um breve retrospecto do contexto socioeconômico político e cultural paranaense e os fatores que motivaram os governantes a criar uma instituição com tal perfil no estado do Paraná. Continua com o desenvolvimento organizacional do IBPT de 1940-1960, chamando a atenção do leitor sobre o papel do Instituto na estruturação de uma comunidade científica local que, mais tarde, migrou para a Universidade Federal do Paraná, encontrando, ali, um *locus* seguro para a realização das atividades de ensino e pesquisa. Nas considerações finais, destacam-se as motivações que levaram os governantes locais a criar o primeiro instituto de pesquisa paranaense, bem como as principais condicionantes políticas, econômicas, sociais e acadêmicas que conformaram seu modelo organizacional.

INSTITUTOS DE PESQUISA E A CONFORMAÇÃO DA CIÊNCIA EXPERIMENTAL NO BRASIL

Se hoje as universidades são as responsáveis pela maior porcentagem da produção científica nacional, pela definição e execução de programas científicos e, para isso, contam com o apoio das agências de fomento governamentais, devemos lembrar que esta atividade foi inicialmente exercida pelos institutos de pesquisa (Manguinhos, Biológico, Agronômico de Campinas, Butantã, Adolfo Lutz). Segundo Dantes, "foi pela atividade destes institutos (de pesquisa) que a moderna concepção de pesquisa experimental se introduziu no país e foi em seus laboratórios que se formaram as primeiras gerações de pesquisadores nacionais".[4]

A literatura mostra que na primeira metade do século XIX surgiram instituições para desenvolver atividades científicas relacionadas ao estudo e disseminação de conhecimentos na área médica, de engenharia e ciências naturais. Entre elas, destacam-se as faculdades de Medicina da Bahia e do Rio de Janeiro, a escola militar, o Museu Real e o Instituto Histórico e Geográfico Brasileiro. A partir de então, observa-se uma diversificação institucional abrangendo órgãos como a Comissão Geológica do Império (1875), Comissão Geográfica e Geológica de São Paulo (1886), jardins botânicos, associações científicas, museus estaduais, passando pela criação de estabelecimentos de ensino na área de engenharia civil e de minas – Escola Politécnica do Rio de Janeiro (1874), Escola de Minas de Ouro Preto (1876) e Escola Politécnica de São Paulo (1894) – até a criação de institutos específicos dedicados à pesquisa agrícola, biológica e industrial.

A historiografia da ciência no Brasil aponta também que as mudanças políticas, econômicas e sociais verificadas no final do século XIX e início do século XX proporcionaram o aparecimento de centros de pesquisa e a criação de escolas superiores que tinham como objetivos a formação de novas carreiras profissionais para atender às demandas geradas a partir da expansão das atividades econômicas e crescente urbanização, largamente impulsionadas pelo desenvolvimento da lavoura cafeeira. Até o surgimento da Universidade de São Paulo (USP), em 1934, considerada de fato a primeira universidade brasileira, tivemos a existência de importantes institutos de pesquisa, sediados em São Paulo e Rio de Janeiro, os centros dinâmicos do país.[5]

Todos esses institutos, cada qual em seu tempo e espaço histórico, representaram marcos institucionais importantes, na medida em que lograram introduzir novos métodos de pesquisa, formaram discípulos e prestaram relevantes serviços à sociedade, por meio dos estudos em medicina e saúde pública, agricultura, biologia agrícola e animal e tecnologia industrial.

O primeiro a ser criado foi o Instituto Agronômico de Campinas, antiga Imperial Estação Agronômica, criada em 1887 e dirigida por Franz Dafert, que tinha como objetivo realizar estudos práticos e científicos sobre o café e outras culturas que mostrassem viabilidade econômica.[6] Na área de medicina e saúde pública encontramos o Instituto Bacteriológico de São Paulo (1893), atual Instituto Adolfo Lutz, responsável pela introdução no país de métodos modernos de bacteriologia para a identificação de doenças como cólera e febre tifoide. Fundados em 1899, temos o Instituto Soroterápico do Butantã, atual Instituto Butantã, e o Instituto Soroterápico de Manguinhos, atual Instituto Oswaldo Cruz, criados para fabricar vacinas contra a peste bubônica.

Na área da biologia animal e vegetal, foi criado, em 1927, o Instituto Biológico de Defesa Agrícola e Animal, atual Instituto Biológico de São Paulo, para estudar e combater a broca-do-café, que dizimava os cafezais paulistas. Na área industrial, temos o Instituto de Pesquisas Tecnológicas de São Paulo, criado em 1934, mas cuja gênese remonta ao antigo Gabinete de Resistência de Materiais, instalado em 1899 junto à Escola Politécnica de São Paulo, com o objetivo de desenvolver estudos e pesquisas na área da construção civil e outras áreas de interesse industrial.

Não obstante esses centros de pesquisa terem sido concebidos para o atendimento de demandas econômicas e sociais urgentes, Nancy Stepan sugere que a produção científica brasileira, gerada a partir destas demandas, significou, ainda que parcialmente, uma mudança na forma de fazer ciência, que passaria não só a exigir maiores recursos financeiros como também a implicar a "criação de uma tradição completamente nova de pesquisa científica, dado que esta atividade não dependia mais unicamente de esforços individuais", mas dos esforços conjugados de muitos cientistas trabalhando juntos e partilhando dos mesmos ideais de pesquisa.[7] Há que se ressaltar que esses empreendimentos não teriam sido possíveis sem a colaboração de cientistas do porte de Oswaldo Cruz, Adolfo Lutz, Vital Brasil, Franz Dafert, Arthur Neiva e Rocha Lima. Tendo em vista o papel que desempenharam na criação de uma tradição científica no país, nos interessa considerar, em linhas gerais, a trajetória de três instituições. Em primeiro lugar, o Instituto Oswaldo Cruz – criado num momento em que a saúde pública passou a ser uma das prioridades nas políticas públicas – e que logrou implantar e difundir no país um modelo institucional de pesquisa, o Instituto Biológico de São Paulo, conhecido não só pelas campanhas sanitárias vegetais, mas também pelos estudos realizados na área da biologia animal e vegetal, e o Instituto de Pesquisas Tecnológicas de São Paulo, uma referência nacional na área de tecnologia industrial.

Os modelos organizacionais destes três institutos serviram de inspiração para a criação do Instituto de Biologia e Pesquisas Tecnológicas (IBPT), atual Instituto de

Tecnologia do Paraná. Mas, diferentemente de seus congêneres, o IBPT tornou-se uma instituição *sui generis* no Paraná, na medida em que incorporou, em uma única instituição, espaço físico e, sob a mesma direção de Marcos Augusto Enrietti, um programa de pesquisa multidisciplinar abrangendo áreas que, em seus congêneres, eram tratadas como sendo próprias de cada instituto. Manguinhos construiu sua reputação realizando estudos e pesquisas em saúde humana, o Instituto Biológico centrou seus esforços nas pesquisas sobre a biologia animal e vegetal e o Instituto de Pesquisas Tecnológicas de São Paulo (IPT) se organizou e se desenvolveu realizando pesquisas na área industrial.

A difusão do tripé pesquisa-produção-ensino

Da mesma forma que o Instituto do Butantã de São Paulo, em 1899 foi criado o Instituto Soroterápico de Manguinhos com o objetivo de produzir vacinas contra a peste bubônica para evitar que esta atingisse o Rio de Janeiro. Em 1902, Rodrigues Alves, que fora presidente da Província de São Paulo, foi eleito presidente da República. Sua plataforma política vislumbrava a necessidade da renovação da vida cultural, social e política do país. Era um período de euforia política e econômica, sustentada pela alta rentabilidade que os negócios relacionados ao café proporcionavam. As experiências de Rodrigues Alves com o movimento sanitário em São Paulo auxiliaram na elaboração de seu programa nacional de governo, baseado no saneamento e na urbanização da capital federal. A exemplo de países europeus, o então presidente centralizou os serviços de saúde e saneamento na esfera federal e passou a coordenação dos trabalhos para o Departamento de Saúde Pública, indicando para ocupar o cargo, em 1903, o bacteriologista Oswaldo Cruz, então diretor do Instituto Soroterápico de Manguinhos. Com a dupla atuação de Oswaldo Cruz, o Instituto tornou-se uma instituição federal, independente e vinculada ao Ministério do Interior e Justiça.

As ações do Instituto de Manguinhos foram direcionadas para o estudo das doenças infecciosas e tropicais segundo as linhas do Instituto Pasteur de Paris. Sob a orientação científica de Oswaldo Cruz e o respaldo governamental, Manguinhos conseguiu, em poucos anos, debelar os surtos epidêmicos de febre amarela, peste bubônica e varíola no Rio de Janeiro. Em 1907, Manguinhos já era considerado o maior centro de medicina experimental da América Latina, pois congregava as atividades de ensino das ciências biológicas, pesquisas em saúde pública e produção de grande parte dos imunobiológicos consumidos no Brasil.[8]

As experiências práticas alimentavam as agendas de pesquisa teórica. Ao estudar as chamadas doenças tropicais – paludismo, beribéri etc. – e atender às fortes demandas de saúde pública, seus pesquisadores foram se formando e se especializando em vários ramos da microbiologia. A descoberta da tripanossomíase americana, por Carlos Chagas, é considerada uma das mais completas da história da medicina e ponto de partida para várias pesquisas realizadas nas décadas posteriores. Além de diversificar e aumentar a produção de produtos destinados à terapêutica humana, o Instituto iniciou a produção e desenvolvimento de soros e vacinas destinados à veterinária. A eficiência dos imunobiológicos para uso humano e animal foi tão significativa que Manguinhos iniciou um processo de difusão de seus produtos, que já representavam, também, uma importante fonte de receitas.

Paralelamente, oferecia o chamado Curso de Manguinhos àqueles que desejavam trabalhar no Instituto. A qualidade e seriedade com que os cursos eram ministrados acabaram atraindo jovens médicos e formando especialistas que se espalharam pelos centros de pesquisa nacionais e difundiram o ensino e desenvolvimento das ciências biomédicas no país.

O êxito das campanhas sanitárias realizadas no Rio de Janeiro levou o Instituto a participar ativamente de várias outras campanhas empreendidas nos mais longínquos recantos do país, o que tornou possível o desenvolvimento de uma importante área de estudos – a medicina tropical.

O Instituto de Manguinhos, depois Instituto Oswaldo Cruz, diferenciou-se dos demais centros de pesquisa existentes na época, sendo considerado, de fato, a primeira universidade brasileira. Para José Reis,[9] Manguinhos representou um grande avanço, pois conseguiu integrar em um mesmo espaço a ciência básica e aplicada, investigar as doenças infecciosas e parasitárias do homem, dos animais e das plantas, com plena autonomia técnico-administrativa, além de propiciar as condições para a formação de cientistas brasileiros.

Com o Instituto Biológico de São Paulo, o contexto não foi muito diferente. O que mudou foi o foco da atuação institucional. Se em Manguinhos o objetivo eram as pesquisas na área humana, no Biológico era o desenvolvimento de pesquisas na área da biologia animal e vegetal. Criado em 1927, sob a liderança científica de Arthur Neiva e Rocha Lima, dois importantes pesquisadores de Manguinhos, o Instituto Biológico de São Paulo possuía quatro funções básicas: desenvolvimento de pesquisa básica e aplicada, execução de medidas de defesa agrícola, ensino, e produção de soros e vacinas contra doenças animais.

Interessante notar que o Instituto Biológico valorizava mais as atividades de ensino e pesquisa na área biológica do que a difusão, propriamente dita, destes conhecimentos ao meio rural. Os primeiros artigos publicados nos *Arquivos do Instituto Biológico* (1928) possuíam teor reservado a especialistas, técnicos e pesquisadores.[10] Mas esta situação foi revertida em 1935, quando o Instituto direcionou seus esforços no sentido de levar ao meio rural os resultados de suas pesquisas, criando duas publicações: O *biológico*, destinada aos pesquisadores, agrônomos e veterinários e os *Trabalhos avulsos*, destinados à classe dos produtores e agricultores paulistas.

A nova política mostrou-se eficiente. Ao final da década de 1930, o Instituto vinha executando ampla defesa sanitária agrícola por meio do combate a doenças de frutas, combate à broca-do-café e algodão, à saúva, da produção de sementes isentas de vírus (batata) num trabalho integrado com o Instituto Agronômico, além da fabricação de vacinas contra a peste suína e febre aftosa.

Em 1942, em plena vigência do Estado Novo, o Instituto Biológico ampliou sua estrutura e perdeu a denominação de Instituto, passando a chamar-se Departamento de Defesa Sanitária da Agricultura, mantendo a dupla ação da pesquisa pura e aplicada. A nova estrutura foi composta por 3 divisões e 19 seções de pesquisa e aplicação, sendo quatro delas subordinadas à Divisão de Defesa Vegetal, três à Divisão de Defesa Animal e doze à Divisão de Biologia, esta última dedicada à pesquisa científica, enquanto as demais seriam as responsáveis pela coordenação dos trabalhos ligados ao combate e à prevenção de doenças.

Assim, as divisões de defesa sanitária vegetal e animal, amparadas nas pesquisas da Divisão de Biologia, participaram de várias campanhas para o controle de pragas agrícolas (de fumo, hortaliças, algodão, café) e doenças animais (peste suína, brucelose bovina, batedeira dos leitões), utilizando vários produtos (soros, vacinas etc.) fabricados pelo próprio Instituto Biológico.[11]

Apesar da grande contribuição que o Instituto Biológico vinha prestando ao saneamento da agricultura e pecuária paulista, os problemas financeiros, a precariedade material e física retardou, por mais de quinze anos, a construção de sua sede própria e gerou descontinuidade na execução de pesquisas.

Alguns pontos merecem destaque nas gestões de Arthur Neiva (1930-1932) e Henrique Rocha Lima (1933-1949). Ambos trabalharam para criar uma instituição de pesquisa que integrasse de forma harmoniosa as atividades de ensino, pesquisa básica e aplicada, seguindo o modelo implantado por Oswaldo Cruz em seu instituto no Rio de Janeiro. Rocha Lima, por exemplo, buscou atender aos interesses institucionais, particularmente de seus pesquisadores, criando ambientes de discussão (reuniões semanais chamadas de Referat) e instalando a infraestrutura necessária para o desenvolvimento do trabalho científico, como biblioteca, serviços de fotografia e desenho. Não diferente de outros centros de pesquisa, em 1950 o Instituto Biológico atravessou uma fase de profunda crise provocada pela evasão de pesquisadores que se dirigiram para grandes empresas de produtos aplicados à agricultura em busca de melhores salários, desestruturando as atividades de pesquisa básica nesse centro.[12]

Com a finalidade de retomar a formação de pesquisadores e dar andamento às suas pesquisas, em 1951 criou-se o Fundo de Pesquisas do Instituto Biológico e, em 1960, foi restabelecida a denominação de Instituto Biológico e organizada sua nova estrutura, subtraindo-lhe a incumbência de coordenar os serviços de defesa animal e vegetal.

Na área da pesquisa industrial, é importante conhecer um pouco da história do Instituto de Pesquisas Tecnológicas de São Paulo (IPT),[13] que, ao lado do Instituto Biológico, também acompanhou de perto o desenvolvimento da economia paulista.

Na década de 1920, o desenvolvimento da indústria paulista e a aceleração dos processos de urbanização e construção de ferrovias passaram a exigir a criação de um centro de pesquisas tecnológicas para orientar, de forma mais contundente, a construção civil. Assim, em 1926 foi organizado o Laboratório de Ensaio de Materiais, que passava a atender as demandas de particulares e realizar pesquisas experimentais e ensaios na área da construção. Em 1934 o Laboratório obteve autonomia administrativa e foi transformado no Instituto de Pesquisas Tecnológicas de São Paulo (IPT), permanecendo vinculado à Escola Politécnica (órgão complementar da recém-criada Universidade de São Paulo), incorporando em suas atividades a elaboração de normas e padrões de materiais e o treinamento de engenheiros formados pela Escola Politécnica.

A partir dos anos 1930, atendendo aos novos ditames da política industrial brasileira, além da participação de empresários no conselho administrativo, foram criadas seções de pesquisa visando o estudo e a proposição de soluções para suprir as demandas industriais, em especial nas áreas de Química, solos e fundações, Geologia e minas, Metalurgia, Aeronáutica, Metrologia etc. Segundo Vargas, "[...] da atuação do IPT é que surgiu, de maneira direta, pela formação e especialização de técnicos, pela pesquisa tecnológica e pela produção em escala experimental, toda a moderna indústria metalúrgica de São Paulo".[14]

No entanto, a partir da década de 1950, a implantação da industrialização pesada, ancorada no capital e na tecnologia estrangeiros, modificou o papel desempenhado pelos institutos de pesquisa tecnológica. Se antes lhes cabia a liderança na introdução de novas técnicas como, por exemplo, as metalúrgicas e navais, agora passariam a "[...] ter uma função de complementação no processo de transferência de tecnologia por meio de assessoria técnica, solucionando problemas de produção de matérias-primas e componentes, realizando testes e controle de qualidade".[15]

Se até então as demandas do setor industrial fomentavam o desenvolvimento de novas pesquisas e fortaleciam o relacionamento do Instituto com o empresariado, a partir dos anos 1950 verifica-se o esmorecimento dessas relações e a retração da procura deste tipo de serviço pelos empresários. Exceção digna de nota nesse caso seria o dinamismo resultante dos trabalhos de assessoria tecnológica prestados à construção de grandes obras públicas e hidrelétricas.

Fatores condicionantes: uma leitura comparativa

As trajetórias desses institutos de pesquisa, rapidamente descritas, suscitam reflexões sobre alguns fatores que, a nosso juízo, condicionaram o processo de criação e manutenção dessas organizações.

Quanto à gênese, verifica-se que esses institutos foram criados e patrocinados pelos poderes públicos para atender às demandas econômicas e sociais prementes que, se ignoradas, poderiam criar obstáculos ao desenvolvimento das atividades econômicas, bem como afetar os interesses dos segmentos sociais organizados.

Se esses institutos tornaram-se uma realidade concreta, parte desse empreendimento foi devido ao perfil de seus diretores e do relacionamento que estes mantinham com os poderes públicos. Os diretores agiam como mediadores frente aos dilemas da ciência pura *versus* ciência aplicada e às demandas governamentais.

Embora já houvesse outros institutos de medicina e saúde pública em funcionamento, a historiografia atribui ao Instituto Oswaldo Cruz a maior contribuição para a conformação de um modelo institucional de pesquisa no país, modelo este baseado no tripé ensino-pesquisa-produção, e que logrou formar a primeira geração de pesquisadores brasileiros na área biológica.

Basicamente, o modelo institucional de Manguinhos manteve, de forma equilibrada, a pesquisa pura e aplicada que atendia tanto aos interesses de seus pesquisadores como dos setores governamentais, a formação contínua e o recrutamento de novos pesquisadores e a manutenção física e material de seus laboratórios.[16] Assim, foram criadas revistas especializadas, bibliotecas, foram instaladas rotinas e reuniões científicas, organizados cursos de treinamento e apoiada a participação de seus pesquisadores em congressos internacionais sem, contudo, deixar de atender às campanhas sanitárias e de garantir a produção dos imunobiológicos de uso humano e animal, solicitados pelo governo e por particulares.

O modelo organizacional baseado no tripé pesquisa-produção-ensino difundiu-se para outros estados brasileiros e um exemplo marcante foi o do Instituto Biológico de São Paulo, em que Arthur Neiva e Rocha Lima, discípulos de Oswaldo Cruz, procuraram estruturar uma instituição baseada no desenvolvimento da pesquisa básica nas áreas agrícola e animal para apoiar os diagnósticos e controlar as principais doenças e epidemias do território paulista. No caso do Instituto de Pesquisas Tecnológicas, embora não se possa falar da criação de um modelo institucional, podemos dizer que influenciou na organização de áreas de pesquisa de outros institutos brasileiros, principalmente aquelas relacionadas aos ensaios e às pesquisas para a construção civil.

Outra constatação importante refere-se ao fato de que esses institutos de pesquisa atravessaram profundas crises provocadas, principalmente, pelo direcionamento das políticas públicas, perda de autonomia financeira, saída de seus antigos diretores e pelo advento das universidades, a partir dos anos 1930.

No caso da medicina e saúde pública, os primeiros sinais de esgotamento desse modelo aparecem já na década de 1920. O Instituto Oswaldo Cruz, sendo uma instituição federal, sofreu com o fato de que a saúde pública foi deixando de ser uma prioridade governamental. Sua infraestrutura não foi modernizada, impossibilitando-lhe de acompanhar o crescimento da demanda nacional de vacinas à época.

No caso do Instituto Biológico, as reformas das instituições agrícolas paulistas, durante o Estado Novo, e a perda da autonomia administrativo-financeira constituíram obstáculos para a manutenção do quadro de pesquisadores e da pesquisa, mesmo a agropecuária tida como uma prioridade governamental.

Ademais, à medida que as universidades e o fomento público de pesquisa da Coordenação de Aperfeiçoamento de Pessoal de Nível Superior (Capes) e do Conselho Nacional de Desenvolvimento Científico e Tecnológico (CNPq) iam se consolidando e a elas iam se alocando recursos e incorporando novos pesquisadores e linhas de pesquisa, cada vez mais a pesquisa básica deixava de ser uma atividade dos institutos de pesquisa, principalmente aqueles que atuavam na área biológica.

Quanto aos institutos de pesquisa na área industrial, se até a década de 1950 eram líderes na proposição de novos estudos e técnicas, a partir daí a situação começou a se reverter, pois passaram a desempenhar funções complementares no processo de transferência de tecnologia, fragilizando o relacionamento com o setor industrial.

Apesar desse quadro não favorável, durante a década de 1940, paradoxalmente observa-se no estado do Paraná a criação de um instituto de pesquisa espelhado na tradição dos institutos brasileiros que o antecederam. Esse é o caso do Instituto de Biologia e Pesquisas Tecnológicas (IBPT), cuja gênese remonta a 1940, inspirado no modelo institucional do Instituto Biológico de São Paulo.

O PARANÁ DOS ANOS 1930: O PESO DA TRADIÇÃO

Para se entender como ocorreu o processo de institucionalização das atividades científicas e tecnológicas no Paraná e a participação do IBPT no processo de desenvolvimento da atividade agropecuária no estado, é necessário considerar alguns dos principais acontecimentos políticos, econômicos, sociais e educacionais transcorridos nos anos 1930, pois eles podem ser reveladores quanto ao relacionamento do estado com as instituições de ensino e pesquisa então existentes.

Antes, porém, faz-se necessária uma breve caracterização do poder político local, pois ela possibilitará o entendimento mais amplo das ações governamentais após o movimento revolucionário de 1930, cujo maior representante no Paraná foi o interventor Manoel Ribas, criador do Instituto de Biologia e Pesquisas Tecnológicas do Paraná.

A economia ervateira e a formação da primeira elite política e econômica local

A erva-mate, planta nativa e conhecida desde os tempos da colonização, ganhou significado econômico somente a partir da segunda metade do século XIX, quando a eclosão da Guerra do Paraguai (1864) propiciou a exportação deste produto para o mercado platino (Argentina, Uruguai e Chile). A produção, comercialização e exportação do mate sustentaram a economia paranaense até os anos 1930.

A produção ervateira sofreu várias oscilações em suas exportações devido a uma série de crises internas e externas (abolição da escravatura, proclamação da República, Primeira Guerra Mundial etc.), mas, mesmo assim, foi se consolidando e atingiu o auge em 1925-1927, quando as exportações alcançaram cerca de 90 mil toneladas. A partir desse momento, essa atividade entrou em descenso, com uma queda no volume das exportações da ordem de 50% em 1929-1931, não mais se recuperando devido à concorrência argentina e à crise de 1929.

Magalhães[17] acrescenta que esta atividade proporcionou o surgimento e o fortalecimento de uma burguesia ascendente. Era uma atividade industrial, cuja mão de obra assalariada provinha do subemprego das culturas de subsistência e de correntes imigratórias.

Durante a expansão do ciclo ervateiro apareceu a construção dos primeiros sistemas de transporte no estado, como a ferrovia Curitiba-Paranaguá, navegação fluvial no rio Iguaçu, a abertura das primeiras estradas para o escoamento da matéria-prima e produção, bem como a implantação das primeiras instituições de ensino superior.

No começo da década de 1930, a situação econômica e financeira do estado não era das melhores, pois o principal produto de exportação estava em crise. Crise esta provocada por dois grandes fatores: primeiro, a Argentina, grande compradora do produto, já vinha há algum tempo incentivando a produção do mate na Província de Missiones e, ao mesmo tempo, realizando melhoramentos tecnológicos no produto, e segundo, os distúrbios financeiros e econômicos resultantes da crise de 1929 vieram a acelerar este processo, tornando a Argentina a maior fornecedora de mate beneficiado para o mercado platino, o que interferiu diretamente no volume das exportações paranaenses.

Quando o tenente-coronel Mário Tourinho assumiu o governo provisório do estado em 5 de outubro de 1930, encontrou dois grandes problemas que urgiam solução: grave desequilíbrio econômico-financeiro no orçamento e problemas relacionados à concessão de terras devolutas estaduais. Preocupava ainda ao novo governo a estrutura político-administrativa do estado, pois era

> [...] imprescindível e urgente a decretação de uma nova série de medidas mais radicais, que desarticulasse, de vez, as peças do antigo mecanismo político e administrativo do estado para facilitar, de futuro, a sua remodelação sob as novas bases moralizadoras que o evangelho revolucionário consagrava.[18]

As medidas mais radicais consubstanciaram-se em cassações de mandatos, fechamento da Assembleia Legislativa e câmaras municipais, bem como na reorganização do aparelho estadual.

Governo Manoel Ribas: abrindo novas fronteiras

Segundo Magalhães, Getúlio Vargas teve sérias dificuldades para estruturar uma base política no Paraná, tanto na fase provisória (1930-1934) como no Estado Novo (1937-1945). Ao contrário de outros estados, onde os setores urbanos mais avançados deram sustentação política ao seu governo, no Paraná ocorreu exatamente o inverso, pois os setores economicamente mais avançados (leia-se industriais do mate) foram alijados do poder, ficando "[...] o pessoal mais reacionário, do primeiro planalto, criador de gado de Ponta Grossa e Guarapuava, [tendo que] pegar o menino — esse que era paranaense e que tinha vivido grande parte de sua vida no Rio Grande — o Manoel Ribas".[19]

Quando Manoel Ribas, paranaense radicado em Santa Maria (RS) e fundador da Cooperativa de Consumo dos Empregados na Viação Férrea daquele estado, assumiu a interventoria federal no Paraná (1932-1945), encontrou um estado em situação econômica e financeira bastante debilitada e com graves conflitos de concessões de terras.

Em 1934, o relatório da Secretaria da Fazenda relatava que a situação econômico-financeira do estado era bastante crítica e sua recuperação, lenta, pois os distúrbios provocados pela crise econômica mundial e os graves déficits financeiros, deixados pelas administrações anteriores, vinham impedindo o saneamento das finanças estaduais. Corroborando com Tourinho, o diagnóstico afirmava que o atual governo havia encontrado a economia completamente debilitada "[...] os produtores desvalorizados [...] sofrendo ainda as consequências de uma grave crise recente. O Tesouro sem dinheiro e sem crédito algum. Necessidades e serviços públicos prementes a reclamarem amparo e estímulo do poder público".[20]

Diante desse cenário, Manoel Ribas adotou duas medidas bastante drásticas para solucionar a crise econômico-financeira e os conflitos de terras. De um lado, foram cassados os títulos de concessões de terras fornecidos às companhias colonizadoras privadas e, de outro, estabeleceu-se um plano de diversificação econômica, dando apoio às atividades com maior potencial de desenvolvimento.

Ao apresentar o estado como promotor das atividades econômicas, Ribas acabou por estender e colocar à disposição da sociedade uma gama de serviços públicos que, até então, era privilégio de poucos. O equacionamento dos conflitos fundiários foi o responsável pelo desenvolvimento da agropecuária no estado, propiciando, mais tarde, sua integração ao cenário econômico nacional. O potencial produtivo de suas terras indicava ao Paraná um novo horizonte econômico: o desenvolvimento da cultura cafeeira. Enfrentando sérias restrições para se expandir em São Paulo, o governo de Ribas procurava atrair o café para o estado, produto que mais representava divisas para o Brasil.

Não obstante o estado ter proporcionado algumas condições para o desenvolvimento e diversificação da produção agropecuária, a recuperação econômica do Paraná até meados do século XX foi conseguida, sobretudo, pela atividade madeireira. O desenvolvimento dessa atividade resultou do rápido processo de colonização, urbanização e expansão da fronteira agrícola na região norte (café), existência de certo número de serrarias, ampliação rodoviária realizada em 1934 (estrada do Cerne) — que ligou, pela primeira vez, o sul ao norte do estado, facilitando o escoamento deste produto até o porto de Paranaguá — e aumento de demandas externas principalmente da Argentina e Alemanha. Em 1939, considerado o auge desta atividade na década, os alemães importavam cerca de 20% da produção paranaense.[21]

Embora constituísse a fonte de recursos mais promissora do estado, Manoel Ribas não deixou de fomentar as atividades agropecuárias, mesmo porque constituíam uma preocupação do governo federal. Seguindo as orientações do Ministério da Agricultura, o governo do estado incentivava a distribuição de sementes selecionadas, reprodutores importados e a realização de exposições animais e produtos derivados.[22]

No relatório (1932-1939), Ribas informava ao presidente Getúlio Vargas que o Paraná encontrava-se com as finanças controladas e a recuperação econômica devia-se, entre outros, ao fato de o estado ter incentivado a expansão de segmentos econômicos lucrativos (madeira), estabelecido uma política de diversificação agrícola baseada principalmente no cultivo do algodão, trigo, café e milho e facilitado o escoamento da produção. Mostrava também as ações realizadas de seu governo no tocante à ampliação dos serviços públicos (saúde, educação, transporte, segurança), não só na capital como no interior do estado.

Com relação à agricultura, no início dos anos 1940, verifica-se que houve diversificação da produção nacional, sendo o Paraná um dos três maiores produtores de feijão, quarto produtor de milho, terceiro produtor de trigo e quinto produtor nacional de café. Quanto à pecuária, o Paraná ocupava o décimo quinto lugar na criação de bovinos e sexto lugar na criação de suínos.[23]

Mesmo sendo insignificante no cenário econômico nacional, em termos locais, a atividade pecuária se expandiu a ponto de atender ao consumo interno de carne. Em 1940, Ribas afirmava: "caminhamos rapidamente para aquela vantajosa situação de desafogo dos grandes centros pecuários do país".[24] Até essa data, haviam sido introduzidos reprodutores de alta linhagem e as atividades pecuárias começavam a se expandir na região dos Campos Gerais.

Observa-se que o desenvolvimento da pecuária no estado foi uma das metas do governo Ribas, pois, além de ser uma atividade extensiva com rebanhos de baixa qualidade, ela atendia aos interesses dos pecuaristas sediados nos Campos Gerais, um dos segmentos que garantiu a sustentação política de Ribas durante seus treze anos de governo. Em 1935, dizia Ribas:

> Os interesses da pecuária não foram negligenciados e nem poderiam sê-lo, desde que a sua decadência é patente no estado, com exceção do município de Curitiba, onde a seleção de produtos com a aquisição de ótimos exemplares, adaptáveis ao nosso clima e às nossas pastagens é feita de maneira segura e inteligente. O mais, em matéria de pecuária, representa um quadro desolador, podendo-se asseverar que há quarenta anos atrás, tínhamos uma pecuária superior à atual.[25]

Ao lado do fomento e dos incentivos à agropecuária, fazia parte do programa de Ribas a ampliação da rede de ensino básico e profissional, a ampliação dos serviços de sistemas de saúde, transporte e saneamento básico em várias regiões do estado.

À respeito da educação básica, além dos poucos estabelecimentos localizados em Curitiba, Paranaguá e Ponta Grossa, o governo do estado já havia construído, até 1939, treze grupos escolares na região norte, dezessete na região central e mais três na região sul do estado. Com relação ao ensino profissional, até 1939 o estado havia criado oito escolas de Trabalhadores Rurais, sendo que a de Curitiba, a mais importante delas, contava, inclusive, com uma fazenda experimental.

Datam também desse período a reorganização e a construção das novas instalações da Escola de Artes e Ofícios, atual Universidade Tecnológica Federal do Paraná (UTFPR), o melhoramento das instalações dos quartéis, da polícia e do Laboratório Geral do Departamento de Saúde, bem como a extensão dos primeiros serviços de saneamento básico para a região norte, a reestruturação do Departamento de Colonização e a instalação do Serviço Geográfico, estes últimos vinculados à Secretaria de Obras Públicas, Viação e Agricultura.[26]

O direcionamento econômico empreendido no Paraná até 1945 seguiu as diretrizes implantadas pelo governo federal, ou seja, necessidade de diversificação da produção agropecuária e industrial interna e o estabelecimento de novos contratos comerciais para os produtos agrícolas nacionais, seriamente afetados pela conjuntura internacional desfavorável, principalmente após a crise de 1929.

Sucintamente, esse era o programa político, econômico e social de Manoel Ribas. Entretanto, falta ainda conhecermos mais de perto seu programa de apoio à agropecuária no estado e os mecanismos utilizados para fomentá-la, uma vez que foi uma de suas metas de governo.

A reorganização do ensino e dos serviços públicos de apoio à agropecuária

Se no estado de São Paulo, até a década de 1940, a agricultura e pecuária já contavam com a colaboração do Instituto Agronômico, do Instituto Biológico e da Escola Superior de Agricultura Luiz de Queiroz, no Paraná não existiam ainda institutos de pesquisa dedicados a este fim. Os equivalentes mais próximos seriam o Departamento de Agricultura vinculado à Secretaria de Obras Públicas, Viação e Agricultura, duas escolas superiores – uma de Veterinária, outra de Agronomia – e um Instituto de Química que se ocupavam das atividades de pesquisa e ensino na área agropecuária e industrial.

A criação destas instituições remontam ao início do século. Nos projetos de criação de uma universidade no Paraná em 1912, sempre esteve presente a necessidade de se criar um curso para a formação de profissionais agrícolas, dos quais o estado era carente. Mas estes projetos não se viabilizaram e coube ao presidente da Província, Affonso Alves de Camargo, a criação da Escola Agronômica do Paraná em 5 de abril de 1918, vinculada à Secretaria da Fazenda, Agricultura e Obras Públicas. Nos primeiros anos, o ensino era eminentemente teórico, contando apenas com alguns trabalhos na área de controle de pragas, adubação e nutrientes vegetais (trigo, centeio, milho, batata, feijão, arroz, mandioca, fumo) realizados na Fazenda Experimental do Bacachery, de propriedade do estado, sob a coordenação do professor João Cândido Ferreira Filho, recém-chegado da Escola Superior de Agricultura Luiz de Queiroz (Esalq). Em 1924, foi criado o curso de Química Industrial junto à Faculdade de Engenharia com o objetivo principal de formar profissionais na área e realizar análises e preparar produtos químicos diversos por solicitação de particulares.

Até 1931, a Escola Agronômica do Paraná trabalhava em cooperação com o Departamento de Agricultura, órgão criado em 1928 pelo presidente da Província Affonso Alves de Camargo e vinculado à Secretaria da Agricultura, Viação e Obras Públicas. O Departamento de Agricultura tinha como objetivo organizar e administrar todos os serviços relacionados com a agricultura e pecuária no estado e era formado por cinco serviços – inspeção e fomento agrícolas, indústria animal, biologia e defesa sanitária agrícola, florestal, publicidade – e mais cinco fazendas experimentais, sendo a mais importante delas a Fazenda do Canguiry.[27]

Nessa primeira fase, o apoio à agricultura e pecuária no estado até 1930 estava assim organizado: as inspetorias, além de prestarem assistência técnica às necessidades agrícolas mais urgentes, ainda coletavam materiais que eram investigados tecnicamente nos laboratórios das escolas e testados nas fazendas experimentais cedidas pelo governo, conforme se pode observar no relato do presidente Caetano Munhoz da Rocha, em sua mensagem de 1º de fevereiro de 1928: "o governo tem se preocupado com os negócios referentes ao Departamento da Agricultura, fazendo atender, por intermédio da Inspetoria Agrícola e da Escola Agronômica, os assuntos do seu peculiar interesse".[28]

Sobre as instituições de ensino superior no estado, principalmente aquelas direcionadas ao estudo e à pesquisa agropecuária, três questões merecem ser destacadas. Primeiro, a preocupação dos governantes com o desenvolvimento da agropecuária no estado já era antiga, desde o início do século XX. Coincidência ou não, a proposta de criar uma instituição voltada ao ensino teórico e prático da agricultura e pecuária foi formulada durante o período em que estiveram à frente os representantes dos proprietários de terras Carlos Cavalcanti, em 1912, e Affonso Alves de Camargo, em 1918, quem efetivamente criou a Escola Agronômica do Paraná. Segundo, diz respeito ao papel que essa escola desempenharia no tocante ao apoio e fomento da agropecuária. Até 1930, a Escola Agronômica e a Secretaria de Agricultura mantiveram estreita cooperação: enquanto uma realizava o levantamento das necessidades, a segunda era a responsável pelo estudo e a proposição de novas técnicas, bem como pela formação dos profissionais requeridos pelo sistema de apoio à agropecuária. Em 1931, a Escola de Agronomia foi reestruturada e passou a se chamar Escola Superior de Agronomia e Veterinária, ministrando, a partir de então, o ensino técnico agrícola e veterinário, atendendo aos novos requerimentos do desenvolvimento da agropecuária no estado e no país. Para tanto, o governo construiria um prédio que, além dos laboratórios e demais instalações, abrigaria os cursos de agronomia, veterinária e de capatazes rurais, que funcionariam de forma independente. Também durante a década de 1930, tanto o curso de Química como a Escola Agronômica passaram à responsabilidade do estado e sofreram profundas modificações em suas estruturas, marcando uma ruptura com o modelo de apoio à agropecuária implementado anteriormente.

Terceiro, as crises política e econômica no início dos anos 1930 modificaram completamente esse panorama. Do ponto de vista econômico, observa-se que as escolas de Agronomia, Veterinária e Química enfrentaram graves problemas financeiros, que associados à falta de professores e às deficientes instalações para pesquisa, acabaram dificultando os processos de equiparação destas escolas com suas congêneres nacionais. A nova dinâmica econômica do estado estava a exigir outra postura dessas escolas, mas, como Ribas significava uma certa ruptura com o sistema político anterior e parte dos professores das escolas não compartilhava dos mesmos ideais do seu governo, a reformulação destas estruturas não passou de intenções legais. A saída do governo foi criar um espaço onde realmente o estado tivesse controle sobre o fomento e desenvolvimento de pesquisas de seu interesse.

A reestruturação do Departamento de Agricultura

No governo Ribas, em 1934, as escolas superiores foram reestruturadas novamente e passaram a ser financiadas basicamente pelo estado. O Curso de Química Industrial foi transformado em Instituto de Química do Paraná e a Escola Superior de Agronomia e Veterinária foi desmembrada, originando duas outras instituições com autonomia didática e financeira: a Escola Agronômica do Paraná e a Escola Superior de Veterinária. Em linhas gerais, estas três instituições, agora sob a tutela do estado, teriam como grandes atribuições formar profissionais, estudar e realizar pesquisas, bem como prestar serviços ao desenvolvimento da agricultura e da pecuária no estado. Durante o governo Ribas, devido a problemas financeiros para manutenção destas instituições, outras reformas e desmembramentos foram implementados até serem definitivamente incorporadas à Universidade Federal do Paraná na década de 1960.

No Relatório enviado a Manoel Ribas, em 1933, Rivadávia de Macedo, secretário da Fazenda e Obras Públicas, relatava que o programa de apoio à agropecuária implementado pelos governantes que o sucederam possuía "sérias intenções", no entanto, "pecou pela falta de critério" que presidiu a aplicação da maior parte dos fundos públicos. A estrutura criada e organizada até então estava em situação crítica. O Departamento de Agricultura encontrava-se em pior situação: lotado de funcionários sem ocupação e com salários atrasados, granjas e fazendas experimentais em completo abandono e serviços de seleção e distribuição de sementes de café quase extintos.[29]

Diante deste contexto, Manoel Ribas tomou as seguintes providências: demitiu funcionários ociosos, anexou o serviço de estatística e o depósito de sementes ao Departamento de Agricultura – vinculando-o à Secretaria de Fazenda e Obras Públicas –, desfez-se de várias granjas e fazendas experimentais, conservando sob a tutela do estado somente a Granja do Canguiri, que seria recuperada e aparelhada para auxiliar no desenvolvimento da pecuária e agricultura. Para isso, foram adquiridos novos reprodutores e equipamentos agrícolas e melhoradas as instalações da Granja do Canguiri. O estado mantinha as estações de monta, onde os criadores podiam realizar os trabalhos de cruzamentos sem quaisquer ônus.

Em 1935, Ribas reorganizou o aparelho do estado e definiu três grandes secretarias que cuidariam dos negócios de seu governo: Secretaria de Interior e Justiça, Secretaria de Fazenda e Comércio, e Secretaria de Obras Públicas, Viação e Agricultura. À esta última foram vinculados o Departamento de Agricultura e Estatística, Terras e Colonização e o Departamento de Águas e Esgotos.[30]

Todos os trabalhos referentes ao fomento, produção, saneamento vegetal e animal eram executados e supervisionados pelos agrônomos e veterinários do Departamento de Agricultura, em cooperação com o Ministério da Agricultura. Esses profissionais, em sua maioria, eram formados pelas escolas locais e dividiam seu tempo ministrando aulas em instituições de ensino e trabalhando nos laboratórios do estado. Entre eles, destacamos os veterinários Oscar KrebsPalmquist, Marcos Augusto Enrietti, e o químico Dulcídio Lacerda.

Com a reorganização do Departamento de Agricultura, a contratação de agrônomos, veterinários e químicos interessados em estudar e desenvolver novas técnicas agrícolas e prestar assistência aos agricultores e pecuaristas, principalmente aqueles do interior do estado, não tardou o renascimento da ideia de criação de um Laboratório de Análises e Pesquisas (LAP), que teria como incumbência orientar, técnica e cientificamente, os trabalhos executados pelo departamento.

Em 1940, o Departamento de Agricultura era composto pela Seção de Fomento da Produção Vegetal, Seção de Fomento da Produção Animal, Seção de Ensino Profissional e Seção de Serviços Técnicos e Especializados. Enquanto as duas primeiras forneciam assistência direta ao setor agropecuário, através de suas inspetorias de defesa agrícola e animal, a Seção de Ensino Profissional coordenava o ensino técnico ministrado nas escolas de Trabalhadores Rurais.

A Seção de Serviços Técnicos Especializados estava em organização desde 1938, quando um grupo selecionado de profissionais realizava estágios e aperfeiçoamentos em institutos de pesquisa e estações experimentais localizadas em Minas Gerais, Rio Grande do Sul e São Paulo. Esta seção era formada por sete subseções: plantas têxteis, fruticultura, sericultura, laticínios, apicultura, economia rural e um Laboratório de Análises e Pesquisas (LAP), em fase de planejamento, que passaria a congregar os laboratórios de bacteriologia e de química do Departamento de Agricultura.

"A obra renovadora"

O projeto político de Ribas intentava a integração da sociedade paranaense, tanto no aspecto econômico como no social, fornecendo apoio e condições de trabalho ao grande contingente migratório que se dirigia à região norte. Nesse aspecto, a atuação de Ribas foi diferenciada das gestões anteriores. Embora tivessem conhecimento do processo migratório verificado no norte, seus antecessores pouco fizeram para atrair, fomentar e disciplinar esse processo de ocupação. A preocupação estava em não perder de vista o controle político e econômico do Paraná Tradicional, ignorando, até certo ponto, o restante do estado.

Se até a década de 1930 a pesquisa e o fomento à agricultura e à pecuária não haviam sido sistemáticos, e o assessoramento técnico restrito a algumas culturas e destinado basicamente aos produtores da região de Curitiba, no governo Ribas o apoio a essas atividades em todo o estado configurou-se em meta e as ações foram fortemente direcionadas para esse fim. As pesquisas de interesse do governo foram ampliadas e passaram a ser realizadas fundamentalmente no Departamento de Agricultura e não mais nas escolas de Agronomia e Veterinária.

Nesse contexto de reorganização do Departamento de Agricultura, a Escola Agronômica passa a desempenhar um papel secundário no processo de fomento e desenvolvimento da agropecuária no estado. O enfraquecimento das relações de cooperação destas instituições iniciou na década de 1930, se cristalizou na década de 1940 e pode ser explicado por dois motivos. Primeiro, o plano de diversificação agrícola implantado no estado e a crescente ocupação da região norte passaram a exigir, por parte do governo, ações diretas, visando não só a ampliação da rede de serviços públicos básicos, como educação, saúde e transporte, mas também maior controle dos processos de colonização, fomento e assistência técnica à agropecuária. A estrutura de apoio governamental vigente até então – Departamento de Agricultura e Escola Agronômica – não atendia às necessidades de tamanha magnitude, pois, além de estar mais voltada para a região do Paraná Tradicional, principalmente Curitiba, ainda sofria os sérios reflexos da crise econômica enfrentada desde o final dos anos 1920.

Somem-se a isso as dificuldades políticas que Manoel Ribas encontrou para reestruturar essas escolas, pois eram ainda um forte reduto da intelectualidade curitibana anterior a 1930. Sua personalidade identificada ao tipo interiorano era objeto de vasto anedotário e críticas por parte desses segmentos, principalmente da elite ervateira, incentivadora das atividades científicas e culturais no estado. Manoel Ribas representava a volta do jugo tradicional – os proprietários de terras –, segmento politicamente estruturado, contra o qual a elite ervateira duelou, desde os tempos da província. E mais, se a elite madeireira sempre viveu à sombra da elite ervateira, no governo Ribas os madeireiros conseguiram projeção, chegando a ser um importante segmento econômico do estado.

Segundo, a perda de relevância da Escola Agronômica pode ser entendida, ainda, a partir das várias transformações institucionais por que passaram essas escolas quando em processos de equiparação com as congêneres nacionais. As constantes mudanças organizacionais, as oscilações financeiras, a existência de poucos profissionais nas áreas de agronomia, veterinária e química, que se revezavam trabalhando e dando aulas em vários cursos, e o baixo grau de intercâmbio com pesquisadores e instituições de pesquisa nacionais foram, sem dúvida, fatores que prejudicaram o desenvolvimento de novas pesquisas e a consolidação dessas instituições durante esse período.

Nesse cenário, por mais que o governo do estado reconhecesse a importância das escolas de Veterinária e de Agronomia para o desenvolvimento da agropecuária no estado, o apoio governamental efetivo foi modesto. Com exceção da autonomia didático-administrativa dada às três instituições mantidas com recursos públicos, muito pouco foi feito em termos da destinação de recursos para realização de pesquisas e montagem de laboratórios. Apesar das dificuldades políticas para reestruturar essas escolas, Ribas não as deixou totalmente de lado, pois eram elas que formavam, historicamente, a maior parte dos profissionais empregados pelo Departamento de Agricultura.

Por isso, a pesquisa agropecuária, de interesse do estado, vinha sendo realizada no Laboratório de Análises e Pesquisas (LAP), do Departamento de Agricultura, e não nos estabelecimentos de ensino superior, que, apesar de possuírem certa tradição, tinham participação limitada e secundária na medida em que priorizavam as atividades de ensino e a titulação de novos profissionais em detrimento da pesquisa aplicada.

A CRIAÇÃO DO LAP: O EMBRIÃO

No início dos anos 1940, a região norte do Paraná estava em acelerado processo de ocupação e a agricultura, principalmente o café, encontrava-se em expansão. Foi nesse contexto que ressurgiu a ideia de criar um Laboratório de Análises e Pesquisas (LAP) junto à Seção de Serviços Especializados do Departamento de Agricultura. Segundo Spitzner,[31] Marcos Augusto Enrietti – veterinário da Secretaria de Agricultura e professor da Escola de Veterinária – era um dos defensores desta ideia e contava com total apoio do interventor Ribas, pois, além de conhecer os principais problemas que afetavam o desenvolvimento da agropecuária no Paraná, ainda possuía experiência profissional na área e dispunha de um importante trunfo: era enteado do interventor e desfrutava do seu convívio e confiança.[32]

Enrietti acreditava que a existência de um centro de pesquisa que se ocupasse da análise de terras, adubos e do controle das doenças animais e vegetais seria um instrumento para acelerar o processo de desenvolvimento do estado, como tinha ocorrido, por exemplo, em São Paulo, onde o assessoramento técnico-científico prestado pelos Institutos Biológico e Agronômico foi importante. Também estava cada vez mais convencido de que o Paraná não poderia ficar na dependência de análises e estudos de instituições como o Ministério da Agricultura e até mesmo de institutos de outros estados. O Paraná precisava de uma instituição que se dedicasse exclusivamente ao estudo e à proposição de soluções para seus próprios problemas.[33]

Com o intuito de estruturar esse laboratório, de 1938 a 1940, o químico Dulcídio Lacerda e o veterinário Marcos Enrietti, lotados no Departamento de Agricultura, foram a São Paulo para realizar estágios em dois institutos de pesquisa: Dulcídio primeiro foi ao Butantã, onde realizou estudos sobre o aproveitamento dos subprodutos do café, enquanto Enrietti foi ao Instituto Biológico e à Secretaria de Agricultura de São Paulo, ali permanecendo por quase dois anos, conhecendo o funcionamento desses órgãos, especialmente do Laboratório de Bacteriologia da Seção de Inspeção da Produção e Industrialização do Leite, órgão da Secretaria de Agricultura, bem como assimilando novas técnicas e procedimentos científicos nas áreas de ornitopatologia, microbiologia e epizotias. Com estes treinamentos, iniciava-se o processo de formação contínua dos pesquisadores do LAP e mais tarde do IBPT.

Marcos Augusto Enrietti (1913-1981), médico veterinário, foi o fundador do IBAA/IBPT, sendo seu único diretor durante o período de 1941-1961.

Após a verificação *in loco* da experiência paulista, e contando com o respaldo político do interventor Ribas, Enrietti tomou todas as providências para a criação do Laboratório de Análises e Pesquisas (LAP), desde a contratação de recursos humanos até a construção das instalações físicas. Pelo Decreto n. 9.452 de 2 de fevereiro de 1940, o interventor Manoel Ribas reorganizou os quadros funcionais da Secretaria de Obras Públicas, Viação e Agricultura, designando o químico industrial Dulcídio Lacerda para chefiar o Laboratório de Química e o veterinário e agrônomo Marcos Augusto Enrietti para o Laboratório de Bacteriologia.

Finalmente, em 6 de julho de 1940, após um ano de preparação e sob a direção de Enrietti, foi instalado o Laboratório de Análises e Pesquisas (LAP), resultado da fusão dos laboratórios de Bacteriologia e de Química, com o objetivo de realizar análises de terras, adubos, minerais, alimentação animal, águas e fabricar vacinas destinadas ao uso animal. O LAP foi composto por duas subdivisões: Seção de Análises Agrícolas e Tecnológicas e Seção de Análises Bacteriológicas. Para coordenar a

Instituto de Tecnologia do Paraná (Tecpar)

Oscar Krebs Palmquist, veterinário, bacteriologista, foi um dos fundadores do IBAA/IBPT. Coordenou a Divisão de Serviço Científico de Bacteriologia e Indústriade Fermentação e o Serviço de Sorologia e Imunologia. Realizou importantes estudos sobre a brucelose no Paraná.

Seção de Análises Agrícolas e Tecnológicas, Enrietti convidou o químico industrial e professor da Escola de Química, Reinaldo Spitzner e, para a Seção de Análises Bacteriológicas, o médico veterinário Oscar Krebs Palmquist e o agrônomo Mario de Lavigne, professores das escolas Agronômica e Veterinária.

Em setembro de 1940, o LAP iniciou suas atividades, cabendo à Seção de Bacteriologia a fabricação de vacinas animais que seriam distribuídas pela Seção de Fomento à Produção Animal da Secretaria de Agricultura. Nesse ano, foram produzidas cerca de 6,9 mil ampolas de vacinas e quimioterápicos, sendo parte destinada ao uso imediato e outra para experimentação e testes. A Seção de Análises Agrícolas e Tecnológicas realizou 82 análises: 17 de terras, sendo a maior parte delas oriunda das regiões próximas a Curitiba, 22 de adubos, 30 de alimentos para animais, 9 de minerais, e 6 de águas e vinhos na região de Ponta Grossa e Jacarezinho.[34]

Com o LAP em operação, começavam a ser trilhados os primeiros passos em direção à produção local dos imunobiológicos veterinários mais prementes, atenuando a dependência do estado junto ao Ministério da Agricultura. A fim de subsidiar os trabalhos internos, o LAP começava a receber regularmente periódicos e publicações técnico-científicas oriundos do Instituto Biológico e Instituto de Pesquisas Tecnológicas de São Paulo, ao mesmo tempo em que Enrietti mantinha contato com institutos congêneres para o recebimento de amostras e culturas para experimentação e fabricação de soros e vacinas.

Instituto de Tecnologia do Paraná (Tecpar)

Sede do Laboratório de Análises e Pesquisas (LAP), no bairro Juvevê, em Curitiba, 1940.

Os primeiros resultados produzidos pelo LAP demonstravam o potencial de sua atuação. Em 1941, diante do número crescente de pedidos de informações e análises formulados ao LAP, a direção detectou a necessidade de uma ampliação de sua estrutura, caso contrário, muitos pedidos deixariam de ser atendidos.

A transformação do LAP em Instituto de Biologia Agrícola e Animal (IBAA)

Espelhado na organização do Instituto Biológico de São Paulo, pelo Decreto-Lei n. 11.008 de 13 de fevereiro de 1941, o interventor Manoel Ribas transformou o LAP em Instituto de Biologia Agrícola e Animal (IBAA), justificando que o crescimento da agricultura e da pecuária no estado exigia a criação de um órgão especializado, para atender aos estudos teóricos e práticos dos fatores da produção.[35]

Além das análises e da produção de vacinas e quimioterápicos, o IBAA tinha também a incumbência de realizar análises de solos e determinar suas viabilidades para diversas culturas, realizar estudos de bacteriologia agrícola e animal, analisar produtos vegetais e seu aproveitamento industrial, estudar e orientar o combate às epitifias e epizootias e organizar campanhas contra as pragas agrícolas, estudar os produtos destinados à alimentação animal, proteger os agricultores e criadores contra as fraudes e adulterações de produtos destinados à agricultura e pecuária, estudar e pesquisar a industrialização, transformação e aproveitamento dos produtos de origem animal, estudar a flora e as plantas cultivadas no estado e pesquisar e determinar as plantas tóxicas e medicamentosas.

Para Enrietti, a criação do IBAA visava "[...] atender com mais rapidez e eficiência os grandes problemas da agropecuária [...] que, de tempos remotos aguardavam solução em toda a sua plenitude". Para isso, seriam indispensáveis o apoio e o estímulo do governo no sentido de preparar a instituição, propiciando-lhe as condições necessárias para "[...] iniciar de um modo normal, positivo, essencialmente proveitoso, a maior e mais fecunda obra jamais realizada nos setores da agropecuária, [constituindo-se] na sua acepção lacta do sentido, [no] verdadeiro Estatuto da Ressurreição da Agropecuária no Paraná".[36]

Tal incumbência pressupunha a ampliação das instalações, a formação e/ou contratação de recursos humanos especializados e a organização de novas seções científicas. Imediatamente, Enrietti deu início ao treinamento dos pesquisadores enviando-os, em sua maioria, para os institutos de pesquisa paulistas. Reinaldo Spitzner dirigiu-se ao Instituto de Pesquisas Tecnológicas de São Paulo para conhecer novos métodos e técnicas de análise na área agrícola e industrial, Oscar Palmquist foi ao Instituto Butantã para especializar-se no fabrico de soros e vacinas e Lycio Vellozo realizou longo estágio na Divisão Vegetal do Instituto Biológico de São Paulo para assimilar as metodologias utilizadas na área de defesa e saneamento vegetal.

Teve início, também, o processo de contratação de pesquisadores, todos eles oriundos das escolas locais: os químicos Hans Ludwig Weber e Nilton Burher e os veterinários Anchises de Faria e Milton Giovanoni, além do agrônomo Lycio de Castro Grein Vellozo. Estes pesquisadores continuavam ministrando aulas nas escolas e realizavam pesquisas no Instituto. Essa dupla vinculação estreitava as relações, o recrutamento de estagiários e o intercâmbio de informações do IBAA com as escolas de Agronomia, Veterinária e Química e a Secretaria de Obras Públicas, Viação e Agricultura.

Com relação às instalações, foi ampliado o biotério e iniciou-se a construção de outro prédio para abrigar novos laboratórios e acomodar os já existentes. Em 1941, encontravam-se em funcionamento o Serviço Científico de Bacteriologia e Indústria de Fermentação, sob direção de Oscar Palmquist, e o Serviço Científico de Análises Agrícolas e Tecnológicas, dirigido por Reinaldo Spitzner. Os Serviços Científicos de Mineralogia, Geologia e Petrografia; Fitopatologia e Entomologia; Parasitologia e Zoologia estavam em fase de organização.

O Serviço Científico de Bacteriologia e Indústria de Fermentação concentrou basicamente suas atividades na fabricação de produtos veterinários, enquanto o Serviço Científico de Análises Agrícolas e Tecnológicas realizava seus estudos sobre solos e publicava os primeiros quatro "Boletins técnicos" intitulados: "O nitrato de sódio", "Métodos parciais para a análise de terras", "Matérias graxas" e "Adubos fosfatados".[37]

Ainda em fase de organização, o Serviço de Mineralogia, Geologia e Petrografia, chefiado pelo químico Hans Ludwig Weber e seu assistente Nilton Buhrer, emitiu cinquenta boletins de análises minerais solicitados por órgãos públicos e particulares. Iniciavam-se também os primeiros estudos para a elaboração do mapa agrogeológico do estado, com informações sobre solos, águas e minerais paranaenses. Para isso, contariam com a instalação de um laboratório de raio-X e a organização de um museu de mineralogia que, naquele momento, já possuía cerca de quinhentas amostras de minérios não só do estado.

O Serviço de Parasitologia e Zoologia estava a cargo do veterinário Anchises de Faria, e o Serviço de Fitopatologia e Entomologia, de Lycio Grein de Castro Vellozo, agrônomo e ex-diretor da Escola de Trabalhadores Rurais de Curitiba que, naquele momento, estava em treinamento no Instituto Biológico de São Paulo. Ambos os serviços encontravam-se em organização com previsão de funcionamento a partir de 1943.

A expansão das atividades e a implantação de normas de trabalho e rotinas científicas

Ao mesmo tempo em que o IBAA se estruturava e criava normas e procedimentos internos, a equipe começava a coletar materiais e a realizar visitas *in loco* no interior do estado para se inteirar dos problemas. Em 1941, o veterinário Milton Giovanoni seguiu para Jacarezinho, norte do estado, para diagnosticar a moléstia dos porcos, enquanto Weber e Buhrer foram ao litoral averiguar o que o governo poderia fazer para auxiliar a indústria fabricante de carvão de madeira para gasogênios.

Da mesma forma que o Instituto se mantinha atento aos problemas que afetavam a economia local, Enrietti salientava a necessidade de divulgar perante a opinião pública os objetivos do IBAA, pois considerava que a propaganda e a divulgação dos assuntos científicos poderiam ser úteis para o fortalecimento do Instituto e das atividades agropecuárias. Assim, os pesquisadores começaram a escrever regularmente para o jornal *O Dia*, prática esta seguida pelo IBAA durante toda a gestão de Enrietti.

A interação e a troca de informações entre os pesquisadores eram outras preocupações da direção do Instituto. Seguindo o exemplo do Instituto Biológico de São Paulo, Enrietti institui as *referatas*: reuniões internas realizadas semanalmente destinadas à discussão de textos científicos e do programa de atividades executadas pelo IBAA.

Fortalecimento das atividades de extensão

Espelhado no exemplo do Instituto Biológico, e receoso de que o IBAA permanecesse asfixiado dentro de seu restrito círculo de ação, sem possibilidades de estender seus serviços às classes produtoras, Enrietti via nas atividades de saneamento animal e vegetal, então sob a coordenação do Departamento de Agricultura, uma maneira legítima e eficiente de ampliar o trabalho do IBAA e promover a aproximação com as classes produtoras. Tal aproximação seria conseguida através de

> [...] uma propaganda elegante, inteligente e bem orientada, [para] despertar a confiança e certeza tão necessárias, dos agricultores aos criadores, concitando-os a se dirigirem ao Instituto, a consultar sobre suas dificuldades, analisar suas terras, minerais e outras coisas de seus interesses, dando-lhes, enfim, forçada noção de que o governo do estado possui um órgão perfeitamente capacitado para livrá-los, ampará-los e preservá-los de quaisquer elementos que atentem em detrimento de suas riquezas.[38]

Caso os serviços de defesa permanecessem sob a coordenação do Departamento de Agricultura, alegava Enrietti, a tendência seria o isolamento do estado desse processo, uma vez que os serviços prestados eram ineficientes não só quanto à aplicação dos resultados, mas também pela falta de confiabilidade nos dados obtidos. Os técnicos não possuíam normas e diretrizes de ação e basicamente atendiam às demandas dos indivíduos locais mais influentes. Com o IBAA, todos os produtores, especialmente os pequenos, que eram a maioria e necessitavam do apoio do estado, passariam a ser atendidos pelo Instituto, recebendo as informações e esclarecimentos necessários para o efetivo controle do saneamento animal e vegetal do estado.

Aparentemente respaldado pela força política de seu diretor, o Serviço de Controle Sanitário Animal foi instalado junto ao Serviço Científico de Parasitologia e Zoologia, e o de Controle Sanitário Vegetal junto ao Serviço Científico de Parasitologia e Entomologia.

Com este ato, observa-se que o IBAA consolida seu modelo organizacional, pautando sua atuação nas atividades de pesquisa em áreas de interesse para o desenvolvimento do estado, na produção de vacinas e quimioterápicos e na extensão dos conhecimentos e serviços às classes produtoras. Em relatório de 1942, apesar das contingências de guerra, que dificultaram a compra de equipamentos, reagentes e combustíveis, Enrietti afirmava, com certa euforia, que o IBAA vinha se fortalecendo e que já se esboçava em todo o estado

> [...] uma tendência favorável à aplicação dos métodos técnicos e racionais nas lides cotidianas [...], convertendo até os recalcitrantes em propagandistas voluntários das medidas úteis a que se pretende por esta prática, deixando à margem os processos até então tidos como imutáveis e sobejamente eficientes.[39]

Note-se que a aproximação do Instituto com os segmentos produtores não foi espontânea, e sim induzida. Primeiro, o país, em plena vigência do Estado Novo e vendo à sua frente o desenrolar de um grande conflito mundial, requeria o estabelecimento de profundas mudanças no setor agropecuário para se adequar ao esforço de guerra. Segundo, estando o Paraná sob o comando de uma Interventoria Federal e mantendo uma ligação política direta com todas as prefeituras, havia um cenário propício para o estreitamento das relações do IBAA com os criadores e lavradores. Por fim, a "publicidade elegante" realizada pelo Instituto – matérias publicadas nos periódicos locais e boletins técnicos editados por ele –, cumpriu papel importante nesta aproximação.

Internamente, continuava o intercâmbio com as instituições de pesquisa nacionais e o treinamento dos seus técnicos no Instituto Biológico, no Butantã, no IPT e no Instituto Agronômico de Campinas (IAC) em áreas técnicas essenciais para a execução e desenvolvimento de suas atividades – produção de soros, toxinas, quimioterápicos, vacinas, análises químicas de águas, minerais, identificação de perfis e levantamento de solos.

A necessidade contínua de treinamento dos pesquisadores do IBAA em instituições cariocas e paulistas mostra quão incipientes eram a formação dos docentes e a pesquisa realizada pelas escolas superiores de Agronomia, Veterinária e Química locais. A manutenção das atividades de ensino e pesquisa nestas escolas foi grandemente prejudicada pelo contingenciamento de recursos financeiros e pelas constantes transformações e vinculações institucionais. Diante deste cenário, marcado pela descontinuidade, os depoimentos dos pesquisadores mostram que os professores começaram a se aproximar do Instituto, pois este oferecia melhor infraestrutura laboratorial para a realização do trabalho científico e propiciava aos seus quadros oportunidades de aperfeiçoamento em instituições nacionais de prestígio. O próprio Enrietti reconhecia que

> [...] o espírito científico no Paraná ainda se encontra nos seus primórdios, todavia em face da orientação que se lhe traçou pelos poderes públicos, muito em breve se transformará num sólido e avançado centro de pesquisas e fonte de uma tecnologia industrial de grande repercussão para o progresso do estado.[40]

Em 1942, os serviços científicos foram transformados em divisões e foram realizados 362 boletins de análises de água, terras, produtos alimentares, adubos, minerais, bem como a extração de sais, não disponíveis no mercado para a fabricação de produtos veterinários, e a produção de nove tipos de vacinas, incluindo a da raiva e paratifo dos porcos. Além dessa produção de vacinas e quimioterápicos, a Divisão de Bacteriologia já começava a realizar exames mais sofisticados na área de parasitologia animal, detectando doenças como encefalomielite equina, peritonite em aves, raiva, bacilos de Koch em gânglios linfáticos bovinos, o que já demonstrava certa especialização de seu corpo técnico.

Ao regressar de seu estágio no Instituto Biológico de São Paulo, Lycio Vellozo estabeleceu um programa de trabalho intitulado "Esboço de defesa vegetal" que compreendia, além do aparelhamento de Divisão Científica de Fitopatologia e Entomologia, a organização do Serviço Sanitário Vegetal, órgão incumbido de realizar o levantamento fitossanitário do estado, juntamente com as inspetorias regionais da Secretaria de Agricultura. Em 1942, Enrietti alertava para a necessidade de se criar um serviço de combate à broca do café, praga que já começava a dar sinais no norte, causando prejuízos diretos à economia cafeeira em expansão no estado.

Além da ampliação das instalações (construção do prédio central), em 1942, o IBAA ampliava seu canal de comunicação com o meio rural, com a edição do boletim *Página rural*, primeiro veículo destinado à divulgação e aproximação do Instituto com os criadores e lavradores. Eminentemente informativo e escrito em linguagem simples, este boletim prestava informações sobre tipos de vacinas, vermífugos, fertilidade do solo, doenças animais e vegetais, fabricação de produtos caseiros como sabão, óleos etc.

Pela leitura dos relatórios, observa-se que a edição do *Página rural* e de outros informativos que se seguiram atendiam a outro objetivo, qual seja, mostrar à sociedade em geral, e às classes produtoras em particular, a relevância das atividades de pesquisa para o desenvolvimento paranaense, legitimando, assim, a existência e a permanência do Instituto na estrutura administrativa do estado.

De outro lado, a direção do Instituto procurava manter contatos e trocar informações com os institutos de pesquisas nacionais, com as Secretarias de Agricultura de São Paulo, Rio de Janeiro, Rio Grande do Sul, Paraíba, Bahia, Minas Gerais e com os Ministérios de Agricultura do México, Costa Rica, Venezuela, Paraguai, entre outros. Estes contatos indicam claramente a intenção de tornar o Instituto conhecido perante seus pares e estabelecer mecanismos de cooperação técnico-científica.[41]

Mesmo diante dessa conjuntura econômica difícil, em 1942, Enrietti propõe ao interventor Ribas a ampliação das atividades do IBAA, visando dar maior assessoramento não só às atividades agropecuárias, mas também para a indústria local. Era um projeto até certo ponto ambicioso, na medida em que nem mesmo dos programas de governo constava tal preocupação.

O governo não possuía diretrizes claras para o fomento da indústria, tampouco uma pasta destinada à coordenação dos assuntos referentes à indústria e ao comércio. Para tanto, argumentava Enrietti, bastava transformar o IBAA nessa instituição, munindo-o das condições financeiras, materiais e humanas capazes de dar conta dessa nova tarefa. Diante do exposto, pelo Decreto-Lei n. 110 de 30 de dezembro de 1942, o interventor Ribas criou o Instituto de Biologia e Pesquisas Tecnológicas (IBPT), mantendo a mesma estrutura, mas dotando-o de melhores condições físicas e materiais para atender às demandas da indústria nascente.

O TRINÔMIO AGRICULTURA, PECUÁRIA E INDÚSTRIA

O IBPT nasceu como uma instituição única e, sob o mesmo teto e direção, passava a aglutinar os estudos e as pesquisas nas áreas da agronomia, pecuária e da indústria. Essa característica o diferenciava de seus congêneres nacionais, pois sua organização e as linhas de pesquisa estabelecidas funcionavam de tal forma que, na visão de Reinaldo Spitzner, o IBPT atuava como se fosse "[...] uma filial do Instituto Biológico, do Instituto de Pesquisas Tecnológicas e do Agronômico de Campinas, aos quais, somos gratos pelos ensinamentos e íntima cooperação".[42]

A organização era entendida por Enrietti como a mais adequada para a realidade local, dado que a comunidade de pesquisadores era pequena, não havendo, portanto, necessidade de duplicar instituições. O Instituto que dirigia era considerado o mais bem aparelhado do estado. Em 1943, a estrutura do IBPT foi ampliada, foram criadas outras seções de pesquisa e serviços e contratados novos pesquisadores.

As atividades de cada divisão ficaram mais explícitas. De um lado, as divisões de Mineralogia, Geologia e Petrografia e a Divisão de Análises Agrícolas e Tecnológicas estavam mais voltadas para os estudos e análises de produtos e matérias-primas industriais. As divisões de Bacteriologia e Indústria de Fermentação, de Parasitologia e Zoologia e de Fitopatologia e Entomologia se dedicavam aos estudos da biologia animal e vegetal de interesse para o desenvolvimento da agropecuária. Depreende-se, da análise dos documentos, que essas atribuições eram distintas, mas não estanques, pois Enrietti incentivava o trabalho cooperativo, e a integração de todas as divisões de pesquisa era a mola-mestra do Instituto.

Instituto de Tecnologia do Paraná (Tecpar)

Laboratório de Geologia e Mineralogia do IBPT, década de 1940.

Contudo, a contribuição do IBPT para o setor industrial, em 1943, foi tímida. Os relatórios indicam que os serviços prestados restringiram-se à realização de análises, diga-se de passagem, um volume significativo. Só a Divisão Científica de Análises Agrícolas e Tecnológicas emitiu 1.091 boletins de análises sobre: rochas (257), carvão para gasogênio (216), alimentação animal (132), terras (101), óleos minerais e vegetais, sabões etc. A Divisão Científica de Mineralogia, Geologia e Petrografia foi a que mais cresceu, em 1943, em termos de instalações. Sua estrutura era formada por um museu e uma coleção de minérios com 510 peças catalogadas, seção de petrografia, seção de calorimetria, laboratórios, câmara escura de espectroscopia e aparelhos de raio-X. Além das análises de diversos minerais (244), foram realizados os primeiros estudos sobre a viabilidade técnico-econômica da implantação de indústrias extrativas, como a Companhia Portland do Paraná.[43]

Naturalmente, o IBPT continuou executando com maior segurança e condições os estudos habituados à agropecuária, e suas antenas já começavam a apontar para o interior do estado com a criação de três novos serviços, cada qual com sua jurisdição e inspetorias regionais, com a finalidade de fiscalizar, controlar e executar as medidas aconselhadas pelas divisões do IBPT. São eles: Serviço de Combate à Broca-do-Café, Serviço de Proteção à Caça e Pesca e o Serviço de Controle Sanitário Animal.

O Serviço de Combate à Broca-do-Café, coordenado por Lycio Vellozo, tinha por objetivo orientar, fiscalizar e executar todas as medidas referentes ao combate e à debelação da broca que infestava os cafezais na região norte, especialmente em Jacarezinho, Cambará, Ribeirão Claro, Cornélio Procópio, Londrina e Sertanópolis. A técnica de combate utilizada foi o espalhamento da vespa de Uganda, a mesma empregada em São Paulo.

Em 1943, o IBPT ampliou consideravelmente suas atividades e, conforme salientava Enrietti, o Instituto direcionava suas antenas a todos os quadrantes do estado, criando serviços de fiscalização, de controle e de proteção que, sob sua inteira responsabilidade, realizavam levantamentos agrícolas (pragas), pecuários (doenças) e de produtos e matérias-primas industriais. Esses serviços coletavam materiais, e os laboratórios realizavam as análises, cujos resultados voltavam ao campo na forma de vacinas e medidas preventivas.

Se, de um lado, o aumento crescente de demandas mostrava a legitimidade e a relevância do IBPT junto às classes produtoras, de outro, colocava sérios e grandes desafios financeiros e de gestão ao diretor. Não raro, as demandas implicavam a organização de novos serviços, a aquisição de materiais e equipamentos, a realização de viagens ao interior e, o mais importante e mais difícil de se obter a curto prazo, a contratação e a formação de novos pesquisadores e técnicos, em sua maioria formados nos institutos de pesquisa paulistas. Durante toda a gestão de Enrietti veremos que a busca de recursos para financiar as atividades do IBPT tomou-lhe tempo e energia. Na era do interventor Ribas, as solicitações foram quase equacionadas, mas nos governos posteriores a situação ficou mais complicada.

Em 1943, o diretor do IBPT, Marcos Enrietti, viajou aos Estados Unidos para conhecer de perto estações agronômicas e universidades. Dessa viagem, dizia ele,

> [...] guardei bem nítida a célula que gerou o grande parque industrial e o centro das pesquisas científicas dos EE.UD que, por certo, no momento, não podem ser adaptados integralmente ao nosso meio, porém preparar-lhe o terreno é condição viável e, para isto, a direção do IBPT já teve a prova, com a autorização de adquirir uma série de aparelhos e equipamentos de laboratório [...].[44]

Durante o ano de 1944, o Instituto continuava a alargar seus tentáculos. Com a criação da Secretaria de Agricultura, Indústria e Comércio, através do Decreto-Lei n. 251 de 18 de setembro de 1944, o IBPT completou sua organização, pois contaria com o respaldo de uma instituição que passava a coordenar os três setores econômicos do estado.

As divisões de pesquisa continuavam em plena atividade, analisando as amostras coletadas pelos serviços de fiscalização que, na medida das necessidades, iam sendo criados. Naquele ano foi o de Fiscalização e Controle de Tubos Cerâmicos Vidrados e de Solos, instalado junto à Divisão Científica de Análises Agrícolas e Tecnológicas. Os Serviços de Combate à Broca-do-Café e o Sanitário Animal tiveram grande atividade, inspecionando cerca de 7,9 milhões de pés de café e aproximadamente 60 mil animais.

Além das duas divisões existentes inicialmente, em 1945 o IBPT concluiu a organização de mais três, sendo que a Divisão Científica de Botânica e Citologia não se concretizou. No total eram dez serviços especializados, sendo cinco deles em fase de organização. Contava com uma seção administrativa, de desenho e biblioteca. De todas as divisões em funcionamento, a de Parasitologia e Zoologia e a de Fitopatologia e Entomologia ainda não estavam completamente equipadas e esta era uma das solicitações constantes de Lycio Vellozo, chefe da Divisão de Fitopatologia.[45]

Além dos trabalhos de saneamento na área vegetal e animal e da fabricação de vacinas e quimioterápicos de uso animal, cabe salientar a organização do serviço de anatomia patológica que passou a realizar os primeiros trabalhos de investigação básica.

Serviço de Anatomia Patológica: a primeira célula de pesquisa básica

O Serviço de Anatomia Patológica foi criado junto à Divisão de Parasitologia e Zoologia, em 1945, e tinha como objetivo desenvolver estudos na área de medicina veterinária que, articulado com outras divisões e o Serviço de Controle Sanitário Animal, passaria a elucidar pontos controversos relacionados com determinadas doenças. Para chefiar este serviço foi contratado o médico e anatomopatologista Heitor Medina – que até então trabalhava na produção de penicilina nos laboratórios do Departamento de Saúde de Santa Catarina – para iniciar os estudos sobre anatomia patológica no IBPT.

Da mesma forma, a seção de vírus da Divisão de Bacteriologia, comandada por Astolpho de Macedo, além de auxiliar no levantamento e caracterização de doenças animais, começava a realizar os primeiros estudos sobre vacinas contra raiva, aftosa, epitilioma contagioso de aves e vírus causadores de doenças como encefalomielite equina e peste suína, doenças estas que estavam grassando o estado de São Paulo.

As investigações científicas realizadas das divisões de Parasitologia e de Bacteriologia demonstram, de um lado, certa especialização científica do corpo de pesquisadores e, de outro, a internalização deste tipo de trabalho no Instituto. Com o desenvolvimento de pesquisas de caráter eminentemente investigativo, a direção do IBPT ia consolidando seu ambicioso modelo organizacional de pesquisa, baseado na pesquisa aplicada, pesquisa básica, produção e extensão, e estruturado para atender demandas, resolver problemas e propor soluções para a agricultura, a pecuária e a indústria paranaenses.

Para Enrietti, esta organização foi possível graças à implantação de uma bem-sucedida divisão do trabalho entre as divisões e os serviços de fiscalização que permitiu ao seu corpo de pesquisadores aumentar o número de análises, realizar estudos conjuntos, apresentar modificações nas rotinas como também trabalhos originais.[46]

Os objetivos e o projeto de Enrietti eram complexos e ambiciosos. A atuação do IBPT e a estratégia de Marcos Enrietti estiveram pautadas em quatro grandes vertentes. A primeira, sem sombra de dúvidas, foi a adoção de uma estratégia de atuação governamental, voltada à solução dos problemas locais que colocassem em risco o desenvolvimento da agricultura e da pecuária sem descuidar das potencialidades emergentes na área industrial.

A segunda foi a adoção de uma política contínua de treinamento e capacitação do corpo de jovens pesquisadores, pois a base científica no estado era incipiente nas áreas de química, agronomia e veterinária. A terceira vertente foi a implantação de uma estratégia de divulgação das atividades do Instituto, colocando-o a serviço das classes produtoras. A quarta, que foi também fator de distinção do IBPT e seus congêneres, foi a estruturação de serviços especializados para o tratamento das demandas de segmentos econômicos em vias de estruturação no estado, como, por exemplo, mineralogia, combustíveis, análise de águas, cerâmicas, entre outras.

Ao obter credibilidade junto às classes produtoras, o Instituto gerava antecedentes que permitiam à direção barganhar por maiores recursos junto aos governantes públicos para estruturar e ampliar suas atividades. Naturalmente, as relações familiares entre Marcos Enrietti e o interventor Manoel Ribas agiram sempre a favor dos planos de expansão do IBPT: um instituto comprometido com o desenvolvimento da ciência e com o atendimento das necessidades locais. Entretanto, as mudanças políticas ocorridas no estado, em 1945, iriam afetar a consolidação do seu projeto, e o IBPT começaria a tomar outros rumos.

O FIM DA ERA RIBAS E OS NOVOS DESAFIOS DO IBPT

No dia 5 de novembro de 1945, o Paraná recebeu a notícia de que Manoel Ribas não exerceria mais a função de interventor no estado do Paraná, e o empresário madeireiro, Moysés Lupion, era tido como o seu sucessor natural. Da saída de Ribas até a posse de Moysés Lupion em 1947, o Paraná foi governado por dois interventores federais. O primeiro foi o presidente do Tribunal de Justiça do Paraná, Clotário Portugal, e o segundo, o ex-deputado, professor e historiador, Brasil Pinheiro Machado, que, durante seu curto período na Interventoria, se empenhou fortemente no processo de restauração da Universidade do Paraná, ocorrido em 1º de abril de 1946.

O programa do primeiro governo de Lupion previa duas grandes metas. A primeira era a construção de uma infraestrutura de transportes para o escoamento da produção de café, que, além de correr risco de perdas, ainda era escoada via São Paulo, o que gerava prejuízos na arrecadação fiscal do estado. A segunda enfatizava a participação mais efetiva do estado na região norte, ou seja, oferecer melhores condições para a fixação dos migrantes, garantindo-lhes a posse da terra, a ampliação dos serviços de saúde, educação e segurança.[47]

Diferente de Ribas, seus sucessores Moysés Lupion (1947-1951, 1956-1961) e Bento Munhoz da Rocha Netto (1951-1955) não tiveram preocupações explícitas com o fomento da agropecuária, pois durante as décadas de 1940 e 1950 o perfil econômico do estado já tinha sido delineado. O fluxo de capitais e migrantes para a região produtora de café era inevitável. As políticas implementadas até a década de 1960 estariam calcadas nessa mesma base econômica e o que mudava era a ênfase dos programas. Para Lupion, "[...] as possibilidades materiais [estavam] dadas, cabendo ao governo assegurar a prosperidade moral, cultural e política. Tal prosperidade, entretanto, somente [seria] assegurada à medida que as necessidades materiais estivessem atendidas".[48]

Apesar do bom relacionamento de Enrietti com o governador Lupion, os reflexos desta política se fizeram sentir sobre o IBPT. Em 1946, o Instituto continuou ampliando suas atividades, equipando seus laboratórios e contratando novos pesquisadores, pois o orçamento aprovado para esse ano estava assegurado.

Mas o alastramento da peste suína (também conhecida como febre dos porcos) preocupava Enrietti. Dizia que a erradicação da peste ainda não havia sido possível, pois o IBPT não possuía infraestrutura adequada para produzir vacinas em quantidades suficientes. Para isso, solicitava recursos para a montagem de um laboratório de emergência para a fabricação da vacina de cristal violeta, vacina esta já testada e recomendada pela Comissão Mista de Debelação da Peste Suína no Vale do Paranapanema (São Paulo, Paraná e governo federal). Neste momento, exatamente num período em que o IBPT estava às voltas com a peste suína e a broca-do-café, Enrietti convidou Rocha Lima, Diretor do Instituto Biológico de São Paulo, para visitar o IBPT. Ao conhecer todas as instalações do Instituto e o interior do estado, Rocha Lima ressaltou o grande potencial de desenvolvimento do Paraná e a contribuição que o IBPT poderia fornecer para o desenvolvimento e aproveitamento de suas riquezas.[49]

Com a expansão das atividades do Serviço Sanitário Animal e do aparecimento de focos de doenças em várias partes do estado, a Divisão de Bacteriologia intensificava a distribuição e a produção de vacinas e quimioterápicos, e estudava e aperfeiçoava, em parceria com o Instituto de Biologia Animal do Rio Janeiro, a produção de outras vacinas contra carbúnculo, raiva e manqueira. O Serviço de Controle Sanitário Animal, que nesse ano passou a funcionar na cidade de Ponta Grossa (maior centro pecuarista do estado), esteve fortemente envolvido com o combate da peste suína que se alastrava rapidamente na região norte – Jacarezinho, Andirá e Bandeirantes. Foram ainda detectados focos de raiva bovina e equina na região sul – Lapa e Curitiba. Apesar de a broca-do-café estar controlada, o IBPT continuava ampliando os insetários e difundindo medidas preventivas.

Quanto à organização dos trabalhos, à medida que os laboratórios eram aparelhados e os serviços e inspetorias organizados, as divisões do Instituto passavam a executar trabalhos de laboratório, realizando exames e prestando assessoria aos serviços sanitários. Este é o caso das divisões de Fitopatologia e Entomologia e de Parasitologia e Zoologia. Esta última esteve bastante envolvida com o estudo e identificação das principais espécies de parasitas, chegando a traçar um quadro genérico da helmintologia animal no estado.

No campo das atividades de pesquisa propriamente ditas, surgiram três novidades interessantes: a criação da publicação *Arquivos de Biologia e Tecnologia*, com a finalidade de divulgar os trabalhos científicos realizados pelo Instituto, a estruturação do Serviço de Geologia, pelo geólogo alemão Reinhard Maack, e a participação de pesquisadores em congressos nacionais.

A chegada de Reinhard Maack e a organização do Serviço de Geologia

Em 1944, a Divisão de Mineralogia, Geologia e Petrografia, que já vinha desenvolvendo estudos e pesquisas na área de mineralogia, sob a direção de Hans Ludwig Weber, agora passava a executar trabalhos na área geológica, graças à contratação do geólogo e pesquisador alemão Reinhard Maack. A trajetória científica, a prisão e as perseguições políticas vividas por Maack em terras brasileiras durante a Segunda Guerra Mundial serão tratadas em profundidade no capítulo "O incansável explorador Reinhard Maack". Aqui vale destacar que, após suas andanças e uma longa permanência no continente africano, Maack fixou residência no Paraná em 1938, e até meados de 1942 trabalhou como geólogo no Museu Paranaense prestando assessoria a empresas mineradoras. Nessa época, estudou a geologia e geografia no Paraná, descobrindo na Serra do Mar o ponto geográfico culminante do estado, denominado por ele de Pico Paraná.

Seus conhecimentos em geodésia, fotogrametria, topografia e geologia contribuíram grandemente para o desenvolvimento dos trabalhos das demais divisões de pesquisa, principalmente no que tange ao conhecimento dos potenciais minerais, da formação geológica e fitogeográfica do Paraná.

Além da incumbência de elaborar o primeiro mapa fitogeográfico do Paraná, em 1946, Maack iniciava os levantamentos geológicos do período devoniano no estado, bem como pesquisas para determinação de caracteres petrográficos, perfis agrogeológicos de solos e águas minerais. Após várias expedições, elaborou 14 perfis e um esboço geológico sobre a distribuição do período devoniano no Paraná, utilizando uma estratigrafia completamente nova. Realizou ainda levantamentos das camadas gonduânicas nos estados do Paraná e de Santa Catarina e estudos sobre tipos de solos.

Os trabalhos de Maack foram os primeiros estudos geológicos sistemáticos realizados por pesquisadores paranaenses. Até esta época, as mais importantes pesquisas geológicas sobre o Paraná haviam sido executadas pela Comissão White e pelo Serviço Geológico e Mineralógico Brasileiro.[50] O trabalho "Notas preliminares sobre uma nova estratigrafia do devoniano no estado do Paraná" foi apresentado no II Congresso Interamericano de Geologia e Engenharia de Minas, realizado no Rio de Janeiro. Seus conhecimentos valeram-lhe o convite para integrar a comissão que elaboraria a Carta Geológica da América do Sul, cabendo-lhe estudar a formação geológica do Paraná e de Santa Catarina. Para Enrietti, esse trabalho levaria "[...] o nome do Instituto de Biologia e Pesquisas Tecnológicas e do estado, extra fronteiras, impondo-se ao respeito de órgãos científicos congêneres, coisa [que] até há pouco não ocorria no Paraná".[51]

Da mesma forma, porém em intensidade diferente, a Divisão de Análises Agrícolas e Tecnológicas começava a publicar os seus resultados de pesquisa nas revistas da Sociedade Paranaense de Química e Sociedade Brasileira de Química e participava com trabalhos em congressos nacionais na mesma área.

Note-se que, enquanto as divisões de Parasitologia e Fitopatologia começavam a definir seu perfil de pesquisa, as divisões de Mineralogia e Análises Tecnológicas encontravam-se num estágio em que seus pesquisadores começavam a divulgar seus trabalhos perante a comunidade nacional, pois suas áreas de atuação já estavam definidas e consolidadas.

Buscando o reconhecimento dos pares

Além do boletim *Página rural* destinado às classes produtoras e dos "Boletins técnicos" destinados aos técnicos, agrônomos, veterinários e químicos, agora o IBPT criava os *Arquivos de Biologia e Tecnologia*: veículo destinado à divulgação dos trabalhos científicos realizados pelo IBPT e direcionado essencialmente para pesquisadores.

Todos os artigos publicados nos *Arquivos* eram discutidos pela Comissão dos Arquivos e Reuniões (CAR), do IBPT, que tinha por objetivo não só orientar as atividades de pesquisa, mas também zelar pelo rigor científico das publicações. A CAR era composta por Lycio Vellozo, Reinhard Maack, Heitor Medina, Gastão Kubiack e Milton Burhrer e organizava as reuniões chamadas *Referatas*, de presença obrigatória e realizadas semanalmente nas dependências da Escola de Agricultura e Veterinária.

Pela primeira vez, desde a criação do Instituto, Enrietti queixava-se da falta de condições materiais, principalmente quando se referia à produção da vacina contra a peste suína. Novos tempos e prenúncio de mudanças para Enrietti e para o IBPT.

Governo Lupion: o IBPT perde apoio e visibilidade

Embora Lupion mantivesse boas relações com Enrietti, que permaneceu dirigindo o IBPT, agora os recursos destinados ao Instituto tinham de ser negociados em detrimento de outras prioridades do governo e tendo à frente um contexto de dificuldades econômico-financeiras do pós-guerra. Era uma situação completamente diferente de anos anteriores, e o Instituto perdia o apoio irrestrito dos governantes e o *status* de instituição-chave no assessoramento direto aos programas de governo.

Povoar, construir e abrir estradas... Estas foram ações estratégicas no governo Lupion.[52] O grande problema do estado estava no escoamento de produtos, no disciplinamento dos processos de colonização, e não propriamente na produção. Nesse contexto, o Instituto passava a ter participação secundária e sua atuação se dava apenas à medida que as calamidades acometiam as atividades agrícolas ou pecuárias, como, por exemplo, a broca-do-café, a invasão de gafanhotos e a peste suína. A direção do Instituto tinha de estar atenta às oportunidades para justificar a atuação do órgão, que nem sempre era bem compreendida.

Em 1946, Enrietti ouvia com certa frequência, nos círculos oficiais e civis, expressões de dúvida a propósito do valor dos trabalhos executados pelo IBPT. Aos que esperavam soluções imediatistas e de curto prazo que se manifestavam na mídia local,[53] Enrietti salientava que

> [...] ciência não se improvisa e cientistas não se formam em curto prazo nem na justa hora das necessidades. [...] continuaremos, apesar disso, no trabalho construtivo e incentivador para a formação de gerações novas de pesquisadores, não obstante as condições para pesquisas amplas estarem um tanto remotas.[54]

Aqui, vemos com clareza o projeto de Enrietti: criar no estado do Paraná um instituto de pesquisa multidisciplinar, cientificamente reconhecido e comprometido com a solução dos problemas locais.

No governo Lupion, seu projeto estava ameaçado e as críticas não tardaram a ocorrer. O país se redemocratizava e a atuação e as competências do IBPT passaram a ser alvo de críticas da sociedade local. Mas, de outro lado, a participação dos técnicos do Instituto em congressos nacionais, as referências elogiosas aos trabalhos publicados nos *Arquivos de Biologia e Tecnologia* e a assistência técnica prestada aos agricultores, pecuaristas e industriais eram provas que motivavam a direção a prosseguir com o processo de formação de pesquisadores e com a realização de estudos e pesquisas para apoiar o desenvolvimento do estado.

REFORMA DE 1949: FORTALECIMENTO DA PESQUISA E DO ENSINO

Em 1949, Enrietti propõe uma ampla reforma na estrutura do IBPT. A Lei n. 218 de 7 de julho de 1949, sancionada pelo governador Moysés Lupion, reorganizou as divisões e serviços do IBPT, visando enquadrá-los aos objetivos do Instituto de forma mais racionalizada que a anterior.

A nova estrutura ficou composta por sete divisões, cinco serviços especializados, duas seções administrativas, direção e um laboratório regional. Com esta reforma observa-se o fortalecimento das atividades de pesquisa, com o início de algumas linhas de investigação que marcariam a atuação do Instituto: a biologia, a geologia e a bioquímica.

Com a nova estrutura, as antigas divisões de Parasitologia e Bacteriologia transformaram-se na Divisão de Biologia Animal, agora encarregada de realizar estudos, diagnósticos e produzir as vacinas e quimioterápicos de uso veterinário, enquanto a Divisão de Biologia Vegetal, antiga Divisão de Fitopatologia, executaria os levantamentos e diagnósticos dos parasitas vegetais.

Para assessorar os trabalhos de pesquisa aplicada destas duas divisões foi criada a Divisão de Patologia Experimental: uma divisão de pesquisa científica, cujos estudos e análises subsidiariam os diagnósticos e levantamentos realizados pelas demais divisões do Instituto e órgãos da Secretaria de Agricultura.

A Divisão de Geologia e Mineralogia, sob o comando do mineralogista Hans Ludwig Weber, era formada pelos geólogos Reinhard Maack e João José Bigarella e os químicos Alsedo Leprevost e José Paim de Andrade. Maack viajava intensamente pelo interior do estado coletando material para compor o mapa fitogeográfico. O levantamento geológico do Paraná e de Santa Catarina estava em vias de conclusão, restando algumas análises que, até aquele momento, não tinham sido realizadas por falta de pessoal técnico especializado. Esta divisão atuava em estreita cooperação com as divisões de Química e de Solos, e deste trabalho resultaram muitos trabalhos interdisciplinares sobre clima, solos e vegetação do estado do Paraná, cujos resultados foram divulgados na II Reunião Brasileira de Ciência do Solo, realizada em Campinas (SP), em 1949.

A Divisão de Química e Tecnologia, chefiada por Spitzner, preocupava-se agora em aprimorar a qualidade dos produtos industrializados como cerâmicas e adubos, tornando-os, sempre que possível, mais acessíveis ao mercado consumidor. Orientada para o estudo dos solos por quase dez anos com a criação de uma divisão específica para tratar deste assunto, a Divisão de Química voltou-se para o estudo específico da acidez dos solos paranaenses, propondo a utilização do calcário como corretivo. O trabalho "Necessidade do combate à acidez do solo no estado do Paraná", apresentado na I Mesa-Redonda de Conservação do Solo, realizada em São Paulo, em 1949, foi alvo de muitas discussões.

As divisões de Geologia, Química e Solos passam a publicar de forma sistemática nos *Arquivos de Biologia e Tecnologia*, e seus pesquisadores participavam de vários congressos científicos nacionais, divulgando a produção técnica e científica do Instituto e trocando experiências com pesquisadores e instituições renomadas.

Do outro lado, temos as divisões de Biologia Animal, Biologia Vegetal e Patologia Experimental, que, contando com um grupo de pesquisadores qualificados e anos de experiência em pesquisas de campo, agora começavam a definir mais claramente suas linhas de pesquisa.

A Divisão de Biologia Animal assumiu a responsabilidade pela elaboração de diagnósticos e a produção de quimioterápicos e vacinas e pelos estudos e identificação de doenças animais. Em 1949, com a cooperação de Vitor Carneiro, do Instituto Biológico de São Paulo, após trinta dias de visitas ao interior do estado, os pesquisadores identificaram o surto de encefalomielite que vinha atacando o rebanho equino do Paraná. As análises do material foram realizadas no Instituto Biológico, pois o IBPT não possuía em seu biotério cobaias (camundongos brancos) para realizar os experimentos. Prosseguia o levantamento estatístico das helmintoses, trabalho esse que subsidiava as ações do Serviço Sanitário Animal, agora coordenado pela Secretaria de Agricultura e não mais pelo IBPT.[55]

A Divisão de Biologia Vegetal, sob o comando de Lycio Velozo, trabalhava em estreita cooperação com a de Solos e prosseguia com o levantamento fitossanitário do estado, identificando doenças e parasitas, preparando a montagem do herbário e de mostruários com peças patológicas.

A criação da Divisão de Patologia Experimental

A Divisão de Patologia Experimental surgiu da fusão do Serviço de Anatomia Patológica e do Serviço de Química Biológica e tinha por objetivos: a) estudar a fisiologia e as funções dos órgãos de animais e plantas, b) estudar hormônios, vitaminas, antibióticos, enzimas, alcaloides e outras substâncias com ação fisiológica ou farmacológica de origem animal ou vegetal, especialmente nos campos da biologia, microbiologia, farmacologia, toxicologia e histologia, c) realizar estudos sobre a patologia das doenças de origem desconhecida, d) desenvolver métodos e substâncias para defesa e para diagnósticos. Na área da química fisiológica, analisava substâncias orgânicas e inorgânicas de sangue, urina e órgãos animais para fins científicos e de diagnósticos.

Tais finalidades e atribuições denotam que a divisão passaria a ser o núcleo da pesquisa básica do Instituto, ou seja, daria suporte científico para as demais divisões que atuavam na área da biologia animal e vegetal. Para dirigir esta divisão, Enrietti convidou o médico dinamarquês e endocrinologista Christiam Bonskow,[56] que, juntamente com os também médicos Metry Bacila e Heitor Medina, começou a estruturá-la.

Ao retornar da Argentina, após realização do curso de aperfeiçoamento em bioquímica com o professor Frederico Leloir, futuro Prêmio Nobel de Química, Bacila foi convidado por Enrietti para assumir o Serviço de Química Biológica, criado em 1948. Bacila[57] era professor catedrático de Química Orgânica e Biológica da Escola de Veterinária e trabalhava na Divisão de Patologia Experimental do IBPT. Nessa época, Heitor Medina, então chefe do Serviço de Sorologia e Imunologia e do Serviço de Anatomia Patológica, já começava a publicar nos *Arquivos* do IBPT os primeiros resultados dos seus estudos sobre leishmaniose.

Embora não contando com instalações, materiais e equipamentos adequados e ressentindo-se da falta de pessoal especializado, a Divisão de Patologia Experimental encaminhava os primeiros trabalhos em patologia geral e experimental nas áreas de endocrinologia, nutrição, patologia, fisiologia e bioquímica. Já nessa ocasião, a Divisão participou da histórica I Reunião da Sociedade Brasileira para o Progresso da Ciência (SBPC) realizada, em 1949, na cidade de Campinas (SP), apresentando dois trabalhos: Metry Bacila, "Galactoquinase em tecidos animais", e Medina e Bodziack, "Contribuição ao conhecimento do ciclo extraparasitário do Paracoccidioide Brasiliensis" (Almeida, 1931)".[58]

Nessa I Reunião da SBPC dois fatos marcariam a atuação do IBPT no cenário científico nacional. Primeiro, foi tomada a decisão de que a próxima reunião seria realizada em Curitiba, cabendo a Bacila e Enrietti (sócios-fundadores da SBPC de n. 25 e 330, respectivamente) a responsabilidade pela organização. Segundo, foi o encontro de Enrietti e Bacila com Harry M. Miller Jr., representante da Fundação Rockfeller na América Latina para as áreas de ciências naturais e agricultura e o convite para que este visitasse o IBPT. Tanto Enrietti como Bacila tinham conhecimento dos aportes financeiros da Fundação Rockfeller às instituições de pesquisa agropecuária brasileiras e latino-americanas.

A visita de Miller seria uma oportunidade de negociar novos recursos para aparelhar os laboratórios de pesquisa do IBPT, que, no governo Lupion estavam se tornando escassos. Em 1949, os recursos orçamentários do IBPT eram insuficientes para fazer face às demandas de ampliação de seus laboratórios e o prognóstico para os anos posteriores tenderia a se agravar. No governo de Bento Munhoz da Rocha (1951-1955) e no segundo governo de Moisés Lupion (1956-1961), 41% dos recursos orçamentários do estado foram canalizados aos setores de viação e obras públicas.[59]

Coincidência ou não, com a saída do interventor Ribas, o relacionamento do IBPT com o governo tornava-se cada dia mais enfraquecido, e a comunidade interna de pesquisadores, que já ensaiava pequenos vôos em termos de pesquisa fundamental, passava a requerer melhores condições de trabalho. Este momento da vida da instituição vinha de encontro ao movimento nacional em prol da profissionalização das carreiras científicas e da busca de autonomia financeira para as instituições de pesquisa brasileiras.

Em busca da autonomia e da valorização científica

A II Reunião Anual da SBPC foi realizada em Curitiba, em novembro de 1950, e contou com total apoio do IBPT, pois representava uma oportunidade ímpar para a divulgação dos trabalhos do Instituto e para a aproximação de seus pesquisadores com renomados cientistas nacionais. Cabe destacar que a primeira Divisão Regional da SBPC foi organizada em Curitiba em 1949 e contou com a colaboração de Marcos Augusto Enrietti e Metry Bacila, do IBPT, de Arthur Oto Schwab, da Universidade do Paraná, e de José Loureiro, do Museu Paranaense. Em 1950 foram instaladas as Seções Regionais do Rio de Janeiro e de Belo Horizonte.[60]

A II Reunião Anual da SBPC em Curitiba teve como tema "A industrialização à margem da mata virgem" e apresentou uma série de conferências e comunicações nas áreas de química, física, geologia e biologia. Dois simpósios discutiram a importância industrial dos estudos geológicos, reflorestamento, antibióticos e indústria da fermentação, estatística, seleção e treinamento de técnicos, e genética de micro-organismos. Dos 167 trabalhos apresentados, 13 foram de autoria de pesquisadores do IBPT, dos quais destacamos os estudos na área fitossanitária (Lycio Vellozo) e composição química das águas do litoral e sambaquis paranaenses (Leprevost e Bigarella).[61] As conferências sobre a importância industrial dos estudos geológicos foram coordenadas por Maack, Othon Leonardos, Vitor Leinz e Otávio Barbosa. Bacila coordenou a mesa sobre antibióticos e fermentação, o professor Arthur O. Schwab, da Faculdade de Medicina do Paraná, presidiu um seminário sobre estatística e Marcos Augusto Enrietti fez uma conferência sobre "Organização e realizações do IBPT".

Fundação Rockfeller: as primeiras impressões

Ao visitar o IBPT, Harry Miller, diretor da Divisão de Ciências Naturais e Agricultura da Fundação Rockfeller, não imaginava encontrar uma instituição de pesquisa com aquele perfil e porte no estado do Paraná.[62] Nessa época, o IBPT dispunha de uma série de laboratórios, instalações e equipamentos em sua totalidade financiados com recursos do Tesouro do Estado e programas de pesquisa em andamento, coordenados por uma equipe de pesquisadores treinados nas melhores instituições nacionais. Tudo organizado em três edifícios que abrigavam a administração, sete divisões de pesquisa e seus respectivos serviços, uma biblioteca, um laboratório de fotografia e desenho, biotérios, oficinas etc.

Além da organização, Miller valorizou a excelente localização geográfica do IBPT, pois estava muito próximo das escolas de Veterinária e Agronomia, o que, a seu ver, favorecia o intercâmbio técnico-científico entre pesquisadores e instituições. O interesse de Miller pelo Instituto pode ser entendido, ainda, se considerarmos que a Fundação Rockfeller incentivava o trabalho de pesquisadores em espaços institucionais onde pudessem dedicar-se integralmente à pesquisa, sem se preocuparem com tarefas administrativas.

Diante desse panorama, e sendo de interesse da Fundação Rockfeller estimular o desenvolvimento das ciências básicas e agrícolas na América Latina,[63] iniciaram-se os primeiros entendimentos entre o IBPT e a Fundação visando a concessão de auxílios financeiros para equipamento de laboratórios e treinamento de pesquisadores. Se antes a pesquisa aplicada era a área dinâmica do IBPT – o que permitiu sua expansão física e laboratorial para atender às crescentes demandas de análises (solos, águas, combustíveis, minerais etc.) de diagnósticos e produção de vacinas –, agora a pesquisa básica mostrava-se o meio pelo qual o Instituto poderia alavancar novos recursos para completar e modernizar sua infraestrutura laboratorial e continuar formando seu corpo de pesquisadores em renomadas instituições internacionais.

Mas, para isso, a direção deveria processar algumas mudanças em sua estrutura, principalmente em seu quadro de pessoal, para garantir o treinamento e a fixação funcional de seus pesquisadores. No entanto, a tão almejada reformulação institucional não aconteceu de imediato como em épocas anteriores, vindo a ocorrer somente em 22 de janeiro de 1951, pela Lei n. 574, quando o governador Lupion transformou o IBPT em entidade autárquica.

Além de criar o quadro próprio de pessoal e instituir o Conselho Consultivo, essa lei também estabelecia novas atribuições ao IBPT, quais sejam: investigar os processos de defesa sanitária humana, realizar cursos intensivos, teóricos e práticos em áreas afins do Instituto, facilitar e promover o aperfeiçoamento dos técnicos por meio de cursos de extensão, inspeções, estágios no país e no exterior e divulgar os conhecimentos científicos e a experiência técnica de seus pesquisadores. Note-se a ênfase na institucionalização das atividades de treinamento do corpo de pesquisadores, que, apesar de ter sido uma prática habitual, não era regulamentada.

Na verdade, o projeto de Enrietti era ousado para a época na medida em que previa a construção de um novo edifício para ali instalar toda a infraestrutura laboratorial das três divisões que se ocupavam da pesquisa básica e da formação de pesquisadores, bem como solicitava mais recursos para que o Instituto pudesse ampliar seus raios de ação. Agora era a incorporação da produção de vacinas de uso humano e, para tanto, seria necessário equipar os laboratórios, pois até então o IBPT fabricava somente vacinas de uso veterinário.

As negociações com a Fundação Rockfeller avançavam... Além da concessão de auxílio financeiro no valor de 40 mil dólares para a compra de aparelhos e equipamentos para as divisões de pesquisa básica, previa-se também a ida de pesquisadores paranaenses aos Estados Unidos para completar sua formação em renomadas universidades. Mas o apoio financeiro da Fundação Rockfeller estava condicionado à construção do novo edifício para abrigar essas divisões e à implantação de um plano de carreira para os pesquisadores do IBPT, que deveriam dedicar-se integralmente às atividades de pesquisa. Esta era uma das bandeiras da SBPC à época e já era uma realidade em outros institutos de pesquisa nacionais: a implantação do regime de dedicação exclusiva. Nesse momento, já se podia observar a presença de professores e alunos da Escola de Medicina do Paraná que vinham realizar seus experimentos nos laboratórios do IBPT, segundo Bacila, os mais bem equipados do estado.[64]

Mas o projeto de Enrietti foi adiado por alguns anos em virtude da crônica falta de recursos financeiros. Até 1955 o IBPT passou por duas graves crises. A primeira, ocorrida em 1951, foi marcada pela falta de materiais e drogarias de laboratório, pela deficiência no fornecimento de energia elétrica e pela falta de pessoal, causando atrasos e interrupções nos programas de pesquisa das divisões de Biologia Animal, Biologia Vegetal, de Química e de Solos, de Geologia e Mineralogia e da recém-criada Divisão Experimental de Combustíveis. A Divisão de Patologia Experimental, em fase de organização, chefiada por Christiam Bomskov, auxiliado por Bacila e Medina, aguardava equipamentos e melhores instalações para dar início aos estudos na área de enzimologia.

Durante este período de inatividade (leia-se falta de recursos para a realização das análises, pesquisas de campo e ampliação laboratorial), os recursos do IBPT foram utilizados em viagens técnicas e na capacitação de seus pesquisadores, que se dedicaram à elaboração de artigos científicos, à realização de palestras e à participação em congressos nacionais e internacionais, entre os quais destacamos o V Congresso Sul-americano de Química e I Congresso Pan-americano de Medicina Veterinária, realizados em Lima (Peru), a IX Reunião Anual da Associação Brasileira de Normas Técnicas, realizada em São Paulo, e o Congresso de Fertilizantes, no Rio de Janeiro. Em 1952, Marcos Enrietti e Hans Ludwig Weber realizaram uma longa viagem de seis meses à Europa e visitaram instituições que trabalhavam com o estudo e processamento do xisto pirobituminoso, além de universidades e centros de pesquisa. Os pesquisadores realizaram alguns cursos de treinamento em instituições nacionais e estrangeiras e, a exemplo de outras instituições, o IBPT criou quatro bolsas de estudos para alunos que desejassem estagiar em seus laboratórios.[65]

A segunda grande crise financeira do IBPT, e de outras instituições públicas e privadas estaduais, ocorreu em meados dos anos 1950 e foi provocada pelas grandes geadas durante os anos de 1953-1954, que trouxeram grandes prejuízos à lavoura cafeeira, impactando seriamente as exportações e a arrecadação paranaenses. Nesse período, os recursos destinados ao IBPT foram drasticamente reduzidos, comprometendo ainda mais a finalização do seu plano de obras que previa, entre outras, a construção do prédio para abrigar as divisões científicas do Instituto. Não fossem os recursos da Fundação Rockfeller, estas linhas de investigação não teriam se desenvolvido, e o IBPT não teria figurado entre as instituições de renome nacional na área da bioquímica.

Patologia experimental: uma célula isolada

Os contatos com a Rockfeller já começavam a dar resultados. De maio de 1952 a 30 de novembro de 1953, Metry Bacila dirigiu-se para os Estados Unidos para fazer seu pós-doutorarnento em Bioquímica. Durante este período, fez o Curso de Fisiologia Geral do Marine Biological Laboratory (Woods Hole, Massachussets), sob a supervisão do professor P. R. Ronkin, com o qual publicou um artigo científico. Em seguida dirigiu-se para a Divisão de Bioquímica do Departamento de Medicina da Universidade de Chicago, onde realizou estudos sobre metabolismo de açúcares e enzimas relacionadas, sob a supervisão de E. S. Guzman Barron – professor peruano interessado em difundir o ensino da bioquímica na América Latina. Além de publicar dois trabalhos com o professor Barron, participou de congressos, realizou pesquisas na Universidade de Winsconsin e visitou os laboratórios de bioquímica da Johns Hopkins University, University of Pennsylvania e da Columbia University.

Com a saída de Chistiam Bomskow, em 1954, Bacila, que acabara de retornar dos Estados Unidos, assumiu a chefia da divisão, redirecionando sua linha de investigação.

O retorno de Bacila deu novo impulso às pesquisas, introduzindo novas linhas de investigação que, além do interesse científico propriamente dito, ainda podiam elucidar pontos importantes sobre os diversos fungos e parasitas que afetavam plantas e animais. Se antes a pesquisa centrava-se no estudo dos hormônios e vitaminas, agora o objetivo era estudar os aspectos bioquímicos de fungos apodrecedores de madeira, fungos parasitas e o metabolismo de protozoários do gênero *Leishmania*. No Relatório IBPT de 1954, a direção apontava que

> Dentro do plano geral de investigações sobre fungos que nos propusemos realizar, a dos fungos parasitas está a merecer nossas melhores atenções. Tal propósito resulta da impressão que temos de que é necessário que esta divisão dê a devida atenção a um problema tão importante para o nosso homem rural. Com este fito, estabelecemos, juntamente com o prof. Heitor Segundo Medina, um programa de trabalho a iniciar-se pelo *Spotrichum buermani* e pelo *Paracoccideoide brasiliensis*.[66]

Os primeiros fungos apodrecedores de madeira estudados pela equipe da Patologia Experimental foram isolados por Mario José Nowacki e Oswaldo Fontoura, da Biologia Vegetal. Além de introduzir novas metodologias de análise na área de bioquímica, Bacila estreitou relações com a Fundação Rockfeller e com importantes bioquímicos da época, contatos esses que iriam marcar a atuação da divisão não só dentro do IBPT, mas também no contexto da pesquisa bioquímica no país.

Com exceção da Divisão de Patologia Experimental, que sofreu reformulações e redefiniu seu objeto de estudos, e da certa independência do Serviço de Geologia comandado por Maack, em 1954, as demais divisões, principalmente a de Biologia Animal e Vegetal, passaram por sérias dificuldades, incluindo até a paralisação de algumas atividades.

A gênese dos estudos em bioquímica no Paraná

Em 1955, além de Bacila e Medina, compunham a equipe da Divisão de Patologia Experimental o químico Dinor Olegário Voss e as recém-contratadas Bella Regina Kupper, Déa Amaral e Emília Slobodian, que centraram as pesquisas no estudo da fisiologia celular de alguns fungos apodrecedores de madeira, fisiologia de fungos parasitas (*Sporatricchum schenkii* e *P. brasiliensis*) e no estudo das *Leishmanias enrietti brasiliensis*, nome dado em homenagem ao diretor do IBPT. Segundo consta no relatório anual do IBPT de 1955, uma das realizações importantes da Patologia Experimental foi a descoberta de um meio capaz de cultivar e produzir as leishmânias em quantidades suficientes e que permitissem o estudo bioquímico das mesmas. Assim, Heitor Medina conseguiu, pela primeira vez, cultivar a *Leishmania enrietti* nestas condições.

Dinor Olegário Voss trabalhava na elaboração de curvas espectrofotométricas de cerca de trinta alcaloides, utilizando a técnica de partição cromatográfica de papel e espectrofotometria para analisar as referidas substâncias. Em paralelo, Heitor Medina e Emília Slobodian realizavam experiências fisiopatológicas e análises para determinação das taxas normais sanguíneas dos animais de laboratório. Também estavam sendo estudadas novas técnicas para caracterização cromatográfica de cetos e hidroxiácidos, bem como novas técnicas para analisar aminoácidos e açúcares, este último em cooperação com a Faculdade de Medicina do Paraná.

Esses estudos deram origem a oito trabalhos científicos: quatro publicados nos *Arquivos* do IBPT e três apresentados, como de costume, em conclaves científicos nacionais, como a VII Reunião Anual da SBPC realizada em Recife e a X Convenção Anual de Farmacêuticos em Porto Alegre. Sete desses trabalhos foram publicados em coautoria com Bacila, sendo que, um deles, à respeito de fungos apodrecedores de madeira, teve a colaboração do professor e bioquímico E. S. Guzmann Barron, da Universidade de Chicago, que estivera no IBPT em 1954.

Ao mesmo tempo em que organizava as atividades de pesquisa da Divisão de Patologia Experimental, Metry Bacila chefiou a Seção de Bioquímica do Instituto Zimotécnico da Escola Superior de Agricultura Luiz de Queiroz (Esalq), de setembro de 1955 a agosto de 1956. Nesse período, ministrou cursos especializados na área de bioquímica e organizou as atividades de pesquisa daquele Instituto, principalmente aquelas vinculadas aos estudos enzimológicos com leveduras, fungos e outros micro-organismos.

Com auxílio da Fundação Rockfeller, através de bolsas e equipamentos, em 1956, a Divisão de Patologia Experimental foi reorganizada, instalando o seu almoxarifado interno e um laboratório que abrigavam todos os instrumentos e equipamentos existentes e destinados aos trabalhos da equipe. Dinor Voss instalou um aparelho de eletroforese de Tiselíus doado pela Universidade de Chicago, por intermédio da Fundação Rockfeller.

Além das pesquisas na área da fisiologia celular de vários fungos patogênicos e leveduras, agora Heitor Medina e Manoel Lourenço Branco, recém-contratado, iniciavam os estudos bioquímicos de protozoários patogênicos, mais especificamente sobre o ciclo vital do *Trypanossoma equinum*, até então pouco estudado. As análises cromatográficas e espectrofotométricas em alcaloides, realizadas pelo engenheiro químico Dinor Voss, encontravam-se concluídas e prontas para publicação.

Dos trabalhos científicos realizados pela Patologia Experimental, em 1957, dois merecem destaque. O primeiro são os estudos sobre o metabolismo da galactose por alguns fungos apodrecedores de madeira, que vinha sendo desenvolvido por Bacila e Falanghe da Esalq. O segundo é o estudo das galactoses, realizado por Medina. Enquanto estagiava na Northwestern University em Chicago, sob a supervisão do professor J. A. D. Cooper, Medina conseguiu purificar a enzima galactoxidase responsável pela oxidação direta da galactose. Segundo consta no Relatório IBPT de 1957, "Descobriu-se, assim, pela primeira vez, um tipo de oxidação direta da galactose até então desconhecido completamente".[67] Os resultados destas pesquisas foram apresentados na IX Reunião Anual da SBPC, no Rio de Janeiro. Bacila, bastante entusiasmado com os resultados, escreveu a Harry Miller, da Rockfeller, dizendo que a participação dos seus grupos de pesquisa do IBPT e da Esalq havia sido excelente.[68]

A fim de aprofundar os estudos sobre esse tipo de açúcares, Bacila, com o apoio do Conselho Britânico e do CNPq, convidou o professor e bioquímico B. A. Stone, da Universidade de Londres, para permanecer durante quatro meses nos laboratórios da Divisão de Patologia Experimental. O professor Stone havia publicado um importante trabalho sobre o metabolismo da xilose em *Candida albicans*.

Ainda nessa mesma época, vinha mantendo contatos para trazer também ao IBPT o professor Bernard L. Horecker, da Universidade de Nova York, para participar das atividades de pesquisa e dar cursos na Patologia Experimental no ano de 1958. Firmou também um acordo com o Instituto de Pesquisas Aplicadas da Faculdade de Medicina do Paraná para a realização de trabalhos conjuntos.

Em 1958, a equipe da Patologia Experimental aumentou. Agora trabalhavam também o veterinário Annibal Campello, os engenheiros químicos Luiz Alberto Veiga e Alceu Schwab, e ainda estagiavam Clotilde Branco, formanda do curso de Veterinária da Escola Superior de Agricultura e Veterinária incorporada à Universidade Federal do Paraná em 1961 –, e a farmacêutica Glaci Zancan, da Faculdade de Farmácia da Universidade Federal do Rio Grande do Sul (UFRGS). Esta última viera aperfeiçoar seus estudos sobre os aspectos cinéticos do ciclo de Krebs em leveduras do gênero *Cândida*, objeto de sua tese de doutoramento junto àquela faculdade. Como resultado dos trabalhos executados no decorrer desse ano, a equipe publicou vários artigos científicos em periódicos nacionais e internacionais, demonstrando a qualificação científica do quadro de pesquisadores do Instituto.

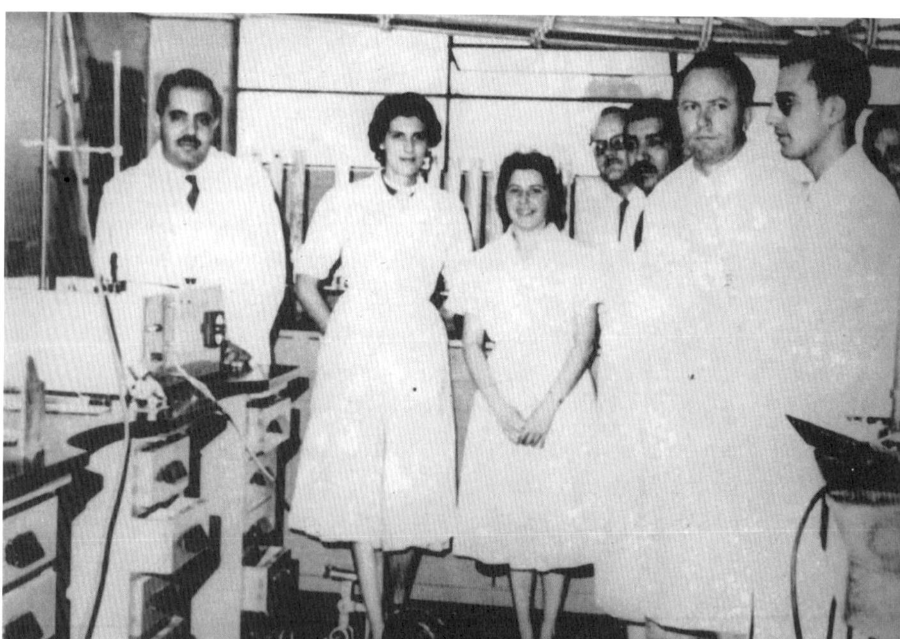

Instituto de Tecnologia do Paraná (Tecpar)

Parte da equipe da Divisão de Patologia Experimental, liderada pelo professor Metry Bacila. Da esquerda para direita: Metry Bacila, Déa Amaral, Glacy Zancan, Sieg Odebrecht, visitante mexicano, Alceu Schwab e Annibal Campelo.

Com a renovação do seu quadro técnico e a ampliação de contatos, a Divisão de Patologia Experimental viabilizou a realização de trabalhos cooperativos e o envio de seus pesquisadores para treinamento em outras instituições nacionais e internacionais. Percebe-se, claramente, que a Divisão de Patologia Experimental constituía quase que um órgão autônomo dentro do IBPT. Com exceção do pagamento de pessoal, os equipamentos, materiais de pesquisa e o treinamento de pesquisadores eram viabilizados com recursos nacionais oriundos do CNPq e Capes e internacionais, neste caso, da Fundação Rockfeller.

O grupo de pesquisa em bioquímica do IBPT vinha atraindo cada vez mais professores da Universidade Federal do Paraná e estudantes de outras instituições nacionais. Tal atração se dava, em parte, pela boa repercussão que vinha tendo o Curso de Fisiologia de Micro-organismos, iniciado em 1957, cujas aulas teóricas e práticas eram ministradas por renomados pesquisadores nacionais e internacionais. Apesar da falta de recursos para a publicação dos *Arquivos* e da *Revista IBPT*, a equipe conseguia publicar seus trabalhos em outros periódicos científicos de circulação nacional e Bacila, em revistas internacionais como a *Acta Physiolgica Latinoamericana* (1958), *Endocrinology* (1954), *Biological Bull* (1952).

O Curso de Fisiologia de Micro-organismos: a formação de novos pesquisadores e a busca da excelência científica

Ao lado das atividades de pesquisa e da participação usual em congressos científicos importantes, a Divisão de Patologia Experimental passava a implementar um programa de treinamento de seus pesquisadores na área de bioquímica de micro-organismos, seja enviando seus pesquisadores para treinamento no exterior, seja trazendo pesquisadores de renome para ministrarem cursos no IBPT.

Assim, em 1956, Bella Regina Kupper realizou estágio de aperfeiçoamento durante seis meses no laboratório do doutor Frederico Leloir no Instituto de Investigaciones Bioquímicas, em Buenos Aires, e o engenheiro químico Joseph Thiemann, que permanecera pouco tempo na divisão, dirigiu-se à Universidade de Wisconsin e, sob a orientação do professor E. D. Foster, concluiu seu curso de mestrado com a tese *Carbon Balance of Rumen Bacteria*. Heitor Medina, por sua vez, preparava-se para ir aos Estados Unidos realizar os seguintes cursos: Radioisótopos com o professor John Cooper da Northwestern University em Chicago, de Fisiologia no Marine Biological Laboratory, em Woods Hole, Massachussets, e Citologia com o professor Mazia da Universidade da Califórnia, em Berkeley.

Em contrapartida, a Patologia Experimental começava a receber em seus laboratórios alunos de outras instituições nacionais para realizar estudos e pesquisas na área de fisiologia de micro-organismos. Em 1956, encontravam-se estagiando três pesquisadores da Esalq, Octávio Walsechi, Hélio Falanghe e Geraldo C. de Mello Ayres, financiados com recursos da Capes. Bacila também começava a difundir esta área de estudos para outras instituições nacionais. Durante os anos de 1955-1956 dividiu suas atribuições entre a Divisão de Patologia Experimental e o Instituto Zimotécnico da Esalq, Faculdade de Medicina de São Paulo e Faculdade de Medicina da UFPR, ministrando três cursos de extensão na área de enzimologia e fisiologia de micro-organismos para médicos e farmacêuticos. Desses cursos resultaram trabalhos conjuntos que foram apresentados na VIII Reunião da SBPC realizada em Ouro Preto, em 1956.

Uma vez que os cursos sobre fisiologia de micro-organismos, ministrados por Bacila, vinham suscitando interesse e tendo em vista que a Divisão de Patologia Experimental possuía competência científica e boas condições físicas e materiais, resolveu-se internalizar este curso nas dependências do IBPT. Constata-se, assim, o início da formação do tripé pesquisa-produção-ensino.

O I Curso de Fisiologia de Micro-organismos, realizado em 1957, teve sua organização iniciada em 1956, quando Bacila manteve contatos com a Capes e a Fundação Rockfeller a fim de viabilizar recursos para trazer palestrantes e estudantes para Curitiba. Bacila consultava a Fundação Rockfeller sobre a possibilidade de concessão de bolsas de estudo para três pesquisadores e dez estudantes que permaneceriam nas dependências da divisão por cinco meses, para se especializarem na área de fisiologia de micro-organismos. Em 28 de setembro de 1956, Miller respondia que este tipo de auxílio certamente seria conseguido junto à Capes e ao CNPq. Mas não deixava de considerar a ideia, pois,

> Na minha opinião e de meus colegas da Fundação, é muito importante que jovens brasileiros obtenham em seu próprio país um treinamento científico básico, em áreas de seus interesses, e tenham a oportunidade de demonstrar suas aptidões para a pesquisa, antes de solicitarem às agências nacionais e internacionais, qualquer auxílio para realizarem experiências no exterior.[69]

Assim, de 15 de janeiro a 28 de fevereiro de 1957 foi realizado o I Curso de Fisiologia em Micro-organismos nas dependências do IBPT, no bairro Juvevê, em Curitiba. Esse curso foi financiado pela Capes e contou com a participação dos pesquisadores da Esalq Franz G. Briguer e Eurípedes Malavolta, sendo o primeiro um dos pioneiros no ensino e pesquisa da genética vegetal no Brasil; do Instituto Oswaldo Cruz vieram Gilberto Guimarães Vilella, um estudioso da fisiologia e bioquímica; e da Universidade da Califórnia, Berkley, veio o professor e bioquímico C. C. Delviche para ministrar o curso. Além do corpo técnico da Divisão de Patologia Experimental, participaram alunos de outros estados e um técnico da FAO (Food and Agricultural Organization).

No verão de 1958, foi realizado o II Curso de Fisiologia de Micro-organismos. O material didático, elaborado por Metry Bacila, Euripedes Malavolta, Gilberto G. Villela, Franz G. Brieger, Olavo Romanus, D. M. Passos e Déa Amaral, foi publicado pela própria divisão.

Encerrado o curso e contando com recursos do CNPq e da Fundação Rockfeller, Bacila retorna aos Estados Unidos, por seis meses, para continuar seus estudos. Sob a coordenação do professor Britton Chance, na Johnson Research Foundation for Medical Physics, da Universidade da Pennsylvania, desenvolveu pesquisa e estudou a aplicação de métodos biofísicos na área de respiração celular em tecidos e em mitocôndria isolada, resultado este publicado na revista *Acta Physiologica Latinoamericana*, em 1958.

Agora, além de produzir vacinas, realizar pesquisa aplicada e básica, o Instituto começava também a formar novos pesquisadores na área de bioquímica. Constata-se que com a organização do I Curso de Fisiologia de Micro-organismos, o IBPT internalizou as atividades de ensino e completou seu modelo organizacional baseado no tripé pesquisa-produção-ensino.

O progresso das atividades de ensino e pesquisa na Divisão de Patologia Experimental foi, em grande medida, obtido graças aos auxílios da Fundação Rockfeller. Entretanto, para continuar a receber tais auxílios de forma sistemática para todo o Instituto, o governo do estado e a direção do IBPT teriam de proceder algumas mudanças, tais como a implantação do regime de tempo integral, condição básica colocada pela Fundação Rockfeller para o fornecimento dos auxílios institucionais.

As negociações com a Fundação Rockfeller ocorreram efetivamente a partir de 1955. Enquanto Enrietti tentava encontrar uma solução institucional para resolver o problema da penúria de recursos, o interesse da Rockfeller tinha endereço certo: a Divisão de Patologia Experimental. É por meio dessa negociação que podemos compreender e analisar mais profundamente a atuação do Instituto nos últimos anos da gestão de Enrietti, uma vez que ele não abordou em seus relatórios anuais este peculiar processo.

A documentação mostra que o interesse da Fundação Rockfeller pelo IBPT estava no fato de que o Instituto poderia desenvolver trabalhos científicos em áreas de importância econômica, especialmente a agricultura e a pecuária, como também em áreas em que as descobertas pudessem atender às necessidades tecnológicas das indústrias extrativas e manufatureiras. Dentre todas as divisões do Instituto, a Fundação Rockfeller resolveu investir na Divisão de Patologia Experimental, pois, além da forma como estava estruturada, apresentava as melhores perspectivas para o desenvolvimento de estudos científicos dentro do IBPT. O estudo dos fungos apodrecedores de madeira, por exemplo, correspondia perfeitamente a essa diretriz.[70]

O IBPT e a Fundação Rockfeller: a controvérsia em tempo integral

Em correspondência enviada a Harry Miller, em 15 de abril de 1955, Enrietti colocava-o a par das mudanças políticas do estado e das condições de trabalho, dizendo que as atividades de pesquisa haviam avançado desde que o Instituto recebera os auxílios da Fundação Rockfeller e,

> mais do que nunca, estou convencido que a prosperidade deste Instituto depende do sucesso de suas relações com a Fundação Rockfeller, e apesar do Sr. não gostar de ouvir isso de nossa parte, todos sabemos que lhe devemos uma grande parcela da sua boa vontade, gentileza e profunda compreensão de nossos problemas, condições de trabalho e dificuldades. Algumas vezes nos parece, Dr. Miller, que a tentativa de continuar as atividades de pesquisa neste país é como escalar uma íngreme montanha, onde a cada metro e a cada lado, e, em qualquer direção, ao tentar-se qualquer sucesso nesta escalada, há sempre um grande obstáculo a superar. [...] É verdade, Dr. Miller, que ainda não temos conseguido as condições ideais para os trabalhos de pesquisa. Estou me referindo ao problema do *full time*.[71]

As conversações já vinham sendo mantidas há algum tempo e tudo indica que nenhum sucesso fora obtido até então, pois Enrietti reafirmava a Miller que o grupo de pesquisadores da Patologia Experimental vinha realizando um *voluntier full time work*, sem qualquer aumento em seus salários, e que estava tentando junto ao CNPq e à Capes recursos destinados à complementação salarial dos pesquisadores.

Ao mesmo tempo em que dizia não ser possível ainda a implantação do tempo integral no IBPT, Enrietti noticiava em outra carta datada em 15 de abril de 1955, com certa euforia, a criação do fundo de pesquisas do IBPT. Solicitava à Fundação Rockfeller a concessão de auxílios financeiros, que seriam depositados neste fundo, visando sanar o crítico problema da desatualização bibliográfica e a aquisição de equipamentos e materiais de pesquisa especiais.

Em 31 de maio de 1955, Miller respondia que ele e seus colegas da Fundação Rockfeller estavam tão perturbados quanto Enrietti e os pesquisadores do Instituto, sobre a situação financeira desfavorável do Brasil e, em particular, a do Paraná. Esclarecia ainda que as demandas de recursos haviam aumentado tanto que a Rockfeller resolveu priorizar os projetos de pesquisa de departamentos ou instituições que, pelo menos, tivessem um *staff* de pesquisadores em regime de tempo integral e adequadamente remunerados. Como não era o caso do IBPT, não poderia dar nenhuma resposta sobre a concessão de recursos solicitados. Sugeria, ainda, que dos resultados dos contatos de Enrietti com o CNPq e a Capes referente à suplementação salarial dos pesquisadores dependeriam os rumos das negociações.

Propôs que o assunto fosse discutido quando de sua estada em Curitiba, programada para setembro de 1955.

Enquanto a direção do Instituto negociava, junto aos organismos estaduais e às agências de fomento nacionais, as condições exigidas para o recebimento dos recursos externos, Bacila preocupava-se com a montagem da equipe, definição de linhas de pesquisa e com o treinamento dos pesquisadores. Assim, em junho de 1955, consultava a Rockfeller sobre a possibilidade da concessão de bolsas de estudos para as bioquímicas Déa Amaral e Bella Kupper, o médico Heitor Medina e para o químico Dinor Voss. Quanto às duas bioquímicas, relatava que eram contratadas e que Déa Amaral vinha trabalhando com diferentes aspectos do metabolismo de fungos apodrecedores de madeira e fungos parasitas, enquanto Bella Kupper vinha realizando análises enzimáticas sobre estes mesmo fungos.

Ainda em 29 de junho de 1955, Enrietti escrevia a Miller sobre a difícil situação financeira do Paraná, mas dizia acreditar que o governador Adolpho de Oliveira Franco colocaria as finanças do estado em dia. Relatava também que já havia proposto ao governador a elaboração de um projeto de lei visando a implantação do regime de tempo integral no Instituto, dizendo "[...] o governador é nosso amigo e olha o Instituto com simpatia e está ciente da necessidade de dotá-lo dos meios necessários para que este atinja seus objetivos enquanto uma instituição científica".[72] Justificava ser esse projeto de lei uma maneira mais segura e eficiente de atacar o problema, porém não a mais rápida, pois esta teria de ser votada pela Assembleia Legislativa.

A partir desse momento, no entanto, começaram realmente os problemas. Bacila e Enrietti lutaram arduamente durante quase dois anos, junto aos organismos oficiais e à Fundação Rockfeller, para que o tempo integral fosse instituído no IBPT. Como já foi dito anteriormente, os pesquisadores dividiam suas atividades no IBPT e nas escolas superiores de Agronomia, Veterinária, Química e Medicina. Este foi um dos assuntos tratados quando da visita de Miller a Curitiba, em setembro de 1955, e de várias reuniões com o governador Oliveira Franco, e mais tarde com Moysés Lupion.

Aproveitando a presença de Miller em Curitiba, Enrietti e Bacila fizeram um pedido de auxílio no valor de 30 mil dólares para serem gastos, num período de três anos, na aquisição de equipamentos e materiais para pesquisa, propondo que o estado viabilizaria o *full time* para um grupo seleto de pesquisadores com capacidade para executar trabalhos científicos.

Mesmo assim, Miller afirmava não poder assegurar novas concessões financeiras, pois não entendia muito bem a proposta formulada por Enrietti e tinha dificuldades para explicar a seus pares da Fundação. Indagava qual era o entendimento da direção do IBPT e de Bacila sobre o trabalho em "dedicação exclusiva". Tais inquietações faziam sentido, pois a lista que recebera de Enrietti continha o nome de 18 pesquisadores selecionados a partir das várias divisões do Instituto, muitos dos quais ainda continuavam desenvolvendo suas atividades nas escolas superiores, inclusive Bacila, que trabalhava em outras instituições fora do estado, como a Escola Superior de Agricultura Luiz de Queiroz (Esalq). Considerava impossível um cientista em *full time* possuir outra atividade remunerada, mesmo que fosse estritamente correlata.

Porém, para confundir ainda mais o entendimento de Miller, em 2 de janeiro de 1956, Bacila comunicava que o governo havia concordado em enviar a proposta de tempo integral para a Assembleia Legislativa. Enrietti decidira então ampliar a lista de pesquisadores, agora seriam 25, sendo 5 da Divisão de Patologia Experimental, 5 da Biologia Animal, 4 da Biologia Vegetal, 5 de Solos, 5 da Química e 1 da Geologia. Em suma, em 1956 Enrietti comunicava que, devido às mudanças políticas no estado, a proposta não fora enviada à Assembleia Legislativa e que a mesma seria enviada ao novo governador Moysés Lupion, que assumira em 31 de janeiro do mesmo ano.

Apesar de sempre ter tido grande compreensão com os problemas do Instituto e ter em boa conta Enrietti, Bacila e sua equipe, Miller exigia uma clara definição da situação, pois ainda não tinha recebido resposta sobre as indagações anteriores e tampouco havia recebido a proposta do IBPT que tratava do tempo integral. Finalmente, em correspondência de 14 de março de 1956, Bacila enviava-lhe a documentação solicitada e esclarecia que o *full time* era destinado a um pequeno grupo de pesquisadores por um período equivalente a um ano, independentemente da aprovação de cada plano de pesquisa, que era facultativo e cabia ao diretor do IBPT propô-lo aos pesquisadores. A lista de nomes indicados era formada por pesquisadores do IBPT que não possuíam outras atividades (privadas), a não ser os pesquisadores que somente lecionavam na Universidade Federal ou na Escola Superior de Agricultura e Veterinária do Paraná matérias estritamente relacionadas com as atividades científicas desenvolvidas no Instituto.

Justificando a inclusão dos professores no rol de pesquisadores em *full time*, em carta enviada a Miller em 1956, Bacila argumentava que

> [...] acreditamos que as atividades de ensino e pesquisa quando combinadas é a situação ideal como acontece em universidades americanas, com a diferença de que lá ensino e pesquisa são mantidas no mesmo lugar. Como o senhor sabe, o nosso Instituto não mantém nenhuma atividade de ensino, situação essa que nos leva a lecionar em outro lugar.[73]

Os documentos indicam que a tentativa de implantação do *full time* no IBPT, conforme preconizava a Fundação Rockfeller, não se efetivou. As especificidades do contexto sociopolítico, econômico e científico parecem não ter permitido a implementação dessa mudança. Era quase impossível dissociar a comunidade de pesquisadores do IBPT de suas atividades junto aos estabelecimentos de ensino superior. Era a luta pela preservação do *status* acadêmico.

Conforme nos relatou o professor Bacila, o IBPT tentou então convencer a Rockfeller sobre a existência de um "*full time* geográfico" pois no mesmo complexo, e muito próximos, estavam o Instituto e as escolas de Agronomia e Veterinária e de Química, que, desde a existência do Instituto, vinham tendo uma relação quase simbiótica não somente na execução das atividades, mas também em relação à complementação salarial dos pesquisadores. A escassez financeira do estado impedia que se criasse uma ilha de pesquisadores, tanto dentro do IBPT como na estrutura administrativa do estado, com salários bastante diferenciados. Além do mais, tais aumentos teriam de passar pelo crivo da Assembleia Legislativa do Paraná, tarefa tida como muito difícil.

Observe-se que, enquanto Enrietti negociava junto ao governo uma lei que amparasse todos os pesquisadores do IBPT interessados em desenvolver seus trabalhos em regime de tempo integral, o interesse da Rockfeller estava centrado na organização e no apoio às instituições de pesquisa de excelência, ao mesmo tempo em que Bacila defendia o fortalecimento do seu grupo de pesquisa da Patologia Experimental.

De acordo com Miller,[74] a Fundação procurava apoiar a realização de pesquisa básica, descobrir e formar líderes científicos e auxiliar instituições que possuíssem condições de garantir a continuidade dos trabalhos de pesquisa. Assim, podemos compreender o interesse na Patologia Experimental, pois era uma divisão eminentemente de pesquisa básica, formadora de recursos humanos, amparada por um Instituto que, bem ou mal, possuía respaldo governamental e infraestrutura laboratorial, o que permitiria em tese a continuidade dos trabalhos de pesquisa.

Na verdade, o problema salarial tido como um dos entraves para a implantação do tempo integral foi pelo menos provisoriamente resolvido de outra forma. Em setembro de 1956, Moysés Lupion enviou à Assembleia Legislativa uma mensagem propondo aumento geral de salários aos funcionários públicos. No mês seguinte este projeto foi convertido em lei, melhorando substancialmente os rendimentos dos técnicos e pesquisadores do IBPT.

Para Bacila, a questão salarial do grupo de pesquisa da Patologia Experimental estava equacionada, pois os pesquisadores também recebiam salários da Escola de Agricultura e Veterinária. Por esta via, a modalidade de "tempo integral geográfico", defendida por Enrietti e Bacila, parece ter sido informalmente implantada e foi aceita pela Rockfeller, pois os pesquisadores desta divisão somente compartilhavam suas atividades com a Escola Superior de Agricultura e Veterinária. Tanto isso é verdade que em 1957 a Fundação Rockfeller, além de já ter aprovado um auxílio no valor de 25 mil dólares para serem gastos pela área de Patologia Experimental, em meados desse mesmo ano aprovava mais 60 mil[75] destinados ao custeio das despesas de pesquisa, material bibliográfico, aparelhagem e montagem dos laboratórios. Estas concessões, sem sombra de dúvidas, demonstravam a credibilidade que o grupo de pesquisa da Divisão de Patologia Experimental, Bacila e Enrietti desfrutavam junto à Fundação e, especialmente, a Harry Miller.

Para concluir, a forma como vinham se desenvolvendo as atividades da Divisão de Patologia Experimental correspondia aos interesses da Fundação Rockffeller, se não no seu todo, pelo menos na parte referente à formação de novos líderes acadêmicos. O "tempo integral geográfico" era uma realidade da qual não se poderia fugir à época, dado que o aparelhamento dos laboratórios da Universidade Federal do Paraná ainda estava em sua fase inicial. Optar por uma ou por outra instituição significaria exatamente o contrário daquilo que Bacila defendia arduamente numa de suas correspondências a Harry Miller: o estreitamento das relações entre o ensino e a pesquisa. Os documentos consultados deixam bastante claro que o problema para a Fundação Rockfeller era a dupla vinculação institucional e de salários, e não a competência científica do corpo de pesquisadores.

A característica "acadêmica" que vinha assumindo a Divisão de Patologia Experimental dissociava-a cada vez mais dos objetivos globais do IBPT, ou seja, do apoio à agricultura, pecuária e indústria paranaenses. Os trabalhos desenvolvidos por esta divisão guiavam-se pelo padrão internacional da pesquisa em bioquímica de micro-organismos e tudo parece indicar que os resultados de tais pesquisas não possuíam relação direta com os trabalhos desenvolvidos pelas outras divisões, tampouco com os serviços prestados.

Ao internalizar as atividades de formação de novos pesquisadores, essa característica ia cada vez mais sendo fortalecida. A realização dos cursos de Fisiologia de Micro-organismos no IBPT é prova incontestável disso, e a criação do Instituto de Bioquímica, em 1959, em parceria com a Universidade Federal do Paraná aparece como uma solução natural para, de um lado, garantir a estabilidade funcional dos grupos de pesquisa e, de outro, a continuidade dos trabalhos científicos.

Instituto de Bioquímica: uma estratégia local

Vimos que, com a saída do interventor Manoel Ribas, os constantes cortes orçamentários e a não liberação de recursos, até mesmo daqueles aprovados pelo próprio estado, vinham prejudicando a continuidade das pesquisas no IBPT. A direção passou então a prospectar novas fontes de financiamento para custear o funcionamento e a formação de pesquisadores.

No início da década de 1950, o IBPT apresentava-se não como a única, mas como a mais importante instituição de pesquisa organizada no estado e para a qual afluía grande número de professores de Química, Agronomia e Veterinária que ali encontraram respaldo institucional para desenvolver seus programas de pesquisas que abrangiam tanto a solução de problemas como a identificação das potencialidades locais.

Como os pesquisadores, em sua maioria, eram oriundos das escolas superiores, havia o interesse em fortalecer as atividades de ensino e pesquisa e garantir os benefícios da dupla veiculação em termos de salário. Com o início do processo de federalização da Universidade do Paraná e a possibilidade de incorporar as escolas superiores em sua estrutura, estes interesses foram tomando nova forma. Por mais que o corpo de pesquisadores estivesse engajado com os objetivos institucionais do IBPT, nunca se desligavam completamente das atividades acadêmicas. Com o estreitamento das relações com a Fundação Rockfeller, acenando a possibilidade de fornecer recursos ao IBPT para o desenvolvimento da pesquisa, o problema tomou corpo, pois a dedicação exclusiva era uma condição fundamental para o recebimento dos recursos. Romper a relação simbiótica destas instituições era quase impossível naquele momento.

Diante desse panorama, a solução conciliatória, inclusive apoiada por Marcos Enrietti, foi a criação de um centro de ensino e pesquisa que atendesse a esses interesses. Assim, mediante convênio com o IBPT, em 18 de dezembro de 1958, o Conselho Universitário, presidido pelo reitor Flávio Suplicy de Lacerda, criava o Instituto de Bioquímica da Universidade Federal do Paraná (Ibup), um órgão de pesquisa diretamente subordinado à Reitoria e vinculado ao Conselho de Pesquisas da Universidade, constituído pelas cátedras de bioquímica e afins das faculdades e escolas e pela Divisão de Patologia Experimental do IBPT. O regulamento do Ibup foi aprovado em 19 de agosto de 1959 com o objetivo de promover e estimular a pesquisa bioquímica e formar especialistas. Estabelecia também que outras instituições poderiam ser incorporadas mediante convênio.

Com o novo arranjo institucional, ou "moldura" a que refere Bacila em seu artigo "Universidade e institutos universitários",[76] automaticamente desaparecia a dualidade de atividades, tão combatida anos atrás pela Fundação Rockfeller. Estavam também asseguradas as dotações orçamentárias que agora vinham tanto dos cofres públicos estaduais quanto federais. Pelo fato de Metry Bacila acumular a função de chefe da Divisão de Patologia Experimental com a de diretor do Instituto de Bioquímica, as negociações com agentes financiadores nacionais e internacionais foram facilitadas. O Ibup, cuja base laboratorial pertencia à Patologia Experimental, passava a contar, de um lado, com o apoio político e material direto do IBPT e, de outro, da Universidade, responsável pelo pagamento dos salários. Assim podia exigir a chancela institucional que melhor lhe conviesse, dependendo das exigências do financiador.

Se o novo arranjo institucional imprimiu nova dinâmica à pesquisa técnico-científica no IBPT, a sua direção deixou de exercer influencia direta sobre este grupo de pesquisa. Percebe-se que o IBPT, por força das circunstâncias, tornava-se mais um partícipe nos processos de negociação junto aos organismos de fomento.

As atividades de pesquisa da Divisão de Patologia Experimental do IBPT e do Instituto de Bioquímica da Universidade Federal do Paraná eram basicamente as mesmas, e o que as diferenciava era o programa curricular do Instituto de Bioquímica. Tudo continuou como se nada tivesse mudado. O III Curso de Fisiologia de Micro-organismos, realizado entre 15 de janeiro a 28 de fevereiro de 1959, além da colaboração de professores nacionais, contou com a participação do professor M. Doudoroff da Universidade da Califórnia. Alguns alunos, bolsistas da Capes e CNPq, após concluírem os cursos, permaneciam na divisão realizando pesquisas e preparando teses de doutoramento e livre-docência, sob a supervisão dos pesquisadores da casa e de professores convidados.

Em 1959, das oito teses em andamento quatro foram concluídas e defendidas. Quanto à divulgação técnico-científica, além de seis comunicações apresentadas na XI Reunião Anual da SBPC, realizada em Salvador, os pesquisadores publicaram ainda três artigos em revistas de circulação internacional – um no *Journal of Biologycal Chemistry* e dois na *Nature* – e um nos *Anais da Academia Brasileira de Ciências*. Estavam em fase de preparação um Compêndio de Bioquímica, escrito por vários professores brasileiros de bioquímica e outros trabalhos na área de fisiologia de micro-organismos. Em um acordo de cooperação científica firmado entre o CNPq e a Fundação Rockfeller, ficou estabelecido que alguns laboratórios especializados do país receberiam bolsas de treinamento, entre eles figurava o Instituto de Bioquímica do Paraná. A Fundação Rockfeller proporcionaria os meios necessários para que seus bolsistas, ao retornarem ao país, pudessem iniciar trabalhos de pesquisa em seus órgãos de origem.

Assim, o engenheiro químico do IBPT e bolsista da Fundação Rockfeller, Dinor Olegário Voss, dirigiu-se para os laboratórios da Johnson Foundation for Medical Physics, da Universidade da Pennsylvania e, sob a supervisão do professor Britton Chance, desenvolveu estudos na área de instrumentação e eletrônica aplicada a sistemas biológicos para medir a respiração celular de micro-organismos. Segundo Bacila, esta foi a primeira vez que tal tecnologia saiu dos laboratórios da Johnson, o que, de certa forma, significou o pioneirismo da Divisão de Patologia Experimental na utilização deste tipo de equipamento no Brasil. Continuaram os trabalhos de pesquisa e o estreitamento de relações científicas com outras instituições científicas no país, entre elas as Faculdades de Medicina e de Farmácia do Paraná, o Instituto Zimotécnico (Esalq), o Instituto Oswaldo Cruz e a Faculdade Nacional de Medicina.

Em 1959, a Fundação Rockfeller concedeu ao Instituto de Bioquímica um auxílio no valor de 72 mil dólares para serem gastos, num período de três anos, na montagem e aparelhamento dos laboratórios (leia-se da Patologia Experimental). Era o reconhecimento formal da Rockfeller à "moldura" institucional implantada no Paraná. Nesse momento, novamente o IBPT e a figura de Marcos Enrietti voltavam à cena. A concessão desses recursos estava condicionada à construção, pelo IBPT, de um prédio específico para os laboratórios da Bioquímica. Após amplo trabalho de convencimento, Marcos Enrietti conseguiu a autorização do governador Moysés Lupion para construir um prédio de dois mil metros quadrados para abrigar amplos laboratórios para aulas práticas, anfiteatro e demais dependências. Era a construção do sexto edifício, completando assim o complexo de instalações do Instituto, conforme poderá ser observado na figura a seguir. Este prédio foi mais tarde ocupado pela Secretaria de Estado da Agricultura, que ali permanece até hoje.

Instituto de Tecnologia do Paraná (Tecpar)

Sede do IBPT, no Juvevê, em 1955. O conjunto era composto pelos prédios enumerados a seguir. 1) Biblioteca em construção; 2) Divisão de Solos; 3) Divisão de Mineralogia (térreo), Administração (1º andar); 4) Divisão de Combustíveis e Divisão de Geologia (térreo), Divisão de Química Orgânica (1º andar); 5) Veterinária (térreo), Agricultura (1º andar).

Vale notar que, nesse período, houve uma relação direta e cooperativa entre duas instituições de esferas governamentais diferentes, embora o núcleo de ensino e pesquisa técnico-científico viesse atender mais diretamente aos interesses da Universidade que do próprio IBPT. Em última instância, como salientava um texto da Fundação Rockfeller,

> O estado do Paraná vai auxiliando a Universidade a construir um amplo edifício que abrigará adequadamente as atividades de ensino e pesquisa, mesmo porque as atividades do Instituto [Bioquímica] estão sendo ampliadas. A Universidade tem alocado recursos destinados ao pagamento de pessoal e outras despesas.[77]

Com o apoio do estado, Capes, CNPq, Universidade e da Fundação Rockfeller, o Instituto de Bioquímica se fortalecia. Preparava teses, publicava trabalhos científicos, treinava seus pesquisadores no exterior e nas dependências da Divisão de Patologia Experimental. O Curso de Fisiologia de Micro-organismos, realizado até 1969, contava com a participação de professores estrangeiros e nacionais e de alunos oriundos de outros países latino-americanos.

Entretanto, o funcionamento tanto do IBPT como do Instituto de Bioquímica não tardou a sofrer os reflexos da saída de Enrietti da direção do Instituto em janeiro de 1961, cuja mudança mais visível foi a desagregação paulatina da equipe de pesquisadores e o redirecionamento dos objetivos institucionais ocorrido em 1963, quando o Instituto passou por uma grande reestruturação.

A geologia e a geografia: conhecendo o Paraná

> Se estudarmos o estado do Paraná sob o ponto de vista dos objetivos da geografia moderna, verificaremos que nem a base dos trabalhos geográficos existe, pois mapas exatos não foram construídos. Para o material cartográfico do estado do Paraná, faltam ainda todas as bases geodéticas. Nos mapas, vemos somente uma rede hidrográfica com a situação dos lugares mais conhecidos e uma rede rodoviária apenas esboçada, não indicando formas naturais de superfície. Porém, o aspecto topográfico da superfície é indispensável para muitos fins técnicos e estudos geográficos.[78]

Os estudos geológicos, geográficos e geomorfológicos do estado do Paraná continuavam a ser executados pela Divisão de Geologia e Mineralogia, mas agora sem a presença assídua de Maack nos laboratórios, pois participava ativamente de várias comissões e congressos nacionais e internacionais, bem como na Universidade Federal do Paraná, na qual passou a lecionar a partir de 1946. Ainda assim, não tinha perdido os vínculos com a Divisão de Geologia e Mineralogia e, na qualidade de chefe do Serviço Geológico, continuava coordenando os estudos sobre as águas de subsolo da bacia Paraná-Uruguai, geografia física, perfis geológicos do estado, entre outros.

As dificuldades financeiras do Instituto não configuravam empecilhos para suas viagens, pois sua competência científica sempre encontrava o apoio em instituições como universidades, associações científicas e órgãos públicos federais e estaduais. Sua participação em várias comissões de estudo trazia tanto para o IBPT como para a Universidade novos objetos de pesquisa e difundia o nome destas instituições junto à comunidade científica nacional.

Em 1953, ano do centenário da emancipação política do Paraná, o IBPT apresentou o novo mapa geológico, o mapa fitogeográfico, o mapa pluvial e o mapa climatológico do estado, trabalhos estes coordenados por Maack desde seu ingresso no IBPT. Era um viajante! Participava sistematicamente dos congressos mais importantes do país e até do exterior e nunca perdia a oportunidade de realizar suas explorações geológicas em diferentes continentes, conforme será apresentado no capítulo "O incansável explorador Reinhard Maack".[79] Era um profundo conhecedor da região Sul do Brasil e costumava realizar os levantamentos *in locus* percorrendo cada palmo, principalmente do Paraná.

Além da geologia, Maack preocupava-se também com os problemas ambientais, mais especificamente com o desmatamento desenfreado que vinha ocorrendo no Paraná. Esta preocupação não era recente e foi objeto de vários artigos publicados na *Revista Ciência e Cultura* da SBPC, na *Revista IBPT* e nos *Arquivos de Biologia e Tecnologia*.[80] Sensibilizava agrônomos, engenheiros florestais e a classe política. Em 1953 proferiu palestra para senadores e deputados federais no Conselho Nacional de Economia no Rio de Janeiro, alertando sobre as consequências do desmatamento no estado. Para Maack, as variações pluviométricas verificadas principalmente no norte do estado, já naquela época, eram o resultado da "[...] destruição das matas pluviais no norte do Paraná e sua substituição por cafezais, sem deixar reservas de matas ou florestas de proteção das nascentes [...]".[81]

Em meados de década de 1950, a Divisão de Mineralogia e Geologia passou a ser chefiada por Alsedo Leprevost e assumiu novas atribuições. Além dos levantamentos das jazidas minerais e dos importantes trabalhos sobre o xisto paranaense, os técnicos iniciaram os estudos de identificação das possíveis jazidas de urânio existentes no estado, em cooperação com o Programa Brasileiro-Americano para o Levantamento dos Recursos de Urânio no Brasil. Esses levantamentos centraram-se basicamente na região da bacia do Rio do Peixe e foram diretamente supervisionados pela Comissão de Energia Nuclear (CNEN), que em 1959 recebeu um relatório detalhado sobre os trabalhos.

Nesse período, outro pesquisador começava a despontar na Divisão de Geologia e Mineralogia. Era João José Bigarella, que se especializava na área de geomorfologia, mais especificamente nos levantamentos das rochas calcárias do litoral paranaense, que deram origem a uma série de sete artigos denominada: "Levantamentos preliminares na série Açungui" publicados nos *Arquivos* e *Boletins Técnicos* do IBPT. Estes trabalhos foram iniciados por Bigarella no final da década de 1940 e continuados também por Riad Salamuni, pesquisador da Faculdade de Filosofia da Universidade Federal do Paraná.

As condições de pesquisa oferecidas pelo IBPT e a influência de Maack constituíram os primeiros passos de sua produção científica, conforme nos relata o professor Aziz Ab'Saber:

> Os grandes destaques nas Geociências brasileiras são para Fernando Flavio Marques de Almeida e João José Bigarella, que detém as duas maiores obras dentro das Ciências da Terra no Brasil, nos últimos trinta anos. [...] o segundo grande nome das Geociências brasileiras teve sua formação básica ligada à Química, recebendo mais tarde a influência de Reinhard Maack, no campo das Ciências Geológicas e Geográficas. [...] João José Bigarella iniciou-se pelo campo da Geomorfologia Costeira, reviu conhecimentos sobre as formações gonduânicas do Sul do Brasil, passou a se dedicar à estrutura do quaternário brasileiro, com incursões na área dos paleoclimas modernos, estudos e técnicas para a compreensão das paleocorrentes e dos paleoventos, e, uma grande colaboração na organização dos serviços técnicos e científicos para o mapeamento geológico do território paranaense.[82]

Para concluir, vale observar que a área de geologia do IBPT passou por um processo de esvaziamento semelhante àquele vivido pela bioquímica. Com a criação do Instituto de Geologia, em 1959, e do *Boletim Paranaense de Geologia*, em 1960, tanto o IBPT como os *Arquivos de Biologia e Tecnologia* deixavam de ser os únicos locais para produção e divulgação dos conhecimentos geológicos e geográficos no estado. Maack, Bigarella, Salamuni e Leprevost tornaram-se mais e mais envolvidos com as pesquisas e a vida acadêmica na Universidade. Com a saída de Marcos Enrietti da direção do Instituto, no início da década de 1960, o processo de evasão de pesquisadores do IBPT para a Universidade foi se acentuando, de forma gradual e paulatina. Maack terminou seus dias como professor da Universidade Federal do Paraná e deixou duas obras científicas consideradas referência pelos estudiosos da geologia e da geografia física paranaenses: os livros *Geografia física do estado do Paraná*, publicado em 1968, e *Notas preliminares sobre as águas do subsolo da bacia Paraná-Uruguai*, esta última obra póstuma publicada em 1970.

A biologia animal e vegetal: "ciência a serviço da produção"

Em meados da década de 1950, a Divisão de Biologia Animal, chefiada por Astholfo de Macedo, consolidava-se no estudo e diagnóstico das doenças causadas por vírus e na fabricação de vacinas e quimioterápicos, inclusive algumas de uso humano. Em um curto período de tempo, esta divisão foi capaz de produzir uma vacina contra a gripe asiática, surto ocorrido no Paraná em 1957, colocando à disposição da Secretaria de Saúde do estado cerca de 30.991 doses de vacinas e mais uma quantidade de vitamina C. Em 1959, o IBPT produzia cerca de 10 tipos de vacinas e 16 tipos de quimioterápicos. A situação continuaria assim por muito tempo. A produção industrial de vacinas de uso veterinário e humano se tornou uma realidade somente na década de 1970, quando o IBPT, atual Tecpar, passou a ser um dos fornecedores nacionais destes produtos, inclusive para o Ministério da Saúde.

A Divisão de Biologia Vegetal teve uma situação um pouco diferenciada. Além de estar em instalações adequadas e ter melhorado as condições de seu laboratório, também enviara dois pesquisadores para aperfeiçoamento nos Estados Unidos, com bolsas da Fundação Rockfeller.

Em 1956, Mário Nowacki partiu para os Estados Unidos, onde estagiou durante um ano no Departamento de Patologia Vegetal e na Estação Experimental de Citricultura da Universidade da Califórnia, Berkeley, e no Departamento de Patologia Vegetal da Universidade de Wisconsin, dedicando-se ao estudo das doenças de árvores frutíferas subtropicais e de origem europeia e ao aprendizado de novas técnicas laboratoriais utilizadas na área de patologia vegetal. Nessa mesma época, o agrônomo Aroldo Frenzel, que fora para a mesma Universidade, em 1955, acabava de concluir a tese intitulada *Some Relationships of Soil Types to Certain Plant Communities in Central Florida, USA.*[83]

Com a volta de Nowacki e Frenzel, em 1957, a Divisão de Biologia Vegetal impulsionou os trabalhos referentes ao levantamento fitossanitário e os respectivos exames fitopatológicos e a pesquisa de novas doenças vegetais, uma vez que a Fundação Rockfeller concedera equipamentos para que os mesmos pudessem dar continuidade aos estudos e pesquisas iniciados em Wisconsin. Era a contribuição da Fundação Rockfeller no processo de formação de massa crítica tão necessária para a chamada revolução verde na América Latina!

A pesquisa aplicada: levantamento das potencialidades locais

Até a década de 1960, as divisões voltadas à pesquisa aplicada mantiveram basicamente o mesmo padrão de trabalho. A Divisão Experimental de Combustíveis, chefiada por Weber, centrou-se nos levantamentos de xisto, carvões e derivados de petróleo. Com relação ao xisto, Weber e sua equipe participaram ativamente da Comissão Executiva do Plano de Industrialização do Xisto e assessoravam a Petrobras na coleta e envio de material para análise à estação experimental dessa estatal, localizada em Tremembé (SP).

Segundo Brand,[84] no final dos anos 1950, todo o acervo técnico do IBPT sobre o xisto foi transferido para a Petrobras, que passou a coordenar os estudos de viabilidade técnico-econômica até a implantação da Usina de Processamento de Xisto em São Mateus do Sul (PR).

Paralelamente, essa divisão vinha elaborando estudos e levantamentos sobre as jazidas de carvões minerais, solicitadas pela Companhia Paranaense de Energia (Copel), tendo em vista a construção de uma termoelétrica, efetivada, anos mais tarde, no nordeste do estado (Usina Termoelétrica de Figueira). Por seu turno, em convênio com o Conselho Nacional de Petróleo, a Divisão Experimental de Combustíveis realizava a fiscalização da comercialização de lubrificantes e combustíveis, em especial a gasolina. Weber e sua equipe acabaram desenvolvendo o método ultravioleta, para assegurar o grau de pureza da gasolina. Segundo consta no Relatório IBPT de 1957, "o referido processo vem sendo aplicado com interesse por diversas companhias petrolíferas, como a Esso Standard do Brasil que o adota em todas as suas agências estaduais".

A Divisão de Química e Tecnologia, chefiada por Spitzner, consolidava sua linha de atuação no assessoramento técnico às indústrias, principalmente àquelas de cerâmicas, vidrarias, construção civil, couros, óleos e alimentos em geral. Estava também incumbida da inspeção de todas as fontes hidrominerais e potáveis do estado.

Diferentemente da Divisão de Patologia Experimental e do Serviço Geológico, que publicavam em periódicos nacionais e até internacionais, as divisões de Química, Mineralogia e de Biologia Animal e Vegetal estiveram mais atreladas à prestação de serviços e ao estudo das potencialidades locais. Os resultados de pesquisa eram essencialmente publicados nos periódicos do Instituto. Com a interrupção dos *Arquivos* (1957-1965) e da *Revista IBPT* (1955-1957), os trabalhos do Instituto foram divulgados nos *Boletins Técnicos*, veículos de menor circulação e que tratavam de assuntos específicos.

Em linhas gerais, até a posse do novo governo em 1961, o IBPT seguiu uma trajetória com duas vertentes. De um lado, a consolidação de algumas áreas de atuação, principalmente aquelas de assessoramento técnico ao setor industrial, agrícola e pecuário corporificado nas divisões de Química, Solos, Combustíveis, Mineralogia e Geologia e Divisão de Biologia Animal. De outro, o fortalecimento de duas divisões – Patologia Experimental e, em menor escala, a de Biologia Vegetal – que, pela própria característica das áreas em que atuavam, acabaram formando um núcleo de pesquisa básica dentro do IBPT.

A SAÍDA DE MARCOS ENRIETTI: O FIM DE UMA ERA

Exatamente em fevereiro de 1961, mês em que o Instituto comemorava seu vigésimo aniversário, Marcos Enrietti deixava a direção do centro de pesquisa que havia idealizado e dirigido desde sua criação.

Os depoimentos são unânimes em afirmar que uma das primeiras providências do novo governo, empossado em 31 de janeiro de 1961, foi a de retirar a direção do Instituto de Enrietti. Em 15 de fevereiro de 1961, o governador Ney Braga colocava Enrietti à disposição da Escola Superior de Agricultura e Veterinária, na época dirigida por Lycio Vellozo, à qual esteve ligado durante toda sua vida acadêmica.

Ney Braga assumiu o governo do estado (1961-1965) com um programa que visava modernizar a estrutura político-econômica e social do Paraná, contrapondo claramente as ações das gestões anteriores. Compunham este projeto a remodelação do aparelho administrativo estadual, a criação de novas instituições e de infraestrutura básica para acelerar o desenvolvimento da economia local, a remodelação do sistema de ensino e a reestruturação do sistema de saúde e assistência social. Nesse projeto não havia lugar para Enrietti e para a instituição que criara, pois os trabalhos de pesquisa nem sempre tinham aplicação imediata, e, mais, Enrietti possuía o rótulo de ser signatário de uma cepa de políticos que se firmaram no poder depois de 1930.

Com a saída de Enrietti, nos dez anos seguintes, várias e breves administrações se sucederam e pouca força tiveram para assegurar recursos em volume suficiente para a expansão das atividades do IBPT. Os depoimentos e a leitura dos documentos legais do IBPT apontam que nesse período muitas foram as mudanças provocadas, de um lado, pelos "choques de autoridade" entre a direção do Instituto e alguns grupos de pesquisa e, de outro, pela ocupação de parte das instalações do Instituto por outros organismos públicos. Essa conjuntura desfavorável provocou a quebra do ânimo institucional e, como consequência, a saída gradual e paulatina dos pesquisadores para a Universidade, onde o ambiente para a pesquisa mostrava-se mais propício e seguro.

Um dos primeiros desentendimentos ocorreu na Divisão de Patologia Experimental do IBPT, quando Bacila, por não aceitar os novos ditames administrativos, deixou de exercer a chefia desta divisão, mas continuava sendo diretor do Instituto de Bioquímica. Em seu lugar assumiu Annibal Campello,[85] que relata ter sido esta uma situação constrangedora, pois, apesar de pertencerem ao mesmo grupo, naquele momento tinham que responder a orientações institucionais diferentes. A consequência maior foi o fracionamento do grupo de pesquisadores e o cancelamento do convênio entre o IBPT e a Universidade, ocorrido por volta de 1964.

Além da fase de readaptação das relações profissionais, inerente a qualquer organização quando ocorre alteração de chefias, o IBPT sofreu mudanças que modificaram substancialmente sua estrutura, tanto administrativa como técnica. Pelo Decreto n. 11.783 de 29 de maio de 1963, o IBPT passava a ter como finalidade maior "Estimular a desenvolver, de modo racional e intensivo, a pesquisa pura e aplicada, principalmente nos campos da agronomia, veterinária, química e tecnologia [...]."

Não bastasse a readaptação dos pesquisadores aos novos procedimentos internos e orientações governamentais, por essa mesma época a Secretaria de Agricultura, presidida por Paulo Pimentel, que seria o futuro governador do estado, requeria a posse do prédio do IBPT destinado aos laboratórios da Divisão de Bioquímica do Instituto de Bioquímica, para ali instalar a sede da referida Secretaria. Para Bacila esta foi "[...] uma atitude que visava desorganizar o IBPT".[86]

As crises não cessaram. Em 1964, já na gestão de Nelson Arthur Costa, surgiram novos conflitos envolvendo a direção do IBPT, a Divisão de Bioquímica, na época chefiada por Dinor Voss, e o Instituto de Bioquímica da Universidade, dirigido ainda por Bacila. Os depoimentos indicam que estes conflitos eram eminentemente de caráter operacional, mas na verdade se referiam à ingerência do estado na definição dos planos e programas de pesquisa do Instituto de Bioquímica. Ora, se a Divisão de Bioquímica do IBPT podia ter sua competência alterada pelo governo estadual, o mesmo não poderia ocorrer com o Instituto de Bioquímica, que respondia a outra esfera governamental e tinha como atividade precípua o ensino e a pesquisa básica. Pelas excessivas amarras da lei, ia-se enfraquecendo o elo mais forte do IBPT com a comunidade científica nacional.

Se, até então, a dupla vinculação institucional havia resguardado as atividades de pesquisa em bioquímica das intempéries políticas externas ao IBPT e facilitado a obtenção de recursos, nesse momento, a falta de liderança e a mudança de perfil dos dirigentes colocavam esta estrutura em cheque. Assim, em 1964, foi dissolvido o convênio de cooperação, tendo o Instituto de Bioquímica passado definitivamente para as instalações da Universidade, levando consigo, inclusive, os materiais e equipamentos adquiridos com os recursos da Fundação Rockfeller. O professor Bacila deixou a direção do Instituto de Bioquímica e foi para a Faculdade de Medicina Veterinária da Universidade de São Paulo (USP), assumindo em seu lugar Annibal Campello (1965-1967). Agora era o Instituto que fornecia pesquisadores para a Universidade! Ou seja, os pesquisadores do IBPT começaram a migrar para a Universidade Federal do Paraná em busca da autonomia acadêmica, da garantia de recursos para pesquisa e salários.

A "castração" institucional continuava. Agora, era a vez do primeiro edifício do IBPT, construído em 1940, que por determinação governamental foi cedido para a Secretaria de Estado da Educação, que ali instalaria definitivamente a Fundação Educacional do Paraná (Fundepar). Todas as coleções fitopatológicas, mineralógicas, botânicas e entomológicas, preparadas cuidadosamente pelos pesquisadores do IBPT durante anos de pesquisa, deixaram de fazer parte de seu acervo durante a década de 1970. Foram consideradas "entulhos" e colocadas em ambientes inapropriados, acarretando, inclusive, a deterioração e o extravio de exemplares.

Da mesma forma foi se perdendo a memória da instituição. O IBPT deixou de elaborar os relatórios anuais cuidadosamente preparados para retratar a filosofia, a estrutura e o funcionamento do órgão. Em seu lugar surgiram relatórios mensais e fragmentados por divisão, dificultando a leitura da instituição como um todo. Concretizava-se, assim, a ruptura dos principais laços que ligavam o IBPT ao projeto institucional e ao modelo organizacional de pesquisa arquitetado por Enrietti.

CONSIDERAÇÕES FINAIS: REPRODUÇÃO E ESGOTAMENTO DE UM MODELO ORGANIZACIONAL DE PESQUISA

O movimento revolucionário de 1930 e a nomeação do interventor Manoel Ribas provocaram profundas alterações na estrutura administrativa, principalmente aquela destinada ao apoio da agropecuária, para garantir a fixação dos empreendimentos produtivos e sanear as deficitárias finanças públicas.

Se até a década de 1940 o Departamento de Agricultura possuía uma incipiente infraestrutura de pesquisa para orientar as classes produtoras, a partir deste momento passou a contar com um centro de pesquisa agropecuária destinado ao estudo e à prestação de serviços técnico-científicos. Nascia o IBPT: um projeto institucional ambicioso, multi e interdisciplinar, cuja concretização passaria pela instalação de toda uma infraestrutura laboratorial e pela formação de seus pesquisadores.

Os motivos e as condicionantes de sua gênese são, entretanto, peculiares no contexto brasileiro. A historiografia tem explicitado que os principais institutos de pesquisa nacionais surgiram para solucionar problemas urgentes decorrentes do processo de modernização econômica do país. No entanto, para o caso do IBPT, as fontes consultadas mostram que a gênese do IBPT foi, antes de tudo, resultado da visão prospectiva dos governantes, especialmente de Marcos Enrietti, que considerava as atividades científicas como um dos mais importantes motores para impulsionar o desenvolvimento socioeconômico do estado. O Paraná não passava por crises de saúde pública ou pestes agrícolas como ocorreu em São Paulo e no Rio de Janeiro. Sofria, sim, de uma crise econômica, cuja recuperação se daria basicamente pelo apoio ao desenvolvimento das atividades agropecuárias. Vimos que a estreita relação familiar de Enrietti com o interventor Ribas também foi fundamental neste processo.

Inspirado no modelo organizacional de pesquisa do Instituto Biológico de São Paulo, num curto período, o IBPT reformulou sua filosofia de trabalho: deixou de ser uma instituição especializada na área agrícola e animal e passou a ser uma instituição de pesquisa diversificada e abrangente à medida que tomava para si a responsabilidade de diagnosticar, estudar e propor soluções para a agricultura, a pecuária e a indústria.

Criado num ambiente não democrático e resultado de um projeto pessoal que se ajustava ao programa político-econômico do governo, o IBPT foi se transformando na principal instituição de pesquisa do estado. Conseguiu, pelo treinamento contínuo de seus pesquisadores, introduzir áreas de pesquisa consideradas importantes para o desenvolvimento da economia local, processo no qual se forjou a primeira geração de pesquisadores paranaenses nas áreas de química, veterinária, agronomia, bioquímica, biologia e geologia.

A diversidade de áreas de pesquisa e a estreita ligação com programas de governo que pareciam constituir sua força foram traduzidas, no entanto, em obstáculos para a continuidade dessa concepção institucional. Com a saída de Manoel Ribas, em 1945, e a volta do regime democrático no país, o IBPT perdeu o respaldo incondicional dos governantes e sofreu questionamentos por parte de alguns segmentos sociais. A mudança das prioridades governamentais refletia diretamente em suas dotações orçamentárias anuais.

Diante dessas circunstâncias, embora Enrietti tenha se mostrado um hábil negociador, tornava-se cada vez mais difícil justificar a atuação de um centro de pesquisa e suas crescentes necessidades de recursos em um estado onde não havia grandes calamidades que justificassem tal investimento.

Para resguardar o Instituto das oscilações político-administrativas, estrategicamente, Enrietti passou a defender e institucionalizar os procedimentos internos de pesquisa, implantando rotinas de trabalho, treinando e aperfeiçoando o corpo de pesquisadores, criando periódicos científicos e incentivando o intercâmbio científico, além de buscar novas fontes de financiamento para a pesquisa. Como vimos no decorrer deste capítulo, seu modelo organizacional inicial estava ancorado no tripé pesquisa-produção-extensão, passando mais tarde ao modelo pesquisa-produção-ensino, da mesma forma que seus congêneres nacionais.

Nesse sentido, o estreitamento das relações do IBPT com a Fundação Rockfeller na década de 1950 foi extremamente importante. Além da concessão de recursos e de bolsas de treinamento exterior, a Rockfeller possibilitou que o Instituto refletisse sobre as condições de trabalho de seus pesquisadores, especificamente no que tange ao regime de trabalho. Foi exatamente nesse ponto que a ingerência da Fundação Rockfeller incidiu nos destinos do Instituto.

Atendendo ao seus objetivos de formar líderes científicos e fortalecer as instituições de pesquisa agrícolas na América Latina, a Rockfeller selecionou como *locus* privilegiado para receber seus apoios a Divisão de Patologia Experimental. Fortalecida, esta divisão adotou uma dinâmica própria e extrapolou os próprios limites e objetivos do IBPT. Os pesquisadores e laboratórios do IBPT foram os sustentáculos para a criação do Instituto de Bioquímica da UFPR, em 1958: uma instituição que vinha ao encontro dos interesses de um grupo de pesquisadores que aspirava perenizar as atividades de pesquisa em bioquímica abrigando-a no seio da Universidade.

O processo vivido pela Divisão de Patologia Experimental trouxe à tona uma situação encoberta pela multidisciplinaridade e pela ênfase nos trabalhos de equipe. Embora trabalhassem de forma cooperativa e alinhadas aos objetivos institucionais, com o passar do tempo e a crescente especialização do seu corpo de pesquisadores, cada divisão do IBPT funcionava como um núcleo diferenciado, cada qual definindo sua agenda de pesquisa. Num primeiro momento, essa organização multidisciplinar, desenhada a partir das condições e demandas locais, foi capaz de proporcionar ao IBPT reconhecimento científico nacional, abrindo várias frentes de atuação pelo intercâmbio que cada pesquisador/equipe mantinha com seus pares.

Num segundo momento, tal organização tornou-se complexa e difícil de ser administrada. Os pesquisadores não conseguiam equilibrar os diferentes papéis, interesses e contradições que existiam entre os grupos e as instituições que representavam. Talvez o maior equívoco de Enrietti tenha sido imaginar que o Instituto pudesse dar conta de todas as suas funções a um só tempo, num contexto de escassez de recursos e crescente especialização e sofisticação das atividades científicas. Tanto é assim que, anos mais tarde, foram criadas instituições específicas para tratar de áreas até então estudadas pelo IBPT, e os exemplos mais marcantes, além do já citado Instituto de Bioquímica (Ibup), são a criação do Instituto Agronômico do Paraná (Iapar), em 1972, e da empresa pública Minerais do Paraná (Mineropar), em 1977.

Nem mesmo a liderança de Enrietti foi suficiente para manter a ideia-mestra de uma concepção institucional que ambicionava desenvolver em um mesmo local e sob a mesma direção atividades de pesquisa-produção-extensão-ensino, desempenhadas por profissionais científica e tecnicamente reconhecidos nas áreas da biologia, química, geologia, bioquímica, agronomia e veterinária, para atender às demandas da agricultura, da pecuária e da indústria. A ânsia em não deixar a instituição se desviar de seus objetivos levou-o a buscar novas alternativas, desta vez pela via da representação política, candidatando-se a uma vaga na Assembleia Legislativa do estado. Não obteve sucesso e os resultados políticos foram catastróficos.

As mudanças no cenário político-econômico do estado, a partir da década de 1960, acabaram por desestruturar o IBPT. Com a saída do seu líder, linhas de pesquisa se desarticularam, pesquisadores se dispersaram e, com eles, anos de experiência e de aprendizado.

Este Instituto local, no entanto, ladeou a trajetória dos institutos nacionais, principalmente daqueles enfocados neste estudo. Instalado em um momento histórico diferente que seus congêneres, o IBPT se igualou, guardadas as especificidades regionais, na intensidade da crise vivida, na contribuição para a formação da comunidade científica local e para o processo de institucionalização da ciência no Paraná.

Nesse particular, se os institutos de pesquisa aqui estudados, cada qual com sua especialidade, tempo e espaço histórico, tiveram importante papel no processo de institucionalização da ciência no Brasil, formando as primeiras gerações de pesquisadores antes mesmo da criação de universidades em nosso meio, o IBPT também desempenhou função semelhante no estado do Paraná. Ao conseguir incorporar atividades de pesquisa, implantar normas e procedimentos científicos e tornar público o resultado de seus trabalhos, consolidou um grupo de pesquisadores locais e se inscreveu junto à comunidade científica nacional.

De resto, enfrentou e enfrenta o dilema permanente das nossas organizações de pesquisa: nem sempre encontra respaldo dos governantes, sofre com a falta crônica de recursos e com o enfraquecimento do seu quadro de pesquisadores. Esta instituição, hoje chamada Instituto de Tecnologia do Paraná (Tecpar), mantém uma grande infraestrutura de pesquisa e de serviços tecnológicos, mantida grandemente com recursos advindos da produção e venda de vacinas e imunobiológicos para o Ministério da Saúde. Com o Instituto de Biologia Molecular do Paraná – IBMP, criado no início de 2000, em parceria com a Fundação Oswaldo Cruz, o antigo IBPT, hoje Tecpar, retoma a vanguarda da pesquisa científica, agora em biologia molecular, e passa a conviver novamente com estudantes e pesquisadores que se dirigem aos seus laboratórios para o desenvolvimento de pesquisas e teses de doutoramento. Este fato denota a retomada de um modelo organizacional de pesquisa multidisciplinar e multi-institucional presente desde sua gênese.

Notas

1 Joseph Ben-David, *O papel do cientista na sociedade:* um estudo comparativo, São Paulo, Pioneira-Edusp, 1974, p. 235.

2 H. Vessuri, "The Social Study of Science in Latin America", em *Social Studies of Science*, 17(3), ago. 1987, pp. 519-54.

3 Este capítulo foi elaborado a partir da reorganização dos textos, dados e informações constantes na dissertação de mestrado da autora intitulada *Organização da ciência no Paraná: a contribuição do IBPT*, defendida junto ao

Departamento de Política Científica e Tecnológica (DPCT-Unicamp), em 1993. O tempo e o distanciamento do objeto permitiram à autora realizar algumas releituras e interpretações de fatos que, durante a exaustiva pesquisa nos arquivos e documentação do Instituto, foram apresentados e não obtiveram uma análise mais aprofundada quando da redação do trabalho. A relação das fontes primárias consultadas poderão ser obtidas na dissertação anteriormente citada, acessando-se o site www.unicamp.br, fazendo-se uma busca por autor, na aba Unicamp, diretório Serviços/Teses Unicamp.

4 M. A. Dantes, "Institutos de pesquisa científica no Brasil", em Mário Guimarães Ferri e Shozo Motoyama (eds.), *História das ciências no Brasil*, v. II, São Paulo, Edusp, 1979-1980, pp. 343.

5 M. M. Lopes, Contribuição à história dos museus relacionados ao conhecimento geológico no Brasil, em Lopes e Figueirôa (orgs.), *O conhecimento geológico na America Latina*, Campinas, IG-Unicamp, 1990, p. 52; N. Stepan, *Gênese e evolução da ciência brasileira*, Rio de Janeiro, Artenova, 1976.

6 Para mais informações, ver os trabalhos de M. A. Dantes, "Institutos de pesquisa", pp. 366-79, e Albuquerque et al., "O setor público de pesquisa agrícola no estado de São Paulo", pp. 33-132, ambos em *Cadernos de Difusão de Tecnologia*, 3(1), Brasília, Embrapa, jan.-abr. 1986; A. C. P. Wutke, "A emergência das instituições científicas em São Paulo no final do século XIX: o Instituto Agronômico", em *Ciência e Cultura*, 35(2), fev., 1983, pp. 148-52.

7 N. Stepan, *Gênese e evolução da ciência brasileira*, Rio de Janeiro, Artenova, 1975, p. 51.

8 Para outras informações sobre o modelo organizacional de Manguinhos baseado no tripé pesquisa-produção-ensino, ver os trabalhos de J. Reis, "Microbiologia", em Mário Guimarães Ferri e Shozo Motoyama (eds.), op. cit., v. II; e J. Benchimol, *Manguinhos do sonho à vida*: a ciência na belle époque, Rio de Janeiro, Casa de Oswaldo Cruz, 1990.

9 J. Reis, "Microbiologia", em Mário Guimarães Ferri e Shozo Motoyama (eds.), v. II, p. 13.

10 R. Albuquerque et al., op. cit., v. 3, (1/2).

11 Ver Reis, "Instituto Biológico", em *Ciência e Cultura*, v. 28(5), 1976, pp. 584-90

12 R. Albuquerque et al., op. cit., v. 3 (1/3), p. 284.

13 Ver M. Vargas, "A tecnologia no Brasil", em Mário Guimarães Ferri e Shozo Motoyama (eds.), op. cit., v. I,; M. A. Dantes, "Institutos de pesquisa científica no Brasil", em Mário Guimarães Ferri e Shozo Motoyama (eds.), op. cit., v. 2.

14 M. Vargas, op. cit., p. 359.

15 M. A. Dantes, op. cit., p. 372.

16 N. Stepan, op. cit., p. 137; J. Benchimol, *Manguinhos do sonho à vida*: a ciência na belle époque, Rio de Janeiro, Casa de Oswaldo Cruz, 1990, p. 6.

17 F. F. Magalhães, "Evolução histórica da economia paranaense", em *Revista Paranaense de Desenvolvimento*, n. 28, jan.-fev., Curitiba, 1972, p. 41.

18 A. Balhana et al., *História do Paraná*, v. I, n. 2, Curitiba, Grafipar, 1969, p. 210.

19 Ipardes, *Sobre política paranaense*: entrevistas, Curitiba, 1989, p. 138.

20 A. Balhana et al., op. cit., p. 211.

21 F. F. Magalhães, "Evolução histórica da economia paranaense", em *Revista Paranaense de Desenvolvimento*, n. 28, Curitiba, 1972.

22 Ministério das Relações Exteriores, Brasil: 1943-1944, DEAP, Fundo Secretaria de Agricultura, 1944.

23 Idem, pp. 176-211.

24 J. Brand et al., "Do IBPT de Marcos Augusto Enrietti ao Tecpar: notas para a história de uma vanguarda científica", *Cidade&Campo*, Curitiba, 1991.

25 Ver Mensagem do interventor Manoel Ribas à Assembleia Legislativa do Paraná, 1935, DEAP, Coleção de Mensagens.

26 Ver Relatório do interventor Manoel Ribas enviado à Getúlio Vargas, 1932-1939, DEAP, Coleção de Relatórios Presidenciais.

27 Mensagem do presidente Affonso Alves de Camargo enviada ao Congresso Legislativo Estadual em 1º fev. 1929, pp. 66-72, Biblioteca Pública do Paraná, Seção de Documentação Paranaense, Coleção Mensagens.

28 Ver Mensagem do presidente Caetano Munhoz da Rocha enviado ao Congresso Legislativo Estadual, em 1º fev. 1928, p. 105. Biblioteca Pública do Paraná, Seção de Documentação Paranaense, Coleção de Mensagens.

29 Ver Relatório da Secretaria de Negócios da Fazenda e Obras Públicas, 1933, pp. 72-3, DEAP, Coleção de Relatórios Presidenciais.

30 Ver Lei n. 26, DOE-PR de 5 nov. 1935.

31 Depoimento de Reinaldo Spitzner concedido à autora em setembro de 1991.

[32] Filho de pais italianos, Marcos Augusto Enrietti nasceu em São Paulo em 29 de outubro de 1913, período em que sua família encontrava-se de férias no Brasil. Passados cinco anos, seus pais retornaram ao Brasil com intenção de fixar residência. Por essa época seu pai falece e sua mãe decide permanecer no Brasil. Enrietti fez seu primário em São Paulo e Rio Grande do Sul. Em 1925, segue para Itália e matricula-se no Colégio Salesiano do Dom Bosco, em Cuorgné, localidade próxima a Torino, Piemonte. Em 1926, segue para a França, matriculando-se na École de Agriculture de Defumade, Departement de la Creuse, concluindo seus estudos em 1929. Retomou ao Brasil em 1930, fixou-se no Paraná, onde permaneceu até o fim de seus dias. Por essa época, não sabemos ao certo, sua mãe (Domenica Antonieta Enrietti, mais conhecida como Anita Ribas) casou-se com Manoel Ribas. (Ver Marcos Augusto Enrietti, pasta n. 25, Concurso para professor catedrático-1950, constante nos arquivos da Faculdade de Veterinária da UFPR; J. Brand et al., op. cit.).

[33] Depoimentos dos pesquisadores Reinaldo Spitzner, Metry Bacila e Emílio Burher concedidos à autora em set. 1991.

[34] IBPT, Relatórios diversos, 1940-1941.

[35] Os dados e as informações sobre a organização e o desenvolvimento do IBAA e IBPT, desde a gênese, foram obtidas junto à documentação oficial depoimentos concedidos à autora e relatórios anuais do IBPT, sistematicamente elaborados durante o período 1940-1960. Revisitar estas fontes e outros documentos técnicos, cuidadosa e anualmente preparados durante toda a gestão de Marcos Enrietti, poderá fornecer elementos para a realização de outras análises críticas e contextualizadas, bem como levantar novas questões de pesquisa elucidando pontos não tratados com a profundidade necessária neste trabalho, ampliando, assim, a compreensão do processo de institucionalização das atividades científicas no estado do Paraná. A coletânea de legislação e todos os Relatórios do IBAA e IBPT consultados neste trabalho encontram-se catalogados no Departamento Estadual de Arquivo Público do Paraná-DEAP, Fundo Secretaria de Agricultura. As Mensagens de Governo anteriores a 1930 encontram-se depositadas na Biblioteca Pública do Paraná, Seção de Documentação Paranaense, Coleção de Mensagens. Os Relatórios Presidenciais e as Mensagens de Governo pós 1930 podem ser consultados no Departamento de Arquivo Público do Paraná, Coleção Mensagens e Relatórios Presidenciais.

[36] IBPT, Relatórios diversos, 1940-1941, p. 1.

[37] Idem, p. 12-3.

[38] IBAA, Portarias e relações diversas, 1941. Documento enviado ao secretário da Agricultura (SP).

[39] IBAA, Relatórios diversos, 1942, p. 6.

[40] Idem, p. 7.

[41] IBAA, Ofícios expedidos, 1941-1942.

[42] Depoimento de Reinaldo Spitzner concedido à autora em setembro de 1991.

[43] IBPT, Relatórios diversos, 1943.

[44] Idem, p. 7.

[45] IBPT, Relatórios diversos, 1945.

[46] IBPT, Relatório de atividades, 1945, p. 8.

[47] R. Vaz, *Lupion*: a verdade, Curitiba, Paratodos, 1986.

[48] Ipardes, *O Paraná reinventado*: política e governo, Curitiba, 1987, p. 39.

[49] IBPT, Relatório, 1946.

[50] M. E. Lunardi, "The Institutionalization of Geological Sciences in Paraná", em Figueirôa e Lopes (orgs.), *Geological Sciences in Latin America*: Scientific Relations and Exchanges, Campinas, Unicamp, 1994.

[51] IBPT, Relatório, 1946, p. 4.

[52] Para outras informações, ver R. Vaz, op. cit., e Ipardes, 1987.

[53] Ver as reportagens publicadas nos jornais *O Dia*, de 30 nov. 1948, criticando o artigo científico do químico Milton Burher intitulado "Sobre a compatibilidade química entre o hexacloreto de benzeno (BHC) e o carbonato de cálcio (sambaqui)"; e no *Diário da Tarde*, de 10 dez. 1948, "A lavoura do café está perdida". Duas matérias que colocam em dúvida a competência científica do pesquisador e a atuação do IBPT no processo de controle da broca-do-café. Em 16 de dezembro de 1948 o químico Burher respondia às críticas no jornal *O Dia* com a matéria "A broca-do-café está perdida", enquanto o *Diário da Tarde* na mesma data publicava a matéria "Um químico universal".

[54] IBPT, Relatório, 1946, p. 5.

[55] IBPT, Relatório, 1949.

[56] O dinamarquês Christian Bomskow era médico endocrinologista, doutor em Química pala Universidade de Kiel (Alemanha). Durante os anos 1930 trabalhou no Centro de Pesquisas Endocrinológicas da Clínica Infantil de Hamburgo do Hospital da Universidade de Friburgo, como chefe do Setor de Pesquisas Endocrinológicas.

Segundo Úrsula Maack, Bonskow veio ao Paraná , em 1948, a convite de Reinhard Maack, e logo em seguida foi contratado pelo IBPT para chefiar a Divisão de Patologia Experimental. Bomskov trouxera consigo alguns equipamentos e começou a desenvolver estudos na área da endocrinologia, vitaminas e hormônios, sua especialidade na Alemanha.

57 Metry Bacila, nascido em 1922, doutor em Medicina pela Faculdade da Medicina do Paraná em 1946, foi aluno de Arthur Otto Schwab (professor de Física Biológica), monitor da disciplina de Física Biológica (1945-1946) a assistente da disciplina de Química Fisiológica em 1947. Em 1947, recebeu bolsa de estudos da Fundação Júlio Enz, da Argentina, e dirigiu-se para a Universidade do Litoral (Rosário). Em seguida, foi a Buenos Aires trabalhar com o professor Frederico Leloir (futuro Prêmio Nobel de Bioquímica), no Instituto de Investigaciones Bioquímicas, Fundación Campomar, onde realizou pesquisas sobre o metabolismo da galactose em tecidos animais (bioquímica de carboidratos) durante oito meses. Em 1948, retornou a Curitiba e a convite de Enrietti juntou-se a Heitor Medina, que já trabalhava no Serviço de Anatomia Patológica, e começaram a estruturar a área de química biológica. Nesta época preparava-se para o exame de professor catedrático junto à Escola Superior de Agronomia e Veterinária do Paraná, (ver J. Leal Prado, "A bioquímica no Brasil", em Mário Guimarães Ferri e Shozo Motoyama (eds.), op. cit., v. I, pp. 135-6; e o depoimento de Metry Bacila concedido à autora em setembro de 1991).

58 SBPC, *Revista Ciência e Cultura*, v. 1 (1-2).

59 Ver IBPT, Relatório, 1949; Ipardes, op. cit., 1987.

60 SBPC, *Revista Ciência e Cultura*, seção Notícias, v. 1 (1, 2, 3, 4) e v. 2(2).

61 SBPC, *Revista Ciência e Cultura*, v. 1 (1, 2), 2(4), 3(1).

62 M. Bacila em depoimento concedido à autora em setembro de 1991.

63 M. Cueto, "Ciencia y Filantropia em las Américas", palestra proferida no Congresso América 92, 1992, São Paulo, mimeo.

64 Depoimento de Metry Bacila concedido à autora em setembro de 1991.

65 Ver *Revista IBPT*, v. 1 (3), maio/jun. 1952.

66 IBPT, Relatório, 1954, p. 57.

67 IBPT, Relatório, 1957, p. 20.

68 Carta de Mery Bacila a Harry Miller, arquivada no Rockfeller Archive Center, RG 1.1, 305D, Institute of Biology, Curitiba, Box 32, folders, 201, 202, 204. Série de correspondências mantidas entre o IBPT e a Fundação Rockfeller nos anos de 1955, 1956, 1957 e 1961.

69 Rockfeller Archive Center, carta de Miller para Bacila em 18 out. 1956.

70 Rockfeller Archive Center, série de correspondências trocadas entre Marcos Augusto Enrietti e Metry Bacila com Harry Miller, da Fundação Rockfeller.

71 Rockfeller Archive Center, carta de Enrietti para Miller em 18 abr. 1955.

72 Rockfeller Archive Center, carta de Enrietti para Miller em 29 jun. 1955.

73 Rockfeller Archive Center, carta de Bacila para Miller em 14 mar. 1956.

74 FGV/CPDOC, História oral: depoimento de Harry (1977), Rio de Janeiro, 1991.

75 Rockfeller Archive Center, carta de Miller para Enrietti em 2 jul. 1957 e carta de Enrietti para Flora M. Rind, secretária da Fundação Rockfeller, agradecendo a autorização destes recursos.

76 M. Bacila, Universidade e institutos universitários, em *Revista IBPT* , v. 12, 1959.

77 Relatório de atividades do Instituto de Bioquímica (IBUP), 1959, p. 12.

78 R. Maack, *Arquivos de Biologia e Tecnologia*, v. III, Curitiba, 1953, p. 465.

79 IBPT, Relatório, 1953.

80 R. Maack, "O problema da destruição das matas no Paraná", *Revista Ciência e Cultura da SBPC*, v. 2(4), 1950; "A desmatação incontrolada e suas funestas consequências para a nossa economia", *Revista IBPT*, v. 1(2), 1952; "As consequências da devastação das matas no estado do Paraná", *Arquivos de Biologia e Tecnologia*, v. III, 1953.

81 R. Maack, "As consequências da devastação das matas no estado do Paraná", op. cit. Este artigo foi um resumo das palestras que fizera no Rotary Club de Curitiba em 1949; na II Reunião da SBPC realizada em Curitiba em 1950, e na Associação dos Engenheiros Agronômos do Paraná em 1951. Durante o I Encontro Brasileiro de Engenheiros Florestais, em 1953, Maack voltava a insistir nas consequências da devastação florestal.

82 A. Ab'Saber, "Geociências", em Mário Guimarães Ferri e Shozo Motoyama (eds.), op. cit., v. II, p. 202.

83 IBPT, Relatório, 1956.

84 J. Brand et al., op. cit.

85 Depoimento de Annibal Campello concedido à autora em setembro de 1991.

86 Depoimento de Metry Bacila concedido à autora em setembro de 1991.

Uma ciência improvável: o Museu Paranaense entre 1940 e 1960

Fabiano Ardigó

O Museu Paranaense nunca praticou ciência desde sua fundação, em 1876, até o fim dos anos 1930. Em 1939, a instituição passou por uma grande reforma devido às precárias condições de sua estrutura, mas, mesmo depois de reformada, enfrentou sérias restrições de orçamento que se agravaram durante a década seguinte. Além disso, mão de obra científica era escassa no período, e tampouco havia demanda local para o tipo de ciência que viria a praticar. Em termos nacionais, o Museu não era considerado uma instituição de referência em pesquisa científica e por isso teria grande dificuldade para alcançar credibilidade em programas de pesquisa que viesse a empreender. Por outro lado, mesmo que insistisse em fazer ciência, o Museu estaria indo contra a corrente, já que os gabinetes de pesquisa dos museus paulistanos e cariocas, que haviam atingido seus apogeus no começo do século XX, e por volta dos anos 1930, estavam praticamente em vias de serem incorporados a universidades e órgãos públicos. Finalmente, pesquisadores estrangeiros, que formaram a equipe inicial de pesquisadores do Museu Paranaense, sofreram grandes restrições durante a Segunda Guerra Mundial, entre elas a proibição de trabalhos de campo.

É da combinação desses fatores que se origina nossa sugestão de que o alcançado pelo Museu Paranaense em termos científicos durante os anos 1940 e 1950 foi realmente improvável. A partir de 1941, a instituição lançaria uma publicação científica que durante as duas décadas seguintes trouxe quase uma centena de artigos escritos por cientistas brasileiros e estrangeiros. Durante o mesmo período, mais de sessenta expedições científicas com objetivo de estudar, coletar e pesquisar sobre a fauna e flora do estado foram organizadas e financiadas pelo Museu, algumas delas contando com a presença dos principais nomes da ciência do país. O Museu Paranaense também conseguiria criar condições para que cientistas estrangeiros pudessem conduzir suas pesquisas, mesmo sendo perseguidos durante a Segunda Guerra, ao mesmo tempo em que viria a servir de escola para pelo menos duas gerações de pesquisadores que se destacaram na ciência nacional a partir dos anos 1950 e 1960. Portanto, a primeira pergunta que este capítulo tentará responder é: Como isso pôde acontecer? Compreender de que forma o Museu conseguiu lidar com as dificuldades iniciais e tornar-se uma instituição de referência durante uma parte do século XX é o primeiro objetivo deste capítulo.

Em segundo lugar, é preciso reconhecer que a fase científica tratada aqui foi curta, durou menos de duas décadas. Embora o desafio, ao que era provável, estivesse sempre presente, chegou um momento em que o programa de pesquisas do Museu tornou-se insustentável. Teria esse curto período de atividades, então, sido um acidente? Ou o reduzido espaço de tempo apenas evidencia o quanto improvável era aquele projeto? Para responder a essas perguntas, o segundo objetivo desse capítulo é compreender os fatores que levaram ao término da pesquisa no Museu. Um vasto acervo de fontes primárias, ainda não exploradas pela historiografia da ciência, foi utilizado para responder essas duas questões. O resultado apresentado a seguir revelará as atividades, planos e até os sonhos de grandeza de um grupo de pesquisadores que compartilhou por quase duas décadas o objetivo de construir uma grande instituição científica. No entanto, esse projeto foi frustrado por uma sequência de eventos que revelará também os atritos, as derrotas e as frustrações daqueles que se aventuraram a fazer ciência no Brasil durante o século XX.

MUSEU PARANAENSE: UM COADJUVANTE NA ERA DOS MUSEUS CIENTÍFICOS

A palavra *museu* não é normalmente associada com dinamismo e pró-atividade. Dicionários definem museus como coleções de objetos artísticos e naturais ou a combinação de ambos. No entanto, essa definição não reflete a realidade dinâmica dos museus científicos do Brasil no fim do século XIX. Longe de serem meros depósitos de objetos empoeirados, estas instituições eram centros de pesquisa tão importantes quanto os laboratórios citados no capítulo "O IBPT: reprodução e esgotamento de um modelo organizacional de pesquisa". De fato, a historiografia tem demonstrado que os museus brasileiros tiveram um papel fundamental na formação de pesquisadores e linhas de pesquisa no Brasil.[1] O Museu Nacional no Rio de Janeiro e o Museu Paulista em São Paulo, por exemplo, se destacam nesse quesito e merecem aqui uma breve menção.

O Museu Nacional foi fundado em 1818 e viria a se estabelecer nos moldes científicos dos congêneres europeus a partir da administração de Ladislau Netto (1874-93), que foram mantidos e expandidos na gestão de Batista Lacerda (1895-1915). A partir de 1870 o Museu Nacional criou os seus gabinetes de pesquisa, o que lhe renderia a denominação de museu científico. Desde então a instituição passou a contar com naturalistas viajantes e residentes que pesquisavam, coletavam exemplares e davam palestras sobre variados temas relacionados às ciências. Cientistas estrangeiros eram atraídos para os gabinetes de pesquisa do Museu, sendo que Orville Derby e Charles Hartt são dois nomes de destaque nesse quesito. A estes e outros pesquisadores que se integraram ao corpo de pesquisa do Museu era disponibilizada uma publicação própria. Entre 1876 e 1926 a instituição publicaria um anuário chamado *Archivos do Museu Nacional*, que passou a circular entre os principais centros de pesquisa europeus. Do seu volume inicial até a virada do século XX, a publicação apresentou artigos que iam desde geologia até fisiologia, passando por debates acerca da evolução das espécies. Entre os autores estavam convidados ilustres como Charles Darwin, que assinou um artigo já no primeiro volume. Mas o destaque alcançado pela instituição não se limitava à comunidade científica internacional. Localmente o Museu Nacional também era respeitado, sendo que o imperador Dom Pedro II era um dos visitantes habituais das palestras da instituição e seu principal patrono.[2]

Já o Museu Paulista foi fundado em 1894 e dirigido inicialmente por Herman von Ihering, zoólogo alemão que mantinha contato estreito com o ambiente europeu. O Museu Paulista também lançou, a partir de 1895, uma publicação chamada *Revista do Museu Paulista*. A instituição conduziu atividades científicas durante muitos anos e principalmente na gestão de Ihering esteve no centro dos debates nacionais envolvendo questões de identidade e ciência. A boa qualidade da pesquisa conduzida no Museu seria atestada por sua eventual incorporação a institutos de pesquisa. Em 1927, a seção de Botânica foi transferida para o Instituto Biológico e, em 1939, a de Zoologia foi transformada em Departamento de Zoologia da Secretaria de Agricultura do Estado de São Paulo.[3] A década de 1890 é considerada o apogeu da pesquisa científica dentro dessas duas instituições. Embora independentes, após a virada do século se identifica uma coincidência na mudança de perfil de suas atividades científicas na medida em que seus gabinetes de pesquisa seriam transferidos em sua totalidade ou operariam em conjunto com institutos e universidades.

É nesse período de destaque dos museus científicos nacionais que surgiria no Paraná o Museu Paranaense. Em 1876, apenas 23 anos após a emancipação política do estado, que até então era uma extensão de São Paulo, seria inaugurado em Curitiba o novo museu. No início, a instituição era usada para guardar amostras que representavam as riquezas do estado em feiras internacionais e chamava-se *Muzeo de Coritiba*. Somente a partir de 1882, quando passou ao controle estadual, veio a ser chamado de Museu Paranaense. Com um acervo em parte doado por particulares, no início, o Museu afirmava contar com quatro seções: Antropologia, Zoologia e Paleontologia Animal; Botânica e Paleontologia Vegetal; Mineralogia e Geologia; Arqueologia, Etnografia e Numismática. A nomeação dessas seções revela muito da concepção da época. A Antropologia, por exemplo, estava na mesma seção que a Zoologia, portanto separada da Etnografia. Em segundo lugar, o destaque da Paleontologia Animal e Vegetal demonstra a importância dos registros fósseis em uma época em que a discussão da ancestralidade dos seres estava em alta. O Museu teria três diretores até assumir Romário Martins, que viria a dirigi-lo por grande parte das três primeiras décadas do século XX. No geral, a gestão de Martins não foi marcada pela pesquisa, e sim por seu engajamento político. Como deputado estadual, Martins manteve o Museu como um ativo político de onde adquiria exposição ao mesmo tempo em que usava de sua posição parlamentar para aprimorar a instituição. A adesão ao movimento chamado de "Paranismo" foi uma das principais marcas de Martins.[4] Autor de vários livros sobre o Paraná, o diretor buscava enaltecer as potencialidades naturais e humanas do estado. Na prática, isso significava mais a promoção das coleções do acervo da instituição que dirigia, do que seu escrutínio científico. Para tanto, o Museu Paranaense mantinha um pequeno zoológico, um acervo de minerais, amostras de arte, mas, exceto pelo interesse pessoal de Romário pelos índios, o Museu nunca teve gabinetes de pesquisa nos moldes dos museus Paulista e Nacional.[5] Depois de Romário Martins o Museu Paranaense voltou a ser administrado pelo município e permaneceu relativamente apático até meados de 1930.

O CONTEXTO INSTITUCIONAL LOCAL

Se por um lado os museus no Rio e em São Paulo poderiam ter servido de modelo para o que aconteceu no Museu Paranaense a partir de 1940, o enfoque regional deste livro nos convida a questionar até que ponto esse modelo foi copiado, apropriado ou serviu apenas de referência. Ou seja, o fato de encontrarmos em museus cariocas, paulistanos e curitibanos, no mesmo período, títulos semelhantes como "museu de ciência", ou dentro deles gabinetes científicos como os de zoologia ou botânica, não significa que a ciência praticada nestes locais era a mesma, e tampouco que o entendimento do que fosse zoologia ou botânica era exatamente igual. Títulos e definições podem ser, e normalmente são, apropriados por indivíduos com interesses distintos para fins também diferentes, e por isso precisamos olhar para fatores locais para entender como e por que essa apropriação ocorreu.[6]

Quando adotamos esse tipo de distanciamento, percebemos que o contexto institucional no Paraná estava passando por uma importante reconfiguração no período. Não só o Museu Paranaense foi reformado, mas uma nova faculdade seria fundada, um Instituto Histórico e Geográfico seria inaugurado e um laboratório de pesquisas inteiro foi construído. Podemos então nos perguntar: qual era o ímpeto por trás destas iniciativas? O que atraía indivíduos para esses novos projetos, já que muitas vezes atividades profissionais tinham pouca relação com as funções desempenhadas dentro das instituições? Por exemplo, encontramos em Curitiba um médico urologista como diretor de um museu de história e ciências naturais. Também um desembargador da justiça como responsável pela seção de geologia do mesmo museu. Mas também encontramos razões para a fundação de instituições que mostram percepções bem peculiares. Na faculdade local de ciências, por exemplo, a atividade científica seria definida como nada mais do que um exercício para nomear as criações de Deus. Para compreender as motivações por trás dessas iniciativas, às vezes contraditórias, podemos explorar, em termos gerais, o que poderia significar fazer parte de uma instituição naquele período. Em primeiro lugar, médicos, advogados, engenheiros, autoridades religiosas e políticas eram as principais profissões encontradas nestes ambientes constitucionais. Se consideramos a posição social de destaque que esses profissionais dispunham, ou almejavam, podemos supor que integrar uma instituição significava ter acesso a uma rede de contatos muito útil, principalmente durante um regime político duro como o Estado Novo (1937-1945). Do ponto de vista econômico, a região estava em franco crescimento e contatos poderiam levar a oportunidades de negócios. Além disso, uma influente lista de membros fazia com que participar de uma dessas instituições ou, de preferência, dirigi-la fosse um motivo de *status*. Diretores e presidentes de institutos se encontravam frequentemente no centro das atenções do público, tinham acesso a plateias privilegiadas e concentravam em si responsabilidades que lhes davam certo poder e influência. Por fim, pertencer a uma instituição garantia certos privilégios e benefícios. Por exemplo, funcionários de instituições públicas tinham prioridade na emissão de documentos pessoais, o que novamente era crucial em uma época de liberdades individuais restritas.[7] Duas instituições locais exemplificam bem essa conjuntura e também servem para apresentar o contexto institucional em que a pesquisa científica seria inaugurada no Museu Paranaense: a Faculdade de Medicina, Direito e Engenharia e o Círculo de Estudos Bandeirantes.

Acervo da Casa da Memória/Diretoria do Patrimônio Cultural/Fundação Cultural de Curitiba

Vista de Curitiba, em 1940.

A FACULDADE DE MEDICINA, DIREITO E ENGENHARIA

Embora em termos de cronologia o Museu Paranaense fosse a instituição mais antiga, se considerarmos a data de fundação, o prestígio e destaque da Faculdade de Medicina, Direito e Engenharia[8] eram incomparáveis. Fundadas em 1912, essas iniciativas acadêmicas formaram em conjunto a primeira universidade brasileira. Em 1915, entretanto, uma lei federal determinou que para ser considerada universidade a instituição precisaria ter ao menos cinco anos de existência e estar localizada em uma cidade com pelo menos cem mil habitantes. Acontece que as novas faculdades paranaenses não cumpriam nenhuma das duas exigências. Curitiba tinha uma população de pouco mais de oitenta mil pessoas e as faculdades contavam com apenas três anos de funcionamento. Assim, o título de universidade teve que ser abandonado e as três faculdades continuaram suas atividades de forma independente. Em 1918, seus cursos foram finalmente reconhecidos oficialmente, o que lhes permitiu graduar estudantes e receber financiamento público. A partir daquele momento, as três unidades de ensino passariam a ocupar as mesmas instalações, mas administrativamente eram entidades distintas.[9]

Em termos de público, a Faculdade de Medicina era frequentada por aqueles estudantes interessados nas mais altas posições profissionais do período. Naquele contexto, medicina, direito e engenharia não eram apenas uma profissão, mas também um símbolo de *status*. As duas primeiras, em particular, tratavam das ocupações-padrão de muitos aspirantes a cargos públicos. De fato, vários ex-alunos da Faculdade de Medicina iriam ocupar posições políticas de destaque no estado.

No que se refere a atividades empíricas, a Faculdade de Medicina viria a encarar a prática da pesquisa com grande reserva, pelo menos até meados da década de 1940. Na odontologia, por exemplo, existe evidência que o mínimo de trabalho prático era a norma. Quando a Luiz Carlos Tourinho, professor da área, foi perguntado a razão desse aparente paradoxo, ele justificou que "um bom professor era normalmente um mal pesquisador e vice-versa".[10] Em outra ocasião, Jesus Moure, que ocupava a cadeira de Zoologia, afirmou que "a formação empírica [dos professores de Medicina] era extremamente pobre, tanto que poucos deles sabiam operar um microscópio".[11] Por fim, Spitzner, professor de Química, sugeriu que o fato de instalar um anfiteatro dentro do laboratório a fim de dar mais destaque às atividades práticas foi muito combatido dentro daquele ambiente acadêmico.[12]

Alessandro Casagrande

Sede das faculdades de Medicina, Direito e Engenharia.

O CÍRCULO DE ESTUDOS BANDEIRANTES

A segunda instituição que ilustra bem a importância e influência advindas da vinculação institucional era o Círculo de Estudos Bandeirantes. Criado nos anos 1920 com o objetivo de promover valores católicos e se opor a movimentos anticlericais, que haviam se tornado muito presentes desde o início do século, o Círculo se tornaria um centro de debates morais e intelectuais que buscavam reforçar o catolicismo local.[13] O grupo vinculado ao Círculo era ainda a favor da imigração e se colocava contra o positivismo, a maçonaria e a fé protestante, e, ainda, durante os anos 1940, contra o comunismo.[14] Além de nomes como José Loureiro Fernandes e José Mansur Guérios que iriam se juntar ao Museu Paranaense no futuro, o Círculo também incluía entre seus membros figuras políticas importantes. Entre eles estava Caetano Munhoz da Rocha e Afonso Camargo, que respectivamente sucederam e precederam Manoel Ribas (1932-1945) como governadores do estado.[15] Flavio

Suplicy de Lacerda, o reitor da Faculdade de Medicina, também pertencia ao grupo.[16] Durante os quatro primeiros anos da Faculdade de Filosofia, Ciências e Letras do Paraná, seu reitor seria Brasil Pinheiro Machado, que também pertencia ao Círculo. Assim, as principais faculdades locais eram dirigidas por indivíduos com vínculos com o grupo católico, além de serem também filiados ao Partido Social Democrático (PSD), o mesmo do interventor.[17] Ou seja, pertencer ao Círculo dos Bandeirantes, ao mesmo tempo em que dava a seus membros um encorajador propósito moral, também os colocava em contato com figuras cujas canetas definiam a extensão dos maiores organogramas do estado, assinavam ordens para prender e soltar indivíduos e, sem dúvida, autorizavam e vetavam polpudos orçamentos.[18]

LIVRE CIRCULAÇÃO: O CASO DE LOUREIRO FERNANDES

É dentro desse contexto de importância que as instituições tinham na cultura local o que podemos situar o início da fase científica do Museu Paranaense. Em 1936, o médico urologista José Loureiro Fernandes (1903-1977) assumiu sua direção inaugurando um novo período na vida daquela instituição. Fernandes foi um desses indivíduos atraídos para o engajamento em instituições locais e que contava com circulação livre em várias delas ao mesmo tempo. Essa facilidade e interesse em participar destes importantes grupos de interesse fizeram dele não só uma figura icônica da história do Paraná nos anos 1940, mas também de um papel fundamental na fase científica do Museu Paranaense. De fato, grande parte da memória do Museu, e, portanto, das fontes utilizadas neste capítulo, parecem ter sido organizadas por Fernandes. Quase como se ele quisesse deixar sua marca pessoal a ser reconhecida por historiadores no futuro. Isso pode ser percebido no cuidado que ele tinha com os documentos das instituições por onde passou. No Museu Paranaense, por exemplo, o livro de atas das reuniões de Conselho levou sua rubrica no canto superior direito de cada página por vários anos. No Círculo de Estudos Bandeirantes, pesquisadores encontram até hoje arquivos com fotos das expedições de Fernandes, possivelmente tiradas por ele e dele, em várias fases de sua vida profissional. No Centro de Estudos e Pesquisas Arqueológicas da Universidade Federal do Paraná, um quadro com sua imagem logo na entrada do departamento mantém viva a memória de Fernandes, que é considerado um pioneiro na Arqueologia do estado. Além disso, seus diários, recortes de jornais, discursos, cartas e cadernos de trabalhos estão espalhados por diversos arquivos públicos, sendo praticamente impossível para o historiador não encontrar pelo menos uma vez seu nome ao estudar fontes dos anos 1940 a 1960 no Paraná.

Mas, em nome da objetividade, aqui vamos nos restringir apenas ao que nos interessa para entender de que forma Fernandes contribuiu para a fase científica do Museu Paranaense.[19] Em primeiro lugar, como sugerido anteriormente, precisamos compreender que estamos tratando aqui de uma pessoa extremamente versátil. Além da diretoria do Museu, Fernandes assumiria a direção do Instituto Histórico e Geográfico do Paraná, ao mesmo tempo em que iria ocupar diversas funções na Faculdade de Filosofia, Ciências e Letras.[20] De 1942 a 1945 ele seria vice-diretor da faculdade, ensinou Etnografia e Antropologia e, ainda, atuou como redator do relatório anual da instituição.[21] Após 1945, além de manter uma presença ativa no Círculo de Estudos Bandeirantes, Fernandes também passou a editar sua publicação.[22] Considerando que ele sempre manteve o atendimento como urologista tanto em seu consultório quanto no hospital local, durante os anos 1940 ele ocupou simultaneamente nada menos que cinco posições diferentes. Uma coincidência que se vê nessas atividades é que Fernandes sempre estava envolvido em projetos novos. Em termos atuais ele seria chamado de empreendedor, ou seja, alguém que chamava a responsabilidade para si e se encarregava da execução de projetos, quaisquer que fossem suas dimensões. Durante os anos 1940 e 1950, reformou o Museu Paranaense, tomou parte na criação da Faculdade de Filosofia, na federalização da Universidade do Paraná e, ainda, fundou dois institutos de pesquisa e um segundo museu em Paranaguá.

Por outro lado, esse dinamismo sempre esteve ligado a grupos sociais específicos. O primeiro deles é o núcleo católico representado pelo Círculo de Estudos Bandeirantes, onde foi gestada a ideia da Faculdade de Filosofia, Ciências e Letras, como veremos a seguir. O seu comprometimento com os valores daquele grupo fez com que várias vezes lhe fossem confiadas posições de liderança, inclusive para representar o grupo católico em negociações com outras instituições.[23] O segundo grupo no qual circulava com desenvoltura era o da elite política do estado. Ele sempre dependeu de seus contatos políticos para levar a cabo seus projetos e, no caso do Museu Paranaense, isso de fato se mostraria vital, já que a instituição vinha passando por um período de letargia e, portanto, não havia motivos para se esperar por uma mudança radical. Assim, Fernandes parece ser um exemplo do argumento elaborado acima de que os contatos desenvolvidos dentro do ambiente institucional possibilitavam o acesso a meios que eram essenciais para os projetos pessoais dos indivíduos que compunham aqueles grupos.

A reforma do Museu Paranaense só pôde acontecer devido à influência que Fernandes tinha junto às autoridades políticas locais, começando pelo interventor do estado, Manoel Ribas, que não o conhecia pessoalmente quando o nomeou diretor do Museu, mas soube por terceiros que se tratava de pessoa de confiança e talhado para a tarefa.[24] Com o passar dos anos a relação dos dois melhorou consideravelmente, tanto que diversas vezes Ribas reiterou seu apoio a iniciativas conduzidas por Fernandes. Mas não só com o líder do executivo estadual é que Fernandes usaria sua influência. No dia a dia, toda a máquina política precisava colaborar. O secretário de Obras, por exemplo, tinha que dar prioridade para o agendamento dos trabalhos no Museu. O de Transportes, por sua vez, teria que ceder meios de locomoção para materiais e para as primeiras pesquisas de campo. E até o secretário de Segurança, Lacerda Pinto, precisava apoiar as iniciativas do Museu, já que sua pasta controlava a liberação de verbas autorizada pelo interventor durante o período da Segunda Guerra. Na verdade, a relação com o secretário de Segurança sugere novamente a importância dos vínculos institucionais. Na hierarquia política, Fernandes era subordinado a Lacerda, que era quem autorizava compras, contratação e demissão de funcionários.[25] Mas na estrutura da Faculdade de Filosofia, que veremos a seguir, essa relação se invertia. Fernandes tinha uma posição de destaque no corpo diretor da Faculdade, enquanto Lacerda fazia parte do corpo docente lecionando Ciências Políticas.

Outro projeto que exigiria de Fernandes várias articulações entre diferentes grupos locais era a fundação da primeira faculdade de ciências do Paraná, a qual estava ligada ao Círculo de Estudos Bandeirantes. Em 1937, o Governo Vargas aprovou a lei que autorizava a criação das Faculdades de Filosofia, Ciências e Letras.[26] Ao agregar essas três áreas, o objetivo era que essas instituições fossem capazes de treinar professores para as escolas secundárias.[27] O modelo de faculdades de Filosofia, Ciências e Letras foi facilmente assimilado por instituições católicas que já tinham presença marcante no mercado educacional. A transição de um colégio religioso para o sistema "secularizado" era administrada sem nenhuma dificuldade. No que tange às ciências, o interesse superficial por atividades empíricas caracterizava o ensino nos dois modelos, limitando-o às modestas demandas do magistério. De fato, no caso do Paraná, logo no início a inclinação religiosa da nova Faculdade de Ciências ficaria evidente. Por exemplo, na discussão do currículo inaugural Fernandes deixaria clara sua definição sobre o que era ciência, dizendo que ela não seria nada mais do que "[...] a procura, pelos homens, do nome que Deus deu às coisas do universo".[28] Em outra ocasião, uma carta assinada por Loureiro, já na direção do Museu, diria um pouco mais sobre sua acomodação entre ciência e religião. Quando perguntado se a instituição teria interesse em um osso de baleia encontrado no litoral, Fernandes respondeu positivamente, dizendo que na verdade aquilo era um fóssil de um "animal pré-diluviano", fazendo referência ao mito bíblico.[29]

Foi nesses moldes que a Faculdade de Filosofia no Paraná foi inaugurada em 1938, em linha com a possibilidade legal estabelecida no ano anterior. Entre os membros de seu primeiro Conselho Técnico estavam Loureiro Fernandes, que logo após a inauguração novamente assumiria uma posição de responsabilidade para salvar aquela iniciativa.[30] Acontece que a Faculdade de Filosofia de Curitiba mal havia começado suas atividades quando no ano seguinte veio a sofrer sérias dificuldades financeiras. Fernandes então foi incumbido da tarefa de intermediar uma negociação com o grupo Marista, que eventualmente veio ao socorro da Faculdade ao emprestar dinheiro e, em retorno, assumir uma parte do negócio.[31] A Faculdade assim conseguiu sobreviver e se expandir, mantendo seus propósitos originais de promover valores cristãos e focar em um nicho de mercado não atendido pela Faculdade de Medicina.

O INÍCIO DA FASE CIENTÍFICA: A REFORMA DO MUSEU

Até aqui vimos que as mudanças no Museu Paranaense ocorreram em um período em que a paisagem institucional local estava sofrendo uma rápida transformação.

Acervo da Casa da Memória/Diretoria do Patrimônio Cultural/Fundação Cultural de Curitiba

O prédio branco ao fundo é o Museu Paranaense, localizado na esquina da avenida Batel com a rua Buenos Aires, em Curitiba. Essa construção foi demolida na década de 1960.

Impelidos por um otimismo quase descuidado, indivíduos iniciavam projetos sem muito planejamento, mas tendo o suporte de um grupo com afinidades políticas, sociais e religiosas. A trajetória de Fernandes deixa clara essas conexões entre política, religião e educação superior que iriam permear as principais oportunidades e desafios do Museu Paranaense durante sua fase científica. Agora podemos então ver o início dessa fase. Em primeiro lugar, após assumir em 1936, Fernandes iria compor o primeiro Conselho Diretor para o Museu. Para dirigir a Seção de Botânica, foi convidado um advogado, Antônio Martins Franco. Já Francisco de Assis Fonseca, engenheiro, foi convidado para dirigir a Seção de Geologia, enquanto para a Seção de Zoologia foi convidado um padre, Jesus Santiago Moure.

Com a equipe formada, o próximo passo era tratar das precárias condições em que aquela diretoria encontrou a instituição, como revelado em um dos primeiros relatórios anuais. Começando pelo inventário do museu, os registros estavam totalmente desorganizados. Havia itens na coleção que não estavam registrados e, portanto, não se sabia por que ou quem os havia adquirido. Ao mesmo tempo, haviam outros que constavam no inventário, mas não eram encontrados na coleção, o que levantava suspeitas sobre os funcionários do Museu. A desconfiança recaía sobre o zelador, que morava em uma casa aos fundos da instituição e era suspeito de estar envolvido com a venda de objetos da coleção. Além disso, poucos itens em exposição ao público estavam com etiquetas e, os que a tinham, não seguiam um padrão. Para piorar as coisas, os armários, mesas e prateleiras onde os itens estavam dispostos encontravam-se em mau estado de conservação, sendo que a maioria deles não havia sido projetada para aquele propósito e assim deixava tanto sujeira quanto parasitas deteriorar os objetos. Finalmente, nunca havia existido uma coleta sistemática de espécimes da flora e fauna locais, visto que a maioria do acervo originava-se de doações e estava, em quase sua totalidade, comprometida pelo precário estado de conservação, estando alguns itens mesmo infestados de insetos.[32]

Tendo em vista essas condições, o Museu foi fechado para reformas. Após arregimentar todo o suporte que conseguiu, alguns meses depois Fernandes informaria em outro relatório o resultado das obras. A primeira mudança anunciada foi a organização de um novo catálogo com a descrição precisa de todos os itens do acervo. O prédio do Museu foi também pintado por dentro e por fora dessa vez com uma cor neutra para permitir mais iluminação às coleções. O mesmo foi feito com os móveis: alguns foram reformados e ganharam também nova pintura, enquanto os que não apresentavam boas condições foram descartados. Além disso, janelas foram trocadas para permitir mais luz para dentro do prédio, e a distribuição interna foi mudada para promover um melhor trânsito dos visitantes. Outra mudança importante foi o reforço das seções de Ciências Naturais com pessoal especializado.

Na Zoologia foi contratado um taxidermista, Andreas Mayer, e para a Botânica, um farmacêutico, Carlos Stellfeld, com especialidade na área de botânica aplicada a farmácia. Com o interesse de Jesus Moure pela sistemática de insetos, esse grupo reformou as seções de Zoologia, Botânica e Taxidermia do Museu e organizou as primeiras excursões para a coleta de novos itens para suas seções. Enfim, em 1940 o Museu foi reaberto em uma cerimônia com a presença de "autoridades políticas, militares e eclesiásticas".[33]

Não tivemos acesso ao discurso de abertura, que vemos nas imagens a seguir ter sido proferido por Fernandes antes de cortar as faixas que inaugurariam cada sala reformada do Museu. Essa ausência é lamentável, visto que provavelmente um dos pontos levantados foi a definição do propósito da instituição. É oportuno tratarmos aqui dessa questão porque o sucesso e fracasso do programa de pesquisas do Museu, de várias formas, podem ser relacionados com a maneira com que ele era apresentado publicamente. Durante a fase científica do Museu, a definição de seus objetivos iria oscilar entre fins educacionais e interesses científicos sem nunca ter sido insistido em um deles com veemência. Por exemplo, em 1941 era dito que o Museu seria o "maior centro de educação popular de Curitiba".[34] No entanto,

Círculo de Estudos Bandeirantes

À esquerda, Fernandes aparece proferindo discurso de inauguração de uma das salas, enquanto o interventor, Manoel Ribas, o observa de perto, à direita.

Círculo de Estudos Bandeirantes

Manoel Ribas observa parte do acervo ao lado de uma autoridade religiosa, também presente na inauguração.

Círculo de Estudos Bandeirantes

Esta imagem mostra alguns dos diretores observando os objetos em exposição em um dos armários reformados.

as atas das reuniões daquela década sugerem que a preocupação dos diretores das seções de Ciências Naturais com visitantes e aspectos didáticos foi quase sempre marginal. Além disso, nunca houve a preocupação em se ter alguém especializado, alguém que chamaríamos hoje de museólogo.[35] Os diretores eram voluntários e auxiliavam na manutenção das coleções de acordo com suas limitações de tempo e compromissos profissionais. Ao mesmo tempo, o Museu também se declarava organizado sob critérios científicos, mesmo considerando a eclética formação do primeiro Conselho Diretor e pelas condições do acervo. Nos anos posteriores, o programa de pesquisas do Museu só seria discutido internamente, e raramente se revelaria em público o interesse científico de alguns de seus diretores. Portanto, temos uma instituição que se declarava com fins educacionais, mas que pouco faria nesse sentido, e que praticaria ciência sem admitir isso abertamente. Para entender essa contradição, precisamos nos perguntar até que ponto estas definições eram usadas de forma apenas instrumentais. Em outras palavras, o direcionamento educacional ou o científico poderiam ser adotados como instrumentos para lidar com as oportunidades e problemas presentes no contexto local. Por exemplo, o fato de ter fins educacionais tinha a grande vantagem de incluir o Museu Paranaense no orçamento da Secretaria da Educação, da qual ele teria uma das maiores alocações.[36] Ao mesmo tempo, manter-se aberto para a pesquisa científica seria uma possibilidade de usufruir do substancial investimento aquele campo recebendo. Com a criação do Instituto de Biologia e Pesquisas Tecnológicas (IBPT), Ribas tinha se mostrado um generoso patrono das ciências. Como o Instituto estava vinculado à atividade agrícola – que por sua vez estava em rápido crescimento –, as chances eram grandes de que aquele investimento fosse aumentar gradativamente. Assim, não parece ser coincidência o fato de o Museu ter declarado, após sua reforma, que sua organização seguia critérios científicos, mesmo tendo uma diretoria inexperiente. De forma semelhante, o crescente prestígio da ciência local explicaria por que um Museu que nunca realizou pesquisas anteriormente, não tinha pesquisadores residentes e tampouco um acervo científico começou sua reforma pela organização de gabinetes de Zoologia e Botânica, termos, inicialmente, puramente alegóricos. Ao mesmo tempo, a adoção de um discurso científico tinha que ser sutil para evitar conflito com o IBPT, ou mesmo expor a inexperiente diretoria científica do Museu. Esse era mais um motivo para que o Museu se mantivesse sob a Secretaria da Educação, na qual estaria protegido do escrutínio político da Secretaria da Agricultura, sob a qual estava o IBPT.

Essa tensão entre a imagem de centro educacional e científico iria permear toda a fase científica do Museu, embora o conjunto de fontes primárias disponíveis sugira uma clara distinção entre a face pública e a realidade privada da instituição.

Enquanto publicamente poderiam se manipular as duas definições de acordo com a situação, internamente a orientação científica passou a ocupar cada vez mais recursos humanos e materiais. Isso aconteceria principalmente após a publicação dos *Arquivos do Museu Paranaense*, como veremos a seguir.

DE MUSEU HISTÓRICO PARA PRODUTOR DE CIÊNCIA: OS *ARQUIVOS DO MUSEU PARANAENSE*

O início da fase científica do Museu se consolida quando a instituição lança a sua primeira publicação. Em vez de uma acanhada revista de divulgação que se esperaria de um museu provincial, os *Arquivos do Museu Paranaense* surpreenderiam pela sua qualidade editorial ao abordar, com ares de grande centro, temas de interesse das mais prestigiosas instituições científicas do país. Os *Arquivos* iriam assim se tornar o principal instrumento de promoção da instituição tanto no Brasil quanto no exterior. No entanto, é necessário reconhecer que seu imenso sucesso foi em grande medida acidental. A hipótese apresentada aqui será a de que o que começou a galvanizar a credibilidade do Museu Paranaense foi originalmente apenas uma ideia inteligente de melhorar sua biblioteca.

A primeira indicação do propósito real da publicação do Museu são as recorrentes menções de que os *Arquivos* eram uma estratégia para construir uma biblioteca para a instituição.[37] Em vez de comprar livros que eram muito caros e difíceis de encontrar, o Museu iria obtê-los por meio de intercâmbio:

> Lamentável o estado em que encontramos a biblioteca, fato sobre qual já nos referimos em relatório anterior. Sendo o Museu um estabelecimento científico, como é bem de ver, não pode prescindir de biblioteca técnica; biblioteca onerosa dado o preço elevado das publicações científicas estrangeiras [...]. Esperamos no corrente exercício iniciar a reorganização da biblioteca, torna-se para isso indispensável que o Museu edite uma publicação periódica, pois inapreciáveis são os resultados advindos do intercâmbio cultural para o enriquecimento das estantes da biblioteca.[38]

A segunda indicação do caráter acidental do sucesso da publicação é que, quando o diretor do Museu enviou o orçamento de 1940, os *Arquivos* não foram mencionados.[39] Embora preparativos já estivessem sendo feitos para se conseguir artigos, a ideia de publicar uma revista científica foi mantida dentro dos muros do Museu. De fato, a explicação de como se pretendia pagar pela publicação foi enviada apenas em agosto de 1941, um mês após o lançamento.[40] Como não havia nenhuma alocação para aquela despesa no orçamento oficial, o diretor determinou a utilização de toda a verba da alocação *Manutenção* para a alocação *Diversos*, de onde sairiam os fundos para o pagamento da publicação. Isso quer dizer que toda a provisão para manutenção, que era provavelmente importante, foi usada para o pagamento do primeiro volume dos *Arquivos*.

De qualquer maneira, o mais importante é que a estratégia de Moure e Fernandes de se criar um veículo de intercâmbio funcionou de forma extraordinária.[41] O primeiro volume foi despachado para instituições no Brasil e no exterior sem muitas pretensões, tanto que várias autoridades locais não ligadas a pesquisa estavam entre os que receberam o primeiro volume.[42] Porém, logo depois, começaram a chegar as respostas concordando em iniciar o intercâmbio imediatamente, incluindo edições anteriores. Até instituições que não haviam sido contatadas, mas que ouviram falar da nova publicação, passaram a entrar em contato a fim de iniciar um intercâmbio. Essa reação, que logo chegou a uma centena de nomes, pegou o Museu de surpresa. Tanto do Brasil quanto do exterior, museus, universidades e centros de pesquisa concordavam com suas inclusões na lista de correspondentes do Museu e no início imediato do intercâmbio de publicações.[43] Entre estas, encontravam-se museus de prestígio como os das universidades de Harvard e Berkeley, nos Estados Unidos. É preciso notar que esse interesse não era gerado apenas pelo conteúdo da publicação, mas também pelo contexto da Segunda Guerra Mundial (1939-1945). Durante o conflito, a comunicação entre centros científicos foi de várias formas prejudicada. Por exemplo, o deslocamento de, e para, alguns países ficaria mais restrito. Os congressos científicos internacionais foram praticamente interrompidos e os meios de comunicação, se não estivessem direcionados ao esforço de guerra, davam grande ênfase a esse assunto. Além disso, em termos materiais, existia o racionamento de certos recursos básicos como papel e, à medida que o conflito prosseguia, o volume editorial no geral era drasticamente reduzido.[44]

Por causa dessa escassez de publicações, não só o intercâmbio era altamente valorizado, mas ofertas de artigos também começaram a se avolumar. Se em 1941 Fernandes e Moure tiveram que usar toda a sua rede de relacionamentos para conseguir uma dúzia de autores, em 1943 já era necessário recusar trabalhos. Naquele ano, a publicação do Museu trazia a informação de que só aceitaria contribuições que fossem originais e sobre amostras coletadas no Paraná. Algum tempo depois, o número de solicitações continuava a crescer, e o Museu decidiu manter o intercâmbio apenas com instituições e encerrar envios para indivíduos sem vínculos institucionais.[45] Mesmo assim, a distribuição chegaria a quase quinhentos destinatários no Brasil e no exterior.[46] Diante daquele sucesso, em uma reunião do Conselho em 1943, o diretor do Museu pediu para ser registrada sua gratidão pelo esforço do

Conselho em auxiliar na publicação.[47] Externamente, o êxito evidente da empreitada, que alguns consideravam um milagre, passou a ser elogiado e cada vez mais a galvanizar a imagem do Museu como uma nova instituição científica nacional.[48] Um dos motivos para isso era que muitos dos leitores pareciam acreditar que todos os autores dos *Arquivos* eram vinculados ao Museu. É comum encontrar cartas dizendo que a pesquisa realizada *no* Museu era realmente admirável, quando, na verdade, no início, poucos artigos eram de autoria de pesquisadores residentes.[49] Esse equívoco – do qual o Museu de qualquer maneira se beneficiou – pode ser atribuído ao fato de que artigos de pesquisadores amadores não tinham portanto nenhuma indicação de suas instituições de origem e isso poderia levar os leitores a acreditar que eles pertenciam ao Museu.[50] Mas o que importava é que a credibilidade do Museu Paranaense como instituição científica aumentava e isso, em contrapartida, gerava oportunidades que não haviam sido vislumbradas após a reforma de 1940. Por exemplo, os pesquisadores residentes que estavam no início de suas carreiras podiam passar a acreditar que o trabalho que viessem a realizar teria uma audiência especializada, de certa forma, garantida. Além disso, quanto mais o Museu se tornava conhecido, mais contribuições ele recebia e com elas novas possibilidades se abriam. Convites para trabalhos em conjunto, acesso a bibliografia e materiais de pesquisa passaram a ser mais fáceis à medida que o nome do Museu passou a ser conhecido. Além disso, o intercâmbio fazia com que o Conselho Diretor tivesse acesso privilegiado ao que havia de mais recente em termos de publicação científica.

Portanto, o problema de não se ter uma tradição científica estabelecida foi atacado logo de início com uma coragem de principiante e desprendimento de quem, na verdade, não tinha nada a perder. O fato é que, independentemente da razão por trás daquela primeira publicação, ela lançou o Museu dentro da comunidade científica e criou uma excelente oportunidade para, então, atrair e manter pesquisadores em seu corpo de pesquisa. Para entender como isso aconteceu, precisamos pensar por um minuto como operava a comunidade científica na época, em particular nos padrões que caracterizavam carreiras científicas.

Sabemos, por exemplo, que a questão da credibilidade sempre foi vital para indivíduos que ambicionavam avançar em carreiras científicas e que, no passado, ela poderia ser adquirida de diversas formas. Fontes primárias sugerem que o número de publicações, originalidade de descobertas, reconhecimento por meio de premiações e, ainda, a participação em sociedades científicas são alguns dos fatores para os quais cientistas sempre deram grande importância. Da mesma forma, pertencer a certas instituições de prestígio também era uma forma de se ganhar credibilidade entre certos grupos. Por exemplo, a Universidade de São Paulo (USP) rapidamente se tornou uma instituição de elevada credibilidade entre pesquisadores brasileiros e, assim, seu grupo de pesquisa tornou-se muito influente entre a comunidade científica. Mas credibilidade naquele meio não se construía da noite para o dia. Era um processo lento que exigia esforços contínuos por um longo espaço de tempo. Ela também dependia de onde a instituição se encontrava, pois sua posição geográfica iria determinar o acesso a recursos físicos, materiais de pesquisa, bibliografia e mesmo à comunicação com o restante da comunidade científica. Acima de tudo, credibilidade institucional normalmente provinha do reconhecimento das credenciais científicas do seu corpo científico e da qualidade do que ele produzia. Pesquisadores eram atraídos para instituições que ofereciam potencial para que eles pudessem, como dissemos anteriormente, publicar mais, fazer descobertas originais e ganhar prêmios. Como atrair cientistas conhecidos aumentava a credibilidade da instituição, o resultado era um círculo virtuoso. À medida que aumentava a credibilidade da instituição, seus pesquisadores adquiriam mais prestígio, o que ao mesmo tempo aumentava a credibilidade da instituição e assim por diante. No caso do Museu Paranaense, não havia uma imagem institucional que pudesse atrair pesquisadores renomados, pois a instituição não tinha prestígio e tampouco interesse em pesquisa. Porém, a publicação dos *Arquivos* forçou um atalho para esse círculo de credibilidade, como sugerido anteriormente, em parte devido ao contexto e, em parte, pela qualidade de seu conteúdo. Mas para consolidar sua imagem de produtor de ciência seria necessário atrair pesquisadores veteranos e, se possível, treinar um corpo científico que permanecesse na instituição e promovesse sua imagem. Para entendermos como isso de fato aconteceu, voltaremos novamente ao ponto exposto sobre a interação entre ciência e política que também nos ajuda a explicar a consolidação do direcionamento científico inaugurado pela publicação dos *Arquivos*.

DANDO CORPO AO CORPO CIENTÍFICO: OPORTUNIDADES PARA VETERANOS E INICIANTES

Mesmo com a estrutura reformada e uma publicação promissora, a fase científica do Museu só se consolidou quando seu corpo diretor assumiu internamente o compromisso de produzir pesquisa científica de qualidade. Para entender como esse processo ocorreu, veremos de que forma as trajetórias pessoais de pesquisadores veteranos e iniciantes levaram a transformar significativamente a imagem daquele museu local.

Inicialmente, veremos os casos dos pesquisadores veteranos que não tinham uma base fixa no Museu, mas contribuíram para sua produção. Esse grupo é facilmente reconhecido não apenas pelo fato de não terem posições no Conselho

Diretor, mas porque todos eles foram atraídos para o Museu em grande parte por fatores políticos. Para compreender a importância dessa questão precisamos primeiro ter em mente que esse grupo de pesquisadores era nascido na Europa. Acontece que o Regime Vargas havia representado uma mudança negativa na forma que o Estado brasileiro encarava a questão da imigração. Entre 1870 e 1930 quase um milhão de estrangeiros migrariam para o país por várias razões.[51] Alguns buscavam trabalhos em setor agrícola ansioso em substituir a mão de obra escrava. Outros vinham atraídos pelo baixo custo da terra, equipamentos agrícolas subsidiados e até mesmo a passagem de graça oferecida pelo governo brasileiro. Todo esse processo era organizado por companhias de colonização, que enfatizavam a possibilidade de um novo começo longe da perseguição política e religiosa na Europa.[52] Depois dessa política de portas abertas por quase um século, o governo Vargas mudou a forma de lidar com imigrantes. Inicialmente ficou mais difícil vir para o Brasil por causa das políticas restritivas, como a negação de vistos para determinadas nacionalidades. Isso aconteceu, por exemplo, para pessoas vindas da Ásia e do Oriente Médio.[53] Para aqueles que já estavam no Brasil, as coisas também começaram a mudar. O governo Vargas forçou medidas chamadas de "assimilação", que proibiam, por exemplo, o uso de línguas estrangeiras em escolas e a circulação de jornais e revistas estrangeiros em comunidades de imigrantes.[54]

A situação iria se complicar ainda mais a partir de 1942, quando o Brasil se juntou aos Aliados (liderados pela Inglaterra, França, URSS e Estados Unidos) contra os países do Eixo (Japão, Itália e Alemanha). As restrições impostas aos estrangeiros se acentuariam, acarretando uma ameaça direta ao desenvolvimento científico nacional, pois entre os milhares de imigrantes que chegaram ao Brasil também estavam pesquisadores amadores e entusiastas das ciências que identificavam na riqueza natural brasileira uma oportunidade para reiniciar suas atividades científicas. No entanto, para se praticar ciência era preciso realizar certas atividades que passaram a ser vistas como suspeitas. Por exemplo, naturalistas precisam abater animais para estudo e para isso usavam armas de caça. No entanto, carregar uma arma de fogo durante a Guerra era extremamente complicado, ainda mais para estrangeiros. Até mesmo tarefas banais como dirigir um veículo com mais de três indivíduos em finais de semana necessitava de autorização da polícia. Essas questões iriam representar sérios obstáculos para pesquisadores que sofriam com essas restrições por serem de nacionalidade estrangeira. No entanto, ao combinar contatos políticos, interesses científicos e uma promissora reforma institucional, o Museu Paranaense conseguiria não só lidar com esses obstáculos, mas revertê-los a seu favor.

Vejamos primeiramente o caso de Reinhard Maack, pesquisador alemão que trabalhou no Museu no fim da Segunda Guerra. Em 1942, o nível de animosidade contra os alemães, italianos e japoneses alcançou um nível sem precedentes em alguns estados brasileiros. Esses três grupos étnicos estavam representados em Curitiba e todos passaram automaticamente a ser considerados suspeitos. Em 1942, logo após a notícia de que navios mercantes brasileiros haviam sido afundados por submarinos alemães, a população tomou as ruas da cidade para protestar. No dia 19 de março daquele ano, dez mil pessoas se reuniram na região central gritando palavras de ordem contra o Eixo e exigindo retaliação. A manifestação logo saiu do controle e vários estabelecimentos comerciais pertencentes a imigrantes foram depredados.[55] Esse tipo de ocorrência ilustra o clima de caça às bruxas que imperava naqueles dias. Imigrantes passaram a ter que fazer o máximo para não chamar a atenção, embora para aqueles que já haviam chegado a mais tempo isso seria uma tarefa árdua. Esse era o caso de Reinhard Maack, já conhecido por seu trabalho de cartografia que, entre outras razões, fez dele um alvo político. Um dia após a decretação de guerra ao Eixo, Maack foi preso e todo seu material de pesquisa, confiscado. Posteriormente, ações concomitantes seriam deflagradas a fim de tirá-lo do cárcere, entre elas a intervenção pessoal de Fernandes.

A primeira menção encontrada sobre Maack nos arquivos do Museu Paranaense é de março de 1941.[56] Os diretores da instituição não escondiam a admiração pelo trabalho do cartógrafo alemão, que viria a publicar nos *Arquivos* já antes de sua prisão.[57] Imediatamente após o seu encarceramento, os pesquisadores do Museu tentaram intervir. Frederico Lange, por exemplo, recomendou que Fernandes buscasse proteger os livros e as amostras de Maack. Sabendo que a casa do geólogo havia sido "visitada" pela polícia, ele temia que seus pertences fossem danificados ou perdidos.[58] Fernandes conseguiu intervir junto às autoridades, e os materiais de pesquisa de Maack foram enviados ao Museu.[59] A próxima questão era tentar a libertação do geólogo, que havia sido enviado para uma cadeia no Rio de Janeiro onde prisioneiros políticos eram mantidos em celas superlotadas.[60] O problema era que os pesquisadores do Museu não sabiam exatamente em qual delas estaria Maack. Após conseguirem enfim encontrá-lo, foi iniciada uma troca de correspondências, enquanto Fernandes iniciou conversações com o secretário de Justiça a fim de negociar sua libertação, o que aconteceria finalmente no fim de 1943.[61] Com o retorno de Maack a Curitiba, Fernandes conseguiu uma autorização junto ao secretário de Justiça para que ele "permanecesse trabalhando no Museu e que poderia na sua companhia realizar excursões com finalidades científicas".[62] Na prática, Maack veio a cumprir essa determinação, usando um salvo-conduto assinado pelo diretor do Museu Paranaense, que o autorizava a realizar "excursões de estudo no interior do estado".[63] O resultado desses trabalhos de campo poderia ser constatado no trabalho monográfico que ocupou inteiramente o quinto volume dos *Arquivos*, publicado em 1945.[64]

Nesse trabalho, o pesquisador delineou os termos de uma discussão que iria atrair a atenção de uma geração de geólogos locais: a datação e a estimativa da extensão das formações geológicas do estado. Nesse artigo que tratava dos extratos rochosos encontrados na região de Ponta Grossa, Maack contestava as datações até então adotadas por geólogos brasileiros. Sua hipótese era de que os vales encontrados naquela região seriam o resultado da erosão causada pelo fluxo fluvial que se dava sob as geleiras, as quais, no período devoniano, cobriam todo o continente sul-americano. Essa tese se baseava na suposição de que esse continente era unido ao africano, formando uma extraordinária massa continental chamada então Terra

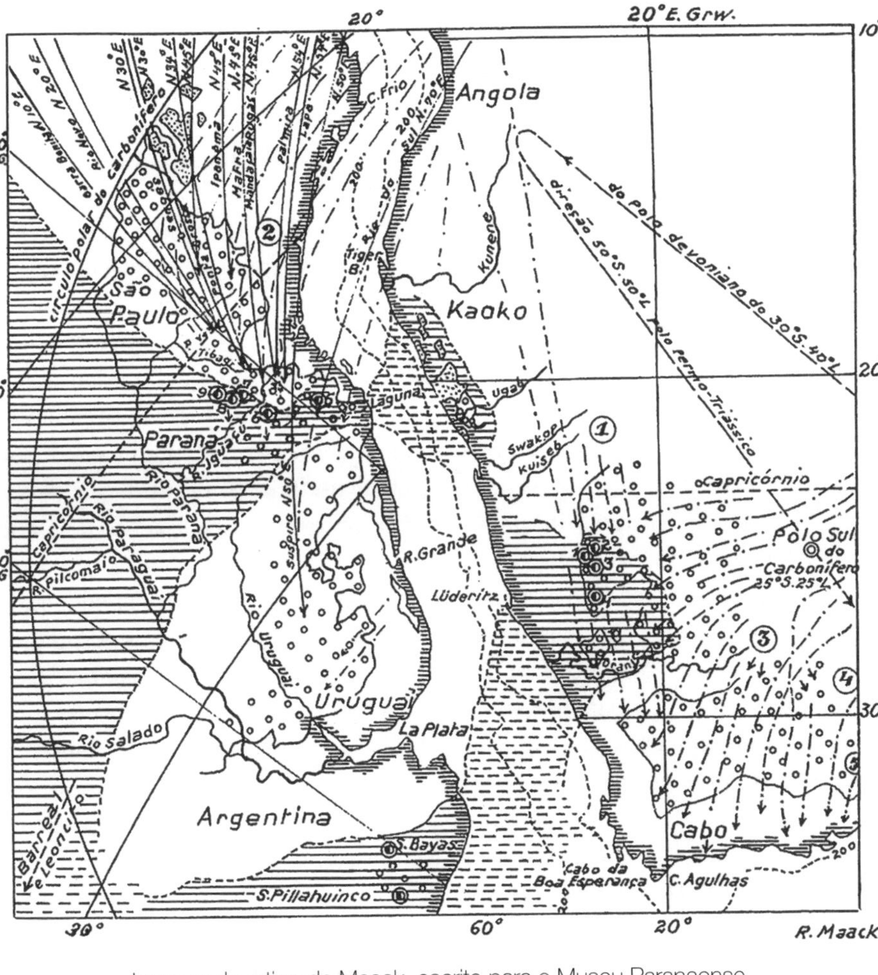

Reinhard Maack, "Geologia e geografia da região de Vila Velha, estado do Paraná, e considerações sobre a glaciação carbonífera no Brasil", *Arquivos do Museu Paranaense*, Curitiba, Estampa XLVI, 1946

Imagem do artigo de Maack, escrito para o Museu Paranaense, sugerindo a união dos dois continentes.

de Gonduana, que estaria no polo sul do planeta e, por isso, coberta de gelo. A Teoria da Deriva Continental ainda não havia sido consolidada dentro da geologia e Maack, como será visto no capítulo "O incansável explorador Reinhard Maack", tinha estado na Namíbia em anos anteriores. É curioso perceber que o mapa descrito nesse artigo dos *Arquivos* coloca o Paraná exatamente no mesmo eixo do deserto da Namíbia, onde Maack havia estado. Esse trabalho possuía dois apêndices escritos em alemão e inglês, claramente direcionados a uma audiência estrangeira, já que não se tratava de abstratos curtos, mas resumos completos sobre os principais argumentos. Esse detalhe revela tanto a habilidade de Maack de usar um exemplo local para discutir questões de interesse internacional quanto a exposição alcançada pelo Museu. Mesmo após 1945, o volume V dos *Arquivos* ainda seria distribuído e Maack apareceria nele como um dos pesquisadores do Museu, embora tenha se transferido para o IBPT após a Segunda Guerra. Além disso, logo cedo Maack estabeleceria um padrão editorial que seria seguido pelos pesquisadores da casa nos anos seguintes e que incluía trabalho de campo, foco em áreas de interesse internacional e posição crítica com relação à literatura científica disponível.

Outra intervenção do Museu em que podemos ver a conexão entre política e ciência e um padrão internacional de pesquisa foi o episódio envolvendo a pesquisadora austríaca Wanda Hanke. Nascida na Silésia, onde hoje se encontra a República Tcheca, Wanda Theresa Leokadia Hanke estudou Psicologia e Medicina na Alemanha. Após clinicar por um curto período em Munique, mudou-se para Viena e passou a se dedicar à antropologia. A partir de 1933, ela começaria uma série de viagens para a América do Sul, primeiramente para a Argentina e, depois, para o norte do continente.[65] A história de Hanke no Brasil pode ser datada a partir de 1940, quando solicitou autorização para realizar uma expedição de dois anos no país.[66] No período, expedições conduzidas por estrangeiros eram rigorosamente controladas, sendo necessário cumprir uma série de requisitos para se poder entrar legalmente no Brasil.[67] Os registros do Conselho Nacional de Expedições, responsável por essas liberações, mostram que a primeira solicitação de Hanke foi negada por estar incompleta.[68] Como não existem mais registros sobre o assunto, duas coisas podem ter acontecido: a pesquisadora ter entrado no Brasil por um país vizinho cujas fronteiras não tivessem tanto controle ou sua vinda pode ter sido posteriormente aprovada, mas a documentação a respeito ter sido extraviada. Sua trajetória junto ao Museu Paranaense, no entanto, sugere que a primeira hipótese é a mais provável. Por volta de 1941, Hanke já se correspondia com o Museu acerca da venda de artefatos indígenas. Sem patrocínio oficial, aparentemente essa era a forma com que ela mantinha suas pesquisas. O problema era que Hanke estava tendo dificuldade em enviar as peças, provavelmente porque teria que ser feito do Brasil e ela não tinha autorização de entrada; ou, ainda, porque os artefatos eram de tribos brasileiras e pelo mesmo motivo ela não tinha autorização para coletá-los.[69] Loureiro disse que tentaria encontrar uma solução por intermédio do correio militar.[70] Posteriormente ele a instruiu por telegrama que contatasse um piloto da Aeronáutica que estaria em uma data determinada em Corumbá (Mato Grosso do Sul), dizendo a ele que as peças enviadas eram do museu da cidade e, assim, ele aceitaria transportá-las.[71] Os custos do transporte seriam acertados por Fernandes diretamente com seu contato. A transferência do valor acordado então foi feito direto para Hanke, e posteriormente as peças foram recebidas em Curitiba.[72] Essa seria apenas a primeira de diversas transações semelhantes entre Hanke e o Museu Paranaense, que, devido aos contatos de Fernandes, talvez tenha sido o único museu brasileiro no período a receber artefatos indígenas identificados por um especialista estrangeiro direto de seus locais de coleta. Além das peças de valor etnográfico, Hanke iria também escrever quatro artigos para os *Arquivos* que contribuíram para expandir a audiência internacional da publicação.[73]

Outro indivíduo que contribuiu para consolidar a qualidade do que era produzido pelo Museu foi o taxidermista Andreas Mayer, que nasceu na Alemanha e estudou na Escola de Taxidermia de Ausburg.[74] Ele se tornaria o naturalista-viajante

Alessandro Casagrande

Mayer em expedição de coleta em 1948, rio Paraná.

do Museu Paranaense encarregado de coletar e preparar insetos e animais para o acervo. Por ser alemão e carregar armas de caça, Mayer enfrentaria problemas frequentes com as autoridades locais durante o período da guerra.

Em várias ocasiões, delegados e chefes de polícia do interior escreveram para Fernandes solicitando a confirmação sobre a vinculação de Mayer ao Museu, ainda que o taxidermista levasse sempre consigo uma permissão de caça assinada pelo chefe de polícia de Curitiba.[75] Mas as autoridades do interior eram apenas uma das preocupações de Mayer. Nas listas de mantimentos de suas expedições, o taxidermista carregava, além de munição e armadilhas de caça, antídotos para veneno de cobra e redes para mosquitos. Um dos problemas daquele período era a malária que, em uma ocasião, vitimou um de seus assistentes. Os contatos de Fernandes possibilitavam o acesso ao almoxarifado estadual, onde aqueles itens, muitas vezes racionados, podiam ser adquiridos. Assim, Mayer conseguiria cobrir milhares de quilômetros durante as quase duas décadas que trabalhou para o Museu, e a qualidade de seus animais era amplamente reconhecida por outras instituições que recebiam espécimes preparados por ele.[76]

Uma última atuação que exigiu dos contatos políticos de Fernandes foi o episódio envolvendo o alemão Theodor Guenter Tessmann, antropólogo e botânico que morou por um curto período em Londrina, no norte do Paraná. Durante o período da guerra, por tratar-se de um "súdito do Eixo", jargão policial para imigrantes alemães, a polícia também confiscou os materiais de trabalho de Tessmann, e novamente Fernandes teve que interferir para sua liberação.[77] Os equipamentos de pesquisa, os livros e a coleção particular de Tessmann, que juntos pesavam quase uma tonelada, foram então transferidos para o Museu, onde ficaram armazenados.[78] A partir de 1947, Tessmann passou a exercer a mesma função de Mayer, mas na área de botânica. Durante as diversas excursões realizadas pelo pesquisador foram coletadas centenas de espécimes vegetais, que posteriormente eram enviadas para classificação nas instituições com as quais o Museu passou a se relacionar após a publicação dos *Arquivos*.[79]

Agora passaremos a ver alguns exemplos de pesquisadores iniciantes com o objetivo de identificar quais teriam sido as motivações para que alguns deles permanecessem vinculados ao Museu Paranaense por quase duas décadas.

Em primeiro lugar apresentaremos o caso do padre Jesus Santiago Moure, que, como vimos antes, foi convidado por Fernandes já na formação inicial do Conselho Diretor. Quando Moure mudou-se para Curitiba, em 1938, ele já tinha escrito três artigos com Frederico Lane sobre sistemática de insetos.[80] Lane, que era um especialista na área e pesquisador do Museu Paulista, foi como um tutor para Moure e quem recomendou que o jovem religioso estudasse abelhas por se tratar de um grupo ainda pouco conhecido.[81] Para entender como essa decisão viria a definir a carreira de Moure e ao mesmo tempo fazê-lo escolher o Museu Paranaense como sua base de pesquisas, precisamos indagar um pouco mais sobre o contexto da entomologia naquele momento. Primeiro sabemos que Moure viajava constantemente para São Paulo e frequentava o Museu Paulista, que àquela altura estava subordinado à recém-inaugurada USP. Nesses contatos, Moure certamente ficaria a par de quem eram os principais pesquisadores na zoologia naquele momento, onde eles estavam, quais eram suas áreas de interesse e possivelmente saberia também de oportunidades e problemas envolvendo aquele campo de pesquisa. O que Moure poderia ter ouvido por suas andanças pelo Museu Paulista? Sabemos que em 1940, quando o Museu Paranaense publicou seu primeiro volume, havia pelo menos 12 publicações científicas na área de zoologia em circulação no Brasil.[82] Metade destas era publicada por instituições localizadas no Rio de Janeiro, sendo que duas delas eram dedicadas em sua totalidade ou parcialmente à sistemática: *Annaes da Academia Brasileira de Ciências* e a *Revista de Entomologia*.[83] Em São Paulo, da mesma forma, duas das seis publicações disponíveis davam grande atenção à sistemática.[84] Portanto, por volta de 30% das publicações na área de zoologia eram dedicadas à descrição de novas espécies por meio de chaves taxonômicas e discussão sobre sistemática. Esse número fazia do Brasil um dos maiores centros mundiais no estudo de sistemática, ao mobilizar os principais nomes da ciência nacional. A identificação de duas escolas de estudos sistemáticos, entre os anos 1930 e 1940, atestam o prestígio dessa área.[85] A primeira delas era vinculada ao zoólogo Lauro Travassos, que dirigia o Instituto de Manguinhos (RJ), posteriormente chamado de Instituto Oswaldo Cruz. Travassos ajudou na formação de uma geração de cientistas que iria disseminar sua influência em outros centros de pesquisas nacionais. As características do grupo vinculado a esse pesquisador eram: nacionalismo, ensino experimental, interesses aplicados e estrutura democrática. Eles estavam, em sua grande maioria, interessados em sistemática não evolucionista e davam muita atenção para nomenclatura.[86]

A segunda escola, liderada por Ernst Marcus na USP, é descrita como o modelo alemão em que todos os alunos estudavam o mesmo tema de especialidade do catedrático ou tópicos determinados por ele. As principais características dessa escola eram competência em morfologia animal, ausência de interesses aplicados, organização hierárquica rígida e um posicionamento internacional. De fato, Marcus é indicado como o responsável pela internacionalização e modernização da zoologia brasileira.[87] As duas escolas, no entanto, tinham muito em comum. Ambas não se preocupavam com ecologia ou outras questões além da sistemática. Embora elas focassem em grupos zoológicos distintos, seus métodos eram similares. Dissecção e descrição minuciosa e detalhada eram mais importantes do que qualquer outro tipo de informação. Outra similaridade importante é que esses dois pesquisadores foram mencionados nominalmente na introdução dos *Arquivos do Museu Paranaense* em 1941.[88] O contato entre Jesus Moure e Lauro Travassos havia começado logo no início da década e se manteria por todo um período muito além do que o coberto neste capítulo.[89] Já Ernst Marcus mantinha contato com o Museu através de Paulo Sawaya, que se tornou amigo de Fernandes, como veremos a seguir.

Entretanto, é também provável que Moure tenha ficado a par dos problemas e atritos no mundo da sistemática. A prática da classificação taxonômica não era vista com bons olhos por alguns pesquisadores que a consideravam uma ciência menor, pouco sofisticada. Em um dos artigos assinados por Ernst Marcus, por exemplo, o autor mencionou críticas que vinha recebendo acerca do caráter puro de seu método de pesquisa.[90] Vários fatores sugerem, no entanto, que esse tipo de crítica serve mais para revelar as tensões internas de uma comunidade científica em seus estágios iniciais de consolidação, quando recursos e oportunidades de reconhecimento ainda eram escassos, do que uma deficiência no método de pesquisa em si. Por exemplo, como a escola de Travassos demonstra, a sistemática era usada também para fins práticos como a identificação de insetos para controle de pestes agrícolas, sendo que até o Museu Paranaense chegou a ser recrutado para esse fim. Em 1945 o governo da Bahia requisitou a Jesus Moure a identificação de abelhas que ameaçavam as fazendas de laranja do estado.[91] Além disso, a sistemática era usada pelo IBPT para instruir agricultores em como identificar insetos daninhos em seus armazéns.[92] Outra concepção negativa, também aparentemente infundada, era a de que a sistemática era primordialmente uma atividade confinada a museus. Embora a atividade encontrasse nomes importantes nos museus Paranaense, Paulista e Nacional, instituições de pesquisa aplicada também se engajavam em pesquisa sistemática. Por exemplo, o serviço de entomologia da Seção de Defesa Sanitária Vegetal do Rio Grande do Sul combinava classificações sistemáticas com informações sobre danos causados a plantas cultivadas naquele estado.[93] Da mesma forma, no Instituto Oswaldo Cruz, estudos taxonômicos de insetos tinham um papel principal no combate a mosquitos transmissores da febre amarela.[94] A taxonomia também não denotava uma prática científica ultrapassada, já que era praticada no mundo todo. De fato, é possível constatar um considerável volume de intercâmbio com instituições estrangeiras que requeriam espécimes e classificações do Museu Paranaense.

Como Moure teria reagido a tudo isso? Cabe lembrar, em primeiro lugar, que ele era um pesquisador autodidata. Isso certamente teria que ser considerado para entrar em um meio em que doutores e renomados pesquisadores estrangeiros ocupavam os poucos espaços disponíveis. Além disso, Moure era um religioso praticante e não escondia isso de ninguém. Além de nunca tirar a batina, ele assinava seu nome acompanhado da abreviação C. F. M., que indicavam sua filiação ao grupo cristão dos Claretianos.[95] Esse posicionamento iria influenciar na forma com que outros pesquisadores avaliariam seu trabalho. Moure tinha a seu favor uma espécie de padrinho no Museu Paulista na pessoa de Lane, bem como Fernandes no Museu Paranaense. No caso desse último, o Museu ofereceria uma evidente proteção institucional. Era um nome ao qual Moure poderia se vincular com um cargo de diretoria sem que dele fossem exigidas muitas credenciais científicas em retorno. Ninguém precisava saber que Moure, logo depois de assumir, havia mandado incinerar toda a coleção de animais empalhados sob a alegação de que estavam infestados de parasitas, o que eliminou por completo o acervo da seção dirigida por ele.[96] Mas o fato de os *Arquivos* terem funcionado tão bem, sua rede de contatos e o interesse por uma área que parecia sólida fizeram com que Moure, mesmo como

Gabriel A. R. Melo

Da esquerda para a direita, Frederico W. Lange é o primeiro, Carlos Stellfeld, o terceiro, Jesus Moure, o quinto, e Loureiro Fernandes está ao seu lado em primeiro plano.

um pesquisador autodidata, passasse a ter pavimentada à sua frente a possibilidade de se lançar em uma carreira científica a qual iria perseguir por toda a sua vida. Dessa forma, a produção da Seção de Zoologia, a mais prolífica da fase científica aqui tratada, se fundiria com os interesses e desafios que seu diretor tinha ao redor de si e da forma como decidiu lidar com eles.

Outro cientista residente que iria contribuir para a imagem científica do Museu ao mesmo tempo em que se firmava como um pesquisador respeitado por seus pares foi o paranaense Frederico Waldemar Lange. Seu caso é um pouco diferente do de Moure porque seu primeiro contato com o Museu ocorreu apenas em julho de 1941, ou seja, após a publicação do primeiro volume dos *Arquivos*. Nessa comunicação, Lange oferecia seus serviços de forma voluntária para a Seção de Geologia, o que seria aceito em agosto daquele ano.[97] Outro fator distintivo era que ele não assumiria uma posição permanente dentro do Museu como os outros pesquisadores. Lange morava em Ponta Grossa, a cem quilômetros de Curitiba, e foi de lá que conduziu a maioria de suas pesquisas sobre fósseis do período devoniano (era paleozoica entre 416 e 360 milhões de anos atrás). Essa distância física e o fato de também ser um autodidata em nada prejudicaram o empenho que demonstrou para sua área de interesse. Acreditar que autodidatismo seja sinônimo de falta de profissionalismo é um equívoco precipitado. Na impossibilidade de formação regular como entendemos hoje, existiam vários pesquisadores autodidatas neste período. Quando, certa vez, Fernandes declarou que "somos uma nação de autodidatas", provavelmente não o fez em tom pejorativo, já que ele também veio a se destacar na área de antropologia e arqueologia sem nunca ter tido participado em cursos regulares naquelas áreas.[98] No caso de Lange, em particular, autodidatismo não seria nem um pouco sinônimo de amadorismo. As fontes primárias, na verdade, sugerem o contrário. Pelo fato de Lange ter que conduzir seus trabalhos a distância, a impressão que se tem é de que ele se cobrava muito mais do que se estivesse próximo aos centros científicos e, portanto, sabendo onde pisava. Suas cartas revelam certa insegurança sobre a qualidade de seus trabalhos, principalmente nos primeiros anos em que atuou como assistente de geologia do Museu.[99] Esse sentimento se provou injustificado, já que o pesquisador conquistaria seu espaço dentro da paleontologia brasileira mesmo começando seu trabalho no relativo isolamento de uma cidade-satélite de Curitiba. Além disso, o Museu oferecia outras vantagens que certamente chamaram a atenção do pesquisador iniciante. Por exemplo, com o intercâmbio iniciado pelo Museu, Lange poderia ter acesso a publicações que seriam difíceis de conseguir sem estar vinculado a uma instituição. Existe abundante evidência de solicitação e recebimento de literatura por intermédio de Fernandes.[100] De forma semelhante, o Museu Paranaense oferecia algo que seria muito útil para Lange, que eram as autorizações para circular pelo território paranaense, as quais passaram a ser muito difíceis de se conseguir durante a Guerra. A pesquisa paleontológica exigia muito trabalho de campo, e Lange precisava de uma autorização para dirigir nos finais de semana, sendo essa conseguida facilmente pelo Museu.[101] Finalmente, Lange estava interessado na paleontologia, que era um campo ainda novo no Brasil. As instituições e publicações dedicadas à geologia estavam concentradas em sua maioria no Sudeste, e um pesquisador sem vínculos institucionais e vindo de outro estado provavelmente teria dificuldades em iniciar uma área completamente nova. Com a publicação dos *Arquivos*, existia pelo menos o potencial de se encontrar uma entrada para a comunidade científica tendo a vantagem de o Conselho Editorial da revista se resumir na pessoa do diretor do Museu, que, naturalmente, dava prioridade às publicações dos autores da casa. Tanto para Moure quanto para Lange o Museu Paranaense parecia também oferecer uma proteção institucional para pesquisadores que, embora não tivessem experiência, estavam dispostos a se comprometer com a causa do grupo, que, logo ficou claro, seria realizar um trabalho de pesquisa sério.

Complementando a terceira diretoria das ciências naturais do Museu vinha a Seção de Botânica, dirigida por Carlos Stellfeld. Botânico, farmacêutico e historiador da Medicina, ele dedicou um esforço considerável para a organização e classificação do herbário do Museu, que continha milhares de exemplares. Além disso, engajou-se em uma campanha para dar o crédito apropriado ao frei José Velloso, considerado o primeiro botânico brasileiro. A obra-prima do frei, "Flora fluminensis", foi o resultado de um projeto de pesquisa com o objetivo de descrever a flora do estado do Rio de Janeiro. Esse trabalho foi completado em 1790 e descrevia, muitas vezes com ilustrações, quase 1,7 mil espécimes vegetais. O problema, no entanto, era que o manuscrito original não foi publicado até 1825, e nesse intervalo muitas plantas descritas por Velloso foram renomeadas por outros botânicos, criando o que é conhecido na sistemática como sinonímia.[102] Stellfeld procurou identificar quais foram os casos em que isso ocorreu e produziu três artigos sobre o assunto.[103] Outro trabalho de destaque de Stellfeld foi a descrição da fitogeografia do Paraná, publicada em 1949.[104] Aquela era a compilação de tudo o que já havia sido escrito sobre o assunto e foi o resultado de mais de uma década de pesquisas. Em 1950, esse artigo receberia um prêmio da Academia Real de Farmácia da Espanha.[105] O fato de a premiação ter sido de uma instituição ligada à Farmácia era porque Stellfeld lecionava uma cadeira sobre a aplicação de plantas medicinais na farmacologia. Portanto, a disponibilidade do extenso herbário da Seção de Botânica e, novamente, a possibilidade de solicitar a identificação de especialistas de outras instituições parecem ter sido alguns dos motivos que atraíram e mantiveram Stellfeld no Museu durante toda a sua fase científica.

Durante os anos seguintes, esse conjunto de fatores expostos até aqui iria atrair também outros pesquisadores. Devido à limitação de espaço, aqui citaremos apenas três exemplos de indivíduos que vieram a trabalhar no Museu, mas que por motivos distintos ficaram por períodos menores. O primeiro deles foi Frederico Lange de Morretes, que trabalhou para o Museu durante três anos. Morretes dedicou-se à malacologia, área da zoologia que estuda os moluscos. Trabalhando no Museu ao mesmo tempo em que lecionava na Faculdade de Filosofia, ele atingiria uma produção notável em sua área de especialidade. Em 1949, por exemplo, publicou um artigo com mais de duzentas páginas, no sétimo volume dos *Arquivos* do Museu, que se tornou efetivamente o primeiro catálogo brasileiro de moluscos com a classificação taxonômica, distribuição geográfica e bibliografia completa.[106] Neste trabalho ele descreveu nada menos que 1,5 mil espécies marinhas, terrestres e de água doce.[107] Uma das filhas de Morretes também seguiria a carreira científica. Berta Lange de Morretes formou-se no curso de História Natural da USP, onde posteriormente seguiria sua formação em pesquisa sobre a anatomia botânica, ou organografia. "Doutora Berta", como era chamada por seus alunos e companheiros, iria atingir reconhecimento internacional em sua área de pesquisa, para a qual dedicaria toda a sua vida ao lado da atividade docente.[108]

Outra pesquisadora que trabalhou por volta de três anos no Museu foi Tagea Kristina Björnberg. A experiência no Museu Paranaense foi bem no início de sua carreira científica dedicada ao estudo da fauna marinha de organismos ainda pouco conhecidos até aquele período.[109] O perfil prolífico da pesquisadora já era visível desde cedo e foi identificado por Jesus Moure, que a incentivou a investir em seu talento para trabalhos laboratoriais.[110] Só em 1953, suas pesquisas conduzidas nas instalações do Museu possibilitaram a publicação de quatro artigos que seriam os primeiros de uma longa lista que se avolumaria nos anos seguintes.[111] Björnberg também se dedicaria à docência na área da Biologia, e a sua presença até hoje em uma extensa lista de artigos científicos que agradecem seu auxílio sugerem sua dedicação em orientar novos talentos da mesma forma que ela teve oportunidade de ser orientada no início de sua carreira em Curitiba.[112]

Por fim, outro pesquisador que também compôs o quadro científico do Museu Paranaense foi Hans Jakobi, que era alemão e havia se mudado para Curitiba a convite de Moure. O primeiro artigo de Jakobi no Museu foi sobre salinidade marinha em 1954. Seu trabalho inicial era uma inovação, quando comparado à prática da sistemática das outras seções do Museu, por exigir uma abordagem interdisciplinar. Nesse primeiro trabalho, Jakobi usou os laboratórios do IBPT para as análises químicas das amostras coletadas por ele no litoral. Jakobi iria prosseguir na área de zoologia vindo a publicar posteriormente sobre microfauna marinha, enquanto mantinha também a atividade docente.[113]

O PROGRAMA DE PESQUISAS

Após 1945, muitos dos fatores que contribuíram para o início da pesquisa científica no Museu sofreriam uma profunda transformação. Em termos políticos, a redemocratização do país trouxe mais liberdade de escolha aos cientistas estrangeiros. Por outro lado, a lenta, mas consistente organização do ensino superior gerou novas oportunidades para os pesquisadores, que poderiam galgar posições no ambiente acadêmico. Por fim, as carreiras pessoais dos pesquisadores que iniciaram no Museu Paranaense já haviam até um certo ponto decolado de forma que poderiam buscar posições em outras instituições. Se essas razões não fossem suficientes para os pesquisadores deixarem o Museu, havia mais. As condições financeiras da instituição não permitiam a necessária aquisição de equipamentos e literatura, tampouco transformar posições voluntárias em assalariadas. Mesmo assim, os diretores das seções tinham que se comprometer a publicar só nos *Arquivos*, o que às vezes era pouco prático, tendo em vista sua veiculação anual. Por fim, o retorno dos congressos científicos, o aumento do volume editorial e a possibilidade de livre movimentação logo iriam aumentar exponencialmente as alternativas de intercâmbio dentro da comunidade científica, tirando o apelo inicial dos *Arquivos*.

Mesmo assim, a equipe das ciências naturais do Museu – Moure, Lange, Stelfelld, Mayer e muitos dos assistentes que serão mencionados a seguir – não só se manteve por quase outra década inteira como iria se expandir. Aqui serão explorados quatro grupos de fatores que podem ter contribuído não apenas para manter esses indivíduos motivados, mas também para que eles mantivessem seus vínculos com o Museu. São eles: a contínua organização de expedições científicas, o eficiente serviço de classificações com permuta, a relação entre ensino e pesquisa, e a perspectiva de expansão da instituição.

Começaremos com as expedições científicas que ao todo somaram mais de sessenta durante o período estudado aqui. Essa atividade iria consistir na mais inovadora e efetiva realização do Museu após a publicação dos *Arquivos*. Defini-las como inovadora explica-se porque sua prática estava mais relacionada ao dinamismo e à rotina de uma instituição científica madura do que de um museu local de história.[114] A maioria das excursões era não somente para coletar espécimes, mas também para estudar a fauna e flora *in situ*, prática que não se esperava de técnicos de museu.[115] Além disso, as expedições eram efetivas porque elas possibilitaram o desenvolvimento do que se chama conhecimento tácito, que seria aquele que incorpora informações não literárias geradas por meio da interação entre indivíduos.[116] Por exemplo, o manuseio de equipamentos, as técnicas de coleta, o mapeamento de áreas e questões logísticas das expedições só poderiam ser aprendidas com o convívio entre os pesquisadores durante o trabalho de campo.

Poderíamos classificar as expedições em três tipos principais. O primeiro e mais comum deles era o de excursões de pequena escala. Normalmente destinadas ao litoral, estas eram realizadas sobretudo nos fins de semana. Embora fossem planejadas com antecedência, tinham um custo baixo e continham atividades paralelas não necessariamente científicas. Por exemplo, Loureiro Fernandes, às vezes, trazia consigo remédios para serem distribuídos nos vilarejos do litoral que não tinham acesso a Curitiba.[117] O segundo tipo de expedição eram as especializadas e com objetivos claros. Nessa categoria estariam aquelas realizadas pelo taxidermista Andreas Mayer, que podiam durar de uma semana até vários meses. Aqui também incluímos as expedições organizadas por Reinhard Maack e Frederico Lange, que se extendiam de um dia a três meses, em que os geólogos trabalhavam normalmente sozinhos ou com ajudantes locais para os auxiliarem durante a viagem. Por fim, haviam as expedições científicas com cientistas convidados.

Iremos usar esta última categoria para ilustrar a importância das excursões para o Museu em geral e, em particular, para seus pesquisadores. Vários cientistas, principalmente da USP, vieram a Curitiba para participar das expedições promovidas pelo Museu Paranaense. A possibilidade de contato com esses pesquisadores em um ambiente informal e na posição de instituição anfitriã possibilitava que o Museu acabasse promovendo o seu nome dentro da comunidade científica. Em primeiro lugar, isso se dava porque os espécimes coletados nas expedições eram usados em artigos escritos posteriormente, nos quais o Museu recebia destaque ao ser reconhecido por ter oferecido aquela oportunidade de coleta.[118] Além disso, como todas as despesas eram custeadas pelo Museu, criava-se certo vínculo de reciprocidade. Os diretores do Museu usufruíam desse vínculo a partir do pedido de bibliografia e equipamentos que eram difíceis de serem encontrados localmente. É importante ressaltar, no entanto, que essa correlação não era explícita no período, e sim uma interpretação historiográfica que serve aqui ao propósito de entender o êxito da fase científica do Museu. As fontes primárias sugerem que uma das grandes motivações para o início da organização das expedições era o entusiasmo de Fernandes pelo trabalho ao ar livre. As atas das reuniões de Conselho, bem como as correspondências do Museu, retratam-no como o principal incentivador das excursões, constantemente propondo novos destinos e objetivos cada vez mais ambiciosos. Antes mesmo de conseguir verbas para as expedições, Fernandes chegou a custeá-las com recursos próprios.[119] Inicialmente, o caráter científico das expedições acabava se dando porque Fernandes convidava indivíduos de outras áreas para acompanhá-lo. Como ele se interessava pela etnografia e arqueologia, seus companheiros de expedição eram zoólogos, botânicos, geólogos entre outros. Essa predileção pelo trabalho de campo parece ter sido um dos motivos dos laços de afinidade que iria se formar entre ele e Paulo Sawaya, que trabalhava com Ernst Marcus na USP. Sawaya também era um entusiasta das atividades ao ar livre e sua amizade com Fernandes é comprovada pelo extenso volume de correspondência entre os dois.[120] A primeira viagem de Sawaya ao Paraná ocorreu após uma visita de cortesia feita por Fernandes em São Paulo.[121] A vinda de Sawaya para Curitiba resultou na primeira de uma série de expedições que iriam se tornar cada vez mais sofisticadas. Em todas elas Sawaya passou a ser o convidado principal e espécie de consultor científico, já que o destino, a duração, o equipamento e o cronograma das expedições passaram a ser decididos com antecedência por ele.[122] Além disso, o zoólogo paulista começou a ganhar confiança para convidar um número crescente de pesquisadores para acompanhá-lo a Curitiba. Em 1942 ele trouxe três assistentes da USP.[123] Em 1945, foi a vez de Sawaya convidar Felix Rawitsher, catedrático de Botânica e primeiro a introduzir tais estudos além da sistemática no país.[124] Em 1946, Sawaya declarou que o pessoal do Paraná seria o primeiro do Brasil com quem eles mantinham "relações realmente fraternais", e

Círculo de Estudos Bandeirantes

A superação de obstáculos dava um caráter de aventura às expedições.

as expedições pareciam fazer parte fundamental para isso.[125] Também é preciso se considerar que Sawaya fez parte da primeira diretoria da Sociedade Brasileira para o Progresso da Ciência (SBPC), que, por volta de 1950, contava com mais de quatro mil associados.[126] O fato de que a segunda reunião da SBPC tenha sido em Curitiba precisa também ser vista à luz desta relação de Sawaya com o Museu Paranaense. Assim, em termos de possibilidade de inserção na comunidade científica nacional, Sawaya era um contato que poderia abrir muitas portas para o Museu. Além disso, ele também intermediaria o contato com instituições estrangeiras. Um exemplo disso foi o intercâmbio que ocorreria com o Instituto Smithsonian nos Estados Unidos, que se deu por seu intermédio. Em 1943, o Museu Paranaense recebeu a primeira carta de Waldo Shimitt, que era responsável pelo Departamento de Zoologia do Smithsonian.[127] Moure havia solicitado a ele amostras de abelhas, e em contrapartida Shimitt pediu algumas de *Aeglidae*, que era um crustáceo de água doce no qual ele era especialista. Embora a troca pareça ter acontecido, o próximo contato foi através de Sawaya, que passou a centralizar não só as requisições do Smithsonian, mas também de outros institutos americanos.[128] Ou seja, de várias formas as expedições legitimaram as credenciais científicas do Museu para toda a comunidade científica e asseguraram um *status* científico para seu corpo de pesquisa.

Círculo de Estudos Bandeirantes

Em áreas de mata nativa, a única forma de locomoção durante as expedições era pelos rios

Além das expedições, uma segunda atividade que continuou a oferecer vantagem para os pesquisadores do Museu após 1945 era a da classificação com permuta. Para entender como isso funcionava, precisamos ter em mente que em diferentes lugares do Brasil haviam pesquisadores que eram especialistas em áreas específicas da zoologia e botânica. Por exemplo, era sabido que Cândido de Mello-Leitão era especialista em aracnídeos no Museu Nacional, enquanto Ernst Marcus dominava a área de brizoários na USP. Nesse sentido, quando um museu, laboratório ou faculdade precisava identificar um espécime coletado para uma coleção ou exposição, era necessário localizar quem seria o especialista naquela área e onde ele estava. No entanto, para conseguir entrar nessa seleta lista de especialistas, era necessária comprovada habilidade. Novamente, o Museu conseguiu seu passe para esse grupo seleto ao publicar seu primeiro volume dos *Arquivos*, que já trazia um artigo sobre abelhas assinado por Moure. Depois disso, o pesquisador passaria gradativamente a ser reconhecido como um especialista em apifauna, ou fauna de abelhas. Por exemplo, na introdução de um artigo no quarto volume, Moure agradeceu nada menos do que 15 pesquisadores, no Brasil e no exterior, que haviam solicitado classificações ou fornecido espécimes usadas naquele trabalho.[129] E a reputação do zoólogo aumentaria com os anos, inclusive no exterior.[130] Na década de 1950, ele ajudou a identificar os exemplares da Universidade de Munique, e depois fez o mesmo para a Royal Society em Londres.[131] Ele também identificaria espécimes dos acervos das universidades de Tucuman (Argentina), San Marcus (Peru) e da Sociedade Entomológica do Chile.[132]

O importante, entretanto, era que os pedidos de identificação sempre aconteciam nos dois sentidos. Quem pedia a identificação se disponibilizava a identificar outras espécies de sua especialidade no futuro.[133] Além disso, quem solicitava, normalmente, mandava mais de um exemplar da mesma espécie, que era oferecido para permanecer na coleção do classificador. Como esse processo ocorria nos dois sentidos, ocorria a permuta de espécimes. Após 1941, os pedidos de identificação começaram a chegar para Moure, que, em troca, pedia ajuda para identificar o acervo do Museu. Por exemplo, certa vez foi solicitada a identificação de 125 aves, 28 mamíferos e 7 répteis que haviam sido capturados em uma expedição de coleta conduzida por Andreas Mayer.[134] Quando não havia identificação envolvida, os contatos em outras instituições serviam para ajudar a encontrar literatura e até mesmo emprestar material de pesquisa.[135] Além disso, no longo prazo, entrar para esse círculo de especialistas ajudava a manter o domínio sobre cada área de especialidade. Já que cada instituição mantinha o controle de determinado grupo, isso significava concentrar bibliografia, equipamentos e coleções de espécimes daquele grupo. Portanto, o melhor lugar no Brasil para estudar uma espécie em específico era onde todos aqueles recursos estavam concentrados.

A próxima vantagem oferecida pelo Museu ao seu corpo de pesquisadores era a possibilidade de se conciliar pesquisa com ensino através do recrutamento de assistentes em caráter voluntário. Essa possibilidade se intensificou com a aproximação do Museu com o curso de História Natural da Faculdade de Filosofia que havia sido criado em 1941. Com a primeira turma matriculada, passou a ser possível recrutar os melhores alunos do curso para atuar no Museu como assistentes. Além da oportunidade de pesquisar ao lado de seus tutores, os assistentes também eram atraídos pela oportunidade de publicar artigos nos *Arquivos*. Aqui citaremos apenas alguns exemplos desses indivíduos que dariam continuidade em suas carreiras científicas após suas passagens pelo Museu:

- **Ralph João George Hertel**: da primeira turma do curso de História Natural da Faculdade de Filosofia, Hertel foi nomeado assistente da Seção de Botânica já no começo da década de 1940.[136] Após 1950, Hertel seria um dos fundadores da Sociedade Paranaense de Ciências Naturais (SPCN), cuja publicação científica chamada *Dusênia* o teria como seu editor.[137] Essa publicação serviria de espaço para trabalhos científicos que iam desde a bioquímica até a petrografia, e atraiu tanto pesquisadores locais quanto estrangeiros.[138] Ao longo de sua carreira, Hertel viria a se especializar na área de botânica, em específico em estudos sobre a morfologia e evolução dos órgãos reprodutivos das plantas.[139]
- **Jayme de Loyola e Silva**: foi assistente na área de zoologia no Museu Paranaense, e tinha interesse em isópodos, que são pequenos crustáceos.[140] Um dos enfoques abordados por Jayme foi o estudo sobre a influência da radioatividade naqueles animais, tópico que estava alinhado com debates acerca da energia nuclear, seus usos e riscos, os quais ocupavam posição de destaque nos debates científicos da época.[141] Após sua passagem pelo Museu, Loyola iria conciliar a atividade docente na área de zoologia com sua pesquisa científica.[142] Além de se especializar no Smithsonian Institute em Washington, o pesquisador também participaria da comissão editorial da Sociedade Brasileira de Zoologia, a qual viria a presidir posteriormente. As dezenas de artigos científicos disponíveis que agradecem a Loyola sua contribuição atestam que ele continuou a apoiar pesquisadores iniciantes da mesma forma como aconteceu com ele no Museu.[143]
- **Carlos N. Gofferjé**: assistente na área de invertebrados da Seção de Zoologia do Museu desde 1946, Gofferjé assumiu a posição de taxider-

mista em 1948.[144] Sua área de interesse era a malacofauna e ele dedicou-se à organização e classificação da coleção de moluscos iniciada por Ottorino de Fiori, professor de Zoologia da USP. Quando publicou seu primeiro artigo sobre o assunto, o mesmo já incluía as classificações definidas por Lange de Morretes.[145] Embora Gofferjé iria formar-se em Medicina, ele manteria o interesse pela história natural durante toda a sua vida, reunindo uma imensa coleção que incluía insetos, aves e répteis preservados e taxidermisados. Após a sua morte em 2005, sua coleção foi transformada em uma seção inteira do acervo do Ecomuseu localizado na ilha de Porto Belo, em Santa Catarina.

- **Rudolf Bruno Lange:** assistente na área de zoologia já em 1942, escreveu seu primeiro artigo para os *Arquivos* em 1944 sobre uma nova espécie de besouro (*Scarabidae*).[146] Esse grupo era pouco conhecido no período e vinha sendo estudado principalmente por Frederico Lane e F. S. Pereira, que eram colaboradores frequentes dos *Arquivos* e ajudaram Lange nos seus primeiros trabalhos fornecendo bibliografia e auxílio nas identificações.[147] De fato, o talento de Lange seria reconhecido logo no início também pelos pesquisadores da USP que tentaram, sem sucesso, persuadi-lo a fazer seu doutoramento em São Paulo.[148]
- **João José Bigarella:** nomeado em novembro de 1944 como assistente da Seção de Geologia e Paleontologia do Museu, Bigarella cursava na época o curso de Química da Faculdade de Filosofia.[149] Após se formar em 1945, ele seria contratado pelo IBPT, onde se especializaria no que viria a ser chamado de ciências da terra, área na qual veio a dedicar toda a sua vida profissional.
- **Riad Salamuni:** Foi nomeado como auxiliar voluntário da Seção de Geologia do Museu em 1954.[150] Durante a década de 1960, Salamuni iria publicar extensamente sobre a geologia do Paraná em conjunto com Bigarella. Os temas cobertos por esses pesquisadores refletem de certa forma a influência de Reinhard Maack, já que as questões sobre a Teoria de Gonduana e a determinação da idade das camadas geológicas locais são recorrentes na imensa bibliografia que produziram. Salamuni seria reitor da Universidade Federal do Paraná entre 1986 e 1990.

Essa breve lista, que ainda não inclui todos os assistentes, demonstra que, para muitos deles, o Museu Paranaense proporcionou um contato importante com a prática de pesquisa. Alguns tiveram a oportunidade de, inclusive, publicar nos *Arquivos*, que já gozava de ampla circulação, o que significaria o ciclo completo de pesquisa que incluía trabalho prático, preparação de artigos e publicação. Além disso, o fato de que a maioria desses assistentes viria a construir carreiras científicas sugere que, embora o Museu tivesse recursos limitados, ele conseguiu incutir em seu grupo funcional a ideia de que o programa de pesquisas que conduzia estava em um nível equivalente a centros de pesquisa mais desenvolvidos. Mesmo aqueles que ficaram por períodos curtos, como Salamuni e Bigarella, servem para demonstrar a capacidade do Museu em reconhecer talentos locais que certamente eram um estímulo adicional aos pesquisadores veteranos, os quais sabiam poder contar com uma equipe motivada e competente.

O último fator que parece ter influenciado a permanência dos pesquisadores no Museu foi a possibilidade de expansão da estrutura da instituição, que começou por volta de 1942, quando foi anunciado que o Museu não poderia mais crescer nas condições em que estava. Em apenas dois anos de operação, o corpo de pesquisa havia saltado para 23. Inicialmente, o governo do estado se mostrou relutante em atender aquele pedido, até que Fernandes viria a abandonar a direção do Museu em forma de protesto.[151] Algum tempo depois, o interventor não apenas cedeu à pressão de Fernandes, doando uma quadra inteira bem no centro da cidade em frente à então Faculdade de Medicina, mas também convidou-o a assumir a pasta da Secretaria da Saúde. A doação do terreno foi registrada no Diário Oficial, no qual também ficava previsto o imediato início do projeto para a nova edificação.[152]

Acervo do Cepa/UFPR

Vista frontal do projeto do prédio que já incluía a Reitoria da Universidade e a Faculdade de Filosofia. No entanto, o estilo e as dimensões podem ser relacionados com o projeto anterior que abrigaria apenas o Museu.

Ao mesmo tempo em que o terreno atendia às demandas de Fernandes, é bem possível que aquele gesto generoso tenha chamado a atenção. Afinal, qual seria a função daquele prédio enorme localizado no coração da cidade e bem em frente à tradicional Faculdade de Medicina? Se o Museu Paranaense seria um museu de história, precisaria ele de tamanha infraestrutura? Se fosse ligado à educação, e próximo ao curso de História Natural, seria justificável tamanho investimento considerando um número de alunos que até aquele momento ainda era pequeno?[153] Por fim, se o novo prédio fosse justificado por uma iniciativa científica, como ficaria a relação com o IBPT? Se o projeto fosse em um lugar remoto e exigisse pouco investimento, certamente nenhuma dessas perguntas teriam sentido.[154] Mas não era esse o caso. A construção do novo prédio iria, sem dúvida, mudar a paisagem institucional local e muito estava em jogo. De qualquer forma, a publicação no Diário Oficial formalizava a promessa de uma expansão extraordinária, e, acima de tudo, para os pesquisadores do Museu, aquele compromisso passaria a simbolizar o reconhecimento de seus esforços voluntários à causa da instituição. O que havia começado como a diretoria de um pequeno Museu reformado passou a ter o potencial de se transformar na organização de um, literalmente, grande museu de ciências. Todos sabiam que o trunfo de Fernandes era o seu bom relacionamento com o interventor, que certamente asseguraria o breve início das obras, já que a economia do estado crescendo a passos largos possibilitaria o investimento. A história do novo prédio do Museu não termina aqui, mas se prolongaria pelos anos seguintes, quando novos eventos complicariam a consolidação do programa de pesquisa do Museu até o ponto em que ele foi completamente extinto. Para entender como o conjunto de fatores vistos até agora começaram a se deteriorar, é necessário entender um pouco dos eventos ocorridos no fim da década de 1940, como veremos agora.

O FIM DA DÉCADA DE 1940: O COMEÇO DO TURBILHÃO

O fim dos anos 1940 traria uma série de obstáculos à consolidação de tudo aquilo que o Museu havia alcançado desde o início daquela década.[155] Fontes primárias sugerem que, naquele período, o desafio dos diretores do Museu Paranaense passou a ser o de como assegurar dispositivos legais ou arranjos institucionais que possibilitassem a consolidação de seu programa de pesquisas. Esse desafio podia ser dividido em três questões que até aquele momento permaneciam em aberto: como proteger o Museu da instabilidade política, como levar a cabo o projeto do novo prédio e, por último, como transformar as atividades voluntárias dos diretores e assistentes em posições remuneradas.

Em termos de contexto, os acontecimentos que definiram o futuro do Museu podem ser relacionados com a transformação que passava o ensino superior do país naquele momento. Em 1950, uma campanha nacional de estatização da educação superior iria atrair dezenas de faculdades brasileiras, incluindo aquelas no Paraná. Devido à gradual proximidade com a Faculdade de Filosofia, e desta com a de Medicina, o Museu não ficaria imune ao que estava ocorrendo. De fato, a análise de seu caso nos permite explorar localmente um fenômeno que é descrito como uniforme em todo país. A historiografia sugere que a partir de 1950 as melhores condições de trabalho das universidades brasileiras levaram cientistas a deixar seus postos em institutos de pesquisa independentes, migrando para o ambiente acadêmico.[156] No entanto, apesar de o mesmo parecer ter acontecido entre o Museu Paranaense e a Faculdade de Filosofia, a narrativa apresentada a seguir irá sugerir que a situação em Curitiba foi mais complexa do que uma simples transferência linear.

A UNIVERSIDADE NO PARANÁ

Em 1946, as faculdades de Medicina, Engenharia e Direito uniram-se à Faculdade de Filosofia, Ciências e Letras do Paraná para formar uma nova instituição: a Universidade do Paraná.[157] Para a Faculdade de Medicina, a requisição do *status* de universidade foi descrita como a restauração de um direito histórico. O processo é chamado nas fontes primárias, e nas narrativas históricas posteriores, de "restauração", pois se argumenta que as faculdades de Medicina, Engenharia e Direito em conjunto constituíram a primeira universidade do país, e só não foram chamadas assim por tecnicalidades.[158] Tendo o direito de serem tituladas mais uma vez de universidade, a "restauração" adicionou automaticamente 34 anos ao seu passado, já que sua data de fundação passou a ser 1912, e não mais 1946.

Já a Faculdade de Filosofia veio se unir ao projeto provavelmente por motivos financeiros. Entre 1945 e 1946, uma nova flexibilização da legislação que obrigava a formação superior para professores do ensino primário levou a uma significativa redução no número de estudantes da Faculdade de Filosofia.[159] Mais uma vez a estabilidade da instituição estava ameaçada e, como o *status* de universidade garantia uma série de subvenções, uma aliança com a Faculdade de Medicina era uma saída interessante. Para compensar seu tamanho modesto na nova empreitada, a Faculdade de Filosofia podia oferecer para a de Medicina sua influência política. O processo de aplicação para o *status* de universidade exigia uma série de articulações e, nesse sentido, a Faculdade de Filosofia tinha em seu corpo docente nada menos que o governador do estado, o prefeito de Curitiba, senadores e deputados, que, em conjunto, contribuiriam no processo.[160]

AS CONCESSÕES INICIAIS

Enquanto as duas congregações de faculdades aprendiam a trabalhar lado a lado, a equipe de pesquisadores do Museu Paranaense conduzia independentemente sua estratégia de consolidação. Em primeiro lugar, Fernandes aceitou outra nomeação, dessa vez para a Secretaria da Educação do estado em 1948. Um de seus primeiros atos foi aprovar um dispositivo legal que garantisse não só uma fonte de recursos para o Museu, como também estabilidade de emprego para os funcionários. Em dezembro de 1948, ele assinaria com o governador a Lei n. 170, que transformou o Museu Paranaense em uma das oito instituições oficiais do governo subordinadas à sua pasta. Além disso, a nova lei oficializava o caráter do Museu como "uma instituição científica responsável por coletar, classificar, publicar e manter todo o material de interesse para o estudo das ciências naturais e históricas".[161]

Essa definição tinha duas vantagens. Primeiro, ela matinha o Museu subordinado à Secretaria da Educação e a uma distância segura do IBPT, para o qual convergia grande parte do investimento público em pesquisa. Além disso, a nova definição possibilitava a criação de posições de tempo integral para os diretores e assistentes do Museu. Diversas vezes se tentou convencer as autoridades de que seria preciso criar postos no plano de cargos e salários do funcionalismo estadual para as funções exercidas no Museu. No entanto, essas tentativas nunca obtiveram sucesso e, com a nova lei, Fernandes estaria contornando esse problema. Em vez de insistir na inclusão de novas categorias, ele mudaria a descrição do Museu para órgão científico e, assim, poderia usar os mesmos cargos dos pesquisadores do IBPT que já eram previstos no plano de cargos e salários do funcionalismo estadual. Aqui pode ser visto novamente o uso instrumental da definição de centro científico, como citado anteriormente na ocasião da inauguração do Museu.

Além disso, é importante ressaltar que, quando a Lei n. 170 foi aprovada, o novo prédio do Museu estava prestes a se tornar uma realidade. Em 1947, após a substituição do interventor Manoel Ribas, Fernandes cobrou do novo governador providências para a construção. Àquela altura o novo prédio já era uma promessa antiga e argumentava-se que o Museu não poderia esperar mais. Durante todo ano de 1947, Fernandes pressionou as autoridades por uma reposta, mas não obteve sucesso. Para forçar uma decisão, Fernandes novamente pediu sua exoneração da diretoria do Museu.[162] Como já havia acontecido no passado, o governador cedeu à pressão e não apenas reiterou seu total apoio à expansão da instituição, mas convidou Fernandes a assumir a pasta da Educação, onde evidentemente ele poderia controlar a execução das obras. Meses depois, o projeto da construção foi aprovado e, em dezembro de 1947, a pedra fundamental foi inaugurada com a presença de autoridades locais.[163] Fernandes declarou que havia hesitado em aceitar a posição na Secretaria da Educação devido à sua agenda lotada, mas no fim o fez porque queria garantir a construção do novo prédio.[164] Essa afirmação foi provavelmente feita em tom triunfante, já que, em seguida, ele viria a assegurar aos diretores do Museu que, ao final do ano seguinte, as fundações da obra já estariam assentadas.[165] Com a nova lei e o lançamento da pedra fundamental, o Museu Paranaense havia se transformado não só em um dos principais órgãos públicos do estado, com uma salvaguarda legal inédita em sua história, mas agora tinha assegurado publicamente o início das obras de seu imponente prédio.

Como tudo indicava que a sorte do Museu havia começado a mudar, a instituição passou a fazer algumas concessões que iriam se provar infelizes no futuro. Em primeiro lugar, foi decidido que apenas as seções de Ciências Naturais e Antropologia seriam transferidas para o novo prédio, enquanto a de História ficaria no prédio antigo.[166] Isso deve ter parecido uma decisão razoável se considerado o iminente novo *status* do Museu. No entanto, dividir a estrutura teria também um impacto direto na identidade da instituição. Embora a Seção de História não tivesse uma produção sistemática como as outras, ela era responsável por organizar e classificar uma considerável parte do acervo. De fato, a análise, aprovação e, às vezes, a compra de itens históricos tomavam uma substancial parcela de tempo de reuniões do Conselho Diretor e eram o tema de centenas de correspondências, sem considerar o espaço considerável que tomavam dos relatórios anuais.

A segunda concessão que aconteceu durante o mandato de Fernandes foi a fundação do Museu de Paranaguá. Esse era um de seus projetos pessoais que não recebeu nenhuma objeção do Conselho do Museu Paranaense. O novo museu seria localizado em um prédio histórico construído pelos jesuítas e seria dedicado à arqueologia, às artes populares e à história do folclore. É evidente que o museu em Paranaguá iria ameaçar a hegemonia do Museu Paranaense quando no futuro esse ficasse sozinho no prédio antigo, mas nenhuma reação nesse sentido foi encontrada nas fontes disponíveis.[167]

A primeira indicação do caráter infeliz dessas concessões emergiu quando uma das razões iniciais de todo aquele otimismo se extinguiu no começo de 1949. Em janeiro daquele ano, Fernandes deixou subitamente a Secretaria da Educação. Duas fontes indicam as possíveis razões para essa decisão: a primeira é uma carta endereçada ao governador declarando que ele só reconsideraria se as obras do novo prédio fossem imediatamente iniciadas.[168] Em segundo lugar, é sugerido que Fernandes discordava da manutenção de algumas questões ainda do regime Vargas.[169] Considerando a importância do prédio para os projetos futuros dos pesquisadores do Museu, a primeira alternativa parece ser a mais provável, embora fique claro que a estratégia de Fernandes para conseguir seus objetivos nem sempre primou pela sutileza. Ainda em janeiro de 1949, logo após seu desligamento da Secretaria da Educação, Fernandes iria então colocar novamente seu cargo no Museu à disposição, dessa vez não só na diretoria, mas também da Seção de Etnografia.[170] Se aquela decisão era um blefe, isso não fica claro na ata da reunião em que ele anunciou sua intenção, já que, logo em seguida, um novo diretor foi eleito em seu lugar. Os diretores das seções então sugeriram um voto de reconhecimento aos esforços de Fernandes, que foi unanimemente aceito. Para todos os efeitos, aquela era a despedida oficial de Fernandes do Museu Paranaense.[171]

No entanto, dois meses depois, as atas registram a presença de Fernandes novamente então como convidado.[172] Embora essa reaproximação revelasse que Fernandes não havia se desligado completamente do Museu, o afastamento da Secretaria do estado logo se mostraria perigosa. Existe uma evidência de que, logo após sua exoneração, a Universidade iniciou conversações com o governo do estado para tomar a área projetada para a construção do prédio do Museu. A ata do conselho da Universidade (que deliberava sobre assuntos administrativos e era composta por representantes das diferentes faculdades, incluindo Fernandes, representando a Faculdade de Filosofia) revela que, em julho de 1949 – ocasião em que Fernandes não estava presente –, o assunto do novo prédio foi um dos tópicos discutidos:

> [...] relatou ao Conselho seu entendimento junto ao governo do estado para que a Universidade obtenha a doação do terreno fronteiro ao atual edifício, o qual presentemente está destinada à construção do Museu Paranaense e da Faculdade de Filosofia, Ciências e Letras, a fim denela [sic] ser construída sede adequada a Reitoria da Universidade. O Conselho aprovou os *démarches* que foram realizadas e autorizou a Reitoria a prosseguir nos entendimentos para a obtenção da doação em apreço, mesmo que dela conste a obrigação da Universidade em construir as sedes presentes para o Museu e a Faculdade de Filosofia.[173]

Não há indicações se Fernandes estava ciente desta manobra – ou mesmo envolvido –, mas a consequência era clara: em meados de 1949, a Faculdade de Medicina havia entrado na disputa pelo terreno e já trabalhava para eliminar o Museu do projeto.

Menos de seis meses depois, a situação foi levemente revertida a favor do Museu, que já admitia dividir o novo espaço com a Faculdade de Medicina.

> De acordo com o plano de construção do novo prédio do Museu, que data de alguns anos, as *démarches* tem sido morosas, apesar do esforço desenvolvido pelos membros do Conselho do Museu. A pedra fundamental, lançada a [sic] dois anos, em terreno fronteiriço a Universidade, continua a espera da mão operária para o levantamento das paredes que deverão abrigar o precioso acervo

> do Museu. No decorrer do presente ano, o plano geral de construção sofreu profundas e radicais modificações, face ao entendimento havido entre o governo do estado e a Reitoria da Universidade do Paraná. Desses entendimentos, feitos com o conhecimento e participação do Conselho Administrativo do Museu, resultou a ampliação do plano de construção, com previsão de acomodação no novo edifício, da Reitoria da Universidade, da Faculdade de Ciências e do Museu de Ciências Naturais.[174]

O contraste dessa situação com a de anos anteriores não poderia ser mais gritante. Antes de 1945, um acordo como esse teria provavelmente causado uma celeuma dentro do Museu. O novo prédio era um dos projetos mais importantes de seus diretores, que provavelmente sabiam que, ao ceder espaço, também estariam cedendo benefícios os quais eles vinham trabalhando muito para alcançar. Dividir o novo prédio com outra instituição seria, sem dúvida, a maior das concessões nesse período e, certamente, arriscada, tendo em vista que menos de seis meses antes o Museu estava completamente fora dos planos da Faculdade de Medicina. No entanto, para entender as razões dos diretores do Museu, é possível supor que eles se consideravam ainda em uma posição de força no arranjo do novo prédio. Afinal, eles contavam com a lei criada por Fernandes ainda em vigor, a promessa de pelo menos estar presente no novo prédio, mesmo que em uma área menor e, também, pelo fato de que muitos deles, e seus assistentes, lecionavam na Faculdade de Filosofia. Assim, mesmo após ter feito uma concessão em um dos mais importantes projetos da instituição, eles ainda poderiam ter esperança de se unir a uma estável instituição acadêmica à qual, de qualquer maneira, já estariam vinculados. O relatório de 1949 citado anteriormente é uma evidência de que aquela concessão no curto prazo poderia trazer benefícios em um futuro mais distante.

No entanto, em 1950, a federalização da Universidade do Paraná iria novamente redefinir a paisagem institucional local e deixar o Museu subitamente em uma posição em que teria cada vez menos a oferecer na sua aliança com a Faculdade de Filosofia, agora parte da Universidade. O problema é que logo seria tarde demais para voltar atrás nas concessões que acabamos de descrever.

A DÉCADA DE 1950: QUANDO SE DESVENDARIAM O VAZIO DAS PROMESSAS

A federalização

Ao mudar sua identidade jurídica para Universidade do Paraná em 1946, a instituição havia se preparado, mesmo que inadvertidamente, para se beneficiar do programa de estatização que seria logo em seguida inaugurado pelo governo federal. Em 1948, o projeto de lei que previa a reforma completa do sistema educacional brasileiro foi enviado ao Congresso. A discussão que se seguiu na Câmara foi acompanhada de perto por grupos envolvidos com a educação, entre os quais entidades religiosas, instituições públicas e privadas, cujos interesses distintos foram tão difíceis de acomodar que a aprovação aconteceria apenas em 1961.[175] No entanto, durante esse longo período, o governo federal conseguiu aprovar uma lei que possibilitava a estatização de instituições de ensino superior, o que respondia à demanda de três grupos: estados que não tinham condições de manter suas faculdades locais; estudantes que desejavam ter educação gratuita; e professores e funcionários acadêmicos que desejavam os privilégios do emprego público, dentre eles maior estabilidade e melhor plano de aposentadoria.[176] Em 1950, a Lei n. 1.254 colocou em movimento um programa de estatização que se estenderia para qualquer instituição pública ou privada.[177] Em um curto espaço de tempo, várias se candidataram ao benefício e, entre 1950 e 1961, 48 universidades foram estatizadas.[178]

O caso da Universidade do Paraná

Até 1950 a Universidade do Paraná tinha três fontes de receita: o estado do Paraná, o governo federal e os estudantes. Considerando que a subvenção pública representava 98,23% do orçamento, a instituição já era de certa forma estatal.[179] Mesmo assim, a Universidade do Paraná foi uma das que solicitaram a inclusão no programa do governo iniciado com a Lei n. 1.254. O que se seguiu foi um esforço combinado entre autoridades locais e representantes do estado no Congresso Nacional para reforçar o pedido da instituição paranaense. Em 1950, o presidente Eurico Gaspar Dutra receberia uma comitiva do Paraná que incluía o governador do estado, o reitor da Universidade e um grupo de professores, entre eles Loureiro Fernandes.[180] Juntos, eles encaminharam o texto final da solicitação de federalização – já que a subvenção no Paraná era quase toda estadual –, que foi enviada ao Congresso em março de 1950 e aprovada em dezembro do mesmo ano.

O impacto na Universidade do Paraná

Uma rápida sequência de eventos se seguiria à federalização. Em primeiro lugar, todos os ativos da instituição foram transferidos ao governo, incluindo aqueles de propriedade dos Maristas que tiveram de ser restituídos. Em seguida ocorreu a mudança do vínculo empregatício de parte do corpo docente, que passou a integrar o funcionalismo público federal. Essa transferência começou já em 1951, quando 130 professores que formavam a antiga Universidade do Paraná se tornaram professores da recém-formada Universidade Federal do Paraná.[181] Um terceiro impacto da federalização foi o aumento substancial no orçamento: de 4 milhões de cruzeiros em 1948, o orçamento saltou para 14 milhões em 1951 e, depois, para 56 milhões em 1952, representando um aumento superior a 1.000% em quatro anos.[182] A divisão desse generoso orçamento foi aparentemente feita entre as faculdades, de acordo com o número de alunos. A Faculdade de Medicina recebeu a maior fatia, que foi usada, já no começo, para o investimento em infraestrutura, como a construção do hospital de clínicas, cujas obras haviam sido iniciadas pelo governo do estado, mas foram assumidas pela Universidade após a federalização.[183]

O número de alunos, por outro lado, não aumentou proporcionalmente. Em 1950, um ano antes da federalização, foram registradas 2.949 novas matrículas. Em 1951, quando a Universidade se tornou pública, o número de estudantes subiu para 3.343, o que seria um pouco acima da média da Universidade por toda a década seguinte. Quando as décadas de 1940 e 1950 são comparadas, o aumento no número de estudantes foi menor do que 48%.[184]

Finalmente, outro importante desdobramento da federalização foi que os Maristas que davam suporte à Faculdade de Filosofia inauguraram uma segunda Faculdade de Filosofia, Ciências e Letras. Oficialmente a nova instituição iniciou suas atividades em agosto de 1950 e dois anos depois passaria a se chamar Faculdade Católica de Ciências e Letras, que posteriormente se tornaria a Pontifícia Universidade Católica do Paraná (PUC-PR).[185] Os Maristas poderiam não estar retirando o apoio à Faculdade de Filosofia da Universidade Federal, já que o núcleo católico se manteve, mas a decisão de inaugurar um competidor em potencial sugere que seu interesse no mercado educacional local ia muito além do que o novo regime federalizado poderia oferecer.[186]

O impacto no Museu Paranaense: a primeira fase

O impacto da federalização no Museu Paranaense pode ser descrito em duas fases distintas. Para entender a primeira delas, é necessário retornar a 1949, quando Fernandes pediu a exoneração do cargo de secretário de Educação. Como demonstrado anteriormente, primeiro Fernandes retornaria ao Museu como convidado, mas seis meses depois de sua decisão de deixar o Museu ele foi reintegrado à direção da Seção de Etnografia.[187] Esse retorno inusitado após abnegada saída pode estar relacionado a uma nova estratégia que ele tinha para o Museu. Após uma tentativa frustrada de envolver-se na política estadual para acelerar o processo de consolidação do Museu, Fernandes parece ter adotado uma estratégia alternativa que consistia em acelerar a aproximação com a Universidade. Há várias evidências apontando nesse sentido. Em primeiro lugar, havia a perspectiva de que haveria um substancial aumento de receitas após a federalização, o que realmente veio a acontecer. Além disso, a influência de Fernandes naquele meio acadêmico já havia sido posto à prova diversas vezes na última década, e ele poderia contar com isso para defender os interesses do Museu após a federalização. Outro fato é que, ao mesmo tempo em que Fernandes passou a se envolver pessoalmente com a campanha pela federalização, a intenção de transformar o Museu em uma instituição acadêmica passa a ficar gradualmente mais evidente nas atas das reuniões de Conselho do Museu.[188] Finalmente, foi Fernandes quem sugeriu como essa união seria feita na prática. Sua ideia, apresentada ao Conselho Diretor em 1950, era usar um mecanismo legal chamado "mandato acadêmico", que dava o direito a uma instituição de ensino pública de repassar recursos de seu orçamento para entidades afins, quase como o que se entende hoje por terceirização. Após convencer o Conselho Diretor sobre as possíveis vantagens daquele dispositivo, Fernandes se incumbiu da tarefa de falar diretamente com o governador sobre a ideia. A justificativa que usou foi que aquilo iria livrá-los de entraves burocráticos e dar maior projeção nos meios culturais e científicos para a instituição.[189] Em dezembro de 1950, o mês em que a Universidade foi federalizada, o governador Moysés Lupion mandou para a Câmara Municipal o Projeto de Lei autorizando o mandato acadêmico cujos termos determinavam que o estado do Paraná iria patrocinar o Museu por mais dois anos, mas todos os pagamentos seriam feitos por meio da subvenção estadual à Universidade, que continuou mesmo após a federalização. Assim, a possibilidade de que, ao final do segundo ano, o Museu estivesse sob inteira responsabilidade da Universidade estava oficializada. Além disso, se tornava possível que a Universidade também complementasse a verba do Museu com uma contrapartida. Em maio de 1951, o Projeto de Lei foi finalmente votado, e o Museu passou a estar sob o mandato acadêmico.[190] É difícil avaliar até que ponto a Lei n. 170, que como mencionado anteriormente transformou o Museu em um dos órgãos da Secretaria da Educação, foi afetada por este mandato, mas é possível se supor que, com ele, a instituição se aproximou da Universidade Federal ao mesmo tempo em que se distanciou do estado.

A forma com que Fernandes planejava a contrapartida da Universidade para o Museu ficaria clara logo em seguida. No fim de 1950 ele criaria o Instituto de Pesquisas dentro da Universidade e se tornaria o seu primeiro presidente. O Instituto tinha um orçamento próprio que inicialmente foi utilizado para patrocinar excursões promovidas pelo Museu.[191] Essa relação direta do Instituto com o Museu Paranaense significava que, no futuro próximo, os dois poderiam se fundir e tornar-se uma única entidade, especialmente quando o novo prédio ficasse pronto. Essa intenção começou a ficar cada vez mais evidente nos documentos produzidos no período.[192] Em 1952, por exemplo, foi relatado que a cooperação entre os dois era cada vez maior e que o objetivo era promover a aliança de ambos até a completa fusão.[193] Para reforçar essa intenção, o brasão da Secretaria da Educação foi substituída pelo da Universidade Federal nas capas dos *Arquivos do Museu Paranaense*. O curioso é que em vez de ser o símbolo da Faculdade de Filosofia, ou do Instituto de Pesquisas, era o da Universidade do Paraná. Ou seja, não era a faculdade, onde Fernandes tinha certa influência, que assumia a identidade do Museu, tampouco o seu Instituto de Pesquisa concebido, mesmo que não publicamente, de forma a poder incorporar o Museu no futuro. A nova identidade visual era o de uma instituição muito maior e que continuava a crescer rapidamente. Esse crescimento, no entanto, não era interpretado como um risco. Em 1953, foi declarado que o brasão da Universidade na capa dos *Arquivos* iria ajudá-la a ganhar o reconhecimento em círculos científicos de que o Museu Paranaense já gozava.[194] Em outras palavras, o Museu estava emprestando, ou talvez cedendo, seu prestígio para a Universidade. Essa declaração sugere a extrema confiança que os diretores do Museu tinham no futuro daquela parceria. Se os diretores do Museu imaginassem que teriam alguma possibilidade de problema no futuro, como eventualmente tiveram, essas decisões em perspectiva mais uma vez pareceriam precipitadas.

De qualquer maneira, a esperança em se fundir à Universidade parece ter revitalizado a produção do Museu, que já no começo da década de 1950 passou a incluir novos temas. Genética, por exemplo, aparece nos *Arquivos* antes mesmo de passar a ser um tema discutido pelo IBPT. O Museu Paranaense, dessa forma, antecipava no Paraná o estudo dessa área que já andava a passos largos em outras partes do Brasil.[195] Theodosius Dobzhansky havia inaugurado o estudo de drosófilas no país com a ajuda de pesquisadores brasileiros alguns anos antes.[196] É importante perceber como essas atividades estiveram muito próximas da pesquisa conduzida dentro do Museu. Por exemplo, em 1943, Dobzhansky escreveu um artigo sobre espécies brasileiras de *Drosophila* em que agradeceu a ajuda de Frederico Lane e Lauro Travassos.[197] O primeiro era o mentor científico de Jesus Moure, enquanto o segundo assinou artigos sobre sistemática também como zoólogo do Museu Paranaense.[198] Além disso, tanto Lane quanto Travassos contribuíram com artigos para os *Arquivos* do Museu.[199] Em 1952, Oswaldo Frota-Pessoa, um dos discípulos de Dobzhansky no Brasil, também publicou nos *Arquivos*.[200] Newton Freire-Maia, que havia sido um estudante de Frota-Pessoa, veio assumir a cadeira de Genética na Universidade Federal do Paraná, e em 1953 copublicou com Dreyfus e Dobzhansky o primeiro livro em português sobre evolução humana.[201] Essas conexões sugerem que a colaboração com a Universidade Federal parecia ter grande potencial para expandir o estudo da entomologia, aproximando-a da genética. A presença em um só local de especialistas das duas áreas poderia lançar o programa de pesquisa iniciado no Museu Paranaense no nível de congêneres nacionais que já exploravam trabalhos interdisciplinares.[202] Moure, por exemplo, trazia a experiência, a bibliografia e sua coleção de insetos reunidos por mais de uma década. Por outro lado, Freire-Maia tinha os contatos no campo da genética, ciência que crescia rapidamente. A abertura dos *Arquivos* para esse tipo de pesquisa mostra o potencial saldo quantitativo e interdisciplinar que o Museu Paranaense tinha a sua frente.

Outra vantagem inicial criada com a aproximação da Universidade Federal era a flexibilidade proporcionada pelo mandato acadêmico. Equipamentos utilizados em excursões do Museu eram importados em nome da Universidade e pagos pela Faculdade de Filosofia.[203] Da mesma forma, livros para os diretores do Museu eram obtidos também em nome da Universidade e pagos pela Faculdade de Filosofia e pelo Instituto dirigido por Fernandes.[204] É importante notar aqui que, se a principal literatura científica no começo da década era a publicação científica institucional, no início dos anos 1950 essa passou a ser substituída por literatura especializada na forma de livros. Além disso, o Museu não tinha nem fundos disponíveis nem flexibilidade administrativa para contratar funcionários, enquanto a Universidade Federal possuía ambos. Frederico Lange de Morretes, por exemplo, foi contratado nesses termos.[205] Finalmente, excursões que eram uma das principais atividades do Museu passaram a ser financiadas inteiramente pelo Instituto; entre 1950 e 1962, 14 excursões foram lideradas por diretores e assistentes do Museu Paranaense que lecionavam no curso de História Natural nesse formato.[206]

Outro ponto positivo dessa primeira fase da aproximação com a Universidade era a perspectiva de novas fontes de financiamento para pesquisa. Em 1951, o Conselho Nacional de Desenvolvimento Científico e Tecnológico (CNPq) foi criado e, com ele, vinha a promessa de que os pesquisadores brasileiros teriam uma nova fonte de recursos para pesquisa. Mesmo havendo razões para ceticismo, como o fato de o CNPq ter um orçamento inicial restrito, não ter nenhum paranaense em seu Conselho Diretor, e ter como prioridade a física – em particular energia nuclear – havia razões para esperança.[207] Entre elas, o fato de que somente instituições de pesquisa poderiam solicitar recursos e, portanto, o Instituto de Pesquisas criado por Fernandes, pelo menos em teoria, o capacitava para solicitar financiamento que poderia ser usado também no Museu.

No entanto, além da questão da identidade visual mencionada anteriormente, com a mudança do brasão, a possibilidade de fusão com a Universidade ainda apresentava dois outros sérios problemas. O primeiro deles era a questão da infraestrutura, ainda não claramente definida. O novo prédio que agora abrigaria a Reitoria da Universidade, o Museu e a Faculdade de Filosofia ainda não havia saído da planta. Além disso, não havia indicações claras de que o corpo funcional poderia continuar suas atividades de pesquisa ou teriam de lecionar em tempo integral. Essa indefinição demonstra que, apesar da aliança com a Universidade oferecer grande potencial e do fato de o Museu estar apostando alto no sucesso da fusão, ela se mantinha tão frágil quanto costumava ser anteriormente, quando pelo menos o Museu tinha uma imagem pública e alguma tradição por trás de si no momento em que sentava à mesa para negociar com o governo do estado. O mesmo não acontecia com a Universidade que, como será demonstrado a seguir, reagiu de uma forma inesperada quando o Museu começou a pressionar por definições.

O impacto sobre o Instituto de Biologia e Pesquisas Tecnológicas

Uma rápida análise sobre o impacto da federalização sobre o maior centro de pesquisas do estado é necessária, já que o Instituto criado por Fernandes dentro da Universidade Federal tinha todas as condições de se tornar uma referência regional em pesquisa de fato, após a mudança para o novo prédio, grande o suficiente para ameaçar a hegemonia local do IBPT. No entanto, como isso acabou eventualmente não acontecendo, é necessário entender qual poderia ter sido a influência do IBPT nesse resultado.

Os avanços da agricultura paranaense iniciados por Ribas foram consolidados após 1945. As plantações de café e a crescente indústria da madeira tornaram-se os dois principais pilares da economia na região. O café era o primeiro em termos de valor, enquanto a madeira liderava a lista dos produtos em termos de volume. Como o café era subsidiado por meio da garantia de um preço mínimo e a produção agrícola aumentava gradualmente, a produtividade da agricultura deixou de ser uma prioridade para o governo do estado, ao contrário do que vinha acontecendo desde os anos 1930. Como explicado no capítulo "O IBPT: reprodução e esgotamento de um modelo organizacional de pesquisa", a prioridade passou a ser a garantia de meios para a exportação do que era produzido.

Mesmo assim, no fim dos anos 1940, o IBPT mantinha uma ampla variedade de atividades. Além de fornecer serviços aos produtores como análises químicas e biológicas, também produzia uma grande quantidade de vacinas.[208] Durante a década de 1940 a média da produção ficou em torno de 15 mil doses por ano.[209] Como também apontado no capítulo "O IBPT: reprodução e esgotamento de um modelo organizacional de pesquisa", quando o Instituto viu seu orçamento ser reduzido em quase 50% em 1948, seu diretor conseguiu assegurar uma fonte alternativa de fundos com a Fundação Rockefeller. Isso ajudou a consolidar sua estrutura e aumentar sua produção. Em 1951, o Instituto chegou a ter quase duzentos funcionários e sua produção de vacinas iria subir para mais de um milhão de unidades durante aquela década.[210] Além de ter o monopólio das ciências aplicadas no estado, o IBPT também conduzia pesquisa básica cujos resultados eram publicados em sua revista própria, os *Arquivos de Biologia e Tecnologia*. Em termos de estrutura, a instituição mantinha um complexo com quatro prédios de dois andares equipados com laboratórios e outras instalações para pesquisa, sem similares no estado. Em comparação com o Museu Paranaense e mesmo com a Universidade do Paraná, o Instituto era quem havia começado os anos 1950 como um centro de referência em pesquisa científica. Essa situação criava um problema óbvio para Fernandes, pois era evidente que a aproximação com o IBPT era iminente. Fernandes tinha saído na frente quando assegurou uma posição na direção do centro de pesquisas científicas da Universidade. Entretanto, para manter-se naquela posição ele teria que conciliar os interesses do grupo do IBPT, que, em breve, estaria cada vez mais perto da Universidade por meio dos novos cursos na área de ciências exatas que vinham sendo inaugurados.[211] Ou seja, o plano para salvar o Museu dependia de como Fernandes conseguisse manter um espaço garantido para os pesquisadores da Faculdade de Filosofia ao mesmo tempo em que atraísse os pesquisadores do IBPT. O problema era que, com mais experiência, recursos e número de pesquisadores, o IBPT em breve teria condições de escolher seu próprio representante dentro da Universidade, e, como será demonstrado a seguir, não seria Fernandes.[212]

O impacto no Museu Paranaense: a segunda fase

A entusiástica relação entre o Museu e a Universidade estava prestes a terminar. Em 1953, o governador do estado anunciou que o projeto do novo prédio seria cancelado e no seu lugar seria construído um teatro, o que é hoje o Teatro Guaíra.[213] Uma das possíveis razões para aquela inesperada decisão era o ritmo constante com que a Universidade aumentava sua estrutura física. Por exemplo, estava previsto para 1954 um novo prédio de trinta mil metros quadrados, enquanto o hospital de clínicas estava prestes a ser completado.[214] Ou seja, a Universidade estava se mostrando plenamente capaz de aprimorar sua estrutura com meios próprios, e, como o Museu havia unilateralmente requerido o mandato acadêmico, parecia razoável se supor que o governador considerava que os problemas do Museu estariam fora de sua alçada.

Aquela decisão obviamente colocaria um obstáculo gigante diante dos planos do Museu, e seus diretores imediatamente protestaram. Entre seus argumentos estava a reclamação de que, na espera por uma definição sobre o novo prédio, necessidades básicas do Museu haviam sido proteladas.[215] Por exemplo, depois do mandato acadêmico não houve nenhum aumento significativo no orçamento do Museu. Embora o novo sistema fosse certamente menos burocrático, a disponibilidade de fundos era suficiente apenas para manter as mesmas atividades e o corpo funcional do período até 1950.[216] Além disso, como todos acreditavam que o início das obras do novo prédio era iminente, pequenas reformas haviam sido atrasadas e agora o Museu enfrentava sérios problemas de infraestrutura.[217] A combinação desses fatores sem dúvida afetou negativamente a produção científica da instituição. Por exemplo, como todas as salas haviam atingido suas capacidades máximas, trabalhos de campo foram reduzidos para coletas esporádicas de insetos, enquanto excursões com pesquisadores convidados foram interrompidas.[218] Existem, inclusive, evidências de que pesquisadores da USP vieram a Curitiba, mas conduziram trabalho de campo sem a presença dos pesquisadores do Museu.[219]

Outro problema que ficava cada vez mais sério era a questão da separação da Seção de História das de ciências naturais. A ideia, que havia começado com o projeto do novo prédio, ganhou força com o mandato acadêmico que valia apenas para as seções de ciências naturais.[220] Em 1953, a separação das seções passou a ser tratada como a única solução do impasse que havia sido criado com o cancelamento do projeto do novo prédio. A questão parecia dividir o Conselho Diretor do Museu. Isolado em um dos lados estava Júlio Estrella Moreira, diretor da Seção de História, que defendia a separação imediata. O mal-estar chegou a um ponto em que Moreira ameaçou deixar a diretoria da Seção, após ter perdido a votação sobre a questão. No fim ele foi persuadido a ficar, mas a fragmentação do Conselho Diretor era clara e o assunto da separação das seções tinha de ser resolvido com certa urgência.[221]

Marcados por essa tensão interna, pelo distanciamento do governo local e, agora, sem infraestrutura para crescer, os diretores do Museu se voltaram para a sua melhor – senão única – alternativa: a Universidade. Em agosto de 1953, Fernandes apresentou um projeto ao Conselho Diretor do Museu propondo a completa transferência das seções de ciências naturais do Museu para a Universidade. Aquilo seria a consolidação de um esforço que estava sendo feito desde a federalização, mas que contava com o novo prédio. Agora eles estariam à mercê da Universidade e Fernandes iria pedir mais do que somente um abrigo. A ideia era criar um museu de história natural dentro da Universidade, onde os diretores receberiam os mesmos salários dos professores, mas seriam pesquisadores em tempo integral, sem responsabilidades com atividades docentes.[222] Naquele momento, era de conhecimento público que a Universidade havia adquirido outra quadra no centro da cidade, onde planejava construir a Faculdade de Filosofia, a Reitoria da Universidade e a Faculdade de Economia. Naquele projeto que previa a construção de um prédio de 13 mil metros quadrados, Fernandes certamente esperava encontrar um espaço para seu planejado museu de história natural.[223] De fato, seu plano resolveria dois problemas recorrentes: a falta de infraestrutura e a questão da oficialização dos cargos de pesquisa dos diretores. No relatório de 1954, foi declarado que a relação do Museu e da Universidade estava cada vez melhor e havia sido decidido se iniciar a completa fusão das duas instituições. No entanto, será que essa intenção era recíproca? Além disso, será que os diretores do Museu tinham ideia de como realizar aquela intenção na prática? Afinal, para o Museu passar a fazer parte da Universidade duas coisas teriam que dar certo. Primeiro o governo do estado teria que aceitar ficar apenas com a Seção de História no prédio antigo e abrir mão de toda coleção, livros, equipamentos e pessoal das ciências naturais para a Universidade.[224] Em segundo lugar, a Universidade teria que aceitar o novo museu nas condições ditadas por Fernandes, o que certamente implicava em mantê-lo em uma posição de controle de mais um departamento dentro da Universidade. Não há dúvida de que o Museu iria precisar de todo o apoio que conseguisse lançar mão para alcançar essas duas metas, e para isso todo o prestígio que tivesse conseguido estava prestes a ser colocado em teste.

A hora da verdade chegaria em janeiro de 1954, quando Frederico Waldemar Lange, então diretor do Museu, e Fernandes procuraram o reitor da Universidade, Flávio Suplicy de Lacerda. Fernandes e Lange estavam provavelmente confiantes de que todos aqueles anos de colaboração com a Faculdade de Filosofia, incluindo seus esforços pessoais para aproximar as duas instituições, seriam considerados naquele momento. No entanto, para sua decepção, o reitor da Universidade respondeu que a única área disponível para um museu de história natural seria uma sala de 64 metros quadrados no andar térreo do prédio da Faculdade de Filosofia.[225] Essa oferta podia até ser educada, mas obviamente era insuficiente para abrigar coleções, laboratórios e biblioteca do Museu. Ao perceber o provável desapontamento de Fernandes e Lange, o reitor sugeriu que eles procurassem um local no IBPT. As duas opções eram prejudiciais ao Museu, por razões óbvias. Em primeiro lugar, se considerado que o Museu teria anteriormente uma estrutura de mais de seis mil metros quadrados no projeto do novo prédio, aquela oferta pareceria absurda.[226] Por outro lado, uma forçada aproximação com o Instituto de Biologia não tinha nenhuma perspectiva de bons resultados, visto que por ser muito menor o Museu teria que aceitar qualquer condição imposta pelo parceiro desproporcionalmente maior. Num ato de desespero, Fernandes voltou a conversar com o governador do estado. Agora ele pedia o oposto do que tinha feito nos últimos três anos. Ele queria a ajuda do governador para resolver o problema de infraestrutura e, ao invés de se unir à Universidade, ele pediu para que o antigo prédio fosse expandido. O governador respondeu com a promessa de que iria atender aos pedidos, construindo um anexo ao antigo prédio. De volta ao Museu, as duas alternativas foram explicadas aos diretores e colocadas em votação. Por unanimidade venceu a ideia de continuar onde estavam e aceitar a oferta do governador de construir um anexo.[227] Naquela altura, esses tipos de promessas já eram famosas na história do Museu por serem feitas de palavras vazias, mas a ironia era que não haviam melhores opções.

Para piorar a situação, Fernandes começou a perder o monopólio da pesquisa dentro da Universidade. Em 1953, a Universidade Federal decidiu reintegrar o Instituto de Química, que havia sido separado da Faculdade de Engenharia no começo da década de 1940. Essa decisão afetava diretamente os planos de Fernandes, pois, se ele havia em algum momento pensado que teria uma posição privilegiada dentro da hierarquia da Universidade no que se referia à pesquisa científica, a incorporação do Instituto de Química trazia novas dificuldades. Em primeiro lugar, figuras influentes do IBPT como Nilton Buhrer, Alsedo Leprevost e Reinaldo Spitzner assumiram posições de liderança no novo curso de Química.[228] Além disso, nada menos do que outros 19 funcionários do IBPT iriam integrar o corpo docente. Esses eram cientistas e técnicos acostumados a trabalhar com orçamentos muito maiores e equipamentos mais sofisticados do que os disponíveis na Faculdade de Filosofia. Além disso, por já serem funcionários do estado, esses pesquisadores tinham mais estabilidade, provavelmente melhores salários e mais *status* dentro da Universidade Federal.[229] Portanto, essa aproximação criava um problema óbvio tanto para Fernandes quanto para os funcionários do Museu, pois agora haveria mais indivíduos competindo por recursos e espaços de pesquisa dentro da Universidade.

O Instituto de História Natural

A oferta feita pelo reitor da Universidade redefiniu completamente as prioridades do Museu. Enquanto anteriormente o problema era como crescer, após aquela notícia o desafio passou a ser como sobreviver. De fato pode-se questionar até que ponto naquele momento o corpo científico do Museu começou a imaginar outros cenários para suas carreiras científicas. De uma hora para outra pertencer ao Museu passou a ser um empecilho e não mais uma solução como nos anos anteriores. Todo o esforço em criar vínculos externos acabou por não trazer os benefícios esperados em termos coletivos. Mesmo assim, os pesquisadores reuniram ânimo para mais uma tentativa. A criação de um instituto de história natural seria a saída encontrada para garantir a independência dos pesquisadores do Museu e aproveitar os contatos, material de pesquisa, equipamento e coleções que haviam reunido. Para adiantar o resultado, essa tentativa também foi um fracasso, mas a análise de como isso ocorreu é importante porque serve para ilustrar a chamada migração de pesquisadores de instituições de pesquisa independentes para as universidades estatizadas. Ao contrário de outros estados brasileiros, a tentativa do Museu Paranaense em criar o Instituto de História Natural no Paraná, a partir de suas seções de Geologia, Botânica e Zoologia, sugere que a migração para o ambiente acadêmico seria a última opção em vez da primeira, como ocorrido em outros locais do país.

Mais uma vez, o ímpeto para a criação do instituto pode ser relacionado novamente às discussões referentes a infraestrutura. O relatório de Jesus Moure de 1955 ilustra bem esse ponto, pois registrava que devido às limitações orçamentárias não havia sido possível comprar armários para abrigar coleções e nem mesmo material básico de pesquisa, como alfinetes entomológicos para a Seção de Zoologia.[230] Nessa reclamação estava obviamente implícito que após um ano da promessa do governador para o início da construção do anexo nada havia acontecido.[231] Mesmo que o orçamento fosse cumprido, a falta total de espaço impedia qualquer empreitada adicional. A única atividade externa que lembrava vagamente a fase inicial do Museu era conduzida por Andreas Mayer, que realizou algumas excursões com o financiamento do Instituto de Pesquisas da Universidade Federal.[232] Além disso, o contato com a comunidade científica também se deteriorou. O estado havia transferido a bibliotecária do Museu para a Biblioteca Pública do Paraná, fazendo com que o intercâmbio de publicações tivesse que ser organizado por assistentes e voluntários quando os mesmos tinham algum tempo livre.[233] Embora eles se esforçassem, muitas instituições passaram a reclamar que não estavam mais recebendo os *Arquivos* e por isso iriam cancelar suas remessas.[234]

Em julho de 1955, a criação de um novo instituto intitulado Instituto de Botânica e Zoologia foi mencionada durante uma reunião de Conselho do Museu como uma solução.[235] Anos depois, Moure argumentaria que a ideia por trás daquele projeto era a de conseguir salários melhores para todos, o que indica que eles ainda consideravam a possibilidade de uma posição em tempo integral dedicada à pesquisa fora da Universidade.[236] Além disso, Oldemar Blasi, naquela época um dos assistentes voluntários do Museu, argumentou que outra razão foi a promessa feita pela Universidade Federal de apoiar o novo instituto.[237] De qualquer maneira, de acordo com as atas do Conselho, Moure e Stellfeld formularam o projeto e Fernandes enviou para seus contatos na Câmara Legislativa.

O problema foi que, quando o projeto foi finalmente aprovado como Lei n. 2.588, em fevereiro de 1956, o texto final era totalmente diferente do que havia sido concebido pelos diretores do Museu.[238] Em primeiro lugar, o novo instituto se chamaria Instituto de História Natural (IHN) e, de fato, teria um escopo muito maior do que só zoologia e botânica, como planejado originalmente.[239] Além disso, havia sido determinado que os diretores seriam escolhidos a partir de concurso público. Esse detalhe em particular representava um sério risco para os pesquisadores do Museu, que esperavam ser transferidos automaticamente para a nova instituição. Outro ponto crucial foi que a Lei n. 2.588/1956 mencionava apenas a possibilidade de se requerer o mandato universitário, ou seja, o Instituto de História Natural seria inicialmente totalmente desvinculado da Universidade do Paraná e, portanto, os pesquisadores do Museu não teriam acesso automático ao acervo, coleções e biblioteca somente por pertencerem ao seu corpo docente. Embora esses termos sozinhos fossem suficientes para os pesquisadores do Museu recusarem aquele projeto, ainda havia mais. A Seção de Geologia do IBPT deveria ser transferida em sua totalidade para o novo IHN, e não a do Museu. Além disso, ficava explicitamente declarado que o novo Instituto ficaria subordinado à Secretaria da Agricultura do estado e, portanto, trabalharia em sintonia com o IBPT, enquanto não havia uma única menção do Museu Paranaense.

É preciso notar que a Lei n. 2.588/1956 poderia fazer sentido do ponto de vista de um legislador cuja maior preocupação era formular um coerente documento legislativo. A partir dessa perspectiva pareceria lógico agrupar sob uma mesma instituição geólogos, zoólogos e botânicos, já que esses títulos indicavam que todos pertenciam a áreas afins, ou seja, científicas. Da mesma forma, da perspectiva de um leigo, poderia parecer perfeitamente coerente alocar esses indivíduos sob a orientação da Secretaria da Agricultura, onde pesquisas aplicadas continuavam na ordem do dia. No entanto, na prática, a nova lei provocaria o choque de duas culturas institucionais, a do Museu Paranaense e a do IBPT, exploradas neste e no capítulo "O IBPT: reprodução e esgotamento de um modelo organizacional de pesquisa". Ela também não considerava a importância vital dos cargos de diretorias para se conseguir prioridade em publicações, alocação de recursos e assistentes de pesquisa. Por fim, a lei simplificava de uma forma exagerada a prática da atividade científica ao forçar a coexistência de programas de pesquisa que possuíam prioridades completamente diferentes. É necessário mais estudos para avaliar se o texto da Lei n. 2.588/1956 foi apenas um desastroso exemplo de falta de comunicação entre políticos e cientistas ou se havia, na verdade, conflitos de interesse que não ficam claros nas fontes disponíveis.

O fato é que a reação dos pesquisadores do Museu foi imediata e naturalmente negativa. Sua primeira resposta foi assinar uma carta declarando que: "[...] a lei aprovada pela Assembleia Legislativa vai contra os interesses das seções de história natural do Museu Paranaense e afeta diretamente seus respectivos campos de trabalho".[240] Logo em seguida, Fernandes enviou uma segunda carta ao governador em que ele tentava reverter as desastrosas consequências da nova lei, usando um estratagema. Nessa comunicação ele pedia para alterar as normas de eleições do Museu; mais especificamente, solicitava ao governador obrigar que somente diretores das seções de ciências naturais pudessem ser eleitos para o cargo de diretores-gerais do Museu, e nunca por mais de dois mandatos consecutivos.[241] Se implementada, essa norma excluiria Moreira como candidato e somente Lange, Moure e Stellfeld seriam elegíveis. As fontes disponíveis sugerem que Fernandes tentava assim explorar um artifício presente no capítulo VI, artigo 17, da Lei n. 2.588/1956. Lá estava definido que em casos excepcionais o diretor do IHN poderia escolher os diretores das seções sem concurso público. Portanto, Fernandes neutralizaria a potencial ameaça vinda de Júlio Moreira, que vinha se mostrando gradualmente mais hostil contra todas as iniciativas dos diretores das seções científicas.

Porém, para a surpresa de todos, em 16 de maio de 1956, o governador do estado nomeou Júlio Moreira para a diretoria do Museu Paranaense.[242] Essa seria a primeira vez que um diretor havia sido escolhido diretamente pelo governador, ao invés de voto direto, desde 1936. Quando isso foi anunciado por Moreira em uma das reuniões de Conselho, Fernandes solicitou seu imediato desligamento do cargo de diretor do Conselho, o que deve ter causado um mal-estar imediato.[243] O desapontamento de Fernandes ficaria evidente em uma de suas cartas escritas logo depois. Ao comunicar ao gerente da conta bancária do Museu que não era mais o responsável pelas finanças da casa, Fernandes fez questão de enfatizar que Moreira havia sido escolhido pelo governador, ou seja, foi imposto.[244]

O mandato de Moreira havia começado com um impasse. A lei criando o IHN não resolveu o problema de infraestrutura do Museu. Ao mesmo tempo, não era possível saber se o governador iria aceitar o pedido de alteração no texto da lei original feito anteriormente. Agora na posição de diretor, Moreira deu continuidade ao que vinha defendendo nos últimos anos: a imediata separação física das seções de história e das ciências naturais. Em agosto de 1956 ele informou que havia localizado um espaço no prédio do Grupo Tiradentes, um colégio público de Curitiba, para onde poderiam ser transferidas as seções de história natural.[245] Embora o prédio do colégio houvesse sido interditado por razões de segurança, obras de reforma estavam em andamento e as seções de ciências naturais do Museu, incluindo seus funcionários, assistentes, equipamento e coleções, poderiam ser transferidas para lá. É claro que para isso Moreira teria que convencer os outros diretores sobre aquela ideia. Pelo menos no prédio antigo eles estavam em um ambiente conhecido e que, embora precário, era deles. Com tantas coisas inesperadas acontecendo, a familiaridade com a estrutura era algo de que eles podiam se assegurar. No entanto, na reunião onde isso foi decidido, do grupo que anteriormente havia votado contra a divisão das seções do Museu, somente Fernandes e Stellfeld estavam presentes. Jesus Moure havia ganho uma bolsa da Fundação Rockefeller e estava nos Estados Unidos, enquanto Frederico Lange não compareceu. Moreira argumentou que um engenheiro havia inspecionado as obras e que no dia seguinte "iria ao Palácio do Governo, a fim de entender-se com o governador do estado" sobre aquele assunto.[246] Ou seja, Moreira estava propondo uma instituição totalmente nova que seria chamada de Museu de Ciências Naturais e onde, a princípio, os diretores do

Museu Paranaense teriam total autonomia. De acordo com as atas daquela reunião, os outros diretores não disseram uma palavra.[247] Talvez Moreira não estivesse colocando a mudança em votação, e sim informando sua decisão; já que, eventuais objeções poderiam ser levadas ao governador no dia seguinte.

Um mês depois, as atas já registram a transferência das seções de História Natural para as instalações do colégio em reformas e as providências que foram tomadas para se instalar uma linha telefônica e estrutura básica para os gabinetes de pesquisa.[248] Então, em 25 de setembro de 1956, o novo Museu de História Natural de Curitiba foi inaugurado com as antigas seções de ciências naturais do Museu Paranaense. Não há muita informação sobre esse evento, mas, devido às suas precárias condições e o pequeno apoio do governo, é provável que isso tenha sido um evento modesto.[249]

Nenhum dos pesquisadores realocados nas novas instalações parecia antecipar o que estava prestes a acontecer assim que a mudança se completou. Em dezembro de 1956, o governo do estado emitiu uma nova lei, de número 3.006, alterando a Lei n· 2.588/1956.[250] A Lei n. 3.006/1956 contemplava as solicitações que haviam sido feitas anteriormente pelos diretores do Museu, mas naquele momento era tarde demais. A nova lei determinava que as antigas seções do Museu Paranaense, agora Museu de História Natural, fossem transferidas imediatamente para o IHN, incluindo todos os funcionários. Só que havia um pequeno problema. As seções do IHN já haviam sido formadas de acordo com a Lei n. 2.588/1956, incluindo a seleção de sua diretoria e assistentes. Para substituir esses diretores, ou seja, fazer com que não só as seções do Museu de História Natural mas seus diretores também fossem transferidos para o IHN, seria necessário que seu diretor interferisse. Se o governador tivesse aceito o pedido de Fernandes, o diretor do Museu Paranaense seria Lange, Moure, Stellfeld ou ele mesmo. Mas como isso não aconteceu, agora caberia a Júlio Moreira decidir. Quando questionado sobre sua posição, Moreira abdicou do direito de interferir como registrado em uma carta assinada em janeiro de 1957, em que ele declarava que "[...] tomo a liberdade de solicitar a V. Excia a minha dispensa da função de direção do Instituto de História Natural, criado por lei do estado".[251] Portanto, sem interferir na estrutura do IHN que já estava formada, a única forma de integrar o agora Museu de História Natural seria desmembrando-o. Os assistentes das seções científicas do Museu foram distribuídos pelos diferentes departamentos do IHN, enquanto as coleções do Museu, bem como sua biblioteca, foram inteiramente incorporadas às do IHN, incluindo todos os livros que haviam sido adquiridos pelos pesquisadores do Museu.[252] Essa mudança do Museu para o IHN simbolizaria o fim da fase científica do Museu Paranaense começada em 1941.

UMA DUVIDOSA CONTINUIDADE

Embora existam versões que busquem traçar uma continuidade entre o Museu Paranaense e o Instituto de História Natural (IHN), fontes primárias sugerem uma realidade completamente distinta. Em primeiro lugar, existem as questões acerca da identidade da nova instituição, incluindo seu corpo de pesquisas. O IHN incorporou toda a equipe do Museu, exceto Stellfeld, Moure, Fernandes e Lange, sobre os quais não foi encontrada nenhuma evidência de que tenham participado da nova instituição. Jesus Moure declarou que, quando soube do desfecho do processo, ficou chocado: "[...] minha alma caiu aos pés: o Museu Paranaense havia sido desligado da Universidade. Com isso, perdi minha biblioteca, minhas coleções, todos meus instrumentos de trabalho. Tive dificuldades com empréstimos de livros que eu mesmo havia comprado".[253]

Além disso, existem mesmo indicações de hostilidade declarada entre membros da antiga diretoria do Museu e o IHN. Por exemplo, as atas das reuniões de Conselho registram uma discussão que se prolongou por vários meses acerca do uso de câmeras fotográficas que eram originalmente do Museu. Mesmo com a ordem de que todos os ativos da instituição fossem transferidos para o IHN, as câmeras continuavam sendo usadas no curso de História Natural da Faculdade de Filosofia, sem previsão para retorno do equipamento mesmo com a insistência do diretor de Júlio Moreira.[254] Esse pequeno atrito ilustra o que foi possivelmente uma retaliação pela perda de todos os materiais, conforme o desabafo de Moure citado anteriormente. Da mesma forma ele revela a indisposição do antigo núcleo do Museu com o IHN, cujo novo diretor passou a ser Rubens Elke Braga, que lecionava no curso de Botânica Aplicada à Farmácia na Faculdade de Medicina e, como estava na diretoria do Instituto antes da Lei n. 3.006, continuou após a sua promulgação.[255] Abaixo dele no organograma vinham pesquisadores do IBPT, da Faculdade de Farmácia e antigos assistentes do Museu Paranaense.[256] Após uma coexistência de quase duas décadas, finalmente o IBPT e o Museu Paranaense acabariam por ter elementos na mesma instituição. Nesse formato, porém, os principais nomes do Museu Paranaense estavam isolados dentro da Universidade ou envolvidos em novos projetos. Frederico Lange se firmou dentro da Petrobras, como será explicado em mais detalhes no capítulo "A Paleontologia e a Trajetória Científica de Frederico Waldemar Lange". Fernandes passou a se dedicar cada vez mais ao Museu de Artes Folclóricas de Paranaguá, às vezes chamado de "museu do Loureiro".[257] Moure e Stellfeld continuaram na Universidade Federal, conduzindo em paralelo suas funções docentes e suas pesquisas. Stellfeld continuaria a publicar e produzir trabalhos sobre sistemática, principalmente de plantas utilizadas para fins medicinais. Moure declarou ter chegado a pensar seriamente em abandonar tudo no Brasil, quando ficou sabendo da forma como a incorporação foi feita. Ele tinha sido convidado para continuar sua pesquisa na Universidade do Kansas, nos Estados Unidos, que se tornaria um centro de referência no estudo das abelhas por meio do pesquisador Charles Michener. O que fez Moure reconsiderar foi uma oferta da Fundação Rockefeller no valor de 25 mil dólares para iniciar um novo centro de pesquisas em zoologia na Universidade Federal e que ele acabou aceitando. Portanto, o Instituto de História Natural poderia ter a herança material do Museu, mas não os recursos humanos.

Uma segunda ruptura evidente se revela quando observamos questões de identidade institucional. A logomarca do Instituto de História Natural não mencionava de forma alguma um vínculo com o Museu Paranaense ou seus *Arquivos*, e a seriação foi reiniciada a partir do primeiro número.[258] Em suas primeiras publicações, a única informação além do nome do Instituto era sua vinculação à Secretaria da Agricultura. Como somente poucos dos pesquisadores do novo IHN poderiam imaginar o enorme esforço envolvido para construir a reputação do Museu, não havia interesse em enfatizar uma continuidade. Aos olhos do público em geral, portanto, o Museu Paranaense havia deixado de existir. Mesmo os mais próximos, que eventualmente soubessem de toda a polêmica em torno da nova instituição, certamente notaram a mudança editorial da nova publicação. Em primeiro lugar, não haviam mais autores convidados de fora de Curitiba. As únicas exceções de fora do IHN seriam contribuições isoladas de alunos da Universidade Federal.[259] Se considerado que o último volume publicado pelo Museu contava com autores estrangeiros, a diferença é considerável e sugere a falta de conexões com a comunidade científica da nova instituição. Além disso, o Instituto adotou o formato de uma publicação por área científica, ao contrário da publicação do Museu, que unia várias áreas distintas. É verdade que o Museu chegou a fazer o mesmo em 1954, mas apenas a Geologia foi contemplada nesse formato e só por três volumes. O IHN também publicou sobre sistemática, mas de qualquer maneira esses artigos eram intercalados com trabalhos de pesquisa aplicada, o que sugere uma nova configuração mais direcionada à Secretaria de governo sob a qual o novo instituto estava vinculado.[260]

UMA NOVA REALIDADE

Enquanto isso, de volta à Universidade, os antigos pesquisadores do Museu teriam que se adaptar a uma nova realidade. A Universidade continuava a crescer e, ao fazê-lo, oferecia novos desafios no processo. De 1955 em diante, a Universidade Federal ampliou sua estratégia de incorporar instituições externas, e aquelas com alguma orientação científica eram gradativamente transformadas em institutos de pesquisa. Para coordenar e organizar essas pesquisas, em 1958 foi criado o Conselho de Pesquisas, que ficava localizado na Faculdade de Medicina e que substituiria o Instituto inaugurado por Fernandes. Um ano depois, os institutos de Bioquímica, Química, Geologia, Física e Matemática foram criados e agregados ao Conselho. Moure protestou contra esse modelo de incorporação, argumentando que ele iria significar o fim dos departamentos da Faculdade de Filosofia.[261] Mas o fato é que aquela estratégia estava em pleno curso. Além da Escola de Química, o Instituto de Biologia teve uma grande parte de sua estrutura fundida com a Universidade, como demonstrado no capítulo "O IBPT: reprodução e esgotamento de um modelo organizacional de pesquisa". Em 1961, a Escola Superior de Agricultura e Veterinária seguiria o mesmo caminho. Para se ter uma ideia da dimensão apenas dessa incorporação, em seu primeiro ano a então Faculdade de Agronomia teria 201 novas matrículas e passou a contar com nada menos do que mais 17 funcionários do Instituto de Biologia em seu corpo docente.[262] A previsão de Moure eventualmente se realizou em 1972, quando a Faculdade de Filosofia foi finalmente extinta. Fernandes deixou a direção do Instituto, quando ele foi transformado no Conselho de Pesquisas.

No entanto, em um primeiro momento, toda essa dinâmica não parece ter alterado o volume de pesquisas da Universidade federalizada, como revela o relatório anual da instituição referente ao ano de 1956. Nesse registro, que contém a integra do discurso do reitor, Flávio Suplicy de Lacerda, foram descritas as atividades do ano anterior e entre elas é digno de nota sua descrição das atividades de pesquisa. Ele usou a expressão "projetos culturais" para descrever os estudos que estavam sendo conduzidos nas áreas de parasitologia, doenças tropicais e microbiologia. Serão necessárias mais pesquisas para contextualizar o uso de termos como "ciência" e "cultura" na época, mas não podemos deixar de nos perguntar: o que se entenderia então como projetos científicos? De qualquer forma, mesmo que o uso do termo tenha sido apenas um descuido semântico, a quantidade de pesquisas realizadas chama a atenção. Naquele ano de 1956, quando a Faculdade de Medicina formaria 115 alunos e teria 775 novas matrículas, Lacerda mencionou que havia apenas 27 projetos de pesquisa em andamento.[263]

Outra forma de analisarmos a produção científica da nova Universidade seria apurando o número de teses de doutorado do período. A partir de 1931, o título de doutor era concedido a todos os alunos de graduação "mediante simples defesa de tese" ao final de seus cursos regulares.[264] No entanto, entre 1938 e 1949, apenas 17 títulos de doutoramento foram encontrados para os cursos de Medicina, Odontologia e Farmácia. Entre 1950 e 1960, quando a federalização elevou o número de novos estudantes de Medicina para mais de mil alunos por ano, o número total de doutorados encontrados, durante essa pesquisa, para toda a década de 1950, foi de 89. Embora esses números exijam mais escrutínio, em um primeiro momento parece possível afirmar que o processo de incorporação de corpos de pesquisa externos não alterou a cultura institucional no que se referia à importância da pesquisa científica. Mesmo que pesquisadores de outras áreas já usufruíssem de reconhecimento e estrutura em suas instituições de origem, esses números preliminares indicam que, ao ingressar no ambiente acadêmico, eles tiveram que regressar aos estágios iniciais de construção de uma identidade institucional voltada à pesquisa, ao estabelecimento de contatos, à aquisição de equipamentos, à reorganização da biblioteca, entre outros.

O sistema de pós-graduação como entendemos hoje seria criado apenas na década de 1960. Os primeiros cursos nessa categoria na Universidade Federal do Paraná foram nas áreas do Direito e da Educação, implementados em 1962.[265] O de Bioquímica foi o seguinte em 1964.[266] Mas apenas em 1974 outros cursos foram criados, dentre eles o de Letras, Cardiologia, Pediatria e Zoologia. Naquele ano também dois programas de doutorado passaram a ser oferecidos: Bioquímica e Entomologia. [267] Este último em específico merece nossa consideração porque serve para ilustrar o impacto da dissolução da área de pesquisa do Museu Paranaense na metade dos anos 1950. O fato de que o doutorado de Entomologia passou a ser oferecido apenas em meados dos anos 1970 sugere que Jesus Moure, um dos idealizadores do programa, levou quase vinte anos para reconstruir novamente uma biblioteca, comprar equipamentos e promover o intercâmbio com outras instituições da mesma forma que ele já havia conseguido no início dos anos 1950 dentro do Museu Paranaense.

CONCLUSÃO

Este capítulo buscou demonstrar as oportunidades e desafios impostos ao Museu Paranaense durante sua fase científica. Inicialmente, argumentou-se que os fatores que contribuíram para o começo da pesquisa do Museu foram tanto individuais quanto coletivos. No nível individual o papel de cada pesquisador do corpo diretor foi de extrema importância para a fundação daquele modesto centro de pesquisa. Seus esforços pessoais, o entusiasmo pela prática científica e o apoio a pesquisadores iniciantes foram fundamentais para o reconhecimento que a instituição recebeu de seus pares nacionais e estrangeiros. Por outro lado, foi também no nível coletivo que fatores cruciais tomaram forma. O intercâmbio realizado pelo corpo de pesquisa, o apoio das autoridades locais e a habilidade em identificar uma demanda para o tipo extremamente específico de pesquisa que o Museu conduziu são apenas alguns destes fatores. Em particular, a habilidade da instituição em se conectar com a comunidade científica foi um dos principais resultados coletivos. Isso foi evidenciado pelo lugar de destaque que o Museu veio a ocupar na comunidade científica que ia muito além de seus limites locais. A interação com o Instituto Smithsonian nos Estados Unidos é um exemplo disso. Espécimes coletados nas expedições organizadas pelo Museu Paranaense foram utilizadas por aquela instituição pelo intermédio da USP. De forma semelhante, a contribuição de Reinhard Maack para a teoria da deriva continental, enquanto estava no Museu, também o coloca dentro de um mapa internacional. O mesmo poderia ser dito sobre Frederico Lange e Jesus Moure, que iriam alcançar reconhecimento internacional em seus respectivos campos de estudo. Em termos gerais, essas características estão de acordo com elementos apontados pela historiografia da ciência brasileira, que, em geral, reconhece a importância dos institutos de pesquisa como precursores do desenvolvimento científico acadêmico brasileiro.[268] No entanto, ao menos até agora, o Museu Paranaense não era incluído nesse movimento precursor, e espera-se que o início e desenvolvimento de seu programa de pesquisa, apresentados neste capítulo, estimulem outros estudos que venham a questionar essa interpretação.

Também foram discutidos alguns dos elementos que parecem ter contribuído para o declínio e a interrupção do programa de pesquisas do Museu. Embora a alarmante vida curta de muitas iniciativas científicas brasileiras seja amplamente reconhecida pela historiografia, algumas características deste estudo de caso sugerem a possibilidade de uma interpretação regionalizada sobre a história recente dos institutos de pesquisa. Por exemplo, o argumento que instituições brasileiras tiveram a tendência de depender excessivamente do "carisma" de seus líderes parece não se aplicar ao caso do Museu curitibano.[269] Se considerarmos que a direção da instituição estudada aqui era exercida em mandatos curtos, não mais de um ano, havia pouco tempo para se exercitar qualquer carisma individual. De fato, a responsabilidade dividida tinha o problemático efeito colateral de que algumas iniciativas eram descontinuadas a cada eleição de um novo diretor. Embora Fernandes fosse sem dúvida uma figura carismática e influente, ele usou seu "capital social" para uma variedade de projetos, inclusive pessoais, que eram claramente contra os interesses do Museu Paranaense, como foi a fundação do Museu de Arqueologia e Artes Populares em Paranaguá. Portanto, o caso do Museu Paranaense indica que a presença de líderes carismáticos pode ser um dos fatores determinantes para o sucesso de instituições científicas, em vez de uma fraqueza generalizada.[270]

Outro aspecto abordado brevemente com o estudo do término do programa de pesquisas do Museu foi o impacto da federalização do ensino superior sobre institutos de pesquisa independentes. O movimento de federalização e, logo em seguida, a criação do CNPq podem ser considerados marcos da atual estrutura científica brasileira, pois de certa forma precederam a organização e formalização dos cursos de pós-graduação nos anos 1960. Os eventos que sucederam a federalização da Universidade do Paraná e, em particular, o efeito sobre o Museu Paranaense sugere, no entanto, contrastes significativos quando comparado ao que ocorreu em outros estados. Embora estudos futuros sejam necessários para demonstrar o impacto preciso sobre a produção dos pesquisadores e assistentes do Museu Paranaense que retomaram suas pesquisas na Universidade federalizada, é possível argumentar que esse processo de transferência como um todo diferiu pelo menos do que ocorreu no sudoeste do país.[271] No caso paranaense, o processo de transição de institutos de pesquisa independentes para departamentos acadêmicos foi planejado e organizado pelos pesquisadores do Museu, que buscaram manter um controle sobre todo o processo de fora, tentando assim manter uma certa autonomia. É importante ressaltar, no entanto, que melhores condições de trabalho nunca foram oferecidas, apenas a possibilidade de se evitar a instabilidade e a burocracia da arena pública. A alternativa acadêmica oferecia, por outro lado, riscos reais, entre os quais o de forçar grupos com agendas distintas sob a mesma estrutura administrativa. No caso do Museu Paranaense, quando esse risco foi eventualmente compreendido, era tarde demais para se voltar atrás.

Desta forma, podemos notar que a criação do CNPq sem dúvida forneceu uma nova fonte de subsídios para pesquisa que vinha ao encontro dos anseios de uma comunidade científica a qual, embora ainda incipiente, já tinha voz ativa em alguns círculos do poder. No entanto, o início do CNPq exigiu um arranjo institucional que raramente é levado em consideração. O caso do Museu Paranaense sugere que preciosos ativos institucionais foram perdidos durante o processo de transferência para o ambiente acadêmico, a fim de aproveitar aquela nova fonte de financiamento. Esses ativos são difíceis de serem quantificados em termos monetários, mas, de qualquer maneira, eram valiosos em um contexto em que a atividade científica era ainda frágil. Entre eles poderiam ser considerados a credibilidade dentro da comunidade científica gerada pelo eficaz intercâmbio institucional; a parceria com outros centros de pesquisa que criavam oportunidades para os pesquisadores do Museu; e a reputação de um centro de pesquisas organizado e ambicioso, o que poderia atrair novos talentos. A credibilidade, as parcerias institucionais e a impecável reputação são difíceis de quantificar, pois estão ligadas a fatores abstratos como a identidade da instituição, seus métodos e sua história. Vimos, por exemplo, essa questão de identidade, quando o Museu incluiu o brasão da Universidade na capa de sua publicação. Com relação à reputação, também vimos que inicialmente a Universidade não ofereceu os mesmos recursos que os pesquisadores dispunham no Museu e que, acima de tudo, não existia ainda uma cultura de pesquisa científica ligada àquela instituição. Ou seja, mesmo que os pesquisadores fossem conhecidos, a credibilidade, a reputação e as parcerias institucionais certamente sofreram com a mudança. Estudos futuros poderão avaliar melhor o custo real, sejam eles tangíveis ou intangíveis, pagos pelas instituições que decidiram se unir ao sistema estatizado.

Por último, precisamos nos ater à proposição implícita no título deste capítulo. Foi realmente improvável a fase científica do Museu Paranaense? Se respondermos que sim, então a trajetória desse grupo de pesquisadores teria uma importância limitada para se entender o passado científico do país. Afinal, precisamos de pontos em comum que possam ser conectados com experiências em outros estados ou regiões brasileiras. Exceções só nos deixam perigosamente próximos a uma historiografia elitista, que por tanto tempo não deu voz aos pesquisadores e cientistas em regiões "periféricas" do país. No entanto, só podemos responder seguramente que não quando soubermos mais sobre a atividade científica brasileira durante o século XX. Não parece existir ainda evidência suficiente para se afirmar que não houve outras iniciativas similarmente "improváveis" em outros estados. Por exemplo, durante a pesquisa que originou este capítulo foram encontradas sociedades de entomologia, laboratórios privados, coleções científicas de amadores e institutos de pesquisa sobre os quais se tem pouca ou nenhuma investigação histórica a respeito. Somente quando o passado de instituições como estas for mais conhecido, será possível avaliar melhor a improbabilidade da fase científica do Museu Paranaense. Mas, para não ficar sem resposta, podemos sugerir que o estudo de caso apresentado aqui só é improvável quando adotamos uma perspectiva que ignora a rica diversidade tanto de arranjos institucionais quanto de práticas científicas que marcaram o passado científico nacional. Nossa ciência foi construída por cientistas ilustres nos grandes centros de pesquisa da região Sudeste, mas também por uma extensa rede de pesquisadores nas "periferias" do país, que injustificadamente têm ficado de fora dos holofotes de nossa historiografia. Mais estudos de casos serão necessários para identificar o real alcance dessa diversidade regional e determinar se o caso do Museu Paranaense foi realmente uma exceção ou representou apenas mais um entre outros exemplos de atividades de pesquisa "periféricas". De qualquer maneira, o começo e término da pesquisa no Museu Paranaense contribuem para esse esforço de ampliar o horizonte da historiografia da ciência brasileira durante o século XX.

(Este capítulo consiste de uma versão revisada e traduzida da dissertação apresentada para obtenção do grau de mestre em História da Ciência da Universidade de Oxford em 2010. O autor agradece a orientação de Pietro Corsi na versão original, os comentários e sugestões de André de Souza Carvalho, Cristiana de França Chiaradia, Igor Chmyz e Rafael Tassi Teixeira e a revisão de Fernando Straube na versão em português.)

Notas

1 Magali Romero Sa e Heloisa Maria Bertol Domingues, "O Museu Nacional e o ensino das ciências naturais no Brasil", *Revista Brasieira de Historia da Ciência*, 15, 1996, pp. 79-88; Regina Cândido Ellero Gualtieri, "O evolucionismo na produção científica do Museu Nacional", em Heloisa Maria Bertol Domingues (ed.), *A recepção do darwinismo no Brasil*, Rio de Janeiro, Fiocruz, 2003; Maria Amélia Dantes, "Institutos de pesquisa científica no Brasil", em Shozo Motoyama e Mário Guimarães Ferri (eds.), *História das ciências no Brasil*, São Paulo, Edusp, 1980.

2 Lilia Moritz Schwarcz, *O espetáculo das raças*, São Paulo, Companhia das Letras, 1993.

3 Simon Schwartzman, *Formação da comunidade científica do Brasil*, São Paulo, Finep, 1979.

4 Etelvina Trindade, "Paranidade ou paranismo?", em *Sociedade Brasileira de Pesquisa Histórica*, 13 (1997), pp. 65-74.

5 Para mais informações sobre o histórico do Museu, ver Cíntia Carneiro, O *Museu Paranaense*, dissertação de mestrado, Curitiba, Universidade Federal do Paraná, 2001.

6 David N. Livingstone, *Putting Science in Its Place*, London, The University of Chicago Press, 2003.

7 Em 1941 o diretor do Museu conseguiu a emissão de carteiras de identidade para todos os membros do conselho diretor junto ao Instituto de Identificação. Ver *Arquivos do Museu Paranaense (AMP)*, Cartas Enviadas e Recebidas (CER): Fernandes para Pedroso, 6 set. 1941.

8 Para facilitar a compreensão foi utilizado a partir desse ponto o nome Faculdade de Medicina como abreviação de Faculdade de Medicina, Engenharia e Direito.

9 Antônia Schwinden (ed.), *Rumos da pesquisa*, Curitiba, UFPR, 1998, pp. 8-18.

10 Idem, p. 35.

11 Idem, ibidem.

12 Ulf Gregor Baranow e Márcia Delladone Siqueira, *Universidade Federal do Paraná, Histórias e estórias*: 1912-2007, Curitiba, UFPR, 2007, p. 163.

13 Para mais informações sobre o movimento anticlerical, ver Tatiana Dantas Marçoette, *Corvos nos galhos das acácias*, Curitiba, Aos Quatro Ventos, 1999.

14 Márcio Oliveira, "Sociologia das ciências sociais no Paraná", em Márcio Olivieira (ed.), *As ciências sociais no Paraná*, Curitiba, Protexto, 2006, p. 15.

15 Névio de Campos, "A presença do laicato católico", em *História*: questões e debates, 43, 2005, p. 176.

16 Essa proximidade não significa apoio incondicional. Lacerda, por exemplo, iria recusar apoio aos projetos de Fernandes. Mas nesse período do início dos anos 1940 é muito provável que houvesse certa coesão entre esse grupo.

17 Evandir Codato, "Personalismo político", *Revista de História Regional*, v. 7, n. 1, 2002, pp. 9-45.

18 Para saber mais sobre o Círculo, ver Soleni Terezinha Biscouto Fressato, *Pela catolização da elite curitibana*, dissertação de mestrado, Curitiba, UFPR, 2003.

19 Existe uma extensa lista de trabalhos a respeito de Fernandes e principalmente sobre a sua contribuição para a arqueologia brasileira. Ver por exemplo Igor Chmyz, "Relembrando José Loureiro", em *Arqueologia*, 3, 2005, pp. 81-108; Antonio Garcia, *Dr. Loureiro Fernandes*, Curitiba, Vicentina, 2000; Igor Chmyz, "José Loureiro Fernandes", em *Arqueologia*, 10, 2006, pp. 43-105.

20 AMP, Atas 39-47, 29 maio 1941.

21 Loureiro Fernandes et al., *Anuário da FFCLP 1943*, Curitiba, 1944.

22 Loureiro Fernandes (org.), *Revista do Círculo de Estudos Bandeirantes*, Curitiba, 1954.

23 C. M. Westfallen, *Faculdade de Filosofia, Ciências e Letras do Paraná*, Curitiba, Sociedade Brasileira de Pesquisa Histórica-Paraná, 1988, p. 22.

24 AMP, *Relatórios*, Relatório Anual 1943.

25 AMP, CER, v. 21/24: Fernandes para Pinto, 14 fev. 1940; v. 21/24: Fernandes para Pinto, 31 jan. 1940; v. 21/24: Pinto para não especificado, 28 set. 1940; Atas 39-47, 25 nov. 1939.

26 A legislação havia sido originalmente copiada do modelo italiano. Simon Schwartzman, "Higher Education in Brazil: The Stakeholders", em World Bank. (ed.), *Higher Education in Brazil: Challenges and Options*, Washington, The World Bank, 2002.

27 Névio de Campos, *Intelectuais paranaenses*, tese de doutorado, Curitiba, UFPR, 2006.

28 Loureiro Fernandes et al., op. cit., pp. 70-1.

29 AMP, CER, v. 21/24: Fernandes para Secretaria, 17 out. 1940.

30 C. M. Westfallen, op. cit., p. 19.

31 Idem. pp. 31-3.

32 AMP, *Relatórios*, Relatório Anual 1939.

33 Idem.

34 Loureiro Fernandes, "Introdução", *Arquivos do Museu Paranaense*, 1, 1941, n. 3-5, p. 4.

35 Como sugerido por Oldemar Blasi em entrevista ao autor.

36 Entre os mais de quarenta estabelecimentos educacionais do estado, o Museu teve a quarta maior verba no exercício 1940-1941. Ver Manoel Ribas, *Relatório Exercício 1940 e 1941*, Curitiba, 1941.

37 AMP, *Relatórios*, Relatório Anual 1943.

38 AMP, *Relatórios*, Relatório Anual 1939, p. 10.

39 AMP, CER, v. 21/24: Franco para não especificado, 6 ago. 1940.

40 AMP, CER, v. 21/24: Fernandes para Pinto, 26 ago. 1941.

41 Jesus Moure, "Depoimento", em *Arqueologia*, v. 3, 2005, pp. 13-7.

42 Para uma análise de destinatários fora da área científica, ver Fabiano Ardigó, *História natural em revista: os Arquivos do Museu Paranaense*, monografia, Universidade Tuiuti do Paraná, 2007.

43 AMP, CER, v. 23: Wetmore para não especificado, 3 mar. 1942.

44 Uma indicação dessa realidade é o aumento vertiginoso da produção dos *paperbacks*, que eram livros com custo reduzido por usarem um papel mais fino e de qualidade inferior, uma das únicas alternativas no período. Christopher P. Loss, "Reading between Enemy Lines", *The Journal of Military History*, 67, 2003, pp. 811-34. Para comentários acerca da "escassez de material tipográfico e seu consequente encarecimento" no período, ver artigo de redação, "Uma explicação necessária", em *O Agronômico*, 1, 1942, pp. 175-6 e mesmo no Paraná, ver comentários acerca da restrição de material em "Sumário", em *Revista Médica do Paraná*, n. 1, 1941.

45 AMP, CER: Gomes para não especificado, 30 jan. 1953.

46 AMP, *Relatórios*, Relatório Anual 1954, p. 54.

47 AMP, Atas 39-47, 11 jan. 1943.

48 AMP, CER, v. 32: Martins para Fernandes, 16 dez. 1949.

49 Isso seria pertinente principalmente para a fase inicial, quando os nomes dos pesquisadores do Museu ainda eram desconhecidos. Um exemplo desse reconhecimento do Museu foi uma carta recebida de Petr Wygoszinsky, que era um especialista em sistemática filogenética que trabalhava para o Instituto de Experimentação Agrícola vinculado ao Instituto Oswado Cruz no Rio de Janeiro. Em 1944 ele escreveu ao Museu afirmando que "Tendo em mãos os *Arquivos* do seu Instituto estou vendo as grandes atividades que ali se desenvolvem, sendo assim encorajado de pedir ser permitido colaborar também." (AMP, CER, v. 19 e 27: Wygodzinsky para Franco, 17 jan. 1944). Porém, considerando a data quando a carta foi escrita, somente 5 dos 33 artigos até aquele momento publicados eram de autoria de pesquisadores do próprio Museu.

50 Isso poderia acontecer porque os *Arquivos* não eram lidos na íntegra, pois muitos de seus artigos tratavam de temas completamente distintos.

51 Herbert Klein, "The Social and Economic Integration of Portuguese Immigrants", em *Journal of Latin America Studies*, 23, n. 2, 1991, pp. 309-37, p. 315; e "The Social and Economic Integration of Spanish Immigrants", em *Journal of Social History*, 25, v. 3, 1992, pp. 505-29, p. 505.

52 Ivone Xavier Lange, *A saga dos engenheiros Lange*, Curitiba, Juruá, 2006.

53 Jeffrey Lesser, "Immigration and Shifiting Concepts on National Identity", em *Luzo-Brazilian Review*, 31, n. 2, 1994, pp. 23-44.

54 Robert Levine, *Father of the Poor?*, Cambridge, Cambridge University Press, 1998, p. 5.

55 Roseli Boschilia, "O cotidiano de Curitiba", em *Boletim Informativo da Casa Romário Martins*, v. 22, n. 107, 1995, pp. 5-25.

56 AMP, Atas 39-47, 30 mar. 1941; Atas 39-47, 28 abr. 1941.

[57] Reinhard Maack, "Algumas observações à respeito da existência e da extensão do arenito superior São Bento", em *Arquivos do Museu Paranaense*, 1, 1941, pp. 107-31.
[58] AMP, CER, v. 23: Lange para não especificado, 12 fev. 1942.
[59] AMP, Atas 39-47, 16 jul. 1947.
[60] Roseli Boschilia, op. cit., p. 9; Robert Levine, op. cit.
[61] AMP, CER, v. 20: Museu Paranaense para Maack, 6 fev. 1943; v. 20: Maack para Fernandes, 28 fev. 1943.
[62] AMP, Atas 39-47, 23 mar. 1944. A produção do primeiro mapa e coluna geológica do estado foi negociada com Maack logo depois. AMP, CER: Fernandes para Maack, 1944.
[63] AMP, CER: Franco para não especificado, 30 dez. 1944.
[64] Reinhard Maack, "Geologia e geografia de Vila Velha", *Arquivos do Museu Paranaense*, 5, 1945, pp. 1-305.
[65] Stefaine Leiner, mimeo, 2009.
[66] Mariana M. Sombrio, *Traços da participação feminina na institucionalização de práticas científicas no Brasil*, dissertação de mestrado, Unicamp, 2007, p. 152.
[67] Luís Donisete Benzi Grupioni, *Coleções e expedições vigiadas*, São Paulo, Hucitec, 1998.
[68] Mariana M. Sombrio, op. cit.
[69] AMP, CER 1941, v. 21: Hanke para não especificado, 5 jul. 1941.
[70] AMP, CER: Fernandes para Hanke, 11 out. 1941.
[71] AMP, CER, v. 23: Não especificado para Hanke, 12 fev. 1942.
[72] Exemplo, AMP, CER: Peixoto para Hanke, 17 dez. 1941.
[73] O fato curioso da relação do Museu com Hanke foi que, na década de 1950, Fernandes se engajaria em um esforço para proibir pessoas não credenciadas a locais de interesse arqueológico. Ver Rudolf Bruno Lange, "Depoimento", em *Arqueologia*, v. 3, n. 3, 2005, pp. 31-5.
[74] AMP, CER, v. 29: Fernandes para Vellozo, 9 maio 1947.
[75] AMP, CER, v. 21/24: Fernandes para Flores, 11 abr. 1940, v. 21/24: Flores para Fernandes, 17 abr. 1940.
[76] Mais sobre Mayer em Fernando Costa Straube e Pedro Scherer-Neto, "História da ornitologia do Paraná", pp. 43-116; em Fernando Costa Straube (ed.), *Ornitologia sem fronteiras*, Curitiba, Fundação o Boticário de Proteção a Natureza, 2001.
[77] AMP, CER 39/42, v. 23: Tessmann para Fernandes, 10 dez. 1942.
[78] Idem, ibidem.
[79] AMP, *Relatórios*, Relatório Anual 1948 e 1949.
[80] A sistemática ou taxonomia é a área da biologia que se ocupa da classificação de organismos visando, sobretudo, sua identificação a partir de suas características externas, ou morfologia.
[81] Renato C. Marinoni, "No mundo dos insetos", em *Ciência Hoje*, 11, 1990, pp. 54-61.
[82] Aqui não se incluíram as revistas agrícolas que também traziam muitos artigos sobre insetos, mas não necessariamente sobre sistemática.
[83] Por exemplo, C. de Mello Leitão, "Mais alguns novos opiliões", em *Annaes da Academia Brasileira de Sciencias*, v. 12, n. 1, 1940, pp. 93-130 e Jesus Moure e Frederico Lane, "Uma nova espécie de Neaedus", em *Revista de Entomologia*, 8, 1938, pp. 291-314.
[84] Por exemplo, J. P. Cavalho, "Notas sobre alguns Caligoida", em *Zoologia*, XIX, 1940, pp. 271-302.
[85] *Rankings* de produção são feitos a partir de comparação entre países. Como a maioria das nações estava envolvida na Segunda Guerra e, portanto produzindo muito pouco, o Brasil provavelmente assumiu uma posição de liderança. Para um exemplo de como *rankings* de produção são organizados, ver Wen-Chi Hung, "An International Comparison of Relative Contributions to Academic Productivity", em *Scientometrics*, v. 81, n. 3, 2009, pp. 703-18.
[86] George Zarur, *A arena científica*, Campinas, Editora Autores Associados, 1994, pp. 99-131.
[87] Idem, p. 113.
[88] "Obra mais do que nenhuma difícil em nosso meio, teve a fortuna de obter a colaboração valiosa de um grupo de homens cultos de S. Paulo. Nomeá-los é um dever – com o agradecimento e homenagem a que têm direito – da nossa parte. São eles: "[...] os Drs. Ernesto Marcus e Paulo Sawaya [...] os Drs. Lauro Travassos e Frederico Lane." (Loureiro Fernandes, "Introdução", *Arquivos do Museu Paranaense*, v. 1, 1941, p. 5).
[89] AMP, CER, v. 21/24: Moure para Travassos, 19 jul. 1940; v. 21/24: Travassos para Moure, 25 jul. 1940.
[90] Ernesto Marcus, "Sobre os Briozoa do Brasil", em *Boletim da USP – Zoologia*, v. 22, n. 5, 1941, pp. 3-208.
[91] AMP, CER, v. 19: Silva para Moure, 6 mar. 1945.
[92] M. M. Vernalha, "Coleópteros que atacam cereais armazenados", em *Instituto de Biologia e Pesquisas Tecnológicas*, IBTR, 24, 1953, pp. 6-46.

93 Oswaldo Baucke, "Catálogo dos insetos encontrados no Rio Grande do Sul", em *Agronomia Sulriograndense*, v. 2, 1955, pp. 50-87.

94 Mauricio Basseres, "Atividades da Estação Biológica de Perus", em *Memórias do OCI*, v. 38, n. 1, 1943, pp. 39-52.

95 C. F. M. era uma abreviação de *Cordis Mariae Filius*, que se traduz como Filhos do Coração de Maria.

96 AMP, *Relatórios*, Relatório Anual 1939, p. 8.

97 AMP, CER: Loureiro Fernandes para Lange, 9 ago. 1941.

98 Maria Regina Furtado, *José Loureiro Fernandes*, Curitiba, Imprensa Oficial, 2006.

99 AMP, CER, v. 23: Lange para Fernandes, 10 out. 1942.

100 AMP, CER, v. 23: Lange para não especificado, 4 nov. 1942; v. 23: Lange para não especificado, 11 jan. 1942.

101 AMP, CER, v. 19 e 27: Lange para Fernandes, 27 jun. 1944.

102 José de Saldanha da Gama, *Biographia e apreciação dos trabalhos do botânico brasileiro*, Rio de Janeiro, Tip. de Pinheiro & C., 1869.

103 Carlos Stellfeld, "As araceas da flora fluminenses", *Arquivos do Museu Paranaense*, 8, 1950, pp. 165-88, "Flora fluminensis", em *American Sociological Review*, 9, 1952, pp. 261-70 e "Fr. Josephus Marianus a Conceptione Velloso", em *Arquivos do Museu Paranaense*, 4, 1944, pp. 355-58.

104 Carlos Stellfeld, *"Fitogeografia geral do estado do Paraná"*, Arquivos do Museu Paranaense, 7, 1949, pp. 309-50.

105 AMP, Atas 39-47, 8 nov. 1950.

106 Walter Narchi, "A zoologia no Brasil", em Shozo Motoyama e Mário Guimarães Ferri (eds.), op. cit., p. 112. Luis Afonso Salturi, *Frederico Lange de Morretes*, dissertação de mestrado da UFPR, 2007, p. 74.

107 Maurice Nickls, "Three Regional Check Lists", em *Journal of Paleontology*, v. 27, n. 1, 1953, p. 159.

108 Maria Amélia Dantes, "Paixão pela botânica", em *Ciência Hoje*, v. 32, n. 189, 2002, pp. 66-73.

109 Entrevista de Tagea K. S. Björnberg ao autor, em 30 jul. 2010.

110 A lista de publicações de Tagea é longa e, mesmo após décadas de pesquisa, a cientista continuava a produzir. Por exemplo, ver Tagea K. S. Björnberg, "The Naupliar Stages of Cyclopina Yutimaete Lotufo", em J. W. Reid e C. E. F. Rocha (eds.), Copepoda, The Netherlands, 2001.

111 Por exemplo, Tagea K. S. Björnberg, "On a Bolanglossus From de Coast of Parana", em *Dusenia*, v. 4, 1953, pp. 127-60.

112 Maria Paloma J. Alvarez, "Estudo do desenvolvimento de Lucifer Faxoni Borradaile, 1915", em *Revista Brasileira de Geologia*, 5, 1988, pp. 371-79; Edilson Pires Gouvea, "Reencontro e 'Ocorrencia Curiosa' de Trichodamon Froesi Mello-Leitão (Arachnida, Amblypygi)", *Revista Brasileira de Zoologia*, v. 10, n. 3, 1993, pp. 383-388.

113 Hans Jakobi, "Harpacticoida (Cop. Crust.) da microfauna do substrato arenolodoso", em *Dusênia*, v. 5, 1954, pp. 209-32; "Novas espécies de Harpacticoidea (*Copepoda, Crustacea*)", em *Dusênia*, v. 7, 1956, p. 159.

114 Como sugerido por Graciela de Souza Oliver, *O papel das escolas superiores de agricultura na institucionalização das ciências agrícolas no Brasil, 1930-1950*, tese de doutorado, Unicamp, 2005, p. 17.

115 Isso era reconhecido também na época: "Bem-sucedida a expedição do Museu Paranaense ao Oeste", em *O Diário da Tarde*, 7 ago. 1940.

116 O conceito de conhecimento tácito é muito discutido dentro da historiografia da ciência, ver, por exemplo, Jan Golinski, *Making Natural Knowledge*, London, University of Chicago Press, 2005, p. 17. Para um exemplo de como a necessidade desse tipo de conhecimento era explícito mesmo no convite à participação de excursões, ver AMP, CER, v. 29: Fernandes para Lima, 30 jan. 1947.

117 Rudolf Bruno Lange, op. cit., p. 34.

118 Por exemplo, "A primeira série de experiências foi realizada no litoral paranaense [...] onde consegui instalar o necessário laboratório de Fisiologia graças ao valioso auxílio do Sr. Dr. José Loureiro Fernandes, diretor do Museu Paranaense." (Paulo Sawaya, "Sobre a ocorrência de acetilcolina no tecido cardíaco de Callinectes Danae Smith", em *Zoologia*, v. 32, pp. 261-93.

119 AMP, *Relatórios*, Relatório Anual 1943.

120 A indicação da predileção de Sawaya pelo trabalho de campo foi apontada por Walter Narchi, op. cit., p. 98. Também existem indicações da orientação religiosa católica de Sawaya, que era conhecida, ver Paulo Duarte, "Faculdade de filosofia", em *Anhembi*, v. 23, n. 68, 1956, pp. 350-54. Ver também AMP, CER, v. 28: Sawaya para Fernandes, 21 jun. 1946.

121 AMP, Atas 39-47, 8 nov. 1940.

122 Existem inúmeros exemplos tais como AMP, CER, v. 28: Sawaya para não especificado, 6 fev. 1946; v. 19: Sawaya para não especificado, 15 jan. 1945; v. 23: Sawaya para Fernandes, 23 nov. 1942.

123 AMP, CER, v. 23: Sawaya para Fernandes, 16 nov. 1942.

[124] AMP, CER, v. 19: Rawitscher para Fernandes, 27 gev. 1945. Para a importância de Rawitzer naquele momento histórico, ver Mário Guimarães Ferri, "A botânica no Brasil", em Fernando Azevedo (ed.), *As ciências no Brasil*, Rio de Janeiro, UFRJ, 1955, p. 75; e Sonia M. C. Dietrich, "Botânica, ecologia, genética e zoologia", em Simon Schwartzman (ed.), *Ciência e tecnologia no Brasil: a capacitação Brasileira para a Pesquisa Científica e Tecnológica*, Rio de Janeiro, FGV, 1996, pp. 73-92, p. 75.

[125] AMP, CER, v. 28: Sawaya para Fernandes, 21 jun. 1946.

[126] Ana Maria Fernandes, *A construção da ciência no Brasil e a SBPC*, Brasília, UnB, 1990, pp. 64-5.

[127] AMP, CER, v. 20: Moure para Schmitt, 18 ago. 1943.

[128] AMP, CER, v. 23: Sawaya para Fernandes, 16 fev. 1942; Sawaya para não especificado, 27 set. 1950.

[129] Jesus Moure, "Contribuição para o conhecimento dos Diphaglossinae", em *Arquivos do Museu Paranaense*, v. 4, 1944, pp. 137-78.

[130] Charles D. Michener, *The Bees of the World*, London, The Johns Hopkins Univeristy Press, 2000, p. xii.

[131] Renato C. Marinoni, "No mundo dos insetos", em *Ciência Hoje*, v. 11, 1990, pp. 54-61.

[132] AMP, *Relatórios*, Relatório Anual 1952 – Seção de Zoologia.

[133] Ver, por exemplo, AMP, CER, v. 23: Ottorino Fiori para Loureiro Fernandes, 30 abr. 1942.

[134] AMP, CER, 1940, v. 22/23: Fernandes para Pinto, 11 out. 1940; v. 21/24: Pinto para Moure, 4 nov. 1940.

[135] Por exemplo, AMP, CER, v. 19: Sawaya para não especificado, 12 maio 1945.

[136] AMP, *Relatórios*, Relatório Anual 1949.

[137] Fernando Costa Straube, *Ruínas e urubus: história da ornitologia no Paraná*, livro em preparação.

[138] Entre os pesquisadores de renome internacional que iriam publicar já na década de 1950, podemos citar Nicolas Kusnezov (1954), Charles Michener (1955) e Esteban Boltovskoy (1956).

[139] Fernando Costa Straube, op. cit., Fernando Costa Straube, "Mata ou floresta?", *Atualidades Ornitológicas*, n. 128 , 2005, p. 29.

[140] Entrevista de Tagea K. S. Björnberg ao autor, 30 jul. 2010.

[141] Jayme De Loyola Silva, "Nota prévia sobre a fauna de isópodos de Guarapari", *Boletim do Instituto de História Natural*, v. 4, 1962, pp. 1-8.

[142] Ver, por exemplo, Jaime de Loyola e Silva, "Metamorfoses das peças bucais em fêmeas de Cymodoce", *Boletim do Instituto de Defesa do Patrimônio Natural*, v. 5, 1962.

[143] Por exemplo, Joaquim Olinto Branco e Maria Jose Lunardon-Branco, "Crescimento e tamanho de primeira maturação", *Arquivos de Biologia e Tecnologia*, 36, 1993, pp. 497-503; Vania Filippi Goulart Carvalho Pereira et al., "Tipos estruturais de pigmentação e rediscrição de Sphaeroma Serratum (Fabricius)", *Revista Brasileira de Zoologia*, 18, 2001, pp. 511-21.

[144] AMP, *Relatórios*, Relatório Anual 1949.

[145] Carlos N. Goffergé, "Contribuição à zoogeografia da malacofauna do litoral do estado do Paraná", *Arquivos do Museu Paranaense*, v. 8, 1950, pp. 221-30.

[146] Rudolf Bruno Lange, "Uma nova espécie de gênero Megathopa Eschsch., 1822", *Arquivos do Museu Paranaense*, v. 4, 1944, pp. 359-70.

[147] Favor notar a diferença entre Frederico Waldemar Lange (paleontólogo) e Rudolf Bruno Lange (zoólogo). O primeiro era tio do segundo. Nesta nota, o Lange referido é o zoólogo.

[148] AMP, CER, v. 28: Sawaya para Fernandes, 21 jun. 1946.

[149] A nomeação de Bigarella foi em resposta à solicitação do mesmo que hoje se encontra arquivada no conjunto de correspondências referentes ao ano de 1946, o que provavelmente estava errado, já que sua nomeação consta como 1944. Ver AMP, CER: Bigarella para Franco, sem data; e Relatórios, *Relatório Anual*, 1949.

[150] AMP, CER: Lange para Riad Salamuni, 1954.

[151] AMP, *Relatórios*, Relatório Anual 1943.

[152] "Decreto n. 1992", *Diário Oficial do Estado do Paraná*, Curitiba, 16 jun. 1944.

[153] Durante os primeiros três anos de funcionamento do curso de História Natural, há registro de apenas uma turma que iniciou em 1943 com 14 alunos. AMP, *Relatórios*, Relatório Anual, 1943, p. 100.

[154] A situação teria se invertido caso o projeto da cidade universitária tivesse tido êxito. O projeto que previa a transferência de toda a universidade para uma área fora do centro da cidade eventualmente não foi levado a cabo.

[155] A ideia de que o ano de 1945 poderia ser considerado um divisor de águas na atividade científica vai ao encontro da consideração de que é possível se localizar práticas científicas em termos espaciais e temporais de acordo com David N. Livingstone, op. cit., p. 89.

[156] Maria Amélia Dantes, 1980, p. 374.

[157] Alfredo de Assis Gonçalves, *Relatório do Ano de 1946*, Curitiba, 1947.

[158] Idem.

[159] C. M. Westfallen, op. cit., p. 31.

[160] Idem, pp. 30-1.

[161] "Lei n. 170", *Diário Oficial do Estado do Paraná*, Curitiba, 23 dez. 1948.

[162] AMP, CER, v. 32: Lupion para Fernandes, 17 fev. 1949.

[163] AMP, *Ata alusiva*, Curitiba, 19 dez. 1947.

[164] Valério Hoerner Júnior, *José Loureiro de Ascenção Fernandes*, Curitiba, Champgnat, 2003, p. 71. AMP, Atas 47-64, 11 mar. 1948.

[165] AMP, Atas 47-64, 11 mar. 1948.

[166] A ideia havia partido de Júlio Moreira. Ver AMP, Atas 39-47, 5 fev. 1949.

[167] Nos anos seguintes Fernandes passaria a se dedicar cada vez mais ao Museu de Paranaguá até que ele passou a atender em tempo integral a instituição. Para mais sobre o Museu de Arqueologia e Artes Populares de Paranaguá, ver Maria Regina Furtado, op. cit., pp. 228-370.

[168] Valério Hoerner Júnior, op. cit., p. 71.

[169] Maria Regina Furtado, op. cit.

[170] O cargo de diretor do Museu e do Conselho ele colocou à disposição ao não se candidatar à eleição registrada em AMP, Atas 47-64, 22 jan. 1949, p. 50.

[171] Idem.

[172] AMP, Atas 47-64, 28 maio 1949; Atas 47-64, 22 jul. 1949.

[173] Biblioteca Pública do Paraná, Ata de Reunião do Conselho Acadêmico, PLP, Minute of Academic Council Meeting, 31 jul. 1949.

[174] AMP, *Relatórios*, Relatório Anual, 1949.

[175] Simon Schwartzman, *A Space for Science*, Pennsylvania, The Pennsylvania University Press, 1991, p. 213.

[176] Nelson Santos Machado, *Estratégia em organizações universitárias*, tese de doutorado, Universidade Federal de Santa Catarina, 2002. É preciso considerar que os relatórios anuais da Universidade do Paraná não sugerem uma preocupação significativa com suas finanças, já que os orçamentos vinham apresentando sucessivos superávits, sendo possível inclusive fazer investimentos regulares. Ver, por exemplo, Alfredo de Assis Gonçalves, op. cit., 1947.

[177] Embora o termo "federalização" seja o mais encontrado nas fontes primárias, ele parece ser apropriado apenas para descrever o processo ocorrido nas faculdades e universidades já públicas, mas sob controle estadual ou municipal. Aqui se adotará este termo apenas porque esse era o caso da Universidade do Paraná, como será visto a seguir.

[178] José Carlos Silveira, *Gênese do ensino superior de geografia*, dissertação de mestrado da UFSC, 2004.

[179] Apenas 30% da subvenção vinha do governo federal. *Anuário da Universidade do Paraná 1949*, Curitiba, 1950, p. 8.

[180] *Anuário da Universidade do Paraná 1950*, Curitiba, 1951, p. 50.

[181] *Anuário da Universidade do Paraná 1951*, Curitiba, 1951, p. 16.

[182] Idem, pp. 17-8.

[183] *Anuário da Universidade do Paraná 1952-1953*, Curitiba, 1954, p. 139.

[184] *Anuário da Universidade do Paraná 1956*, Curitiba, 1956.

[185] Névio De Campos, *Intelectuais paranaenses*, tese de doutorado da Universidade Federal do Paraná, 2006.

[186] Ver Valério Hoerner Júnior, *História da Pontifícia Universidade Católica do Paraná*, Curitiba, Champagnat, 1998.

[187] AMP, Atas 47-64, 22 jul. 1949.

[188] AMP, Atas 47-64, 24 nov. 1949; Atas 47-64, 22 dez. 1949.

[189] AMP, *Relatórios*, Relatório Anual 1950.

[190] AMP, Atas 47-64, 10 maio 1951.

[191] AMP, Atas 47-64, 22 set. 1950.

[192] AMP, CER, v. 35: Moure para Stellfeld, 20 jan. 1953.

[193] AMP, *Relatórios*, Relatório Anual, 1953.

[194] Idem.

[195] Thomas F. Glick, "Establishing Scientific Disciplines in Latin America", em A. Lafuente et al. (eds.), *Mundializaion de la ciencia y cultura nacional*, Madrid, Calles, 1991.

[196] Francisco M. Salzano, "Estudo sobre a evolução biológica no Brasil", em Mário Guimarães Ferri e Shozo Motoyama (eds.), op. cit., p. 250.

[197] Theodosius Dobzhansky e Crodoaldo Pavan, "Studies on Brazilian Species of Drosophila", em *Biologia Geral – USP*, 36, v. 4, 1943, pp. 7-72.

[198] Jesus Moure e Lauro Travassos, "Notas sobre a nomenclatura dos grupos superiores a gêneros", *Off-Print Museu Paranaense*, v. 4, 1947, pp. 3-19.

[199] Frederico Lane, "Descrição do alótipo de Metopoicoilus Picticollis Melzer", *Arquivos do Museu Paranaense*, v. 3, 1943, pp. 95-108.

[200] O. Frota-Pessoa, "Revision of Tripunctata", *Arquivos do Museu Paranaense*, v. 10, 1954, pp. 253-330.

[201] Francisco M. Salzano, op. cit., p. 252.

[202] Um exemplo de estudos ligando entomologia e genética era o programa de pesquisa realizado na Escola Agrícola Luiz de Queiroz. Ver S. de Toledo Piza, "Um caso de união expontânea pela extremidade de dois cromossômios", em *Revista de Agricultura*, v. 13, 1944, pp. 122-32.

[203] AMP, CER, v. 34: Siber Hegner para não especificado, 2 fev. 1951; v. 34: Museu Paranaense para não especificado, 12 ago. 1952.

[204] AMP, Atas 47-64, 24 nov. 1952; Relatório Anual 1952, Relatório da Seção de Zoologia, , Report 1952 – Zoology Section.

[205] AMP, Relatório 1954, Relatório das Atividades de Frederico Lange de Morretes, p. 4.

[206] Maria Regina Furtado, op. cit., pp. 176-9.

[207] Ana Maria Ribeiro Andrade, *Físicos, mesons e política*, Rio de Janeiro, Hucitec, 1999, p. 116.

[208] De acordo com estimativas oficiais, mais de dez mil relatórios de análises químicas foram emitidos nos anos de 1947, 1948 e 1949. Moyses Lupion, *Mensagem apresentada à Assembleia Legislativa*, Curitiba, 1950, p. 47.

[209] Idem.

[210] Idem, p. 71. A previsão para a produção de vacinas em 1957 era de seiscentas mil doses. Ver Arquivo Público do Paraná, Instituto de Biologia e Pesquisas Tecnológicas, PAP, IBTR, *Relatório Anual 1956*.

[211] Embora a relação entre o Museu e o IBPT não fosse de competição declarada, já que em alguns casos havia de fato colaboração, o Museu já havia perdido diversas pessoas para o IBPT, entre elas Maack, Bigarella e Tessman. Portanto eles já sabiam por experiência própria que estariam competindo em desvantagem com a robustez do IBPT.

[212] Fernandes foi eventualmente substituído por Brasil Pinheiro Machado, professor de História do Brasil, na Faculdade de Filosofia. Ver Antônia Schwinden, op. cit., p. 55; *Anuário da Universidade do Paraná 1960-1961*, Curitiba, 1961, p. 59.

[213] José Loureiro Fernandes e Marília Duarte Nunes, *Oitenta anos de vida do Museu Paranaense*, Curitiba, 1956, pp. 16-17. A decisão tinha "vazado" informalmente em AMP, Atas 47-64, 10 maio 1951.

[214] *Anuário da Universidade do Paraná* 1952-1953.

[215] AMP, Atas 47-64, 14 ago. 1953.

[216] Fernandes declarou que o orçamento do Museu permaneceu exatamente o mesmo após o mandato acadêmico e, exceto por contribuições esporádicas da Faculdade de Filosofia, a Universidade em geral nunca complementou o orçamento. AMP, Atas 47-64, 13 out. 1956.

[217] AMP, *Relatórios*, Relatório Anual 1953.

[218] Por dois anos consecutivos foi dito que as expedições nos moldes anteriores haviam sido interrompidas Idem, p. 4; AMP, *Relatórios*, Relatório Anual 1954, pp. 6-7. As excursões promovidas pelo Instituto de Pesquisas da Universidade eram definidas como "excursões de estudo", algo como trabalho de campo, e contavam com a presença de alunos. Ou seja, muito diferente das organizadas com pesquisadores veteranos nos anos anteriores.

[219] AMP, CER: Tanni para Lange, 10 ago. 1955.

[220] AMP, Atas 47-64, 22 dez. 1949; Atas 39-47, 18 maio 1952.

[221] AMP, Atas 47-64, 24 nov. 1952.

[222] AMP, Atas 47-64, 14 ago. 1953.

[223] *Anuário da Universidade do Paraná* 1954, pp. 72-95.

[224] Não só os termos do mandato universitário não deixavam isso claro, mas posteriormente o governo do estado não deixou que coleções e biblioteca, entre outros, fossem transferidos.

[225] O argumento do reitor Flávio Suplicy de Lacerda, da Faculdade de Engenharia, foi o de que não estava previsto nas plantas do novo prédio da Faculdade de Filosofia "um local para a exposição ao público das *coleções de divulgação*" do Museu (grifo nosso). Essa afirmação remete mais uma vez à questão da identidade do Museu, já que não se considera a pesquisa científica lá conduzida como tal (AMP, Atas 47-64, 9 jan. 1954, p. 125).

[226] Para uma explicação sobre a disposição das seções e o cálculo de área, ver Maria Regina Furtado, op. cit., pp. 152-6.

[227] AMP, Atas 47-64, 9 jan. 1954.

[228] *Anuário da Universidade do Paraná 1960-1961*, Curitiba, 1961.

[229] Maria Elizabeth Lunardi, *Organização da ciência no Paraná*, dissertação de mestrado da Unicamp, 1993, p. 198.

[230] AMP, Relatório Anual 1954, Seção de Zoologia.

[231] AMP, Atas 47-64, 22 jan. 1955.

[232] Idem.

[233] AMP, CER, v. 35: Lange para Tavares, 16 fev. 1954.

[234] AMP, CER, v. 35: Macver para não especificado, 30 mar. 1953; v. 35: Woodward para não especificado, 3 ago. 1954.

[235] AMP, Atas 47-64, 22 jul. 1955.

[236] Renato C. Marinoni, "No mundo dos insetos", em *Ciência Hoje*, 11, 1990, pp. 54-61.

[237] Entrevista de Oldemar Blasi ao autor, 19 jul. 2008.

[238] "Lei n. 2.588", *Diário Oficial do Estado do Paraná*, Curitiba, 15 fev. 1956.

[239] Embora o termo "criação" sempre fosse usado pelos diretores do Museu, quando o assunto era o Instituto de História Natural, foi encontrada uma carta de um Instituto de História Natural em Curitiba datada de 1952. AMP, CER, v. 34: Braga para Moreira, 31 out. 1952.

[240] AMP, Atas 47-64, 18 mar. 1956.

[241] AMP, CER: Fernandes para Lupion, 7 abr. 1956.

[242] AMP, Atas 47-64, 26 maio 1956.

[243] Idem.

[244] AMP, CER: Fernandes para Peixoto, 25 maio 1956.

[245] AMP, Atas 47-64, 15 ago. 1956.

[246] Idem, p. 154.

[247] Idem.

[248] AMP, Atas 47-64, 13 out. 1956.

[249] Idem.

[250] "Lei n. 3.006", *Diário Oficial do Estado do Paraná*, Curitiba, 22 dez. 1956.

[251] AMP, CER, v.: Moreira para Vanhoni, 22 jan. 1957.

[252] O registro dessas transferências são escassos, pois, após a posse de Moreira, as reuniões de Conselho foram consideravelmente reduzidas. Entre maio de 1956 e setembro de 1959, o Conselho se reuniu apenas cinco vezes.

[253] Renato C. Marinoni, op. cit., p. 60.

[254] Por exemplo, Atas 47-64, 26 nov. 1960.

[255] *Anuário da Universidade do Paraná 1956*, Curitiba, 1956. Em 1942, Braga havia solicitado uma posição na Seção de Botânica do Museu que foi aceita. Porém, não há evidências de ele ter assumido aquela posição. AMP, CER 39/42, v. 23: Rubens Braga para diretor do Museu, 6 maio 1942; Atas 39-47, 7 maio 1942.

[256] Por exemplo, do IBPT e do Museu: Riad Salamuni e João José Bigarella, "Estudos preliminares na série Açungui VIII", em *Boletim do Instituto de História Natural*, Geologia n. 2; da Faculdade de Farmácia: Hermes Moreira Filho, "Diatomáceas do Paraná", em *Boletim do Instituto de História Natural*, Botânica n. 2, e Eduardo A. Moreira e G. Hatschbach, "Lista das Euphorbiáceas do estado do Paraná", *Boletim do Instituto de História Natural*, Botânica n. 5.

[257] Maria Regina Furtado, op. cit., p. 283.

[258] O hábito de mudar os nomes de publicações científicas periódicas não é raro na história das ciências no Brasil, como revela Aziz Nacib Ab'Sáber e Antônio Christofoletti, "Geociências", em Mário Guimarães Ferri e Shozo Motoyama (eds.), op. cit., p. 183. No entanto, alguns dos exemplos trazidos por Aziz são de órgãos públicos que a princípio não teriam a mesma necessidade de zelar por uma identidade institucional como a de instituições independentes. O início da nova numeração das publicações do Instituto pode ser constatado em Rubens Braga, "Notas polinológicas", em *Boletim do Instituto de História Natural*, v. 1.

[259] Jayme de Loyola Silva, "Nota prévia sobre a fauna de isópodos de Guarapari", em *Boletim do Instituto de História Natural*, v. 4, 1962, pp. 1-8.

[260] O contraste entre ciência básica e aplicada pode ser visto em Hermes Moreira Filho, op. cit., e Ismael Fabrício Zanardini, "Nota sobre ostricultura", em *Boletim do Instituto de História Natural*, v. 3.

[261] C. M. Westfallen, op. cit.

[262] *Anuário da Universidade do Paraná 1960-1961*, Curitiba, 1961.

[263] *Anuário da Universidade do Paraná 1956*, Curitiba, 1956.

[264] Antônia Schwinden, *Rumos da pesquisa*, Curitiba, 1998, p. 25.

[265] Jacundino Furtado, *Universidade do Paraná: 1912-1962*, Curitiba, UFPR, 1962; Antônia Schwinden, op. cit., p. 50.

[266] Antônia Schwinden, op. cit.

[267] Idem, p. 96.

[268] Como, por exemplo, afirmado por Maria Amélia Dantes, op. cit., p. 377.

[269] Joseph Ben-David, "Report on Visit to Brazil", em *Ciência Hoje*, v. 37, n. 7, 1987, pp. 68-73.

[270] A importância de uma liderança centrada em um indivíduo foi também considerada por Simon Schwartzman como um dos elementos principais para o sucesso de instituições de pesquisa no país após a Segunda Guerra. Simon Schwartzman, op. cit., 1991, p. 205.

[271] Como descrito, por exemplo, em Maria Amélia Dantes, op. cit., pp. 375-7.

Jesus Moure: religiosamente cientista

André de Souza Carvalho

Pesquisador, sacerdote, professor, fundador, reformador, articulador e, sobretudo, um homem da ciência, Jesus Moure dedicou sua vida a observações, experiências, ensino e pesquisa científica. Em 98 anos, Jesus Santiago Moure acumulou, além de títulos e homenagens, uma vasta experiência e currículo na área de zoologia e ciências naturais, assim como histórias, conquistas e feitos dignos de cientistas consagrados.

Padre Moure, que poderia ter se recolhido monasticamente à meditação e religião, preferiu ser um "homem de ação". Apesar de claretiano,[1] não ficou restrito ao claustro e perambulou pelo Brasil e mundo deixando sua marca, contribuição e participação em diversas instituições.

Do seminário para as principais universidades e museus do mundo, Moure percorreu um longo e árduo caminho, deparando-se com muitos desafios, idas e vindas, alguns impedimentos e decepções, mas também com muitas conquistas e realizações. Dentre elas, ajudou a fundar departamentos científicos, instituições, centros de pesquisas e até uma faculdade. Inovador em muitos estudos e metodologias, peça fundamental para o desenvolvimento e funcionamento de ações, pesquisas e setores inteiros, o franzino homem em sua humilde batina atuou com versatilidade e perspicácia no decorrer de sua trajetória.

Disciplinado e veemente em sua vida estudantil e profissional, conheceu os principais institutos de pesquisa e universidades do mundo, tendo contribuído com algumas delas. Seus trabalhos e artigos científicos, que ultrapassam duas centenas, estão publicados em revistas nacionais e estrangeiras.

Manteve intensa correspondência com cientistas, intelectuais e instituições de diversos continentes, o que muito contribuiu para trilhar uma carreira científica relevante na área de zoologia brasileira. Jesus Moure destacou-se especialmente nos estudos entomológicos, nos quais deixou grande contribuição ao dedicar décadas de sua vida a recolher, identificar e pesquisar abelhas. Sua perseverança e tenacidade em conhecer e sistematizar tais animais culminou no desenvolvimento de um museu, um catálogo completo de espécies e um centro de referência desses insetos.

Um dos pesquisadores pioneiros do Conselho Nacional de Desenvolvimento Científico e Tecnológico (CNPq), seu trabalho e contribuições na área da ciência e no desenvolvimento e expansão do conhecimento científico no Brasil chegou a esboçar certo reconhecimento entre seus colegas e discípulos cientistas. Dentre os principais prêmios recebidos destacam-se: "Costa-Lima", outorgado pela Academia Brasileira de Ciências; "Bassoli", da Sociedade Entomológica do Brasil; "Doutor Honoris Causa" e "Professor Emérito", ambos outorgados pela Universidade Federal do Paraná. Também foi lembrado e homenageado pelo CNPq, pela Coordenação e Aperfeiçoamento de Pessoal de Nível Superior (Capes) e Embrapa. Após mais de meio século de dedicação pela ciência, foi agraciado com as mais importantes condecorações concedidas pelo governo brasileiro aos homens da ciência: "Comendador da Ordem Nacional do Mérito Científico" (1995) e "Grã-Cruz da Ordem Nacional do Mérito Científico" (1998).

Apesar dos prêmios, medalhas e títulos, Moure – assim como outros importantes expoentes da ciência nacional – não chegou a receber o devido reconhecimento da sociedade e, excetuando a comunidade científica de sua área, passa por um mero e oculto desconhecido para a maioria dos brasileiros. Suas realizações, contribuições e trajetória de vida ainda não foram devidamente identificadas, tampouco explicitadas, contextualizadas, analisadas e interpretadas.

Alguns textos, verbetes e informações sucintas escritas sobre Moure de certa forma descreveram e evidenciaram sua importância na ciência brasileira, porém grande parte do que já foi narrado sobre ele foi escrito por admiradores, discípulos ou cientistas da área em que atuou e se tornou representativo. Possivelmente esta contribuição para a história da ciência regional seja a primeira ocasião em que Jesus

Santiago Moure é analisado enquanto homem de seu tempo, fruto de uma sociedade e portador de "identidades" e discursos, os quais pretende-se aqui explicitar e compreender.

Grandes são as dificuldades para relatar e historicizar quase um século de uma vida ativa, contrastante e produtiva de um homem extremamente dedicado, sagaz, influente e participativo nos mais diversos meios sociais, científicos, religiosos e institucionais. Entretanto, em uma obra sobre a ciência no Paraná do século XX, não poderia ficar de fora um cientista que tanto contribuiu para o desenvolvimento científico do estado e do Brasil.

PADRE-CIENTISTA?

> O consenso atual é o de que a ciência progrediu graças aos clássicos e a despeito da tradição bíblica. Até mesmo teólogos e religiosos mostram, muitas vezes, grande empenho em desabonar o passado eclesiástico e em deplorar a influência retrógrada da Igreja no desenvolvimento da ciência.[2]

Em uma época na qual ciência e religião aparentam estar em polos opostos e incomunicáveis, parece difícil compreender que, em tempos não muito distantes, questões religiosas e científicas estiveram de certa forma ligadas ou menos opostas e desconexas. Se nos dias atuais o ceticismo religioso e agnosticismo científico afastam ciência da religião, durante séculos a religiosidade e o conhecimento científico caminharam muito próximos. Em alguns idiomas, como o francês, a palavra clérigo (*clerc*) atribui significado tanto a um membro do clero como pode ser utilizada para designar um sábio, erudito ou intelectual.

Dessa forma, pensar na trajetória concomitantemente religiosa e científica de padre Moure não evidencia uma incoerência em sua carreira, mas uma permanência de algo que existiu e foi mais intenso e evidente no início do século XX no Brasil e em séculos atrás em boa parte do mundo. Analisar o catolicismo e sua presença e influência nos meios políticos, sociais e culturais curitibanos, nos quais o jovem Moure iniciou sua carreira também pode ser esclarecedor. Porém, antes de apresentar Jesus Santiago Moure, contextualizar sua trajetória e apresentar suas realizações, torna-se interessante explorar um pouco mais sobre essa relação entre ciência e religião.

É consenso atual pensar religião e ciência como adversas e incomunicáveis, pois enquanto a primeira se pauta em dogmas, muitas vezes inexplicáveis e incontestados por aqueles que possuem fé, a segunda baseia-se em fatos, constatações, comprovações. Muitos historiadores da ciência já discorreram sobre os embates, proximidades e contradições entre ciência e religião. A relação entre elas, desde o período medieval ao século XX, foi amplamente estudada e discutida sob diferentes perspectivas, existindo vasta produção bibliográfica sobre a questão. Uma das constatações dessa historiografia é a construção desse abismo entre as duas áreas, que de certa forma nos condicionou a pensar que

> [...] a ciência moderna de Darwin, de Newton, de Galileu e de Copérnico constituiu-se em um combate frontal com as estruturas eclesiásticas, e com os religiosos, e isso basta para aprofundar essa sensação de estranhamento quando nos deparamos com um padre astrônomo ou biólogo.[3]

No entanto, pondera-se que essa tal divergência entre ciência e religião não tem duração indefinida no tempo, assim como não possui extensão que abarque toda a pauta científica.

Se a interpretação das escrituras sagradas e a posição de vários sacerdotes muitas vezes ofereceram certa resistência às novas teorias científicas, a influência e o papel dos religiosos na produção, preservação e divulgação de textos e estudos são evidentes em séculos de história, contribuindo grandemente para o desenvolvimento da ciência atual.

Para Hooykaas, a confrontação da cultura greco-romana com a herança judaico-cristã, em séculos de tensão, teria gerado uma nova ciência que

> [...] preservou as partes indispensáveis da herança antiga (matemática, lógica, métodos de observação e experimentação), mas também foi orientada por diferentes concepções sociais e metodológicas, que brotaram, em grande parte, de uma visão bíblica do mundo.[4]

Desde os primórdios do cristianismo despontaram santos e sacerdotes que viriam a ser considerados "doutores" e até mesmo cientistas da Igreja: Santo Ambrósio,[5] Santo Agostinho,[6] São Tomás de Aquino,[7] e tantos outros influenciados pela cultura grega, desenvolveram estudos, reflexões e foram promotores de saberes.

Equivocadamente considerada o período das trevas, muito conhecimento foi produzido na Idade Média, especialmente dentro dos mosteiros e conventos por monges que copiavam e estudavam clássicos gregos. Invenções e teorias que basearam avanços científicos modernos foram realizadas no medievo; além disso, as primeiras universidades surgiram nesse período.[8] Le Goff, em *Os intelectuais da Idade Média*, evidencia a importância do papel dos religiosos na difusão e promoção do ensino e o consequente surgimento de Notre-Dame, e de outras escolas que se formaram a partir das abadias de Sainte-Geneviève, Saint-Victor ou Saint-Germain des Près, tornando-se locais propícios para a produção de saberes, pesquisas, questionamentos e debates.[9]

A influência dos religiosos na ciência, educação e cultura perdurou até o século XVIII na Europa. Ordens religiosas, sobretudo os jesuítas,[10] eram reconhecidamente detentores de grandes conhecimentos técnicos e científicos:

> Se tomarmos o período final da Idade Média e os primeiros duzentos anos da Idade Moderna – *grosso modo* os anos 1400-1700 –, e se tomarmos apenas os astrônomos e os matemáticos, constataremos facilmente que boa parte dos praticantes dessas disciplinas eram religiosos. Para citar apenas alguns nomes relativamente conhecidos e importantes, Nicolau Copérnico – autor da principal teoria heliocêntrica do século XVI – e Cristóvão Clavius – autor da reforma do calendário de 1582 – eram religiosos e não constituíam caso excepcional. No século XVII, a mais conhecida e difundida carta da Lua, com a denominação dos acidentes selenográficos (vales e montanhas do satélite) foi autoria dos jesuítas de Bolonha, que atribuíram nomes de matemáticos da Companhia de Jesus a diversas crateras e "mares". Certamente uma homenagem merecida, tendo em vista a quantidade de seus confrades dedicados à investigação dos céus.[11]

Entre os séculos XVI e XVII, numa época em que a religião representava um dos fatores mais poderosos e preponderantes da vida cultural da sociedade europeia, processou o que se costuma designar "revolução" do pensamento científico: "O que as pessoas pensavam de Deus (ou dos deuses) influenciava sua concepção da natureza, o que, por sua vez, influenciava os seus processos de investigação da natureza, ou seja, a sua ciência".[12]

O pensamento científico passou por várias transformações até surgir ciências biológicas e físicas tais como atualmente são conhecidas. Envolvendo muita filosofia, religiosidade e até misticismo, o pensamento do período anterior à "Revolução Científica" era baseado, sobretudo, na filosofia natural, interessada em explicar os fatos e a natureza a partir de teorias que passavam a ser desenvolvidas com base no pensamento racional.

Entretanto, apesar da mentalidade científica, a religião continuou permeando o pensamento dos filósofos da época e definindo tanto trajetórias individuais como científicas de nomes como Nicolau Copérnico e Galileu Galilei. Há ainda outros exemplos de filósofos naturais como Robert Hooke[13] e Georges Curvier,[14] que conduziram seus estudos como forma de revelar a providência divina.[15] Até mesmo o respeitado proponente da Lei da Gravidade, Isaac Newton,[16] acreditava que o universo era movido pelas mãos de Deus, crença que dividia com outros expoentes do meio científico, como relatado por Camenietzki:[17]

> Com o século XIX, ciência e técnica, e de modo especial no domínio da química fundada por Lavoisier e no da biologia, põem-se a progredir a passos de gigante. Não se trata mais de uma curiosidade para pessoas do mundo, objetos de debates

> filosóficos, mas de uma característica fundamental da civilização ocidental que empresta ao homem possibilidades novas. Laplace ensina a doutrina do determinismo universal que parece tornar inútil o próprio Deus, já que tudo se encadeia e se justifica no plano científico, e que tudo pode ser previsível se todas as causas forem conhecidas.[18]

Na virada dos séculos XIX para o XX, em um mundo e mentalidade que se pretendiam mais racionais, a ciência tinha a pretensão de explicar tudo. Com o positivismo fundado por Auguste Comte,[19] uma nova visão sobre a apreensão dos fenômenos naturais passava a ser proposta, abandonando as explicações das causas sob a ótica teológica ou metafísica, e propondo o empirismo e a pesquisa das leis e bases físicas e materiais dos objetos de estudo.

Além do positivismo, outras correntes teóricas e filosóficas surgiram ou ganharam maior evidência entre os séculos XVIII e XIX na Europa, a destacar: liberalismo, socialismo, materialismo, idealismo, nacionalismo, racionalismo, as quais foram afastando o conhecimento científico dos meandros religiosos. As próprias revoluções Francesa e Industrial abalaram as estruturas e o poderio quase hegemônico do clero, que perdeu inclusive seus privilégios e campo de atuação. Em muitos países europeus, a Igreja foi desvinculada do Estado, e ordens religiosas inteiras – dentre elas os claretianos e maristas – foram perseguidas, expulsas ou sofreram restrições.

Uma vez desprestigiados e impedidos de suas missões da Europa, os religiosos migraram para outros continentes e países. A América e o Brasil foram destinos que acolheram muitas ordens religiosas que aqui se instalaram a partir do final do século XIX e dedicaram à educação e produção de conhecimento.[20]

Mesmo antes do século XIX, no período colonial brasileiro, padres e freis se destacaram nas áreas do ensino e conhecimento. Os jesuítas construíram vários colégios em vários pontos do território brasileiro a partir do século XVI, dentre eles o de Paranaguá. Apesar de reconhecidos por catequizar indígenas e ensinar as primeiras letras, os homens da Companhia de Jesus também ofereciam um ensino superior de Filosofia em que se estudava Lógica, Matemática, Metafísica, Moral, além de Ciências Físicas e Naturais.[21] Além do mitificado e emblemático padre Anchieta, destaca-se, especialmente na área das ciências naturais, frei Velozzo,[22] cujas pesquisas e descobertas influenciaram e motivaram inclusive a vinda de naturalistas ao Brasil.

Já no século XX, Moure dessa forma não se caracteriza uma "aberração" entre os religiosos de sua época. Apesar de ser um dos mais destacados e atuantes, havia outros religiosos que se dedicavam aos estudos científicos. Era bastante comum no Brasil, mesmo nas primeiras décadas da República, o fato de as principais instituições educacionais privadas do Brasil estarem sob o domínio dos religiosos.

Além do setor educacional, alguns religiosos ganharam destaque na produção de estudos científicos e filosóficos, descobertas e pesquisas. Um personagem importante e emblemático foi o padre Balduíno Rambo,[23] jesuíta de origem germânica que se destacou como educador, escritor, cientista, poeta e pensador. Formado em Filosofia na Alemanha, dedicou-se aos estudos de geologia, petrografia, botânica e zoologia. Além de formar e organizar um dos principais herbários do Rio Grande do Sul, legou várias publicações na área de história natural, química e geologia.

Também no extremo sul brasileiro, destaca-se o padre João Sehnem, com estudos na área de conservação e melhoramento do solo, e o suíço Pio Buck, ordenado pela Companhia de Jesus e que guarda semelhanças com Moure por se destacar na área de entomologia e ser responsável pela formação e desenvolvimento do acervo de um importante museu de história natural em Porto Alegre.

E não somente padre Buck atuava na mesma área de estudo de Jesus Moure, outros religiosos também se dedicavam ao estudo de insetos no Brasil, como o caso do claretiano Francisco Silvério Pereira,[24] amigo pessoal de Moure e do frei franciscano Tomás Borgmeier,[25] fundador da *Revista de Entomologia*, importante periódico da área de estudo de Jesus Moure, que inclusive era publicada no Convento de Santo Antônio, no Rio de Janeiro, onde frei Borgmeier vivia.

Apesar de não ser um sacerdote ou religioso ordenado, é de grande importância e destaque a presença ultracatólica do também entomologista Cândido de Mello Leitão.[26] Reconhecido em sua época como um dos mais destacados zoólogos brasileiros, foi autor inclusive de livros didáticos e obras que muito contribuíram e influenciaram na formação de muitos cientistas brasileiros. Leitão firmou-se como um cânone para os estudiosos das ciências naturais no Brasil, especialmente zoológicas, nas primeiras décadas do século XX. A atuação de Mello Leitão tem sido identificada e compreendida[27] segundo as intenções de transformação política e social integrantes de uma política para a constituição de um Estado forte, centralizado, católico e responsável pela "superação da miséria material e espiritual"[28] da sua população. Tal contexto foi bastante favorável para a aproximação da Igreja com a política e ciência ou, numa análise possível, da religião com os estudos científicos em prol do fortalecimento e legitimação do Estado nacional. Essas conexões e o estreitamento dessas três áreas garantiram e estimularam a atuação e o surgimento de diversos religiosos brasileiros voltados ao estudo científico, assim como uma "elite" católica formadora de opinião e detentora quase hegemônica da pesquisa, prática e discurso científicos no Brasil.

UM PADRE A CAMINHO DA FÉ E DO SABER

Jesus Santiago Moure nasceu em Ribeirão Preto no dia 2 de novembro de 1912, dois anos após seus pais, Miguel Santiago Moure e Maria Santiago Souto, deixarem a Espanha. Miguel Moure era engenheiro e trocou a Galícia pelo interior do estado de São Paulo para trabalhar na instalação de estações ferroviárias da antiga Companhia Estadual de Estrada de Ferro e construir as estações entre Campinas e Ribeirão Preto, trecho conhecido como Mogiana.

A infância foi passada em Ribeirão Preto e posteriormente em Santos, onde iniciou seus estudos primários. Entretanto, na década de 1920, a epidemia da gripe espanhola que assolou sobretudo a capital e o litoral do estado de São Paulo, e vitimou inclusive um tio do pequeno Moure, colocou a família em alerta. Visando à proteção da família, que além do primogênito Jesus Santiago contava também com Manoel Moure, seus pais decidiram retornar para Ribeirão Preto. Foi nesta cidade do oeste paulista em que Jesus, ainda criança, demonstrou suas afinidades naturalísticas, primeiramente pela flora e posteriormente pelos insetos, paixão que alimentou durante toda a vida.

> Uma vez por semana excursionávamos à cata de pedras, bichinhos e plantas no bosque de Ribeirão [...]. O primeiro estímulo que recebi no campo das ciências naturais veio de um professor do grupo escolar, chamado pela meninada de "Bigodinho de Arame". No início dos anos 1920, no quarto ano primário, ele nos levava ao bosque de Ribeirão Preto para colher flores, bichinhos, pedras e nos dava muitas explicações. Era o melhor dia da semana. Em Ribeirão, era comum naquela época a revoada das saúvas, que me interessava muito.[29]

Moure descendia de uma família de imigrantes católicos com uma posição social privilegiada para a época. Seu pai era engenheiro e, no início do século XX, havia no Brasil poucos profissionais com essa formação, afinal existiam no país poucas e rarefeitas faculdades e o acesso a elas era bastante restrito. Ao contrário da grande massa de imigrantes que chegaram a São Paulo, nos fins do século XIX e início do XX, para trabalhar na lavoura de café ou tentar a vida na capital paulista como mascates ou operários, a família Moure se distinguia por possuir um profissional especializado que fora recrutado na Europa para auxiliar diretamente no desenvolvimento do Brasil. Tal posição social garantiria e garantiu a possibilidade de fornecer a Jesus Santiago Moure uma formação superior.

Com uma mãe bastante religiosa e tendo contato com os padres da Congregação de Coração de Maria – originários da Espanha e frequentes visitantes das fazendas cafeeiras do oeste paulista, às quais se dirigiam em missões religiosas –, para Moure foi fácil, conveniente e recomendável seguir os estudos com os claretianos e, para isso, se deslocou ao seminário da ordem localizado no Paraná.

Em 1925, aos 12 anos de idade, Jesus Santiago deixou Ribeirão Preto para entrar no Seminário Claretiano de Curitiba. Quatro anos mais tarde transferiu-se para o Seminário Maior Claretiano em Rio Claro, no interior paulista, onde terminou seus estudos e obteve, em 1932, a formação superior em Filosofia, Ciências Naturais, Física e Matemática.

Foi nessa época que aconteceu sua aproximação mais efetiva com as ciências naturais, em particular a botânica. Jesus Moure chegou a escrever uma monografia de história natural sobre a flora encontrada na área do Seminário Claretiano em Rio Claro, *Pugillus Plantarum Rioclarensium.*[30] Ainda no Seminário Maior, em companhia do colega Francisco Pereira, "o padre Pereira dos escarabeídeos", aproveitava os poucos momentos de folga para realizar coleta de insetos. Relembra o padre: "No seminário claretiano de Rio Claro (SP), onde mais tarde fui estudar, ficava impressionado com as nuvens de tesourinhas que enegreciam o teto da sala de estudos. Daí para o início de uma coleção foi um passo".[31]

Graças à formação religiosa, Jesus Moure aprendeu latim, grego, francês, espanhol e hebraico, o que lhe foi de grande valia para sua atuação na vida científica e social. Sobre o regime do Seminário, o padre relatava que era:

> Muito rigoroso! Os padres que tomavam conta do colégio tinham vindo da Espanha, espanhóis portanto. Quando eu aprendi latim eu aprendi espanhol ao mesmo tempo, porque o professor que nos ensinava latim, nos ensinava em espanhol [...] Depois pessoalmente e por interesse aprendi outras línguas porque eu achava necessário...[32]

Assim, uma vez que boa parte da literatura sobre insetos e sobre zoologia em geral era estrangeira, Moure conseguiu ler sem dificuldades as descrições das espécies feitas por autores de diversos países, desde os mais antigos até seus contemporâneos. Possibilitou também seu intercâmbio científico com diversas universidades e museus americanos e europeus e com cientistas de outras nacionalidades, especialmente estadunidenses e latino-americanos. Além disso, facilitou seu contato e comunicação com instituições estrangeiras financiadoras de pesquisas.

No ano seguinte a sua formatura no Seminário Claretiano em Rio Claro, Moure retornou para Curitiba, cidade em que passaria a maior parte de sua vida e na qual desenvolveu grande parte de seus projetos científicos. Foi na capital paranaense que se tornou professor, chefe de departamentos, diretor de museu, fundador de faculdade e setores universitários, tornando-se um homem da ciência ativo e bem articulado.

A CONSERVADORA, CATÓLICA E PROMISSORA CURITIBA

Curitiba, em finais da década de 1930, possuía pouco mais de cem mil habitantes e ainda respirava os ares prósperos da economia da erva-mate. Era uma cidade em expansão e desenvolvimento onde se discutiam novas ideias e planejavam novas instituições e equipamentos para estruturar a capital do estado, que caminhava para se tornar o maior celeiro do Brasil.

Governado durante mais de uma década por Manoel Ribas[33] – realizador de grandes obras, entusiasta do progresso e com muito prestígio junto ao presidente Getúlio Vargas –, o Paraná avançava a passos rápidos, consequentemente o mesmo ocorria com sua capital. A cidade perdia seus ares rurais e pacatos e urbanizava-se num ritmo acelerado. Com a chegada de novos imigrantes europeus fugidos das guerras e conflitos, a capital paranaense diversificava a sua já heterogênea população. O progresso após a Primeira Guerra, o início da produção cafeeira[34] no interior do estado e a integração da capital com o norte do Paraná pela rodovia do Cerne dinamizaram a economia e sociedade curitibana a partir da década de 1930. Fulgurante e promissora, Curitiba passou a atrair não só imigrantes como também os descendentes de colonos europeus, que se instalaram em seus arredores no final do século XIX, e até mesmo descendentes de europeus que, anteriormente em Santa Catarina e no interior paranaense, afluíam para Curitiba em busca de melhores condições e possibilidades.

Do Censo de 1920 para o de 1940, dentre todos os estados brasileiros, o Paraná foi o que apresentou maior crescimento populacional, alcançando os 1.248.536 habitantes, ou seja, 82% a mais que as 685.711 pessoas que habitavam o estado na década de 1920. A população de Curitiba também aumenta consideravelmente, chegando a 142.185 habitantes, um crescimento de 80% em dois decênios.

Moure chegou num Paraná em pleno desenvolvimento e crescimento econômico, populacional e, consequentemente, cultural. Movimentos católicos, teosóficos, de livre-pensadores e femininos fervilhavam na capital do estado. A universidade local, fundada em 1912, buscava sua ampliação, solidificação e reconhecimento, o Museu Paranaense almejava reestruturar-se e a fundação de entidades como o Círculo de Estudos Bandeirantes e a idealização da Faculdade de Filosofia, Ciências e Letras demonstravam a inquietação de uma sociedade que desejava e necessitava de profissionais e intelectuais para contribuir com a estruturação e progresso do estado, especialmente nas áreas científica e educacional.

O momento em que o religioso paulista chegou ao Paraná não poderia ter sido mais propício, afinal, além das oportunidades e possibilidades que o estado oferecia e das necessidades que demandava, a capital paranaense ainda sentia os efeitos de um movimento intelectual católico que "agitou" a elite cultural e política na disputa de espaço e influência daquela sociedade que se desenvolvia rapidamente. E a vinda de um religioso, com formação científica e preocupado com a cultura e educação seria extremamente bem acolhida.

EMBATES RELIGIOSOS

A partir de 1870, com a chegada mais maciça de imigrantes europeus em Curitiba, vieram também novas ideias e correntes teóricas como anarquismo, sindicalismo, comunismo e positivismo. Do período da instalação do regime republicano[35] no Brasil até as primeiras décadas do século XX, Curitiba era considerada uma das cidades mais anticlericais do país, "herança dos ventos do positivismo e do simbolismo, férteis por aqui tanto quanto araucárias".[36] Ao mesmo tempo, era extremamente conservadora e "provinciana", o que garantiu fortes embates entre católicos e seguidores de correntes destoantes do catolicismo.

O Paraná, na virada do século XIX para o XX, viveu um clima de efervescência cultural em defesa dos ideais republicanos. Combatia-se, de forma intransigente, tudo aquilo que para alguns intelectuais paranaenses pudesse privar a liberdade de consciência. O intelectual de destaque foi Dario Vellozo,[37] vindo do Rio de Janeiro, juntamente com uma vasta biblioteca, possuía influência ocultista e helenista e era atrelado ao movimento positivista. Grande crítico do catolicismo, não perdia a oportunidade de combater a Igreja e culpar a religião pela "paralisia intelectual" que, conforme afirmava, atingia a sociedade brasileira e também paranaense. Como professor do Gymnásio Paranaense e da Escola Normal, contava com um público cativo para divulgação das suas ideias.

Exímio orador e dotado de extensa cultura clássica e algumas leituras modernas, Vellozo conquistou uma geração e fundou um grêmio de ensaios literários, um templo teosófico e algumas revistas neopitagóricas e exotéricas, manifestando sempre sua concepção antirreligiosa e anticlerical que contribuiu para formar uma legião de seguidores livre-pensadores e críticos ao catolicismo na cidade de Curitiba.

O sentimento anticlerical marcou gerações curitibanas, sem, porém, ter sido suficiente para intimidar as ações dos religiosos. Pelo contrário, estes entravam em acalorados debates, daqueles de balançar púlpitos e inflamar jornais. Críticos, como foram o padre Deschamps e o bispo Jerônimo Mazzarotto, não deixaram por menos, saíram ao ataque. Acusaram Vellozo de não escrever seus textos de história com rigor científico, com lógica cronológica, e acusavam-no de possuir interesses pessoais de influenciar a juventude. Nos anos 1930, o padre Mazzarotto, aconselhado pela Igreja, fez concurso para vaga de professor no Gymnásio Paranaense, onde passou a lecionar nas cadeiras de Filosofia e História da Filosofia. O padre, na mais importante instituição de ensino no estado, passou a confrontar as ideias de Dario Vellozo diante de alunos que no futuro viriam a ocupar as mais relevantes funções no Paraná.

Se por um lado os anticlericais estavam se articulando, por outro havia pessoas engajadas com o projeto ultramontano,[38] visando a romanização do catolicismo no Brasil. Apesar de a Igreja Católica ter sofrido um golpe ante sua separação com o Estado brasileiro após a Proclamação da República, ela procurou se esforçar na criação de mecanismos para salvaguardar a sua autoridade espiritual.[39] Em 1892 é criada a Diocese de Curitiba, e a partir de então os bispos curitibanos começam a trazer da Europa diversas congregações religiosas femininas e masculinas.

Segundo Marchette,[40] "instituiu-se uma tensão entre o movimento anticlerical e o corpo clerical em Curitiba na virada do século (XIX-XX). A verve anticlerical da mocidade livre-pensadora passou a vibrar em artigos explosivos, enquanto o clero expandia o projeto eclesiástico". Se inicialmente os anticlericais levaram vantagem, a reação católica não tardaria para chegar.

O PROJETO CATÓLICO

O surgimento de um grupo organizado de intelectuais católicos ocorreu a partir de 1926[41] com a fundação da União dos Moços Católicos de Curitiba e o desenvolvimento de uma imprensa católica dirigida aos leigos. Periódicos como *A Cruzada* (1926-1931); *Alvor* (1935-1936); *Cruzeiro* (1931-1932); *O Luzeiro* (1937 a 1939) e a *Revista do Circulo de Estudos Bandeirantes* (1934-1954), além da fundação do Circulo de Estudos Bandeirantes em 1929, revelavam a atuação e expressão dos intelectuais católicos curitibanos. Tal atuação e mobilização correspondiam, sobretudo, a uma reação aos anticlericais, que desde o final do século XIX rechaçavam os valores religiosos e divulgavam valores modernos e positivistas – importados da Europa – para combater o catolicismo brasileiro e suas ideias consideradas retrógradas e não compatíveis como o novo sistema de governo implantado no Brasil: a República.

O grupo católico, bastante forte em Curitiba, viu-se na necessidade de espaços para contra-atacar os anticlericais e divulgar a doutrina católica, assim como para desenvolver o estudo e debate intelectual. Desse modo, "[...] passaram a ser porta-vozes da intelectualidade católica que começava a dar seus primeiros passos em direção a constituição de uma elite preocupada com o aprofundamento teórico das questões políticas, filosóficas, teológicas, científicas e literárias à luz da doutrina católica".[42]

Preocupando-se com a formação de uma elite intelectual capaz de organizar projetos e instituições que divulgassem e fortalecessem o ideário católico, a Igreja Católica no Paraná foi extremamente atuante e determinada em seus objetivos durante as primeiras décadas do século XX em Curitiba.

Com Caetano Munhoz da Rocha[43] no poder do estado entre 1920 e 1928, o movimento católico ganhou grande impulso e um forte aliado. Extremamente católico, o governador do estado considerava a educação católica um imperativo para o conhecimento, para a liberdade e para o desenvolvimento. Além de propor a inclusão do ensino religioso nas escolas públicas do Paraná, incentivou a vinda de várias ordens religiosas para o estado e a instalação de seus colégios. O principal destaque foi a chegada dos maristas,[44] em 1924, que desenvolveram importante papel na cultura e educação do Paraná, estando envolvidos na fundação da Faculdade de Filosofia, Ciências e Letras da Universidade do Paraná e também da Universidade Católica (que daria origem à Pontifícia Universidade Católica – PUC).

Um grande interesse do projeto católico paranaense era fundar universidades, faculdades e institutos culturais e educacionais a fim de semear a moral e os posicionamentos religiosos, desenvolvendo uma elite letrada a serviço do catolicismo com vistas a um estreitamento político e cultural com as altas esferas de poder local e nacional. Para garantir sua expressão e visualidade, o laicato católico curitibano investiu em ações culturais e de valorização do campo intelectual; a principal delas foi a fundação, em 1929, do Circulo de Estudos Bandeirantes (CEB), instituição a qual Jesus Moure se manteve associado e contribuiu para o engrandecimento.

Como já sugerido no capítulo "Uma ciência improvável: o Museu Paranaense entre 1940 e 1960", o CEB surgiu com o objetivo de promover estudos científicos, filosóficos, literários e religiosos sob a ótica católica. Integrado por intelectuais de formação humanística, científica, médica, jurídica e teológica, caracterizaram uma camada que detinha legitimidade no "saber" paranaense, sendo muitos deles catedráticos da Universidade do Paraná e Universidade Católica de Curitiba.

Inspirados na filosofia neotomista,[45] que tinha como principal defensor padre Jesus Ballarin, os membros do Círculo estavam imbuídos em se opor à "filosofia moderna", que refletia um mundo liberal e fragmentado. Em 1937, Ballarin promoveu um curso de Filosofia Tomista, do qual Jesus Moure participou, e que foi considerado a base da Faculdade de Filosofia que viria a ser instalada pelos intelectuais curitibanos. O curso teria "fornecido subsídios para os futuros professores dessa instituição".[46]

O Círculo de Estudos promoveu palestras, cursos e editou uma revista que continua em circulação até os dias atuais. Diferentemente dos outros periódicos católicos, a *Revista do Círculo de Estudos Bandeirantes* tinha o diferencial de aprofundar as questões teóricas, também científicas, sob a luz da doutrina romanizadora da Igreja. Saberes variados eram discutidos e "inclusive o conhecimento científico era tratado como um saber importante para a vida humana".[47] Para Fressato, os textos da revista:

> [...] estavam direcionados para uma elite pensante, com o objetivo de torná-la capacitada para a disseminação dos ideais católicos. Percebe-se, assim, que os pensadores do CEB compactuam com a proposta ultramontana de primeiramente catolizar a intelectualidade para que essa atuasse junto à população, aumentando a influência e o poder da Igreja Católica.[48]

Uma vez que o ultramontanismo combatia os valores da modernidade, o positivismo e os avanços do mundo, os católicos curitibanos apoiavam o saber e conhecimento desde que não estivessem corrompidos pela ciência e filosofia modernas, afinal, sabedoria, ciência e cultura – desde que filtradas pela lente católica – constituíam elementos importantes para a formação dos intelectuais que defenderiam as posições católicas e garantiriam sua hegemonia nas décadas seguintes. Para eles, a despeito da negação da ciência moderna aos dogmas divinos, não haveria incompatibilidade entre os saberes científicos e os defendidos pela teologia. Fressato concorda que "apenas a ciência moderna nega a convivência pacífica entre o conhecimento racional e o conhecimento revelado. [dessa forma] Na concepção do grupo católico não há desconformidade entre esses dois saberes – ao contrário, eles se complementam".[49]

Também como já apontado no capítulo "Uma ciência improvável: o Museu Paranaense entre 1940 e 1960", outra grande conquista do grupo católico curitibano foi a instalação da Faculdade de Filosofia, Ciências e Letras do Paraná (FFCLPR):

> A Faculdade de Filosofia, Ciências e Letras do Paraná seria, pela sua atuação nos meios curitibanos e paranaenses, o grande instrumento da cultura católica, sobretudo após seu consorciamento com a União Brasileira de Educação e Ensino, dos irmãos maristas, o qual, aliás, a salvou de insolvência e livrou da ameaça no segundo ano de funcionamento.[50]

Em 1942, no relatório da Faculdade de Filosofia, Ciências e Letras do Paraná é possível notar a presença de religiosos, sobretudo nos cargos mais altos. O presidente do Conselho Geral da faculdade, cargo máximo da época, era ocupado pelo reverendo irmão Hipólito Maria. Padre Jesus Ballarin Carrera, que assim como Moure era claretiano e de origem espanhola, presidiu o conselho técnico administrativo. Até o início de 1950, a influência religiosa ainda era representativa no corpo docente da faculdade, contando com a presença de aproximadamente dez religiosos entre freis e padres.

A atuação do grupo católico em Curitiba, especialmente os maristas, contribuiu para a fundação de mais uma forte instituição de reconhecida contribuição para a formação de intelectuais: a Universidade Católica do Paraná.

Um dos principais articuladores foi Dom Manuel da Silveira D'Elboux, arcebispo de Curitiba e idealizador da Faculdade Católica. Ele foi fundador da Sociedade Paranaense de Cultura em 1950, a qual garantiria a manutenção da futura universidade. Em quase uma década de articulações e luta para a fundação da futura Pontifícia Universidade Católica do Paraná, D'Elboux finalmente conseguiu unir ordens e instituições católicas para a convergência de um interesse comum: uma grande universidade católica. E assim ocorreu: por meio da junção da Faculdade de Filosofia, Ciências e Letras dos Maristas e de outras escolas de ensino superior de orientação católica com o Circulo de Estudos Bandeirantes nasceu, em 14 de março de 1959, a Universidade Católica do Paraná.

Os intelectuais católicos de Curitiba, apesar de concretizarem o objetivo de fundar uma universidade na capital paranaense, almejavam uma universidade efetivamente católica. Afinal, após a federalização na década de 1950, estrutura, interesses e perfil da UFPR se reorientaram e os católicos perdem parte da sua hegemonia na instituição. Dessa forma, a fundação de uma Pontifícia Universidade Católica no Paraná tornou-se um desejo para os "dissidentes" e "divergentes".

Como se pode perceber, até meados do século XX, a Igreja Católica possuía grande força e influência na sociedade, cultura e política paranaense. Provavelmente poucas cidades do Brasil proporcionariam um panorama tão favorável à atuação de um padre-cientista. E Moure soube aproveitar essa situação propícia ao desenvolvimento de seus trabalhos e projetos. Bem articulado seja entre os religiosos, seja com os cientistas e intelectuais locais – muitos deles "homens do saber" e expoentes do catolicismo curitibano –, conseguiu fazer parte do grupo de intelectuais católicos paranaenses, aliando-se sobretudo ao grande articulador José Loureiro Fernandes,[51] o qual lhe garantiu grandes oportunidades para a sua vida científica e intelectual.

O SACERDÓCIO E O CAMINHAR NA CIÊNCIA

Mesmo seguindo e preocupando-se com sua vida religiosa, Moure continuou pensando e atuando nos meios científicos e intelectuais. Na segunda metade da década de 1930, esteve em São Paulo para os procedimentos finais de sua formação sacerdotal e aproveitou a ocasião para manter contato com os acervos, trabalhos e pesquisadores paulistas. Em maio de 1937 recebeu na cidade de Guarulhos, região metropolitana de São Paulo, a ordenação sacerdotal pela Ordem dos Claretianos, foi quando se tornou oficialmente o "padre Jesus Moure" ou "padre Moure", como frequentemente passou a ser chamado entre seus pares e conhecidos. Foi a partir de sua ordenação que o sacerdote cientista começou a assinar com as iniciais "C. M. F." antepostas ao seu nome. As mesmas aparecem em grande parte das publicações de Moure a partir de 1938 até meados da década de 1970, quando decidiu deixá-las por causar certa incompreensão no meio científico. Tais iniciais – abreviatura que identifica os sacerdotes da ordem claretiana – despertavam curiosidade entre leigos, conforme se pode observar em carta que Moure respondeu sobre a questão:

> Quanto a sua pergunta sobre C. M. F., posso dizer-lhe o seguinte: são as iniciais de *Cordis Mariae Filius*, que se traduzem "Filhos do Coração de Maria", abreviatura usada pelos religiosos da Congregação dos Missionários Filhos do Imaculado Coração de Maria. Essa congregação foi fundada na Espanha a 16 de Julho de 1849.[52]

A identidade e influência religiosa, de certa forma, marcaram a vida de Moure em seus primeiros decênios de dedicação à ciência. Segundo uma das suas principais orientandas e seguidoras, Danuncia Urban, padre Moure foi um dos últimos professores e cientistas a deixar a batina, talvez por comodismo, e só deixou a roupa sacerdotal após uma viagem de estudos aos Estados Unidos.

Durante o período de sua ordenação, uma vez que estava próximo dos maiores centros de pesquisa do país em sua área, Moure manteve contato com cientistas e profissionais do Museu Paulista, especialmente com o naturalista e entomologista Frederico Lane. Prestou auxílio como tradutor de textos entomológicos do latim e obteve contato direto e prático sobre a taxonomia de insetos.[53]

Tal incursão e "estágio" no Museu Paulista rendeu uma sólida parceria com Lane, sendo que sua primeira publicação científica ocorreu em 1932, em colaboração com o entomologista paulista. Nos anos seguintes, outros dois novos artigos foram publicados em parceria com Frederico Lane. Nestes três artigos, Moure iniciou seus estudos na taxonomia dos besouros.

O Museu Paulista possuía uma significativa e importante coleção de abelhas que acabou sendo "abandonada" com a saída do entomologista hymenopterólogo Curt Schrottky, no início do século. Havia algumas décadas que o Brasil necessitava de um estudioso na área, e Lane viu em Moure a pessoa ideal para preencher tal lacuna.[54] A determinada e produtiva carreira como sistemata de abelhas teve estreia com a publicação de um trabalho intitulado "*Apoidea Neotropica*", o primeiro de uma série de três artigos tratando principalmente de halictíneos.[55] Em sua estreia como especialista em abelhas, Moure já revelava traços e características que marcariam sua atuação como sistemata: a devida e rigorosa atenção aos detalhes morfológicos e às mensurações e proporções que permitiram uma precisa classificação de grupos que até então tinham recebido apenas definições vagas realizadas por antigos estudiosos.

Afora a descoberta de várias espécies desconhecidas, alguns novos gêneros como *Habralictus*, *Paroxystoglossa* e *Thectochlora* foram propostos pelo padre. Os estudiosos em entomologia concordam que Moure proporcionou uma nova abordagem e maior profundidade e compreensão no estudo das abelhas e a percepção de suas diferenças.[56]

Além de ter sido fiel discípulo de muitos professores estrangeiros, Moure manteve um bom entrosamento com os professores do Museu Paulista e da Universidade de São Paulo, considerados as maiores referências da ciência nacional, o que lhe garantiu adquirir uma percepção bastante avançada tanto pela ciência e novas metodologias de pesquisa e análises quanto sobre as teorias da evolução das espécies. Tal "avanço" no pensamento muitas vezes conflitava com a apreensão criacionista da grande maioria dos religiosos.

Em fins de 1937, de volta a Curitiba, Jesus Moure foi designado como professor no Seminário Claretiano de Curitiba para lecionar Ciências Naturais, Física, Química e Matemática. Nesse mesmo período é apresentado a Loureiro Fernandes – que estava idealizando a Faculdade de Filosofia Ciências e Letras – pelo padre Jesus Balarin, também claretiano. Foi então que Moure foi requisitado – ou "caçado a laço" – para o cargo de professor e fundador da Faculdade de Filosofia, Ciências e Letras de Curitiba, que mais tarde seria integrada à Universidade do Paraná.[57]

Jesus Moure foi convidado para integrar o corpo docente como membro fundador e catedrático de Zoologia no curso de História Natural, face aos seus trabalhos no campo da entomologia. Com pouca experiência e recursos, iniciou-se no magistério superior de forma quase que autodidata, com a incumbência de ministrar todo o conteúdo de Zoologia em três anos. O improviso da instituição,[58] a precariedade inicial e a falta de infraestrutura são lembradas por Moure, que, apesar de assumir o cargo em 1938, apenas quatro anos mais tarde receberia a nomeação:

> Por falta de equipamento, material e local adequado ficou resolvido que o referido grupo se articulasse para obtenção dessas facilidades, e uma vez obtidas se iniciasse o ensino [...] Em 1942 saiu a portaria do ministro da Educação Gustavo Capanema nomeando-me para professor catedrático de Zoologia, tendo sido introduzido solenemente na sala da congregação da Faculdade de Filosofia, Ciências e Letras de Curitiba pelos catedráticos: Bento Munhoz da Rocha e Carlos Stellfeld, em agosto desse ano, para aceitação do honroso encargo.[59]

Entre teoria e prática, levaram-se cinco anos para o curso realmente funcionar. A primeira seleção para ocupação das vagas do curso de História Natural ocorreu apenas em 1943, quando 14 alunos se inscreveram e duas matrículas foram canceladas.

Não bastando as dificuldades físicas e estruturais da Faculdade de Filosofia, Ciências e Letras, a atuação como professor também não foi das mais fáceis. Com praticamente nenhuma experiência na área e sem bibliografia especializada, usava-se a *Enciclopédia Espasa*. Na falta de habilidades ou mentores da área para esse jovem teólogo que imergia de vez no mundo da ciência, havia incentivos e a vontade de superar desafios, como ele mesmo recorda:

> Na época, já recebia cartas encorajadoras do doutor Escragnolle de Taunay, diretor do Museu Paulista. Formei-me em Filosofia e Teologia. Encerrei o curso de Filosofia com um trabalho sobre o significado do socialismo, em que o comparava a outros tipos de governo, e o de Teologia com a tese *Conhecimento de Deus*, algo muito metafísico, com 125 páginas. Fui entrar em contato com pessoas da área de ciências naturais só depois de nomeado professor da Faculdade de Filosofia, Ciências e Letras (FFCL), de Curitiba, em 1938, ano de sua fundação. Convidaram-me para dar aulas de História Natural no seminário. Como muitos na época, fui "pego a laço".[60]

Moure acompanhou e ministrou todas as aulas de Zoologia para a primeira turma formada em 1945. A partir de 1947, pôde contar com seu primeiro assistente, Rudolf Bruno Lange, seu ex-aluno formado na primeira turma de História Natural da FFCL do Paraná e que também fez parte da equipe do Museu Paranaense.

Ainda em 1938, após conhecer Loureiro Fernandes, padre Moure é convidado por este para juntar-se ao Museu Paranaense, que, como exposto no capítulo "Uma ciência improvável: o Museu Paranaense entre 1940 e 1960", já começava a reunir um corpo de pesquisadores com o objetivo de produzir conhecimento. Atuando como um importante colaborador do Museu, logo assumiu a diretoria da Divisão de Zoologia em 1939 e, posteriormente, a direção do Museu entre 1952 e 1954.

EVOLUÇÃO E/OU CRIAÇÃO?

Não foram poucas as vezes em que padre Moure fora questionado a respeito do papel da religiosidade em sua ciência ou do impacto de sua percepção "científica" do mundo na sua vida religiosa. Incompreendido tanto por religiosos que não admitiam os seus pensamentos a respeito da evolução das espécies como por alguns cientistas defensores do ceticismo e totalmente avessos à ideia da existência de um Deus criador, Jesus Moure nunca teve problemas para conciliar ciência com religião e, por grande parte de sua vida, dividiu seus trabalhos religiosos com a dedicação aos estudos científicos.

E quanto a escolher ou acreditar em evolução da espécie ou criação divina, Moure ficava com ambas, acreditava que Deus criou uma natureza perfeita que permite sua evolução, a qual está sendo e será descoberta pelo homem. Ele não via problemas em sua carreira científica, afinal, conforme palavras do próprio, "Eu fui estudar criaturas de Deus, então não há incompatibilidade nenhuma."[61]

Dessa forma, para o padre-cientista, ciência e religião nunca foram excludentes entre si, mas complementares. Ele defendia que Deus fez o mundo pela evolução e nós procuramos, conforme nossas possibilidades, reescrever a história desse mundo que é fruto da criação divina. Apenas tentamos descobrir como as coisas se fazem e "evoluem" de acordo com a lei de Deus:

> Porque não influímos em nada com nossas leis – seja em física, química ou qualquer outra área científica – são elas que preexistem. O fato de descobrirmos uma dessas leis não significa que a tenhamos criado, como faz por exemplo o Congresso Nacional. A atitude que sempre tive em relação à natureza é a seguinte: descobrir como é que as coisas se fazem de acordo com a lei de Deus. E a lei de Deus é a lei da evolução correndo no tempo. Apenas descobrimos como é que as coisas se fazem de acordo com a lei de Deus.[62]

Apesar de ter sido uma questão bem resolvida na mente do padre, ele admitiu que, quando começou a observar diretamente os animais e constatar profundas relações que havia entre eles, chegou a refletir e discutir a respeito da Teoria da Evolução em contraste com o criacionismo, especialmente após estar entusiasmado com algumas leituras. "Tive muitas discussões nas aulas de Filosofia provocadas pelas perguntas um tanto perturbadoras que eu fazia ao professor. Isso trouxe certos problemas no seminário."[63]

Esses "embates" com religiosos continuaram após a ordenação de Moure, que teve atritos sérios com o arcebispo e com seu superior religioso. Tanto que acabou sendo expurgado da direção da Ação Católica em Curitiba, da Juventude Universitária Católica (JUC) e da Juventude Operária Católica (JOC). Dom Hélder Câmara, presidente da Conferência Nacional dos Bispos do Brasil, acabou fazendo mobilizações para afastar Moure de tais entidades:

> Tive com todos eles discussões mais ou menos acaloradas, pois não tinham qualquer noção do que era evolucionismo, julgando-o uma coisa inventada por alguns cientistas para atacar a religião. Foram problemas que me atingiram no início de minha carreira científica.[64]

Com o passar dos anos, provavelmente Moure percebeu que não era conveniente entrar nessas discussões, nem mesmo manter muita proximidade das questões religiosas com a ciência. Seus estudos em genética, realizados com Newton

Freire-Maia, André Dreyfuss e Theodosius Dobzhansky – da Faculdade de Filosofia, Ciências e Letras de São Paulo, em cursos que frequentava durante as férias – foram fundamentais para conciliar as duas questões.

Entre os dias 13 e 19 de setembro de 1952, o padre Jesus Moure juntamente com outros professores da Faculdade de Filosofia, Ciências e Letras da Universidade do Paraná, através do Centro de Estudos de História Natural, organizaram a Semana Evolucionista, uma série de palestras e debates sobre a Teoria da Evolução. Em um dos dias, Moure proferiu a conferência "Sistemática e evolução", posteriormente publicada no livro *Evolução dos seres vivos*, editado em 1953 pelo Centro de Estudos de História Natural, do qual o padre foi coorganizador. Interessantemente, apesar de escrever sobre um assunto que pudesse contrariar dogmas religiosos, Moure finaliza a conferência com os seguintes termos: "Presciência divina. Jaweh, Senhor nosso, quão admirável. Em toda a terra é vosso nome."[65]

Adepto de teorias, estudos e metodologias desenvolvidos por Dobzhansky e Ernst Mayr, Moure concordava que a espécie é um estágio em processo, e não uma unidade estática. Observou que a espécie perde seus limites no tempo e espaço, podendo passar por processos de estabilização ou divergência, o que garantiria uma taxonomia "viva e dinâmica".

O padre zoólogo acreditava que as explicações sobre a evolução talvez ainda não estivessem completas, mas a evolução em si é um fato histórico de tal ordem que não se pode contestar. Em seus trabalhos restringiu-se a verificar o que foi criado e comprovar as espécies, sem entrar em maiores discussões entre criação e evolução.

Possivelmente, para não cair nos embates entre ciência e religião, criacionismo e evolucionismo, Moure optou por atuar na classificação e identificação de animais. Da mesma forma, observa-se que pesquisadores com uma religiosidade mais destacada optaram atuar em áreas da ciência em que os embates entre as teorias científicas e os dogmas religiosos fossem menos prováveis. Dificilmente um geneticista ou um estudioso da evolução das espécies se encontraria num ambiente religioso, assim como a hierarquia católica não permitira a presença de um membro com ideias adversas às escrituras sagradas em seu quadro religioso.

A especialização e dedicação do padre Moure em uma área mais técnica e analítica e menos teórica, com o provável intuito de se afastar de maiores debates entre a criação divina do mundo e a ordem das coisas, revelou-se bastante coerente e favorável para a dupla carreira do padre-cientista.

O PADRE NO MUSEU

José Loureiro Fernandes foi figura importante para o desenvolvimento da pesquisa no Paraná, quando, em 1937, foi nomeado pelo então governador Manoel Ribas para reformular o Museu Paranaense. Ao assumir a direção da instituição, Loureiro Fernandes começou a procurar pessoas para assessorá-lo, e Moure foi um dos escolhidos para dirigir a Seção de Zoologia. Um dos primeiros atos de Jesus Moure ao assumir o cargo foi mandar queimar todo o material zoológico existente, pois, além de não conter qualquer informação sobre a procedência dos exemplares ali presentes, estava todo deteriorado.[66]

O zoólogo acreditava que era necessário recomeçar, e tal proposta implicava uma tarefa árdua e de importância capital para o Museu: levantar a fauna, a flora e informações acerca da geologia, antropologia e mineralogia de todo o estado do Paraná. Também achava necessário ampliar a biblioteca, sendo um dos principais responsáveis pela promoção do intercâmbio com instituições estrangeiras mencionado no capítulo "Uma ciência improvável: o Museu Paranaense entre 1940 e 1960".

O intercâmbio de periódicos e publicações, bastante estimulado pelo Museu Paranaense como forma de enriquecer a biblioteca da instituição, teve fundamental ajuda do padre Moure, que estabeleceu contatos com o Instituto Miguel Lillo

Gabriel A. R. Melo

Padre Jesus Moure "fazendo ciência" no Museu Paranaense

(Argentina), Dr. Eladio Lamas (Uruguai), João Paiva Carvalho (colaborador da Stanford University – EUA), Jessy B. Arruda Camargo (bibliotecária do Departamento de Zoologia de São Paulo), além do pesquisador Werner Carlos Augusto Bockermann.

Também adquiriu livros e periódicos através de trocas e pedidos com a Sociedad Entomologica Argentina e John Sherman Jr. (EUA), com o Instituto Oswaldo Cruz (Rio de Janeiro) e a American Museum of Natural History. Muitas vezes justificava o pedido e solicitava os exemplares de publicações e também das plantas e sistemas de exposição de museus internacionais por estar "very intersted in a complete restoration of the Museum Paranaense", isto é, bastante interessado em reestruturar, reestabelecer, restaurar o Museu Paranaense.

Como diretor e membro do Museu Paranaense, padre Moure organizou a Divisão de Zoologia segundo os modelos e métodos mais avançados da época, renovou as coleções zoológicas e adquiriu uma bibliografia fundamental para a pesquisa. Colaborou bastante para o desenvolvimento e divulgação das publicações produzidas pelo Museu, em especial os *Arquivos do Museu Paranaense*. Excelente articulador e muito bem relacionado, sem dúvida alguma Jesus Moure foi peça fundamental para aproximar o Museu Paranaense do Museu Paulista, assim como os professores da Faculdade de Filosofia, Ciências e Letras de Curitiba e da Faculdade de Filosofia da Universidade de São Paulo. Algumas excursões científicas e até mesmo publicações de artigos e realizações de estudos foram planejadas e concretizadas por seu intermédio.

Apesar de, em 1939, ter recebido o convite do professor Salvador de Toledo Pisa para trabalhar como pesquisador na área de Entomologia no Museu de Zoologia da Secretaria da Agricultura do Estado de São Paulo – atualmente o Museu de Zoologia da USP –, onde possivelmente teria mais possibilidades e facilidades na pesquisa, Moure preferiu assumir seus compromissos no Paraná e dedicou-se mais de uma década e meia de sua vida no Museu Paranaense.

Durante seu período na instituição, o padre manteve intensa correspondência e intercâmbio com pesquisadores do Brasil e exterior. Nos livros de correspondências do Museu Paranaense é possível encontrar trocas de cartas de Moure com Petr Wygodzinsky (Rio de Janeiro),[67] Mello-Leitão (Escola Nacional de Agronomia), Warwick Estevem Kerr (Escola Superior de Agronomia), Oscar Monte (Instituto Biológico de São Paulo), Frederico Lane, padre C. Williner (Colegio del Salvador/ Argentina), Maria Aparecida Vulcano d'Andretta (São Paulo), Heloisa Alberto Torres (diretora do Museu Nacional), A. Willink (chefe da Seção de Entomologia da Universidade de Tucuman/Argentina), Mauro Pereira Barreto (Faculdade de Medicina da USP), Wolfgang Buecherl (Instituto Butantã), Walfo L. Schmitt (Departamento de Zoologia do U. S. National Museum).

Bastante cordial e afetuoso em suas correspondências e contatos, o padre-cientista notadamente desenvolveu amizade com alguns pesquisadores e homens da ciência, com alguns deles mantinha relação bastante amistosa e utilizava-se de tratamentos como "Meu prezado amigo" e finalizando como "Disponha sempre do amigo" ou "Um forte abraço do amigo".

Interessado, sobretudo, em desenvolver estudos e organizar acervo de sua área de interesse e pesquisa, contatou pesquisadores e coletores de insetos e animais de várias regiões em busca de material entomológico. Da mesma forma, recebeu coleções de abelhas e insetos de outras instituições, principalmente de diferentes estados brasileiros para serem classificadas e estudadas, e assim as fez com competência e atenção. Foram determinadas por ele espécies de coleções do Museu Nacional, Universidade Rural, Instituto Oswaldo Cruz, Instituto Agronômico do Norte, Instituto Agronômico de Campinas, Departamento de Zoologia de São Paulo e Instituto Biológico de São Paulo. Moure também classificou materiais enviados pelo Instituto Miguel Lillo da Universidade de Tucumán, Argentina.

Enquanto membro articulador do Museu Paranaense, Moure manteve contatos com São Paulo, o principal polo de pesquisa em zoologia do país e onde poderia contar com o auxílio e parceria de importantes zoólogos como Oliveira Pinto, Ernesto Marcus, Lindolfo Guimarães e Joaquim de Sá Leitão. Estando por alguns períodos no estado vizinho para estudar junto ao Departamento de Zoologia, estabeleceu contatos com pesquisadores e negociou a compra de coleções de livros e periódicos.

Sua presença e vínculos com os cientistas de São Paulo também foram fundamentais para o entendimento e parcerias com institutos e instituições paulistas para organização de excursões no Paraná, muitas vezes insistindo e enfrentando as complicações e dificuldades do aparelho do estado paulista. Escrevendo ao diretor do Museu Paranaense em 9 de janeiro de 1947, durante uma passagem por São Paulo, Moure desabafa "Aqui a burocracia é tudo!".

Em agosto de 1944, José Loureiro Fernandes passou a direção do Museu ao padre para substituí-lo interinamente, o que ocorreria no mês seguinte. Em fevereiro e março de 1947, Moure tornou-se novamente diretor interino do Museu e solicita ao diretor-geral da Secretaria da Educação do estado do Paraná, ao qual era subordinado o Museu Paranaense, a contratação de pessoal para a equipe da instituição. No final de setembro do mesmo ano, tornou-se novamente diretor temporário do Museu e o mesmo ocorre em 1951, denotando sua relevância e a confiabilidade depositada em sua pessoa.

A partir de 1949, Jesus Moure assumiu a presidência do Conselho Administrativo do Museu Paranaense, cargo que ocupou até 1952, quando assume a direção geral da instituição. Como diretor do Museu Paranaense, foi enfático na necessidade de reestruturar o quadro de funcionários da instituição para o melhor desempenho de seu papel científico. O Museu Paranaense não possuía um motorista próprio e emprestava-o do Departamento de Edificações; um dos taxidermistas servia como secretário em outra seção do museu. Necessitava-se de cargos administrativos e assistentes para cada uma das seções do museu, sendo que estes, por também trabalharem com pesquisa, deveriam possuir — no desejo de Moure — o mesmo tratamento e regalias dos funcionários do Instituto de Biologia e Pesquisas Tecnológicas (IBPT). Demonstrando o desejo de fortalecer os laços da Universidade do Paraná com o Museu Paranaense, Moure propôs que alguns licenciados pela Faculdade de Filosofia, os quais já vinham prestando serviços, muitas vezes voluntários, a alguns diretores de seções do Museu, fossem integrados ao corpo de funcionários.

Em seu primeiro ano como diretor, Moure investiu quase metade do orçamento do Museu em materiais de laboratório e mobiliário, evidenciando uma maior atenção para as áreas que necessitavam de material científico e equipamentos, como era o caso da Zoologia e Botânica. Grande verba também foi utilizada para compra de livros e encadernação. Outros gastos expressivos do ano de 1952 foram os custos com excursões e manutenção da caminhonete utilizada nelas e a impressão dos *Arquivos* do Museu, indicando a preocupação do padre com a pesquisa de campo e a divulgação dos resultados das mesmas.

O desenvolvimento da Seção de Zoologia no período em que Moure foi diretor do Museu foi patente, como fica expresso no "Relatório da Secção de Zoologia" enviado em 30 de dezembro de 1952. Nele está expresso a aquisição de pessoal, contratados pelo Instituto de Pesquisa da Faculdade de Filosofia da UFPR ou pela Reitoria da UFPR, alguns funcionários também foram colocados à disposição pela Secretaria da Educação e Cultura. O laboratório de Zoologia foi enriquecido com a compra de vários materiais e equipamentos e, graças à parceria entre Museu Paranaense, Faculdade de Filosofia e Instituto de Pesquisa, "foi possível um grande avanço na formação da biblioteca especializada desta secção",[68] grandes coleções bibliográficas e obras importantes, especialmente na área de entomologia, foram adquiridas. Também muitos animais deram entrada na coleção do Museu e da Faculdade de Filosofia, Ciências e Letras. A equipe do Departamento foi bastante produtiva, publicando vários artigos, conseguindo parcerias em estudos e coletando e montando materiais, inclusive preparando esqueletos para fins didáticos.

Neste mesmo relatório são citados os estudos preliminares realizados por Moure com auxílio do professor Wladmir Besnard (diretor do Instituto Oceanográfico da Universidade de São Paulo) para a implantação de uma estação hidrobiológica no litoral do Paraná, de grande importância para "pesquisas embriológicas, mecânicas do desenvolvimento, fornecimento de material para estudos em aula".

Além dos contatos científicos e profissionais, Moure também manteve correspondência com outros padres e freis, especialmente os que faziam parte de instituições religiosas e atuavam na área científica e de educação. Além dos contatos com frei Reinaldo do Colégio Seráfico de Rio Negro, é interessante observar a carta de 22 de fevereiro de 1953, em que o signatário, irmão Donato Ildefonso, da Faculdade de Filosofia da Pontifícia Universidade Católica do Rio Grande do Sul, despede-se da seguinte forma: "Certo de merecer a benévola atenção do seu magnânimo coração de apóstolo do cristianismo e da ciência [...]". Evidenciando que, entre seus pares religiosos, Moure foi reconhecido e reverenciado como um homem da ciência.

Ainda na direção do Museu, o padre tentou viabilizar a viagem de Wladimir Kosak, diretor da Seção de Cinema Educativo do Museu Paranaense, para o Alto Xingu, em companhia de pesquisadores do Museu Nacional, com o intuito de documentar tribos indígenas, contatando, para isso, vários órgãos, inclusive a FAB (Força Aérea Brasileira). Enquanto diretor participou também da organização da V Reunião da Sociedade Brasileira para o Progresso da Ciência, realizada em novembro de 1953.

Moure dirigiu o Museu Paranaense durante um momento favorável mediante outra fonte de verbas que, durante algumas dezenas de meses, proporcionou melhorias e até mesmo planos auspiciosos para a instituição. Foi um período em que o Museu recebia apoio da Reitoria e verbas do Instituto de Pesquisa da Faculdade de Filosofia da Universidade do Paraná, instituto que era dirigido pelo seu amigo e companheiro de Círculo de Estudos Bandeirantes, Museu Paranaense e Faculdade de Filosofia: o bem relacionado José Loureiro Fernandes.

Jesus Moure lutou para que o Museu Paranaense se integrasse à Universidade funcionando numa espécie de convênio entre ela e seus pesquisadores, a exemplo do que ele conheceu no Commonwealth Institute of Biological Control, que funcionava dentro do Museu Britânico por meio de um sistema dinâmico e de entrosamento perfeito entre as instituições, uma complementando a outra. Entretanto, no Brasil, cada instituto queria ter uma estrutura completa, autônoma. Mesmo assim, não desistiu e consegui estabelecer certo vínculo e reciprocidade entre Museu e Universidade, o que foi fundamental para atenuar a falta de estrutura bibliográfica e de pesquisa dos primeiros cursos de História Natural:

> Sendo extremamente restritas as possibilidade de material e bibliografia na recém-criada faculdade, propôs-se um convênio entre Universidade e o Museu Paranaense. Foi o Museu que nos proporcionou possibilidades de publicação com a criação dos *Arquivos* e publicações avulsas a partir do início da década de 1940. Essa ligação perdurou até a volta deste para a Secretaria de Estado da Agricultura, durante minha ausência nos USA e Europa (1956-1958).[69]

Moure compartilhava das ideias de José Loureiro Fernandes e acreditava na necessidade de mudar a concepção do Museu e torná-lo num centro de pesquisa, um local de produção de conhecimento, ou então um apêndice de alguma instituição que realizasse pesquisas e tivesse apoio contínuo para isso, como era o caso das universidades estrangeiras, cuja realidade ele conhecia. Ele não compartilhava a ideia vigente na época – ainda parcialmente aceita – de que museus representariam "depósitos de coisas raras, capazes de despertar a curiosidade do povo",[70] mas concordava que os museus são "verdadeiros laboratórios de investigação científica",[71] identificando neles grandes possibilidades de desenvolvimento de pesquisa e realização de estudos, devendo ser utilizado por estudantes, professores e pesquisadores em geral.

No início de 1953, Moure se ausentaria da direção do Museu temporariamente, provavelmente para se dedicar melhor ao Instituto de Pesquisa da Faculdade de Filosofia, cuja direção assume por um pequeno período. No segundo semestre chega a se desentender com a Reitoria da Universidade do Paraná, reiterando o pedido de verbas segundo "a clausula 9ª do termo do acordo de Extensão do Mandato Universitário a este Museu".[72] O padre chegou a exclamar e reclamar em algumas cartas que as "cousas andam bastante mal", e em carta remetida a Werner Bockerman (Departamento de Zoologia de São Paulo) Moure desabafa após comentar dos trâmites e negociações da passagem do Museu como órgão autônomo para a Reitoria da Universidade do Paraná:

> A burocracia mata a gente e a vontade de trabalhar. Este ano pensava fazer tanto, uma vêz que deixei a direção do Instituto de Pesquisas, vejo que o Museu me está dando muita dor de cabeça. Em todo caso não desisto, pois criei amor a este pouquinho que somos, e quero fazer com que seja mais.[73]

O padre deixou o cargo de diretor em 11 de janeiro de 1954, continuando na direção do Setor de Zoologia por mais alguns meses.

A PEREGRINAÇÃO CIENTÍFICA DO RELIGIOSO

Apesar de inserido nos principais círculos e instituições científicas do Paraná, padre Moure sentia que o ambiente curitibano ainda era retraído e precário para estudos mais aprofundados. A dificuldade de acesso à bibliografia, principalmente as relacionadas à zoologia e entomologia na capital paranaense era um fator limitante, segundo ele:

> A única coisa importante que havia era a *Flora Brasiliensis*, de Martius. Como era professor de Botânica no Seminário, interessei-me pelo estudo detalhado de algumas famílias. Mas só podia me dedicar aos estudos específicos depois das nove da noite, pois, como padre e professor do Seminário e da Universidade, tinha muitas obrigações durante o dia. [...] Tive a sorte de encontrar pessoas como o doutor Frederico Lane, Samuel Pessoa e Mauro Pereira Barreto, do Museu Paulista e da Faculdade de Medicina de São Paulo, e ter mantido com eles uma intensa correspondência.[74]

Durante muitos anos, a dedicação à ciência e a conciliação com a vida religiosa foram patentes para o jovem padre que se permitia dormir poucas horas por noite para conseguir desempenhar com eficiência e retidão as suas funções de professor, sacerdote, pesquisador, entusiasta e colaborador da ciência: "Levantava-me às quatro e meia da madrugada para cumprir minhas obrigações eclesiásticas matinais. Para continuar trabalhando e publicando simultaneamente, durante vinte anos dormi apenas três horas e meia por noite."[75]

Entretanto, apesar da vida árdua, Moure reconhece a importância de seu interesse e imersão no mundo da ciência, orgulhoso de sua formação e contato com professores estrangeiros e de seu acesso às revistas científicas europeias da época. Acreditava que tal diferencial proporcionou-lhe um modo distinto de observar e apreender os problemas científicos, sejam eles do ponto de vista filosófico, histórico ou teológico.

A década de 1940 iniciava-se para Moure junto com uma paixão que ele fielmente conduziria por toda sua vida: o estudo das abelhas, do qual se tornou referência nacional e mundial. Por influência e indicação de Frederico Lane, do Museu Paulista, e pela falta de pesquisadores na área, o padre investiu suas atenções para as abelhas:

> Li alguns trabalhos do doutor Lane e comecei a estudar os curculionídeos, um tipo de besouro ou "caruncho". Fiz meu primeiro estudo sério em entomologia sob orientação de um agrônomo que trabalhava no Museu Paulista. Publiquei mais dois ensaios com o doutor Lane e, em 1940, mudei para as abelhas. Segundo ele, ninguém ainda havia estudado esses animais na América do Sul. Achamos então que poderia ser um bom começo.[76]

Com aproximadamente dez anos de atuação científica, no final da década de 1940, padre Jesus Moure já tinha publicado 25 trabalhos e, excetuando os artigos iniciais, a maior parte deles não envolvia coautoria com outros cientistas e estudiosos. Já na década seguinte, com o fim da Segunda Guerra Mundial, foi possível um maior intercâmbio científico e compras de livros. Muitos países europeus, arrasados pela Guerra e na necessidade de reconstruir a economia, vendem bibliotecas inteiras, e Jesus Moure aproveitou a oportunidade para enriquecer a biblioteca do Museu Paranaense.[77] As parcerias e colaborações com pesquisadores brasileiros e estrangeiros também ocorreram com maior intensidade a partir de 1950, em especial com Warwick Estevam Kerr[78] e Paulo Nogueira Neto.[79]

Provavelmente, um dos principais parceiros e amigos de Jesus Moure foi o prof. Charles Michener, da Universidade de Kansas. O primeiro contato ocorreu em meados da década de 1950, quando o professor americano elaborava sua revisão sobre as abelhas do Panamá, publicada em 1954. Devido ao seu pequeno contato e quase desconhecimento da complexidade da fauna neotropical, Charles Michener recorreu a Moure para auxiliar em sua pesquisa. Com mais de uma década de estudos sobre abelhas no Brasil e uma ampla visão sobre a sistemática das mesmas em toda a região neotropical, o pesquisador do Museu Paranaense foi fundamental para o progresso dos estudos do americano, que chegou a se estabelecer no Brasil por vários meses. A vinda do prof. Michener e sua família ao Brasil, que permaneceram em Curitiba de junho de 1955 a julho de 1956, permitiu que a colaboração entre eles se concretizasse na forma de importantes revisões de grupos neotropicais de abelhas, como as tribos *Eucerini*, *Exomalopsini* e *Tapinotaspidini*, publicadas entre 1955 e 1957. Uma vez que este último grupo de abelhas é dividido em mais de dez gêneros e cada qual subdividido em várias espécies, a revisão foi um notável trabalho para a entomologia.

Gabriel A. R. Melo

Charles Michemer e Jesus Moure em viagem realizada na Argentina em 1956.

As primeiras viagens realizadas pelo padre Moure ao exterior ocorreram no início da década de 1950, quando em visita a instituições argentinas. Durante a permanência do prof. Michener no Brasil, eles realizaram excursões de estudo no Cone Sul. Uma grande aventura, principalmente pelos apuros passados quando a tentativa de atravessar os Andes de carro foi frustrada por uma forte nevasca.

Em retribuição à acolhida e ao significativo auxílio de Moure em suas pesquisas, Michener incentivou o sacerdote a sair do Brasil para conhecer e sistematizar novas coleções e aperfeiçoar-se nas universidades americanas. E assim ocorreu: desejando conhecer novas técnicas e metodologias de classificação sistemática e com a oportunidade de enriquecer seus conhecimentos e realizar pesquisas, Moure decidiu deixar o Brasil e seguir para os Estados Unidos.

Em 1956, quando Michener e sua família retornaram para os Estados Unidos, padre Jesus Moure os acompanhou para Lawrence como professor visitante da Universidade de Kansas. Por lá permaneceu até julho de 1957, tendo realizado várias viagens a museus norte-americanos nesse período. Na Universidade de Kansas teve a oportunidade de conhecer Robert Sokal e conseguiu participar do desenvolvimento inicial da taxonomia numérica. Esse primeiro contato com os primórdios dessa nova metodologia de classificação teve um profundo impacto na carreira subsequente de padre Moure, tanto como professor quanto sistemata.

Foi durante essa sua primeira estada em Kansas que o seu catálogo para as abelhas da região neotropical, levado de Curitiba até lá por meio de fichas manuscritas, foi datilografado em cartões. Uma cópia-carbono dos cartões foi trazida de volta ao Brasil e os originais permaneceram na universidade americana, sendo até hoje utilizados.

Após conseguir receber bolsas e financiamentos para sua pesquisa em entomologia, como os conquistados junto a Royal Society britânica e American Science Foundation, esta última por intermédio e suporte do prof. Michener, Moure pôde percorrer museus europeus no intuito de fotografar e procurar coleções científicas de espécies neotropicais. Entre julho de 1957 a agosto de 1958, o padre percorreu a Europa, pesquisando na Inglaterra (Oxford e Londres), França (Paris), Itália (Gênova, Turim), Suíça (Zurique), Áustria (Viena), Holanda (Leiden), Dinamarca (Copenhague), Suécia (Estocolmo e Uppsala) e Espanha (Madrid).

Retornou ao Brasil com cerca de 1,7 mil páginas manuscritas com notas de todo o material visto durante esse período. Em muitos locais, passava dias fotografando os materiais e as noites identificando-os, trabalho árduo que muito contribuiu para a pesquisa de abelhas no Brasil. O padre passou meses nos museus Britânico e de Paris fazendo fotos de material-tipo,[80] devendo ter registrado mais de 15 mil exemplares de insetos, os quais vieram a compor o acervo de zoologia da UFPR. Graças ao dedicado trabalho do padre, a Universidade conta com 70% de exemplares-tipos cobertos de determinadas famílias de besouros, inclusive o exemplar que Lineu[81] usou em 1758 para descrever a espécie. Assim são descritas algumas lembranças desse importante trabalho realizado:

> Ao observar meus *slides*, o diretor da Seção de Entomologia do Museu de Paris disse que eu estava levando a coleção do Museu de Paris para o Brasil. Respondi que estava levando tudo o que me era possível. Gastei mil dólares para comprar uma boa máquina fotográfica. Esse dinheiro saiu da Royal Society, que havia me convidado para fazer um estudo sobre as abelhas da região tropical em Londres. Pagaram-me generosamente e, com economia, pude fazer esses gastos. Durante o dia eu fotografava de 300 a 350 exemplares marcados com um número dentro do *slide*. À noite, com o material já revelado, passava todas as notas feitas durante o dia para cada um deles. Esse material está sendo aproveitado por pesquisadores dos museus brasileiros e é fundamental para quem trabalha com sistemática.[82]

Em anos subsequentes, realizou várias outras viagens a diversos países, tanto na Europa quanto na América do Norte, que permitiram o aprofundamento de seus estudos do material – tipo das espécies de abelhas do Brasil. Entretanto, ao voltar para o seu país, repleto de materiais, conhecimentos e novas ideias, foi recebido com a notícia sobre o insucesso da última tentativa do Museu de adquirir autonomia, como sugerido no capítulo "Uma ciência improvável: o Museu Paranaense entre 1940 e 1960". Bastante aborrecido e desmotivado, o religioso pensou em sair novamente do Brasil e ficar na Califórnia, em Berkley, onde tinha sido convidado para ser professor visitante; porém, com a oportunidade de reconstruir o que perdeu, Moure reconsiderou e retomou seu incansável e intermitente trabalho:

> Quando voltei da Europa, em 1958, minha alma caiu aos pés: o Museu Paranaense havia sido desligado da Universidade. Com isso, perdi minha biblioteca, minhas coleções, todos os meus instrumentos de trabalho. Tive dificuldades com empréstimos de livros que eu mesmo havia comprado. Era também muito complicado nessa época obter equipamentos. Diante da impossibilidade de ver as coisas se reestruturarem, fiquei tão desesperado que voltei aos Estados Unidos em 1959. Fui para Berkeley, onde tinha amigos. Eles haviam me convidado para trabalhar na Universidade da Califórnia com um salário mensal de 3,5 mil dólares. Já estava para assinar o contrato quando o doutor Harry Miller, da Fundação Rockefeller, praticamente me obrigou a voltar ao Brasil com uma simples pergunta: "O que você precisa para reconstruir o que perdeu?". Como frade que fez voto de pobreza, eu não tinha noção de dinheiro e acabei pedindo 25 mil dólares. O Miller me disse depois que, se tivesse pedido um milhão de dólares, a Fundação Rockefeller teria me dado. Com a possibilidade de recons-

> trução, voltei e comecei a formar um grupo de pesquisadores que hoje é um dos melhores da América do Sul na área de zoologia. Este é o melhor patrimônio que estou deixando para o Brasil. Trabalhar em prol do nosso desenvolvimento foi uma preocupação constante. Nesse sentido, conseguimos trazer ao país, por meio da Fundação Rockefeller e da Fullbright, pesquisadores de alto nível, como Michener (no período 1955-1956), Hurd (1958-1959) e Mitchell (1961-1962), dos Estados Unidos, e Sakagami (1963-1964), do Japão.[83]

Após realizar suas peregrinações pelas universidades americanas, onde entrou em contato com a taxonomia numérica,[84] Jesus Moure passou a ser o incansável divulgador dessa metodologia em território brasileiro. Esse novo método, cujo nascimento padre Moure literalmente presenciou, envolvia a taxonomia numérica com a matemática aplicada e foi desenvolvido por meio de um estudo realizado entre seu amigo Charles Michener e Robert Sokal, bioestatístico austríaco e rabino judeu, a partir de uma reflexão matemática realizada em um trabalho desenvolvido por Michener.

A taxonomia numérica teve Moure como seu principal divulgador e disseminador no território nacional, entretanto isso ocorreu apenas na década de 1970, após a obtenção de recursos do CNPq para financiar a compra de computadores e o desenvolvimento de programas para ser possível ingressar nesse campo da taxonomia extremamente vanguardista no Brasil. A partir de então, Moure passou a apresentar ao Brasil a taxonomia numérica nos cursos de Taxonomia Zoológica Moderna que ministrou pela Sociedade Brasileira de Zoologia em seus congressos, assim como em diversos cursos particulares e universidades de vários estados do Brasil, Equador, Peru e México.

Em 1972, a convite da Academia de Ciências da Austrália, Moure foi ao país para conhecer a National Collection, coleção que engloba todos os animais da fauna australiana, inclusive exemplares de espécies descritas na Europa, identificados por comparação com o tipo por especialistas australianos. Verificar tal experiência foi bastante oportuno para que o padre desejasse fazer algo do tipo no Brasil, o que de certa forma conseguiu, em parte, com seu catálogo de abelhas. Motivou também Moure a apresentar, no XVI Congresso Brasileiro de Zoologia, em 1989, a proposta de elaboração de uma listagem com a bibliografia fundamental dos animais brasileiros descritos. Afinal, segundo ele, "Pessoas de fora conhecem nossa fauna melhor de que nós mesmos. E o que é pior: ela está sendo extinta pelos desmatamentos e não há coletas sistemáticas".[85]

Ainda próximo e até mesmo após a sua aposentadoria compulsória, ocorrida em 1982, o padre não parou em sua peregrinação científica; recebeu convites para visitar instituições estrangeiras e organizar coleções, esteve em Londres e na Universidade de Munique. Foi também na Alemanha que certa vez teve acesso impedido em um museu cujo diretor era comunista e não era favorável a religiosos, reflexo da República Democrática Alemã, parte oriental do país que possuía influência soviética.

Os convites para palestras e eventos científicos também não cessaram, e Moure, com mais de 70 anos de idade, não deixou de lado suas atividades e continuou ativamente ministrando cursos. Intensificou suas visitas em núcleos emergentes de pesquisa com abelhas que estavam se estabelecendo no Brasil, prestando apoio e suporte de sua experiência e conhecimento em São Luís, Viçosa, São Paulo, Salvador, Porto Alegre, João Pessoa, Belo Horizonte, Recife entre outras cidades brasileiras.

ABELHAS, TAXONOMIA, CATÁLOGOS E PRODUÇÃO DE CONHECIMENTO

A longa e ininterrupta carreira científica de Jesus Moure esteve marcada, sobretudo, pelo interesse em descobrir, conhecer e classificar abelhas segundo técnicas metodologicamente apropriadas e cientificamente determinadas para poder garantir posterior catalogação e estudo. Dessa forma, aliado a essa "especialização" no estudo às abelhas, Moure também se dedicou à metodologia de como classificá-las, organizá-las e propiciar subsídios e facilidades para o estudo das mesmas; para isso, recorreu à taxonomia e sistemática.[86]

Desenvolvida por Lineu (Carl von Linné) no século XVIII, a taxonomia enquanto ciência influenciou e foi grandemente utilizada nas ciências biológicas, especialmente com expansão dos estudos e descobertas na história natural. Lineu propôs a classificação segundo uma hierarquia, começando com os reinos, que são divididos em filos, estes por classes. Dentro das classes estão as ordens, que contêm as famílias, que por sua vez se dividem em gêneros e estes em espécies. Também há sub e super: filo, classe, ordem, família, gênero e espécie, conforme o esquema a seguir:

- Império
  - Superdomínio
- Domínio
- Reino
- Filo (animais)/Divisão (plantas)
  - Subfilo/Subdivisão
  - Superclasse
- Classe
  - Subclasse
  - Superordem

- Ordem
  - Subordem
  - Superfamília
- Família
  - Subfamília
- Gênero
  - Subgênero
- Espécie
  - Subespécie

Apesar de ser a ciência da identificação e classificação de espécies, e tendo em vista sua importância e antiguidade – afinal, desde seu surgimento o homem organiza, classifica e identifica as coisas ao seu redor –, a taxonomia era pouco valorizada ou considerada uma ciência auxiliar, pequena e antiquada.

> De fato, exceto pelos seus primórdios, a taxonomia sempre foi uma ciência pouco entendida. Muitos não a veem como uma ciência de primeira classe, pois entendem ser muito fácil nomear os seres vivos. Ledo engano. Identificar não é simples. Ao contrário, é somar conhecimento, é realizar primeiro uma profunda análise para, só depois, efetuar a síntese desse conhecimento e chegar a um "simples" nome: o nome da espécie, do gênero, ou do que for. Não se deve confundir a tarefa do taxonomista com a de um sacerdote, que aplica um nome já definido. O taxonomista jamais aplica, ele conclui o nome.[87]

Táxon é a unidade de um sistema de classificação científica, o qual é submetido a uma hierarquia. Além de individualizar e descrever cada nível taxonômico, a taxonomia também desenvolve uma metodologia para coleta, montagem, disposição, conservação e preservação do animal e suas partes e o acondicionamento da coleção. Também determina a forma de inventariar as informações de cada espécime, seja na etiqueta, em cadernos, fichas ou banco de dados informatizado.

Dificilmente um único pesquisador será capaz de reconhecer bem as mais de vinte mil espécies de todos os grandes grupos de abelhas, sendo que por isso alguns se debruçam sobre grupos específicos, como foi o caso de Moure, que se dedicou especialmente ao grupo das neotropicais. Além disso, a taxonomia da maioria dos grupos de abelhas necessita de constante revisão, assim é impossível a identificação de todas as espécies e ainda existem as desconhecidas, que poderão nem vir a ser estudadas com o desmatamento de seus habitats originais e a depredação dos recursos naturais.

Embora pessoas experientes possam determinar muitos dos gêneros de abelhas com uma simples inspeção a olho nu, a identificação da maioria das espécies de abelhas é impossível de ser feita no campo. Na maioria dos casos, é preciso que as abelhas estudadas sejam capturadas, mortas e convenientemente montadas para, então, serem identificadas sob lupa de dissecção.

No caso específico das abelhas, a classificação não segue posições estáticas ou rígidas e há algumas diferenças nela. Conforme Michener enfatiza, muitas vezes, a forma de classificar decorre de "decisões subjetivas em que não há posição correta ou errada".[88]

A taxonomia em abelhas cuida da morfologia externa, isto é, das estruturas visíveis das abelhas: Integumento (camada externa do corpo do inseto), onde estão os escléritos (placas rigidas do esqueleto), sensilas e pelos sensoriais (órgãos sensoriais), apódemas (dobras). O integumento varia quanto a cor, "escultura" e densidade de pelos. Na morfologia também é analisada a tagmatização, a identificação das tagmas ou as três partes principais do inseto: cabeça, tórax e abdome, cada uma delas é subdividida em vários outros segmentos.

Grande responsável pelo desenvolvimento dos estudos de abelhas no mundo e também um dos principais teóricos dos sistemas de classificação em abelhas, Charles Duncan Michener[89] é referência mundial em pesquisas de abelhas e autor da "monumental" obra de 913 páginas intitulada *The Bees of the World*. Amigo pessoal e parceiro de pesquisas de Jesus Moure, com quem já escreveu quase uma dezena de artigos, o entomologista americano muito incentivou o estudo de tais animais no Brasil, contribuiu com o estímulo e auxiliou a formação de pesquisadores, centros e linhas de pesquisa na área.

Assim como o Departamento de Entomologia da Universidade Federal do Paraná com suas quatro linhas de pós-graduação, o grupo encabeçado pelo prof. Fernando A. Silveira, do Departamento de Zoologia da Universidade Federal de Minas Gerais, também é fruto da grande escola americana desenvolvida e liderada pelo prof. Charles D. Michener, a quem Moure auxiliou em sua primeira tentativa de estudo da apifauna neotropical quando em seu levantamento do Panamá.

Graças ao empenho de pesquisadores como Charles Michener e Jesus Moure, atualmente as abelhas são um dos organismos mais bem estudados no Brasil e que envolvem um considerável número de pesquisadores – vários deles internacionalmente reconhecidos –, os quais se dedicam ao estudo dos mais variados aspectos da biologia desses insetos: desde seu comportamento social, passando pela biologia de nidificação, aspectos fisiológicos e morfológicos até áreas como a genética, ecologia, manejo e sistemática. "A produção de conhecimento é intensa e emerge de grupos consolidados, criados há décadas por pioneiros como Paulo Nogueira Neto e Warwick Kerr, em São Paulo, e Jesus Santiago Moure, em Curitiba".[90]

Moure atuou como grande defensor da necessidade de compreender a importância das abelhas não só como polinizadoras das plantas cultivadas, mas também na manutenção e desenvolvimento de nossas florestas. Como fruto principal, esperava-se ver surgir uma plêiade de jovens entusiastas pelo levantamento de nossa apifauna. As estações biológicas iniciadas por Paulo Nogueira Neto foram importantes iniciativas para preservar ecossistemas garantidores de uma fonte inesgotável de informações para a pesquisa zoológica, da mesma forma como são as coleções regionais, os museus e as universidades.

> O nosso país foi alvo de muitas coletas por parte de pesquisadores estrangeiros dada a sua riqueza e variedade em formas de excepcional beleza. Ainda há um trabalho árduo a realizar com a cobertura de fotos desses exemplares e de uma atualização de métodos e equipamentos adequados para tal fim. Coleta e estudo das faunas e floras regionais ainda são extremamente precários e pouco compreendidos e restam imensas áreas quase virgens sem estudo e sem levantamentos.[91]

Para Jesus Santiago, os insetos-pragas da agricultura e os que interessam à medicina, por serem transmissores de determinadas doenças, já foram devidamente estudados e cobertos pela entomologia. O padre apaixonado por abelhas desejava que acontecesse "o mesmo com os polinizadores e no futuro com obras equivalentes sobre as diferentes classes de insetos como nossas fantásticas borboletas e belíssimos coleópteros".[92]

O PAI DA ZOOLOGIA PARANAENSE

Por ser o primeiro professor da primeira instituição de ensino superior do estado a ministrar aulas de Zoologia, já bastaria para receber o título de pai ou pioneiro dessa área. Não obstante, Moure foi o primeiro a produzir pesquisas e publicar, com rigor científico, estudos sobre a fauna paranaense. Criador do curso de pós-graduação na área zoologia, um dos primeiros no Brasil, muito batalhou pelo Departamento de Zoologia da UFPR, o qual ajudou a instalar desde a época do curso de História Natural da antiga Faculdade de Filosofia, Ciências e Letras. Sem dúvida alguma é o maior nome da área no Paraná e a pessoa que mais contribuiu para seu desenvolvimento e ascensão.

Admirado e tratado com extremo carinho e respeito pelos profissionais do Departamento de Zoologia, padre Moure foi fundamental para o crescimento das pesquisas e das possibilidades de estudo no estado. Graças aos seus contatos em outros estados e países, juntamente às articulações com outras instituições, foi possível vencer as dificuldades iniciais e desenvolver a zoologia paranaense com eficiência e destaque. Até os dias atuais trabalhos e pesquisas são realizados com as amostras e materiais que foram recolhidos e classificados por Moure.

Passando por situações difíceis, trabalhando de graça e driblando a falta de estrutura, equipamentos e livros, Jesus Moure resistiu bravamente às privações e precariedades de uma instituição que acabava de surgir para realizar um trabalho que muito contribuiu para o desenvolvimento da Universidade e da pesquisa no Paraná.

> Não tínhamos grandes bibliotecas em Curitiba. Usávamos apenas os livros básicos recomendados pelo pessoal de São Paulo. No início dei aulas de graça na Faculdade de Filosofia, Ciências e Letras de Curitiba. Depois de me tornar professor da Universidade do Paraná, passei a receber um pequeno salário. Quando a universidade foi federalizada, por volta de 1950, tínhamos um salário que correspondia a 200 dólares a hora-aula, com obrigação de se dar apenas oito horas-aula por mês, com direito a duas faltas. Ora, o que se pode ensinar de Zoologia em oito ou seis horas por mês? Introduzi o sistema de aulas práticas, que costumava chamar de "veneração da barata". Preparava a barata, colocava-a debaixo do único microscópio existente, vinha o aluno, abaixava, olhava e saía; depois outro aluno repetia o ritual, depois outro e assim sucessivamente. Era uma tristeza! Mais tarde, graças aos irmãos maristas, a FFCL pôde comprar os primeiros microscópios.[93]

Conforme já foi explanado, a colaboração entre intelectuais, cientistas e instituições revelou-se fundamental para o início e desenvolvimento da Faculdade de Filosofia, Ciências e Letras. Para o curso de História Natural o apoio e suporte do Museu Paranaense e seus técnicos e dos professores da Faculdade de São Paulo foram de suma importância. Moure considerava que:

> [...] [uma vez] Sendo extremamente restritas as possibilidades de material e bibliografia na recém-criada Faculdade, propôs-se um convênio entre a Universidade e o Museu Paranaense. [...] Nesses primeiros anos foi decisiva para o desenvolvimento da zoologia na nossa Universidade, a colaboração da USP, particularmente nossos contatos com o prof. Wladimir Besnard, André Dreyfuss e por seu intermédio com o prof. Theodosius Dobzhansky, então frequente em São Paulo.[94]

O padre desejava fazer da Universidade do Paraná um centro de pesquisa semelhante aos que existiam no exterior. Para isso, achava necessária a dedicação exclusiva dos professores e acreditava que somente assim eles poderiam se dedicar às pesquisas e à publicação dos resultados destas, assim como ocorria na Europa e em São Paulo. A vinda de Newton Freire-Maia e de Hans Jakobi, que estavam acostumados a trabalhar em período integral em suas universidades de origem, motivou que padre Moure conseguisse, em 1953, por meio de decreto governamental, oficializar o regime integral na Universidade do Paraná:

> Talvez eu tenha sido um dos primeiros professores a trabalhar em tempo integral para a Universidade Federal do Paraná. Isso se deu por meio de um decreto

> do presidente Getúlio Vargas, de 1953. Aí consegui trazer para Curitiba o doutor Newton Freire-Maia, de São Paulo, recomendado pelo professor Dreyfuss, junto com seu irmão Ademar Freire-Maia. Da Alemanha veio o doutor Hans Jacoby, trazendo uma tradição europeia de universidade. Até então a relação professor-aluno na nossa Universidade era muito precária. Vendo o que se fazia na Universidade de São Paulo, procurei, desde o início da cátedra de Zoologia, conviver mais com os alunos. O desenvolvimento da pesquisa básica brasileira começou na USP em 1934 e no Rio de Janeiro em 1937. Nossa pesquisa básica começou em 1938. O Brasil não tinha verdadeiras universidades; de certo modo, ainda hoje padecemos do mesmo problema.[95]

Tirando proveito de sua excelente rede de contatos, Moure conseguiu trazer ao Departamento de Zoologia importantes nomes da área para ministrar cursos e palestras (como as do geneticista Theodosius Dobzhansky), cooperar em projetos (caso do americano Michener) e até mesmo atrair professores visitantes ou contratados, a citar: Tagea Björnberg, Hans Jakobi, Wladmir Besnard, Charles Michener, Paul D. Hurd, Theodore Bertis Mitchell, Soichi Sakagami, John Galley, Judith Smith, Owain W. Richards e Olaf Mielke.

Embora fosse entomologista e se interessasse mais pelos seres dos ares, o padre não deixou de considerar a importância de pesquisar animais marinhos. Moure pode ser considerado o marco inicial da biologia marinha no Paraná, no ano de 1951. Com a vinda de Tagea Björnberg como professora assistente do Departamento de Zoologia, puderam ser iniciadas as pesquisas de biologia marinha na baía de Guaratuba pelo doutor Hans Jacobi. Com a ajuda do prof. Besnard foram escolhidos dois locais onde seriam instaladas estações de biologia marinha. Com o auxílio do CNPq, conseguiram-se verbas para compra de um barco e tentou-se utilizar da fortaleza da Ilha do Mel para a instalação de uma das estações. Infelizmente o projeto não logrou, sendo que somente na década de 1980 a UFPR conseguiu viabilizar o seu Centro de Estudos do Mar.

Em 1956 e 1957, graças a um auxílio combinado entre a Capes e a Fundação Rockefeller, foi possibilitada a ida do padre Moure para os Estados Unidos, onde pôde atuar como professor visitante em diversas universidades: Kansas, North Carolina, Philadelphia, Pittsburg, Harvard, Stanford, Berkeley e Riverside. Também frequentou grandes de centros de pesquisa em História Natural (Smithsoniam, American Museum, Academy of Natural Sciences of Philadelphia, Field Museum (Chicago), Academy of Sciences (São Francisco). Na América do Norte o cientista das abelhas pôde dilatar sua visão a respeito do funcionamento das universidades locais e a forma como a pesquisa era conduzida e incentivada pelos estadunidenses. A maior novidade foram os *graduate schools*, equivalentes aos nossos cursos de pós-graduação.

Moure relata ter sofrido um grande impacto ao chegar e conhecer a Universidade de Kansas. Com bastante lucidez e reflexão, analisou as diferenças entre a pesquisa realizada no exterior e aqui no Brasil e os entraves e dificuldades de nosso país nessa questão:

> Apesar de pequena, essa Universidade era absolutamente diferente daquilo que se dizia ser universidade no Brasil. Concluí que, do modo que ensinávamos aqui, jamais chegaríamos a ter um grupo de ciência um pouco mais desenvolvido, à exceção dos casos de autodidatismo. Tínhamos professores tremendamente ruins, e os que eram melhores tinham pouca influência sobre os alunos. [...] Só na pós-graduação é que se começa a preparar o aluno para que ele se torne professor ou pesquisador. Só temos prédios, fachadas; por dentro, falta tudo: equipamentos, bibliotecas, recursos humanos qualificados, administração eficiente etc. As verbas costumam chegar em abril ou maio, e no mês de outubro o prazo para sua utilização já acabou. Ora, queria ver um político ou chefe de governo viver com verba para dias contados. Enfrentamos diariamente dificuldades burocráticas de toda ordem. Se formos comparar com o que se passa nos Estados Unidos e Europa, vivemos em estado extremamente precário no que diz respeito à importação de equipamentos e materiais. A burocracia esteriliza e elimina a criatividade do pesquisador. Não é possível um pesquisador ficar a vida inteira atrás de equipamentos. Eu esperei quatro anos para ter uma lupa nova. Na minha idade, o que isso representa?[96]

Em suas profícuas parcerias com pesquisadores estrangeiros, Moure manteve extensa colaboração com Paul Hurd (de Berkeley), ao lado de quem realizou revisão mundial de todos os subgêneros de *Xylocopa*, publicada em 1963, o que posteriormente forneceu subsídios para a publicação do catálogo completo para os halictíneos do Novo Mundo, publicado em 1987. Trata-se do *An Annotated Catalog of the Halictid Bees of the Werstern Hemisphere*[97] (Catálogo comentado de abelhas *halictinae* do hemisfério ocidental), publicado pela Smithsonian Institution, que contém em suas mais de quatrocentas páginas várias centenas de abelhas identificadas e descritas.

Moure também se preocupou com a expansão do grupo de professores do Departamento de Zoologia e para isso pensou no aproveitamento e na formação contínua de alunos como Jayme de Loyola e Silva, Danuncia Urban, Bernadete Lucas de Oliveira, Sebastião Lorca etc. Estes passaram a atuar como auxiliares de pesquisa ou laboratório, envolvidos diretamente nas atividades de pesquisa e participando de cursos de curta duração desenvolvidos especialmente para especializá-los.

Em 1963, o padre começou a pensar na constituição de um curso de pós-graduação em Entomologia, dentro dos planos apresentados pelo CNPq para o aperfeiçoamento do nível dos professores universitários. Foi quando ocorreu a criação do Centro de Treinamento para Entomologistas, grupo de estudos que em 1969 foi aprovado como "centro de excelência" pelo Conselho Nacional de Desenvolvimento Científico e Tecnológico brasileiro. Fundava-se a base para a implantação do mestrado e doutorado em Zoologia[98] nos meados da década de 1970, apesar de que desde 1971 já vinham sendo realizadas defesas de mestrado com bancas examinadoras memoráveis, contando com a presença de Owain W. Richards, Charles Michener e professores da USP, Unicamp e UFRJ. Em 1974 foi autorizado o programa de doutorado.

Toda dedicação de Moure não foi em vão e manifesta-se nos dias atuais. Contando com 55 linhas de pesquisa, envolvendo 78 pesquisadores e 114 estudantes, conforme é possível verificar no Censo de 2008 da CNPq,[99] a Zoologia na UFPR é a terceira no Brasil em índices quantitativos de pesquisa quanto a sua qualidade e representatividade, indiscutivelmente destacando-se entre as primeiras do país. O Programa de Pós-Graduação em Entomologia já formou mais de 250 mestres e uma cifra superior a uma centena doutores, procedentes de diversas regiões do país e do exterior. Com excelente conceito em todas as avaliações, tem mantido a nota máxima ao longo dos anos. Em 1996/1997 o Programa foi considerado o melhor da área de ciências biológicas I, subárea de zoologia, da avaliação do Capes.

Segundo Moure, sua discípula Danuncia Urban é atualmente uma das maiores especialistas em abelhas do mundo, motivo de orgulho para o "mestre", que comentou: "tem vindo vários americanos estudar com ela".[100]

Em suas mais de quatro décadas de atuação na Universidade Federal do Paraná, orientou cerca de quarenta teses e dissertações e foi o grande responsável pelo destaque da Universidade na área de entomologia. Enquanto poucas universidades brasileiras possuem uma linha de pesquisa no estudo dos insetos, o Departamento fundado por Moure na Universidade do Paraná oferece mestrado e doutorado nas áreas de bioecologia, entomologia agrícola e florestal, entomologia médica e veterinária e sistemática e binomia de insecta. Com o esforço do padre especialista em abelhas, as pesquisas em entomologia da Universidade Federal do Paraná possuem um *status* bastante elevado perante o mundo. "As duas revistas de zoologia e de entomologia que saem no Brasil, atualmente, são publicadas em nosso Departamento. Uma pelo professor Mielke, que é a *Revista Brasileira de Zoologia*, e depois pela professora Solange Napp, a *Revista Brasileira de Entomologia*".[101]

Outra inestimável contribuição de Jesus Moure à zoologia paranaense foi a coleção zoológica que originou o Museu de Entomologia Jesus Moure, uma homenagem que recebeu enquanto ainda vivia e atuava no Departamento. Por meio de um trabalho de várias décadas coletando, preparando, identificando e classificando insetos, foi possível organizar uma das maiores coleções de insetos do Brasil. O padre relatou o interesse e as dificuldades iniciais dessa sua iniciativa:

> Desde o início, o Departamento procurou [que] ao lado das facilidades bibliográficas figurasse a coleção zoológica. Enquanto estivemos unidos ao Museu Paranaense, nela ficava o material zoológico, dispondo de ótimo taxidermista, o sr. André Mayer. Após a separação, tivemos que recomeçar tudo de novo.[102]

Além das coletas próprias e de profissionais relacionados ao seu grupo de pesquisa, Moure não mediu esforços para comprar, adotar e conseguir coleções e as adquiriu de diversas pessoas e instituições de diferentes regiões do Brasil, tudo em prol do objetivo de reunir, organizar e centralizar um museu de referência em estudos entomológicos no Brasil. Hoje o Museu de Entomologia Jesus Moure, instalado no Departamento de Zoologia da UFPR, reúne cerca de seis milhões de insetos, metade deles já catalogada, abrigando a maior coleção de *Rhopalocera*[103] do país.

Grandes contribuições não somente à zoologia paranaense como para a mundial foram as mais de duzentas publicações legadas por Jesus Moure em periódicos brasileiros e de países como Estados Unidos, Japão, Chile, Peru, Argentina e Costa Rica.

Pesquisador e estudioso incansável e apaixonado, sempre manteve uma produção constante desde a década de 1930. A partir de 1940, com os *Arquivos do Museu Paranaense*, divulgou incansavelmente sua produção científica. Moure muito apoiou, tornou conhecidos e colaborou com os periódicos do Museu Paranaense, sejam os *Arquivos* como as *Publicações Avulsas*. Com o término dos periódicos do Museu, que praticamente ocorreu próximo à época de sua saída, passou a publicar e contribuir com *Dusenia*, revista da efêmera Sociedade Paranaense de História Natural fundada por João Jorge Herthel. Na década de 1960 é a vez de contribuir com os periódicos da Universidade Federal do Paraná, especialmente os da série de zoologia.

As *Revista Brasileira de Zoologia*, *Revista Brasileira de Entomologia*, *Acta Biológica Paranaense*, *Dusenia*, *Revista Brasileira de Biologia*, *Neotropica*, *Revista Chilena de Entomologia*, *Actas y Trabajos Del Congreso Sud Amer Zoologia La Plata*, *Zoological Nomenclature*, *Biotropica*, e *Boletim Agrícola de Curitiba* também publicaram artigos e estudos do padre-entomologista. Não obstante, vários outros periódicos científicos de diversos museus e instituições receberam e divulgaram estudos de Jesus Moure, a citar *Pan Pacific Entomologist*, *Journal of the Kansas Entomological Society*, *Superintendência de Recursos Naturais e Meio Ambiente*, *Journal Science of Hokkaido University*, *Journal Fac. Agric. Kkyushu University*, *Anais da Academia Brasileira de Ciências*, *Atas da Sociedade Biológica do Rio de Janeiro*, *Arquivos do Museu Nacional do Rio de Janeiro*, *Anais de Zoologia do Japão*, *Studia Enomologica*, *University California Publ. Entomoligical*, *Journal of New York Entomological Society*, *Boletin del Museo de Historia Natural Javier Prado* e publicações do Museu Paraense Emilio Goeldi, do Instituto Oswaldo Cruz, da Sociedade Brasileira para o Progresso da Ciência e outros periódicos científicos nacionais e internacionais.

Moure, segundo próprias palavras, relatou carinho especial pelas publicações, afinal, elas possibilitavam transpor fronteiras e "concretiza em termos de leis internacionais a nossa contribuição ao avanço das ciências zoológicas".[104] E assim fez o incansável padre, percorrendo o mundo e dando sua colaboração ao estudo e conhecimento da zoologia:

> Os trabalhos que realizei no Brasil são bem conceituados em todas as partes do mundo. Tanto isso é verdade que recebi do Museu Britânico um convite para ordenar sua coleção de abelhas. Museus dos Estados Unidos também têm me feito convites nesse sentido. Na Universidade de Munique, coloquei em ordem, em apenas três dias, cerca de 15 mil abelhas, a nível de gêneros, muitas a nível específico. Naquela época conseguia guardar uns quatro mil nomes de espécies de abelhas na cabeça, com data e autor.[105]

VIVENDO EM PROL DA EDUCAÇÃO E DA PESQUISA

Moure se envolveu, dedicou e viveu em prol da universidade e da pesquisa científica no Brasil enquanto um todo. Lucidamente tinha consciência de que a articulação entre setores, instituições e universidades era fundamental para o desenvolvimento de pesquisas e para a conquista de financiamentos e incentivos. Para ele, no Brasil, "Muitas de nossas universidades têm esse nome só porque têm um reitor. Não há compartilhamento das áreas básicas".[106]

Após anos de experiência e conhecimento do funcionamento das universidades americanas, Moure defendeu ativamente a adoção do modelo americano de universidade no Brasil. Atuante na reforma universitária brasileira, assim como na fundação de sociedades, centros e instituições em prol da pesquisa no Brasil, Moure lamentava as falhas estruturais do ensino superior no Brasil. Para ele, da forma como ficou, acabou gerando um sistema híbrido americano-francês que fortaleceu o corporativismo. "A departamentalização, na maioria das vezes, serviu a interesses pessoais, acima de situações de ensino. Nós não lutamos pela competência; lutamos contra o apadrinhamento, contra o 'filhotismo'".[107]

Juntamente com Brasil Pinheiro Machado, Moure foi encarregado de implantar a reforma universitária no Paraná e assim lutou entre 1967 e 1968 pela otimização da instituição. Comprou brigas, enfrentou discussões e adversidades por uma universidade mais inteligente e funcional:

> Tínhamos na época cinco ou seis pequenos departamentos de Química, cada um olhando a matéria de um ponto de vista aplicado, restrito, imediato. Nossa ideia era formar um grande departamento de Química, onde se ensinassem os fundamentos da matéria para todas as áreas. O mesmo deveria se dar com biologia e outras áreas científicas. Nessa ocasião tive sérios desentendimentos com algumas pessoas e acabei me demitindo da comissão de implantação da reforma. Quando tentei, por exemplo, dizer que um professor de latim podia perfeitamente ensinar a língua a um jurista, o diretor da Faculdade de Direito disse: "Para ensinar latim aqui, só sendo advogado!". Atualmente até a língua portuguesa, no curso de Direito, não é ensinada por professores do Departamento de Letras.[108]

A reforma universitária na UFPR concretizou-se na gestão do reitor Algacyr Munhoz Mader (1971-1973).

Desde a época do Museu Paranaense, Moure já exercia algo bastante em voga na educação atual, a interdisciplinaridade. Via a necessidade da convergência das várias áreas e profissionais das ciências naturais para o desenvolvimento e aprimoramento de estudos; e chegou a citar que

> [...] tal aproximação não era tão clara cinco lustros atrás, quando o taxonomista era olhado com certa compaixão por seus colegas biologistas, geneticistas e mesmo paleontologistas, que o comparavam a um "colecionador de selos", cujo trabalho principal consiste em manter bem organizadas as coleções, de acordo com determinadas listas e "chaves", de tal sorte que cada animal [...] levasse seu rótulo ou etiqueta, seu número e ficha, estivesse na gaveta 3, do quinto armário, da série A! Ninguém pode deixar de ser organizado para manter em perfeita ordem os numerosos e variados espécimes que atualmente entram para um museu, ou para dispor o material de um determinado grupo, acumulado durante anos e provavelmente das mais diversas zonas.[109]

Assim, Moure defendia a integração e diálogo de "trabalhos" e áreas dentro da ciência para possibilitar a obtenção de dados e contribuições para a realização de estudos e pesquisas. E desse modo atuou, seja para integrar os trabalhos dos taxidermistas ao ensino de ciências naturais na universidade e estes às atividades de produção e conservação do museu, seja para promover intercâmbio e parcerias entre pesquisadores de outras instituições.

Sabendo da importância de diferentes questões e práticas no desenvolvimento da pesquisa científica, dentre elas a da conservação, catalogação e organização, Moure organizou toda uma coleção com práticas da taxonomia, o que acabou resultando em um museu com alguns milhões de insetos.

Apesar da departamentalização cada vez mais rígida dos setores e saberes, bastante comum há algumas décadas e com reflexos nos dias de hoje, ainda nos idos de 1972 Moure integrou-se a um projeto interdepartamental entre universidades, os chamados

"Projetos Integrados". Em esforço conjunto com as universidades de Viçosa e Federal do Rio de Janeiro, a Escola Superior de Agricultura "Luiz de Queiroz" (Esalq) e o Museu Nacional, envolveu-se nos Projetos Integrado de Pesquisa de Pragas Agrícolas (Pippa), que infelizmente não deslanchou.[110] Mesmo assim, o padre não desistiu e auxiliou a implementação do Centro de Identificação de Insetos Fitofágicos (Ciif) em convênio com a Smithsonian Institution, o Departamento de Agricultura dos Estados Unidos e o Biosystematics and Beneficial Insects Institute, o qual contribuiu para o levantamento da fauna de insetos do estado do Paraná.

Também defendeu o diálogo entre os saberes, considerando que uma pesquisa ou estudo por si só, sem haver integração ou utilidade para outras áreas e campos, acaba se tornando dispensável e limitada. Com experiência e visão irrestrita de quem percorreu o mundo, conheceu realidades diferentes e conviveu com pesquisadores de vários continentes e especialidades, o padre-cientista acreditava que ainda havia muita "visão deformada" no meio científico. Ele atentava ao fato de que pouco se vincula o estudo dos polinizadores brasileiros à sobrevivência de nossas florestas, e considerava limitado preocupar-se com as árvores sem atentar para os insetos que polinizam:

> O trabalho de sistemática pode se refletir na ecologia. [...] Se eliminarmos a polinização das plantas, muitas deixarão de produzir sementes. Comecei a estudar os hábitos das euglossinas, por exemplo, belíssimas abelhas de língua comprida cujos machos visitam orquídeas. Iniciei esses estudos para colaborar na polinização natural, evitando-se a polinização manual da baunilha, que ocorre no México. O conhecimento da natureza, em qualquer nível, traz benefícios para a ciência. Um conhecimento metodizado das abelhas, por exemplo, se reflete em nossa formação e no estudo da zoologia em geral. Um animal bem conhecido do ponto de vista anatômico, fisiológico, comportamental, é fonte de informação para o estudo de outros animais. O mesmo se aplica às plantas. Outro exemplo é o de um agrônomo que vai estudar insetos. Ele acha que deveria estudar as pragas e não os insetos, esquecendo-se de que qualquer inseto pode se tornar uma praga, desde que não consiga alimento em abundância. As coisas são muito mal interpretadas. Costuma-se determinar um inseto como praga da planta tal e não como inseto.[111]

Considerando essencial uma visão mais global e base mais sólida aos pesquisadores e às instituições de pesquisa, assim como a realização de levantamentos sistemáticos para a identificação de espécies – muitas delas ainda não descritas –, Moure refletia sobre as causas que impossibilitavam e inviabilizavam a realização de estudos e a produção de novos conhecimentos. Dentre essas causas, destacava a falta de integração de setores e departamentos de uma mesma instituição e os entraves provocados pela estrutura rígida e burocratizada das universidades e instituições científicas brasileiras.

> O Instituto Brasileiro do Meio Ambiente e Recursos Naturais Renováveis (Ibama) deveria abrir suas reservas para pesquisa e facilitar o alojamento de pesquisadores. Deveria também manter, entre seus técnicos, especialistas na coleta e preservação de espécies para estudo. No fechamento de represas hidrelétricas tem-se salvado algumas espécies, com grande alarde jornalístico. No entanto, pouco se pensa na possibilidade de um levantamento faunístico sério das áreas a serem inundadas, com o objetivo de preservar exemplares em nossos museus. Mais grave que isso são os desmatamentos e queimadas indiscriminadas com vistas à implantação de grandes projetos agropecuários e estradas, sem o devido acompanhamento científico. É por isso que quero destacar o trabalho imenso do doutor Carlos Alberto Campos Seabra e de alguns outros coletores brasileiros, que procuram fazer levantamentos por conta própria, já que nas universidades e museus não há recursos para tanto.[112]

Tendo "consciência ecológica" desde a época em que esse termo não era comum, assim como lucidez e interesse preservacionistas e educativos, o padre-entomologista defendia a criação de museus naturais onde poderão ser preservadas, identificadas e estudadas espécies que em pouco tempo não mais existirão mediante todo o desmatamento e descaso com o meio ambiente. Ele lamentava o fato do quase extermínio da Mata Atlântica sem ao menos conservar suas espécies em museus; assim, muito conhecimento de nossa fauna e flora foi e está sendo perdido ou deixado de ser revelado.

FÉ E PERSEVERANÇA

Moure, como poucos, conseguiu viver a vida acadêmica e científica de forma tão intensa. A despeito de se dividir com a vida religiosa, o padre-cientista foi um excelente articulador mesmo sem ser político, percorreu o mundo em prol da ciência e aproveitou todas as oportunidades que lhe surgiram. Participou dos congressos de zoologia em Montreal (Canadá), Camberra (Austrália), Munique (Alemanha) e diversos outros na América Latina. Lecionou em várias universidades estrangeiras e brasileiras, realizando estudos nos principais centros internacionais de pesquisa em entomologia: University of Kansas (Lawrence, EUA), em Harvard (Boston), em Oxford, no British Museum of Natural History (Londres), no Museum National d'Histoire Naturelle (Paris), no National Museum of Natural History Smithsonian Institution (Washington D. C., EUA), na Academy of Natural Sciences of Philadelphia, na University of California (Berkeley), no Carnegie Museum (Pittsburg), dentre outras. Dirigiu instituições, coordenou eventos e grupos de pesquisa, fundou e contribuiu com sociedades e centros de pesquisas, expandiu conhecimentos e atuou com bastante seriedade para facilitar a difusão e pesquisa científica no Brasil.

Participando da criação dos principais órgãos relacionados à pesquisa e ciência do Brasil – Sociedade Brasileira para o Progresso da Ciência (SBPC), CNPq e Capes –, lutou muito para organizar a pós-graduação no Brasil. Também colaborou para a instalação da Sociedade Brasileira de Entomologia, em 1937, e da Sociedade Brasileira de Zoologia, em 1978. Sua contribuição à ciência foi extremamente expressiva, foram duas centenas de artigos científicos, quase meio milhar de espécies de abelhas descritas e extrema dedicação ao ensino e transmissão de conhecimentos e técnicas. Não é exagero afirmar que o padre ajudou a solidificar as bases para as pesquisas zoológicas em nosso país.

Sabe-se que no meio científico há muitas disputas, conflitos de egos, ganância e competição. Moure realmente conquistou uma posição invejável e realizou feitos que revelam persistência e perseverança. O fato de estudar, coletar e classificar abelhas por longos anos pode revelar uma obsessão em atingir uma meta, em se tornar o especialista no assunto, assim como também pode refletir a paixão por esses animais, a consciência da importância dos mesmos e a vontade de contribuir com estudos futuros. Não se sabem as intenções e íntimas vontades do biografado. Entretanto, mediante a ética cristã católica de um religioso que fez voto de pobreza e estaria resignado a se ocultar socialmente, acredita-se que Jesus Moure não era de traçar metas ou planos para se tornar uma grande referência na área em que se propôs dedicar. Com rígida formação católica e crente na predestinação, era adverso ao livre-arbítrio pregado pelo protestantismo, e, assim, certamente não acreditava na possibilidade de escolhas em sua trajetória ou de traçar planos a seguir. Da mesma forma, sua personalidade tímida e amistosa não condiz com o perfil de um homem competidor e egoísta, de um cientista que se preocupa com o próprio sucesso em detrimento da contribuição à ciência.

Em seu discurso, Moure revelava muita vontade e esforço em seu trabalho, assim como seriedade e determinação. Apesar de cientista, aparentemente o "ser religioso" desponta fortemente em sua personalidade, de forma que ele não permitira deslizes ou meios-termos pelo fato de estar em um ambiente algumas vezes destoante do catolicismo:

> Eu sigo a linha da Igreja, evidentemente eu não posso estar alguns pontos em concordância e em outros pontos em discordância. Eu acho isso a coisa mais absurda possível, ou eu me encaminho por uma coisa ou por outra. Mas não ficar assim, como se dizem, no meio da água, ou seja, uma hora vira pra cá, outra hora vira pra lá. Não! Eu acho que isso não está de acordo. Eu tenho um espírito... Assim como em ciência me formei com todo rigor e procuro nos meus trabalhos expor as coisas com a maior seriedade possível, sem procurar enganar [...].[113]

Após quase setenta anos dedicados à ciência, pesquisa e educação, administrando museus, organizando coleções, formando gerações de cientistas, lutando por um panorama científico mais favorável, utilitário e integrado, Moure, depois de tanto percorrer o mundo pesquisando e divulgando conhecimentos, viu-se no momento de se recolher deixando um grande e importante legado.

O reconhecimento de seu trabalho como cientista e sua dedicação ao progresso da ciência no Brasil ocorre entre seus colegas e discípulos e são expressos através de numerosos prêmios e condecorações: Prêmio Costa Lima, conferido pela Academia Brasileira de Ciências em 1970; Prêmio Bassoli, pela Sociedade Entomológica do Brasil em 1987; Prêmio de Ciência e Tecnologia, do Conselho de Ciência do Estado do Paraná em 1990 (5º Prêmio Paranaense de Ciência e Tecnologia, promovido pela Secretaria de Estado da Ciência, Tecnologia e Ensino Superior – Seti); Prêmio Frederico Menezes Veiga, conferido pela Empresa Brasileira de Pesquisas Agropecuárias em 28 de abril 1998. Foi também merecidamente agraciado com as mais elevadas condecorações concedidas pelo governo a cientistas: Comendador da Ordem Nacional do Mérito Científico, conferida pelo Ministério da Ciência e Tecnologia e entregue pelo presidente da República do Brasil em 2 de junho de 1995, e Grã-Cruz da Ordem Nacional do Mérito Científico, do Ministério da Ciência e Tecnologia, também recebida das mãos do presidente. Em comemoração ao 50º aniversário de fundação da SBPC, seu nome não foi esquecido e foi incluso um capítulo com sua biografia no livro *Cientistas do Brasil*. Também é doutor *honoris causa* pela UFPR desde 1982 e em 1995 recebeu o título de Cidadão Honorário da cidade de Curitiba.

Ao completar 90 anos, Padre Moure foi homenageado com a publicação do livro *Apoidea Neotropica*, fruto da mobilização da comunidade científica especializada em abelhas que compôs uma importante obra englobando 34 artigos científicos e mais de 60 autores envolvidos. Nela, foram publicados trabalhos originais e inéditos na área de entomologia, todos baseados em espécies de abelhas neotropicais, seguindo a tradição iniciada pelo padre Moure na década de 1940.

Em julho de 2008, Moure conseguiu presenciar a realização de um sonho de várias décadas, o lançamento de um catálogo de abelhas que leva seu nome, em cerimônia oficial durante o VIII Encontro sobre Abelhas, em Ribeirão Preto (SP). O referido catálogo representa uma obra única, referência fundamental para todos aqueles interessados na fauna neotropical de abelhas, e foi resultante do esforço de toda uma carreira dedicada ao avanço do conhecimento sobre a sistemática e a taxonomia das abelhas. Apresenta, em um único volume e banco de dados on-line, a relação completa e referenciada de todas as informações disponíveis para as espécies de abelhas neotropicais. Uma obra bastante útil para todos os que trabalham diretamente com sistemática, taxonomia e biologia de abelhas, bem como para aqueles que tratam da conservação, biologia floral e polinização. O catálogo constituiu uma conquista para o incansável padre, que desde 1938 vinha catalogando informações sobre as abelhas da região neotropical e se tornou umas das referenciais mundiais no assunto devido a seu empenho no trabalho, perseverança na pesquisa, capacidade de articulação e mobilização e, sobretudo, seriedade, paixão e determinação por tudo o que fazia.

Com saúde debilitada e idade avançada, com muito pesar, Moure precisou deixar o Departamento de Zoologia da UFPR. Quase centenário, foi viver em um mosteiro claretiano no interior de São Paulo, local cercado de natureza, ela que tanto lhe serviu de inspiração e base de estudos. Moure faleceu em 10 de julho de 2010, com 98 anos incompletos de uma vida produtiva, intensa, retilínea e invejável. Se houve algumas decepções, os êxitos certamente foram bem maiores e merecem ser lembrados e divulgados.

Relembrando uma frase do padre: "criei amor a este pouquinho que somos, e quero fazer com que seja mais", pode-se concluir que, com amor pela vida, pela condição humana e pelas possibilidades, ele teve perseverança, vontade e determinação para fazer com que suas ações de fato fossem "mais".

Após seguir religiosamente a carreira científica, atuando como um religioso no mais extremo sentido de abdicação à vida própria e ao individualismo, padre Moure é um exemplo que merece ser divulgado e conhecido, assim como servir de inspiração para pessoas de fé e ação.

O autor gostaria de agradecer o auxílio com as fontes, indicações, comentários e revisão de Fabiano Ardigó para a elaboração do capítulo.

Notas

1 Claretianos (Congregação dos Missionários Filhos do Imaculado Coração de Maria, *Congregatio Missionariorum Filiorum Immaculati Cordis Beatae Mariae Virginis, Cordis Mariae Filii, Claretiani*, CMF) é uma congregação religiosa católica fundada por Santo Antônio Maria Claret em 16 de julho de 1849. Vindos da Espanha, terra-madre de seu fundador, fazem parte da leva de congregações europeias que chegaram ao Brasil na segunda metade do século XIX. Após o tempo necessário para fixação e para o conhecimento da realidade do país, deram início a diversas atividades pastorais. Figuram atualmente entre as dez maiores ordens e congregações da Igreja com 3,5 mil membros espalhados em 66 países nos 5 continentes. No Brasil, além de possuir inúmeras paróquias, está presente em colégios, faculdades, centros de espiritualidade, seminários, centros de formação para juventude, missões *ad gente*, etc.

2 R. Hooykaas, A *religião e o desenvolvimento da ciência moderna*, trad. Fernando Dídimo Vieira, Brasília, Editora da Universidade de Brasília, 1988.

[3] Carlos Ziller Camenietzki, "Cientistas e religiosos", em *ComCiência*, 65, Campinas, maio 2005. Disponível em: <http://www.comciencia.br/reportagens/2005/05/11.shtml>. Acesso em: fev. 2010.

[4] Idem, p. 196.

[5] Ambrósio de Milão (Trier, Alemanha 340 d.C. – Milão, abril de 397 d.C.), bastante influenciado pela filosofia grega, especialmente neoplatônica. Autor de obras exegéticas, dogmáticas, morais e ascéticas, escreveu sobre a exegese, moral, física e mística.

[6] Agostinho de Hipona (354-430 d.C.) bispo, escritor, teólogo, filósofo, considerado *Doctor Gratiae* (doutor da Igreja), ficou conhecido por seus pensamentos e teorias em sua obra *Cidade de Deus*.

[7] Considerado o mais sábio dos santos e o mais santo dos sábios, viveu no reino de Nápoles entre 1225 e 1274 d.C. Padre dominicano, teólogo, filósofo e distinto expoente da escolástica, é cognominado *Doctor Communis* ou *Doctor Angelicus* pela Igreja Católica.

[8] Cf. Chiara Frugoni, *Invenções da Idade Média:* óculos, livros, bancos, botões e outras inovações geniais, Rio de Janeiro, Jorge Zahar Editor, 2007.

[9] Jacques Le Goff, *Os intelectuais na Idade Média*, Rio de Janeiro, José Olympio Editora, 2003.

[10] Ordem religiosa fundada em 1534, a Companhia de Jesus foi formada por um grupo de estudantes da Universidade de Paris, liderado por Inácio de Loyola, que se tornou reconhecido especialmente pelo trabalho missionário e educacional que realizaram. Dotados de sólidos conhecimentos arquitetônicos, astronômicos, científicos e "pedagógicos", deixaram suas marcas e obras em várias partes do mundo, inclusive no Paraná.

[11] Carlos Ziller Camenietzki, op. cit.

[12] R. Hooykaas, op. cit., p. 16.

[13] Cientista experimental inglês nascido em 1635. Formulou a teoria do movimento planetário e a primeira teoria sobre as propriedades elásticas da matéria. Filho de pastor protestante, iniciou-se como corista da Igreja de Cristo de Oxford e foi estudar em Oxford University em 1653, onde começou como assistente de laboratório de Robert Boyle, de quem foi colaborador nos estudos sobre gases. Fez experiências na área de mecânica, ótica, elasticidade dos fluidos e gravitação universal. Arquiteto, professor de Geometria, atribui-se a ele a criação do microscópio composto e o aperfeiçoamento de vários outros instrumentos de uso científico. Morreu em Londres, em 1703.

[14] Nascido na França em 1769, foi naturalista, paleontólogo e zoólogo. Estudou moluscos e formulou leis de Anatomia Comparada, disciplina que lecionou no Museu de História Natural. Graças às tais leis foram possíveis as reconstruções paleontológicas, por isso é considerado o pai da paleontologia. Foi o principal defensor do catastrofismo: corrente de pensamento que acreditava que as alterações que ocorrem na Terra são consequências de fenônemos súbitos causados por acontecimentos catastróficos. Faleceu em 1832.

[15] Carlos Ziller Camenietzki, op. cit.

[16] Sir Isaac Newton (1643-1727) cientista inglês, mais reconhecido como físico e matemático, também foi astrônomo, alquimista, filósofo natural e teólogo. Dominou as leis básicas da mecânica, descobriu as leis básicas da gravidade e obteve cálculos e avanços significativos no campo da óptica. Newton foi o físico mais respeitado dos tempos modernos e levou o título de físico mais importante, sempre procurando respostas para as ações divinas. Isso não o fazia ser descrente de sua religião.

[17] Jean-Henri Fabre, nascido na França em 1823, dedicou-se à entomologia, mas ficou mesmo conhecido por sua oposição à Teoria da Seleção Natural de Darwin. Alcançou grande aceitação entre grupos conservadores e católicos europeus. Faleceu em 1915, após legar vasta produção científica sobre insetos.

[18] Carlos Ziller Camenietzki, op. cit., p. 195.

[19] Isidore Auguste Marie François Xavier Comte, filósofo francês, fundador da sociologia e inaugurador da filosofia positivista.

[20] Cf. Riolando Azzi, *História da educação católica no Brasil:* contribuição dos irmãos maristas. São Paulo, Loyola/ Simar, 1997, 4 vol. e *Presença marista no mundo e no Brasil*, São Paulo, s.n., 1967.

[21] Vf. a chegada dos jesuítas ao Brasil.

[22] José Mariano da Conceição Veloso nasceu em Minas Gerais no ano de 1742. Frade franciscano e naturalista, interessou-se, sobretudo, pela botânica. Transformou seu claustro em um museu herbário, dedicando várias décadas ao estudo das plantas. Ministrou Retórica, Geometria e História Natural nos conventos de São Paulo e do Rio de Janeiro. Contando com o apoio do vice-rei Luís de Vasconcelos para suas pesquisas, fez uma expedição botânica no Brasil entre 1782 a 1790, quando então partiu para Lisboa, onde aprenderia a classificar espécies da flora e fauna enquanto trabalhava no Real Museu e Jardim da Ajuda e na Academia Real das Ciências de Lisboa, da qual se tornou membro. Sua notável e importante obra *Florae Fluminensis*, na qual inventariou e

descreveu cerca de 1,70 mil novas espécies de plantas da região do Rio de Janeiro, começou a ser escrita nessa época. Publicada em 1835 em Paris, começou a ser escrita em Lisboa a partir de estudos de plantas coletadas no Brasil. Publicou várias outras obras, inclusive uma sobre abelhas, *Tratado histórico e físico das abelhas*. Faleceu no Rio de Janeiro em 1811.

23 Balduíno Rambo (Tupandi, 11 ago. 1906-12 set. 1961). Desde cedo foi interessado pelas ciências naturais. No ginásio iniciou sua coleta de plantas, tendo logo juntado uma grande coleção. Estudou na Alemanha e realizou excursões científicas, cujos resultados foram publicados em revistas alemãs e brasileiras. Fundador da cátedra de Antropologia e Etnografia da UFRGS em 1940, também lecionou na Faculdade de Filosofia, Ciências e Letras de São Leopoldo, futura Unisinos. Lutou pela criação de um jardim botânico em Porto Alegre e conseguiu articular a criação do Parque Nacional dos Aparados da Serra. Suas pesquisas botânicas resultaram num acervo de plantas de cinquenta mil exemplares. Foi redator da principal revista jesuíta no estado, a *Sankt Paulusblatt*, destinada à formação e à informação dos colonos teuto-brasileiros católicos. É a revista católica em língua alemã mais antiga do Brasil, uma das poucas que voltou a circular após a campanha de nacionalização empreendida pelo Estado Novo, e continua até os dias atuais.

24 Francisco Silvério Pereira (1913-1991). Padre claretiano, estudou no Seminário de Rio Claro juntamente com Jesus Moure. Tornou-se entomologista especializado na taxonomia de escaravelhos, sobre os quais se dedicou em diversos estudos e viagens de campo no Brasil e na América Latina. Atuou no Museu de Zoologia de São Paulo e no Instituto Biológico daquele estado.

25 Nascido como Heinrich Fritz Hermann na cidade alemã de Bielefeld em 31 de outubro de 1892, Borgmeier chegou ao Brasil em 1910. Em 1917, tornou-se entomólogo, tendo como especialidade suas pesquisas sobre formigas. Professor de Sagrada Escritura no Instituto Teológico de Petrópolis, atuou no Museu Nacional, sendo discípulo de Oswaldo Cruz, e participou do Instituto biológico de São Paulo. Em 1931 fundou a *Revista Entomológica*, periódico internacional dedicado a trabalhos sobre insetos, preferencialmente da fauna neotropical, com edição trimestral. Editada até 1950, legou vários números e artigos, alguns deles com a contribuição de padre Moure.

26 Cândido Firmino de Melo Leitão, nascido em Campina Grande, Paraíba, no dia 17 de julho de 1886, é proveniente de uma conservadora e católica família de coronéis fazendeiros do nordeste brasileiro. Começou sua atuação na área de zoologia em 1913 na Escola Superior de Agricultura e Medicina Veterinária em Piraí (RJ), onde foi professor de Zoologia Geral e Sistemática. Em meados da década de 1910, publicou seu primeiro trabalho taxonômico com a descrição de alguns gêneros e espécies de aranhas brasileiras, animais aos quais dedicou os estudos. Considerado o fundador da aracnologia na América do Sul, chegou a publicar quase duzentos artigos sobre o tema. Ligado nos meios políticos, foi indicado para diretor de Zoologia do Museu Nacional em abril de 1931, cargo em que permaneceu até dezembro de 1937. Também foi membro da Academia Brasileira de Ciências de 1943 a 1945. Faleceu no Rio de Janeiro em 1948, legando vasto trabalho científico de grande influência e referência nas áreas didático-pedagógicas do ensino das ciências, como também nos meios científico-acadêmicos.

27 Essa compreensão da atuação do importante zoólogo brasileiro é devidamente analisada no trabalho de Regina Horta Duarte, "Biologia, natureza e República no Brasil nos escritos de Mello Leitão (1922-1945)", *Revista Brasileira de História*, v. 29, 2009, pp. 317-40.

28 Regina Horta Duarte, op. cit., p. 322.

29 Jesus Santiago Moure, "No mundo dos insetos", em *Ciência Hoje*, 61, jan./fev. 1990, p. 55. Entrevista concedida a Renato C. Marinoni (Sociedade Brasileira de Zoologia), Jayme de Loyola e Silva (Departamento de Zoologia, UFPR) e Myrian Regina Del Vecchio de Lima (*Ciência Hoje*).

30 *Rioclarensium* provém do adjetivo pátrio rioclarense, que se refere ao natural ou habitante de Rio Claro (SP).

31 Jesus Santiago Moure, entrevista à TV UFPR, em 2004. Disponível em: <http://dspace.c3sl.ufpr.br/dspace/handle/1884/4077>. Acesso em: 30 nov. 2010.

32 Idem.

33 Manoel Ribas (1873-1946), nascido em Ponta Grossa, deslocou-se para Santa Maria, onde foi convidado para organizar a Cooperativa dos Empregados da Viação Férrea do Rio Grande do Sul e posteriormente foi prefeito. Em terras gaúchas conheceu Getulio Vargas, que, após a Revolução de 1930, o colocou no comando do estado do Paraná. Assumiu o governo paranaense como interventor em 1932 e permaneceu 13 anos no poder. Enxugou a máquina estatal para realizar grandes e importantes obras para a infraestrutura básica do Paraná, construiu a primeira estrada que integrou o norte do estado ao porto de Paranaguá, fomentou a agricultura e incentivou a educação e saúde públicas. Abriu o norte paranaense à colonização, proporcionou a vinda de indústrias e estimulou o cooperativismo. Com a deposição de Vargas, saiu do poder em 1945 e faleceu no ano seguinte.

[34] Segundo a Seção de Fiscalização e Estatísticas do Instituto do Café, as quatro sacas de café exportadas pelo porto de Paranaguá em 1923 aumentam para 644.594 sacas em 1930. A estrada do Cerne, que facilitou o escoamento da produção cafeeira, assim como as melhorias no porto de Paranaguá, contribuiu para que o Paraná se tornasse o maior exportador de café do Brasil.

[35] A proclamação da Republica no Brasil ocorreu em 1890, embora os movimentos republicanos já viessem de décadas anteriores.

[36] José Carlos Fernandes, "O colégio dos padres", *Gazeta do Povo*, Curitiba, 24 out. 2009.

[37] Dario Persiano de Castro Velozo nasceu no Rio de Janeiro, em 26 de novembro de 1869, mas viveu em Curitiba, onde faleceu em 1937. Foi poeta, narrador, ensaísta, orador, educador, pensador e catedrático do Ginásio Paranaense. Apaixonado pelas cerimônias ocultistas e ritualísticas, construiu em sua chácara o "retiro saudoso" ou "templo das musas". Fundador de revistas, destacando-se O *Cenáculo*. Conhecido como "o mestre da mocidade", formou discípulos fiéis.

[38] O ultramontanismo surge como reação ao mundo moderno, ao capitalismo, ao iluminismo, ao liberalismo e a todo o conjunto de novas ideias que, começando a se esboçar no século XV e XVI, adquiriram contornos definitivos após a Revolução Industrial e Revolução Francesa. No século XVIII, o poder eclesial se viu ameaçado na Europa pelo iluminismo racionalista, ocasionando distanciamento da tradição e da autoridade religiosa. Como reação, adotando como política religiosa um modelo muito próximo àquele imposto pela Igreja no período tridentino, a Igreja Católica começava a esboçar o movimento que ficou conhecido como catolicismo ultramontano, iniciado no século XIX, grande responsável pela política conservadora adotada pela Igreja até meados do século XX: a salvação da humanidade dependeria da recristianização do mundo e essa tarefa deveria ser assumida pela Igreja, portadora da verdade.

[39] Tatiana Dantas Marchette, *Corvos nos galhos das acácias*: o movimento anticlerical em Curitiba, 1896-1912, Curitiba, Aos Quatro Ventos, 1999.

[40] Idem, p. 34.

[41] Vale ressaltar que em 1908 ocorre forte embate do clericalismo *vs.* anticlericalismo, ano em que ocorreu o II Congresso Católico Brasileiro, quando o modernismo e suas ideias foram considerados pelos católicos como grandes inimigos.

[42] Nevio Campos, "Intelectuais católicos e a educação no Paraná nas décadas de 1920 e 1930", em Carlos Eduardo Vieira (org.), *Intelectuais, educação e modernidade no Paraná (1886-1964)*, Curitiba, UFPR, 2007, p. 179.

[43] "A nomeação de Caetano Munhoz da Rocha, católico ferrenho, para o cargo de presidente do estado provocou um desequilíbrio nessas relações de poder, trazendo condições mais favoráveis ao grupo católico". Roseli Terezinha Boschilia, *Modelando Condutas*: a educação católica em colégios masculinos (Curitiba, 1925-1965), Curitiba, UFPR, 2002, p. 59.

[44] Chamam-se maristas por terem sua origem religiosa vinculada ao nome da Virgem Maria. São irmãos religiosos consagrados à Igreja por meio de uma congregação pelos votos de pobreza, castidade e obediência. Eram "europeus, de fé ultramontana, portanto conservadores, sentindo-se missionários em um país católico [...] tendo como projeto de trabalhar na educação da juventude brasileira." Azzi, *História da educação católica no Brasil:* contribuição dos irmãos maristas, São Paulo, Loyola/Simar, 1997, p. 17.

[45] Inspirada nas reflexões dos ensinamentos de São Tomaz de Aquino.

[46] Soleni Fressato, *Pela catolização dos intelectuais: o projeto intelectual do centro de estudos bandeirantes, 1929-45*, dissertação de mestrado em História pela Universidade Federal do Paraná, 2003, p. 52.

[47] Nevio Campos, op. cit., p. 185.

[48] Soleni Fressato, op. cit., p. 43.

[49] Idem, p. 186.

[50] Cecília Maria Westphalen, *Faculdade de Filosofia, Ciências e Letras do Paraná:* 50 anos, Curitiba, SBPH-PR, 1988, p. 9.

[51] Nascido em Lisboa em 1903, foi médico urologista e antropólogo autodidata, especializando-se na França. Atuou como professor da Faculdade de Filosofia, Ciências e Letras do Paraná e Universidade Federal do Paraná, fundando nela o Departamento de Antropologia e o Centro de Estudos e Pesquisas Arqueológicas. Foi um dos mais importantes e atuantes diretores do Museu Paranaense e fundador do Museu Arqueológico e Etnográfico de Paranaguá. Possuía influência nas esferas política e intelectual do estado. Faleceu em Curitiba, em 1977.

[52] Acervo do Museu Paranaense (AMP), Livros de Correspondências (LC), 5 jul. 1940, Moure para Overmeer.

[53] Jesus Santiago Moure, op. cit., 1990.

[54] Estudioso dos himenópteros, insetos que possuem quatro asas membranosas como abelhas, vespas e formigas.

[55] Espécie de abelhas presentes na Mata Atlântica brasileira.

[56] Jesus Santiago Moure, op. cit., 1990.

[57] Em 1946 a Faculdade de Filosofia, Ciências e Letras é integrada à Universidade do Paraná, que em 4 de dezembro de 1950, por dispositivo da Lei n. 1.254, foi federalizada, tornando-se Universidade Federal do Paraná.

[58] Apesar de fundada em 1938, apenas em outubro de 1941, a diretoria da faculdade requereu, de acordo com o Artigo 2º do Decreto-Lei n. 421 de 15 de maio de 1938, a autorização para o funcionamento do curso de História Natural. A União Brasileira de Educação e Ensino (maristas) iniciou, em julho de 1941, a construção de uma nova ala, onde seriam instaladas as novas salas de aula, museus e laboratórios. Em 23 de junho de 1942, pelo Decreto n. 9.776, foi autorizado o funcionamento do curso de História Natural (o primeiro do estado, o terceiro do país), completando assim o quadro de cursos previstos para a Faculdade de Filosofia, Ciências e Letras do Paraná. O curso tinha duração de três anos para o bacharelado e mais um ano para a obtenção do grau de licenciado.

[59] Jesus Santiago Moure, *Pronunciamento para a abertura do XV Congresso Brasileiro de Zoologia*, Curitiba, 31 jan. 1988, p. 1.

[60] Jesus Santiago Moure, op. cit., 1990, p. 55.

[61] Jesus Santiago Moure, entrevista à TV UFPR, 2004.

[62] Jesus Santiago Moure, op. cit., 1990, p. 55

[63] Idem, ibidem.

[64] Idem, ibidem.

[65] Jesus Santiago Moure, "Sistemática e evolução", em Frederico W. Lange, *Evolução dos seres vivos*, Curitiba, 1953, p. 156.

[66] Jesus Santiago Moure, op. cit., 1990, p. 60.

[67] Entomologista e taxonomista alemão que trabalhou na Argentina, Brasil e Estados Unidos, onde terminou sua carreira como curador do Museu Americano de História Natural.

[68] Relatório da Secção de Zoologia de 1952 enviado ao diretor do Museu Paranaense, 30 dez. 1952.

[69] Jesus Santiago Moure, op. cit., 1988, p. 3.

[70] Jesus Santiago Moure, op. cit., 1953, p. 126.

[71] Idem, ibidem.

[72] AMP, LC, 19 ago. 1953, Moure para Reitoria UFPR.

[73] AMP, LC, 4 set. 1953, Moure para Bockerman.

[74] Jesus Santiago Moure, op. cit., 1990, p. 55.

[75] Idem, ibidem. Apesar de poder parece um exagero de Moure, sabe-se que as ordens religiosas – especialmente em épocas passadas – possuem regras e horários rigorosos. O cotidiano de um religioso regular é marcado por atividades práticas, espirituais e contemplativas, as quais ocupam cerca de três quartos do dia.

[76] Idem, ibidem.

[77] Jesus Santiago Moure, entrevista à TV UFPR, 2004.

[78] Entomologista e geneticista, grande estudioso de abelhas – especialmente em questões relacionadas ao melhoramento genético visando adaptação de espécies africanas e melhor produtividade do mel – é membro das academias Brasileira e Norte-Americana de Ciências.

[79] Naturalista da Universidade de São Paulo, possui longa trajetória na área das ciências naturais e, assim como Jesus Moure, dedicou-se às abelhas. Foi ministro brasileiro do Meio Ambiente de 1973 a 1985.

[80] Material constituído dos exemplares que serviram de base para a descrição de uma determinada espécie.

[81] Carl von Linné (1707-1778) – Professor, médico, botânico e biólogo naturalista sueco fundador da moderna sistemática de classificação para plantas e animais e considerado o fundador da história natural moderna. Produziu vários livros, entre eles o *Systema naturae* (1735), que lhe deu notoriedade internacional, um livreto de 12 páginas tratando sobre os reinos animal, mineral e vegetal. Lineu agrupou em classes, ordens, gêneros e espécies as plantas já conhecidas e as que então eram descobertas em ritmo acelerado. Para identificá-las de modo válido em todo o mundo, atribuiu-lhes um primeiro nome em latim, correspondente ao gênero, e um segundo, que indicava a espécie. A nomenclatura binomial trouxe imediatos progressos ao estudo da botânica e mantém-se ainda em vigor na classificação sistemática dos seres vivos.

[82] Jesus Santiago Moure, op. cit., 1990, p. 58.

[83] Idem, p. 57.

[84] Segundo palavras do próprio Moure: "Taxonomia quer dizer métodos para fazer grupos, o que em matemática vem a ser a teoria dos conjuntos, inventada pelo francês Galois, aos 18 anos, quando ele estava na prisão. Aliás, Galois morreu aos 20 anos, em duelo, por causa de uma moça. Na taxonomia numérica, o que se faz é quantificar ou valorizar os estados em que se manifestam os caracteres das espécies estudadas. Foi a grande saída da genética. Antes se filosofava em torno de como as coisas se originaram. O dia em que se quantificou – como fez Mendel, na genética, ou Sokal, pai da taxonomia numérica – tudo mudou. [...] A taxonomia numérica, uma nova metodologia para investigação no campo das ciências naturais, ainda é pouco usada no Brasil. Nessa metodologia existe o problema da análise numérica, que se baseia em dois princípios: o da evolução – que usa os números para tentar estabelecer uma linha evolutiva – e o que estabelece números apenas para demonstrar que uma coisa é diferente de outra, sem procurar saber se uma coisa e outra têm um ancestral comum. O grande passo da biologia foi utilizar – como se faz em genética – valores numéricos para os caracteres. Se entendo que um caráter foi evolutivo – por exemplo, um indivíduo tinha quatro dedos e passou a ter três, dois e um –, posso colocá-lo numa determinada sequência numérica: 0, 1, 2 e 3. De 0 a 1 é um passo; mas de 1 a 3 tenho um passo intermediário (2), que não posso pular. É assim que supomos que a natureza tenha progredido, através de sucessivos passos evolutivos. Isso foi particularmente desenvolvido por Sokal para a taxonomia genética e por Henning para a sistemática filogenética (cladística)." Jesus Santiago Moure, op. cit., 1990 p. 59.

[85] Jesus Santiago Moure, op. cit., 1990, p. 60.

[86] A sistemática, que engloba a taxonomia e muitas vezes confundida com esta, consiste em descrever e inventariar a biodiversidade, assim como compreender as relações filogenéticas entre os organismos. Se a taxonomia dedica-se à descoberta, descrição e classificação dos táxons, cabe à filogenia o estudo das relações evolutivas entre os organismos. Assim, o cientista sistemata primeiro classifica para então analisar a revolução evolutiva.

[87] Biota Neotropica, Biota/Fapesp, *O Instituto Virtual da Biodiversidade*, v. 4, n. 1, Campinas, Centro de Referência em Informação Ambiental, 2004, p. 4.

[88] F. A. Silveira et al., *Abelhas brasileiras, sistemática e identificação*, Belo Horizonte, Fundação Araucária, 2002, p. 8.

[89] Charles Duncan Micherner, entomologista americano, sistemático de abelhas, estuda comportamento, evolução social e ecologia das abelhas. Nascido em 1918, já no início da década de 1930 começa a se interessar pela entomologia. Bastante precoce, aos 16 anos publica seu primeiro artigo. Desenvolveu sólida carreira devotando interesses para sistemática, história natural e abelhas. Em 1941 já é PhD em Entomologia pela Universidade da Califórnia, Berkeley. No começo da década de 1940, torna-se curador no Museu Americano de História Natural e, em 1944, publica um sistema de classificação para abelhas que serviria de referência para o mundo todo. Em 1948, junta-se à Universidade do Kansas, sendo diretor do Departamento de Entomologia por longos anos, de 1949 a 1975. Presidiu e se associou a diversas associações e entidades de pesquisa, entomologia e ciências naturais dos EUA e também é membro honorário da Academia Brasileira de Ciências. Escreveu mais de 350 artigos e livros, dentre eles uma grande obra de quase mil páginas sobre as abelhas do mundo.

[90] Revista *Pesquisa Fapesp*, n. 171, maio 2010.

[91] F. A. Silveira et al., op. cit., p. 5, prefácio escrito por Jesus Moure.

[92] Idem, ibidem.

[93] Jesus Santiago Moure, op. cit., 1990, p. 56.

[94] Jesus Santiago Moure, op. cit., 1988, p. 3.

[95] Jesus Santiago Moure, op. cit., 1990, p. 57.

[96] Idem, ibidem.

[97] J. S. Moure e P. D. Hurd Jr., *An Annotated Catalog of the Halictid Bees of the Western Hemisphere*, Washington, Smithsonian Institution Press, VII, 1987, 405 p.

[98] No ano de 1974, o professor Pe. Jesus S. Moure foi consultado para possível implantação do mestrado em Zoologia no Departamento de Zoologia da Universidade Federal do Paraná. Neste mesmo ano, a Reitoria da Universidade Federal do Paraná designou os professores Jayme de Loyola e Silva e Isabel Takeko Nakamura para coordenarem o processo de implantação do Programa de Mestrado. A aula inaugural foi proferida pelo professor Dr. Theodócio Jorge Atherino, magnífico reitor da Universidade Federal do Paraná, no dia 11 de março de 1975. Em setembro de 1975, o programa foi credenciado pelo Conselho Federal de Educação.

[99] Disponível em: <http://dgp.cnpq.br/planotabular/linhas_pesquisa/linha_detalhe.jsp?detail=LP&pagina=1&variavel=NME_AREA_ESTAT&anocenso=2008&filtro=NME_AREA_ESTAT;'Zoologia'&filtro2=NME_GRANDE_AREA_ESTAT;'Ciências Biológicas'>.

[100] Jesus Santiago Moure, entrevista à TV UFPR, 2004.
[101] Idem.
[102] Jesus Santiago Moure, op. cit., 1988, p. 11.
[103] Grupo informal que abrange espécies de borboletas diurnas.
[104] Jesus Santiago Moure, op. cit., 1988, p.12.
[105] Jesus Santiago Moure, op. cit., 1990, p. 61.
[106] Idem, p. 57.
[107] Idem, ibidem.
[108] Idem, ibidem.
[109] Jesus Santiago Moure, op. cit., 1953, p. 126.
[110] Jesus Santiago Moure, op. cit., 1988.
[111] Jesus Santiago Moure, op. cit., 1990, p. 57.
[112] Idem, ibidem.
[113] Jesus Santiago Moure, entrevista à TV UFPR, 2004.

A paleontologia e a trajetória científica de Frederico Waldemar Lange

Drielli Peyerl
Elvio Pinto Bosetti

Neste capítulo, pretende-se descrever a trajetória científica do paleontólogo Frederico Waldemar Lange (1911-1988), evidenciando, principalmente, sua participação no campo científico e intelectual no estado do Paraná.[1] No ano de 1996, durante o Simpósio Sul-Americano do Siluro-Devoniano, realizado na cidade de Ponta Grossa (PR), cujos homenageados *in memoriam* foram os paleontólogos Frederico Waldemar Lange e José Henrique Godoy Ciguel, a família de Lange doou parte do acervo pessoal do cientista pontagrossense à Universidade Estadual de Ponta Grossa (UEPG). Este vasto material se encontra sob a guarda e conservação do Laboratório de Paleontologia e Estratigrafia do Departamento de Geociências da mesma Universidade.

O material presente no acervo versa sobre uma impressionante variedade de assuntos como geologia, geografia, biologia, história, paleontologia e micropaleontologia, e também tem sido objeto de classificação, organização, estudos e pesquisas. Grande parte deste material já arquivado é formada por fontes primárias, algumas inéditas, tais como cartas, relatórios, notas de viagem e de conferências, jornais, livros, artigos, revistas, fotos, lâminas de microfósseis, coleção de conchas recentes, documentos de cunho pessoal, mapas, dentre outros.

A narrativa descrita a seguir, em grande parte, é fruto da pesquisa dessas fontes ainda pouco conhecidas pela historiografia da ciência.

A FAMÍLIA LANGE EM PONTA GROSSA

No final do século XIX e início do século XX, os imigrantes que se dirigiram para o sul do Brasil exerciam variadas profissões, tais como artesãos, jornalistas, professores, cientistas, entre outras. Muitos entraram no país na condição de colonos. Poucos, porém, permaneceram como agricultores ou sequer chegaram às áreas coloniais. Os colonos com qualificações quase sempre ficavam nas cidades mais desenvolvidas ou nas capitais, como Porto Alegre e Curitiba, "onde deram contribuição efetiva à urbanização, industrialização e à cultura das mesmas".[2]

Na região dos Campos Gerais,[3] inúmeras foram as contribuições dos imigrantes nos diversos setores locais, e principalmente culturais. No final do século XIX, aqueles que se instalaram em Ponta Grossa ingressaram na agricultura, inicialmente, mas foram "pouco a pouco se inserindo nas mais diferentes atividades. Deste modo, surgiram na cidade olarias, marcenarias, casas de fundição e até mesmo casas comerciais".[4]

O rápido desenvolvimento do comércio local se caracterizou por ser um processo aliado às etnias que por ali se estabeleceram. Neste contexto, a família Lange, além de fazer parte desse crescimento econômico da cidade, participou ativamente das atividades culturais que foram criadas na época. Rudolph Carl Friedrich Lange (1869-1944) instalou-se em Ponta Grossa no início do século XX. Rudolph nasceu na "Serraria do Príncipe", no Cubatão, Distrito de Pirabeiraba, colônia Dona Francisca, hoje Joinville (SC), a 11 de setembro de 1869.

Aos 15 anos de idade, portanto em 1884, transferiu-se para Curitiba no intuito de prosseguir os estudos na área de comércio e trabalhar. Primeiramente, trabalhou num estabelecimento alemão, passando, em 1888, a trabalhar numa empresa brasileira. Adulto, formou sociedade com seu primo Gustavo Venske. Juntos criaram um estabelecimento comercial de ferragens e roupas feitas na cidade de Curitiba, na rua Fechada, hoje rua José Bonifácio.[5]

Casou-se a 7 de abril de 1900, com Paula Anna Emma Maria Margarethe Schmalz, descendente de alemães e originária também da cidade de Joinville. Rudolph e Paula tiveram quatro filhos: Afonso Frederico Lange, Carmen Hilda Lange, Lydia Mathilde Lange e Frederico Waldemar Lange.

Em 1900, juntamente com seu primo, Rudolph criou uma filial da loja em Ponta Grossa. Porém, em Curitiba os negócios foram mal e a sociedade foi liquidada. Rudolph assume então os negócios em Ponta Grossa.

> [...] a 17 de março de 1905, fundou a "casa de comércio de fazenda, armarinhos, ferragens e secos e molhados a varejo, estabelecido a rua 15 de novembro n. 17", segundo consta no Alvará de Licença n. 47, expedido pela Prefeitura Municipal, na data acima.[6]

Na região central da cidade, especificamente a rua XV de Novembro, principal rua de comércio e circulação de Ponta Grossa, a casa comercial da família Lange insere-se entre a elite local, em que as novidades europeias conquistavam a sociedade, sendo referência nos moldes econômicos e culturais da época.

> A agitação, o consumo e o lazer foram marcas da vida na cidade no início do século XX. A sedução do consumo, explicitada por cartazes, vitrines e propagandas nas lojas e cinemas localizados na rua XV de Novembro, atraía os jovens pontagrossenses, sobretudo aqueles que se inseriam no universo burguês em construção. Paris e Londres eram os modelos seguidos. Na moda, na música, no comportamento, na linguagem e na dança a Europa era a referência.
>
> Reproduzindo o que acontecia em centros como São Paulo e Rio de Janeiro, percebia-se entre as senhoritas na Ponta Grossa das primeiras décadas do século XX um novo padrão de comportamento.[7]

Além de estabelecer seu comércio na rua XV de Novembro, Rudolph foi um dos primeiros radioamadores da região. Foi um dos fundadores do Grêmio Musical Carlos Gomes e, com seu irmão Paulo, contribuiu tocando violino na Sociedade Filarmônica de Ponta Grossa. Também foi fotógrafo amador, sendo que grande número de fotos de Ponta Grossa, desta época, é de sua autoria. Chegou até mesmo a viajar para documentar a construção da estrada de ferro na região. Rudolph também foi um dos primeiros a ter iluminação domiciliar a gás em Ponta Grossa. Por muito tempo teve a única motocicleta da cidade, com a qual fazia viagens de negócios para o interior. Falava, além do português, alemão, francês e polonês.[8]

A rua XV de Novembro, na qual mantinha seu comércio (atualmente sob o n. 443), era considerada como o centro do polo econômico local, principalmente por estar próxima da estação ferroviária da cidade.

Já no ano de 1940, Rudolph reformou o antigo prédio de sua loja com grandes vitrines, sempre abertas à noite e que, na época, contribuíram para iluminar o *footing* na rua XV de Novembro. Após seu falecimento, em 18 de julho de 1944, a loja passou a ser administrada por seus filhos.

No começo dos anos 1950, Ponta Grossa já apresentava um dos maiores índices de desenvolvimento urbano dentre as cidades do Paraná. As atividades culturais da cidade estavam principalmente associadas ao desenvolvimento local e à criação de centros, bibliotecas e eventos científicos.

A cidade continuou a apresentar crescimento populacional, alcançando nesse período um total de 44.081 habitantes. O município como um todo, formado pela sede municipal e os distritos de Uvaia e Itaiacoca, possuía 54.789 habitantes.

FREDERICO WALDEMAR LANGE EM PONTA GROSSA (PR)

Nascido em 23 de dezembro de 1911, na cidade de Ponta Grossa (PR), descendente de alemães, Frederico Waldemar Lange iniciou seus estudos na escola particular D. Judith e no Colégio São Luiz, na mesma cidade, onde estudou de 1918 a 1922, completando o primário. Realizou seus estudos de ginásio em um colégio de ensino alemão na cidade de Joinville, em Santa Catarina, entre os anos de 1922 a 1926.

Ainda jovem, passou a trabalhar na "Casa de comércio de fazenda, armarinhos, ferragens e secos e molhados a varejo", que pertencia a seu pai. No período de 1927 a 1928, Lange estudou na Escola Complementar de Comércio, em Ponta Grossa, e de 1931 a 1932 cursou Ciências Contábeis e Econômicas no Instituto Superior de Comércio, em Curitiba (PR). Após sua formação, continuou a trabalhar na casa comercial da família.

> Sua vocação, no entanto, era o estudo de "ciências da terra" e, já então, estudava com paixão geologia e paleontologia. Em horas de folga, primeiro de motocicleta, percorria, de martelo de geólogo na mão, toda a região dos Campos Gerais e adjacências, pesquisando e analisando ocorrências no seu solo.[9]

Durante as décadas de 1940 e 1950, Lange participou de movimentos intelectuais que contribuíram para a formação cultural e social da cidade. Entre eles se destacam a criação do Centro Cultural Euclides da Cunha, do Museu Campos Gerais e da Sociedade Pontagrossense de Amadores de Astronomia. O Centro Cultural Euclides da Cunha (CCEC) merece aqui uma menção em particular, tendo em vista a relevância que teria no desenvolvimento cultural na cidade. Criado oficialmente em 1948, a escolha do nome Centro Cultural Euclides da Cunha refere-se ao autor do livro *Os sertões*. Segundo os intelectuais envolvidos na construção do centro, esta obra foi a que abordou com maior proficiência todos os problemas de base nacionalista, e desta forma representaria muito bem os conceitos que regiam o CCEC.[10] O CCEC oferecia a:

> [...] realização de cursos, conferências, palestras e reuniões culturais, divulgação de obras científicas, literárias e artísticas nacionais e dos demais países americanos; publicação de um jornal trimestral; organização de uma biblioteca e sala de leitura, realização de maratonas intelectuais periódicas para estimular na juventude o gosto pelas ciências, letras e artes.[11]

"O Paraná, ao longo de sua história, desenvolveu uma tradição cultural sedimentada em suas inúmeras instituições literárias e artísticas espalhadas tanto nas suas cidades importantes quanto nas mais modestas."[12] O centro tinha como princípios contextualizar Ponta Grosa mundialmente, para que fosse "conhecida como um polo irradiador de cultura", e então escritores, poetas e pesquisadores foram incentivados a produzir, a estudar e a escrever.[13] Foi em um desses ambientes intelectuais locais que Lange pôde desenvolver suas primeiras pesquisas científicas.

Em 12 de março de 1950, o *Jornal do Paraná* publica uma reportagem intitulada "Eleitos os novos imortais do Centro Cultural Euclides da Cunha".

> Conforme estava anunciado, o Centro Cultural Euclides da Cunha, reuniu-se, ôntem, para tratar de diversos assuntos referentes ao mesmo.
>
> Feita a leitura regulamentar, examinados e resolvidos vários casos, procedeu-se à eleição dos novos membros efetivos, tendo sido eleitos os seguintes: — Dr. Lauro Justus,[14] sr. Frederico Waldemar Lange e Dr. Chafic Curi, três figuras das mais representativas da cultura paranaense.
>
> O primeiro é um facultativo de valor e grande estudioso de várias ciências; o segundo, paleontólogo [...] e assistente do Museu Paranaense, já é conhecido até fora do Brasil; finalmente, o terceiro, advogado e humanista dos mais lúcidos, vem destacando-se em mais de um setor das atividades sociais.
>
> Nossos parabens ao Centro Cultural Euclides da Cunha por essa preciosa adesão.[15, 16]

Outra realização do CCEC, fonte de divulgação cultural e intelectual, foi a elaboração e publicação do jornal *Tapejara*. Este passou a ser publicado em 1950, e teve sua última edição no ano de 1976. O conteúdo do jornal era destinado a propagar as ideias dos intelectuais que contribuíram com o referido centro. Tratava, entre outros, de assuntos relacionados às pesquisas e estudos dos euclidianos sobre pan-americanismo, indianismo, entre outros.

Também eram publicados artigos de sócios correspondentes vindos de várias partes do país e do continente. O *Tapejara* era restrito a um público determinado, formado por universitários e intelectuais, além de ser enviado a outros centros culturais, universidades e instituições de cunho intelectual, no Brasil e em outros países.[17]

> Enfim, a missão educativa destes intelectuais consiste em levar a cultura erudita até o povo, uniformizando tradições e valores para a consolidação da nação brasileira.[18]
> [...] Acima de tudo, para os euclidianos, o escritor é um homem identificado com o interior do país, e o interior é a expressão genuína de nossa brasilidade.[19]

O *Jornal do Paraná*, na edição do dia 1º de maio de 1952, publica uma notícia referente à expressiva carta recebida pela diretoria do CCEC, com relação ao trabalho do Centro e com destaque ao trabalho de Frederico Waldemar Lange.

> Do eminente paleontólogo e geólogo norte-americano, professor Kenneth E. Caster, da Universidade de Cincinnati, recebeu o doutor Faris Michaele[20] expressiva carta, em que se elogia a ação benéfica dos euclidianos de Ponta Grossa.
>
> Entre outras coisas, diz: "Vós, os euclidianos, estais de parabéns pelo muito zêlo que pondes em vossas proficuas produções. Sempre leio *Tapejara* com maior interessse e, com sinceridade, vos digo que me sinto satisfeito de estar associado a esse grupo que produz tanto trabalho bom, com tão belos resultados.
>
> Gostaria, pessoalmente, de ver o nosso bom amigo Frederico Lange escrevendo mais para o jornal ou em publicações separadas. Ele é um paleontólogo e geólogo superiormente dotado – um dos melhores em toda a América e, segundo o meu ponto de vista, o melhor do Brasil. Tem lastro de cultura científica e uma curiosidade intelectual sem comparação no ambiente brasileiro. Seus escritos são esplêndidos."
>
> *Jornal do Paraná*, mais uma vez, apresenta as suas congratulações sinceras por mais esta vitória da intelectualidade pontagrossense, tão modesta e tão cheia de valor.[21]

O professor Kenneth E. Caster, da Universidade de Cincinnati, estado de Ohio, nos Estados Unidos, também desenvolveu trabalhos referentes aos fósseis do devoniano do Paraná. Através de uma excursão geológica pelo sul do Brasil, Caster pôde examinar os locais de estudos das amostras coletadas e estudadas. Alguns estudos preliminares foram realizados no Laboratório de Paleontologia do próprio Lange, em sua residência na cidade de Ponta Grossa.

Porém, o CCEC concentrou suas forças em variadas áreas que pudessem resgatar e dimensionar aspectos locais e culturais. Isso era possível principalmente pela divisão da diretoria em determinadas seções. A participação de Lange estava relacionada principalmente a estudos, divulgação e associação das geociências com a sociedade local, como nas pesquisas de paleontologia por ele realizadas e reconhecidas no país e no exterior.

Em relação ao trabalho desenvolvido pelos euclidianos e às publicações do jornal *Tapejara*, ressalta-se o número 11 deste jornal, de setembro de 1953. Neste, Frederico Waldemar Lange recebe uma homenagem, em forma de resenha, do ponta-grossense Riad Salamuni (1927-2002), que, conforme mencionado no capítulo "Uma ciência improvável: o Museu Paranaense entre 1940 e 1960", havia sido nomeado assistente de geologia do Museu Paranaense e posteriormente viria a ser reitor da Universidade após ter dedicado boa parte de sua carreira profissional à geologia.

> Frederico W. Lange constitui, indubitavelmente, uma figura ímpar na constelação científica do Brasil.
>
> Na realidade, perfeitamente emerso do confuso oceano utilitarista da nossa época, traz, estampada na honestidade e na seriedade de seu trabalho, a marca de um fenômeno raríssimo no Brasil e talvez no resto do mundo: a feitura de pesquisas científicas, de indiscutíveis benefícios para a nossa Pátria por puro e elevado amor à própria Ciência. [...]
>
> Nascido no coração dos imensos Campos Gerais, Fritz Lange, embalado pela sombra irreal daquelas formidáveis formações geológicas, esculpida pelos cinzéis caprichosos do Tempo, trazia em si o germe da Geologia e da Paleontologia. [...]
>
> Dirigindo proficuamente a Secção de Geologia e Paleontologia do Museu Paranaense, reorganizou e montou, no mesmo, magnífica coleção de rochas e fósseis. Ocupando cargos de relêvo na Sociedade Brasileira de Geologia, Lange é o ponto de parada obrigatório de todos os geólogos e paleontólogos que transitam pelo Paraná. Dessa maneira, Ponta Grossa tem sido, nos últimos anos, a verdadeira Meca de grandes figuras da ciência mundial.
>
> Correspondente e membro de várias instituições estrangeiras, tem diversos trabalhos publicados no exterior, principalmente na Paleontological Research Institution, Ithaca, N. Y., U. E. A. [...]
>
> Prestando, à guiza de fêcho, uma pálida homenagem a esta figura luminosa da ciência do nosso país, transcrevemos, *data venia*, as palavras do cientista alemão, O. Sshindewolf, referindo-se a um trabalho de F. W. Lange, publicado nos Estados Unidos: "O artigo é de valor fora do comum, levando-se em conta que os fósseis bem preservados de anelídeos são extremamente raros e porque foi possível, pela primeira vez, comparar maxilas fósseis com as formas recentes, de uma maneira morfológica e taxonômica exata".[22]

Nesta resenha, Riad Salamuni expressa o trabalho desenvolvido por Lange, relatando principalmente sobre o meio geológico no qual o paleontólogo convivia. Em relação ao museu particular e à biblioteca pessoal de Lange mencionados anteriormente, Salamuni relata o que muitas pessoas comentavam e conheciam do trabalho do paleontólogo.

Ainda nessa citação, Salamuni faz referência à Instituição de Pesquisa de Paleontologia (Paleontological Research Institution, Ithaca, Nova York), conhecida atualmente em todo o mundo pela excelência de suas pesquisas, coleções e publicações na área de paleontologia.

Outro objetivo do CCEC era a criação de um museu que divulgasse a cultura e os saberes locais à população de Ponta Grossa e região. Em conjunto com outros intelectuais, Lange participou da fundação do Museu dos Campos Gerais em 15 de setembro de 1950, em homenagem ao aniversário da cidade. A construção desse Museu foi considerada como uma das principais conquistas do CCEC para os cidadãos pontagrossenses.

Criado então em 1950, o atual Museu Campos Gerais foi nomeado em princípio como Museu do Centro Cultural Euclides da Cunha, sendo uma instituição científica subordinada diretamente ao CCEC, com sede na cidade de Ponta Grossa. O primeiro estatuto social do Museu possuía várias subdivisões e critérios para o seu crescimento e segurança do patrimônio que ali permaneceria. A comissão organizadora do regulamento foi composta por Frederico Waldemar Lange, doutor Faris S. Michaele e João Batista Muzzolon, os quais o elaboraram no objetivo de preservar a cultura regional e apresentar a sociedade às pesquisas realizadas. O estatuto definiria como objetivo da instituição coligir, classificar e conservar todo o material que pudesse interessar ao estudo das ciências naturais, antropológicas e históricas, principalmente com referência a Ponta Grossa e às regiões representativas do Paraná.

O Museu divulgava os resultados obtidos por meio de publicações, exposições e conferências. A sua diretoria estava ligada diretamente às pessoas vinculadas ao Centro Cultural Euclides da Cunha. Inicialmente, o Museu contaria com a Divisão Científica, que compreenderia os seguintes órgãos: Seção de História, Seção de Antropologia e Etnografia, Seção de Geologia, Seção de Zoologia e a Seção de Botânica, e os cargos seriam ocupados de forma voluntária.[23]

Outro objetivo do CCEC era a criação de um museu que divulgasse a cultura e os saberes locais à população de Ponta Grossa e região. Assim, a ideia foi se consolidando e, mesmo antes da criação oficial do Museu dos Campos Gerais, já se escrevia sobre uma possível seção do Museu Paranaense. O jornal *Diário dos Campos* de 1947 traz uma matéria sobre o assunto:

> Referimo-nos em nossa edição de sabado a interessante e valiosa exposição de insetos realizada, no salão nobre da Prefeitura, com a esplendida coleção de propriedade do sr. Felipe Justus Junior. A referida exposição, que constitue a 1ª Exposição Entomologica realizada no Paraná, foi domingo inaugurada pelo governador Moisés Lupion, que se mostrou vivamente interessado pelo certame, louvando a capacidade e a dedicação do organizador da coleção, que é realmente das mais valiosas.

> Reconhecendo o valor cultural da iniciativa, o sr. governador Moisés Lupion, durante sua visita, prometeu criar em Ponta Grossa uma secção do Museu Paranaense e fez essa promessa em palavras do mais alto louvor para Ponta Grossa, palavras que transcrevemos a seguir:
>
> "Tive hoje a satisfação de inaugurar a 1.a Exposição Entomologica de Felipe Justus Junior, o que equivale dizer a 1.a Exposição no genero em terras do Paraná.
>
> O espirito de dedicação a *causa da ciencia demonstrado* por este colecionador, nos faz dizer que é necessário o poder público amparar e estimular o trabalho e a abnegação desta iniciativa particular.
>
> Empenhados como estamos na defesa intransigente do patrimonio historico, artistico e cultural do Paraná, vai o nosso governo adotar Ponta Grossa de uma Secção do Museu Paranaense, que sera instalada o mais condignamente possivel, onde se reunirão as coleções particulares de varios homens que nesta capital civica se dedicam a causa da cultura e da ciencia.
>
> Ponta Grossa, 5 de julho de 1947.
>
> (a) MOISES LUPION".[24]

As promessas do governo estadual eventualmente não se materializaram sob a alegação de falta de verbas. No entanto, os euclidianos, dispostos a promover e preservar a cultura regional, buscaram, por meios próprios, soluções para aquela empreitada. Inicialmente, o principal subsídio financeiro provinha de doações, mas aos poucos a população da cidade foi cedendo à curiosidade histórica e cultural sobre a região. Praticamente em todos os números do jornal *Tapejara* havia uma nota agradecendo pelas doações, e, a avaliar por aquelas, o acervo conquistado pelo CCEC foi substancial.

Lange também participaria de outra entidade formada em Ponta Grossa, a Sociedade Pontagrossense de Amadores de Astronomia (SPAA). Fundada em 13 de setembro de 1952, era composta por professores, comerciantes, empresários, fazendeiros, intelectuais e pessoas interessadas no assunto. Esta entidade foi uma das primeiras da área a serem criadas no Brasil. Seu objetivo era "cultivar e estimular o estudo da astronomia e ciências correlatas por todos os meios ao seu alcance".[25]

> As atividades que se realizavam e que faziam parte da associação eram, entre outras, congregar as pessoas interessadas no assunto, difundir os conhecimentos astronômicos através de conferências, palestras radiofônicas, publicações. Também havia a preocupação de compor uma biblioteca especializada, instalar laboratórios para construção de equipamentos e construir um observatório astronômico para que os membros da SPAA pudessem realizar observações dos astros de maneira mais aprimorada.[26]

Por um período, Lange participou ativamente do conselho fiscal desta Sociedade, que teve participação importante na construção dos estudos relacionados à astronomia na região.

> Por *modus vivendi*, essa Sociedade seguiu duas linhas de atividades. A primeira objetivava proporcionar a seus sócios um melhor contato com a ciência da astronomia. Assim, telescópios foram disponibilizados a fim de que os sócios tivessem melhores meios de observação dos fenômenos celestes. Para aprofundar conhecimentos, uma biblioteca estava à disposição, e reuniões frequentes eram realizadas com o intuito de trocar ideias e informações.[27]

O primeiro laboratório astronômico da Universidade Estadual de Ponta Grossa foi construído devido ao estímulo provindo dessa Sociedade. Atualmente, por mera coincidência, o antigo observatório abriga o Laboratório de Paleontologia e Estratigrafia da Universidade Estadual de Ponta Grossa, local em que se encontra o Acervo Frederico Waldemar Lange (1911-1988).

O TRABALHO DE LANGE NO MUSEU PARANAENSE (1941-1955) EM CURITIBA

Em 1941, Frederico Waldemar Lange assumiu o cargo de assistente da Seção de Paleontologia do Museu, o que, na época, equivaleria a uma especialização pela Faculdade de Filosofia, Ciências e Letras/Museu Paranaense. O trabalho de Lange naquela instituição estaria voltado para a pesquisa de fósseis do Paraná, em especial o período Devoniano (período da era paleozoica compreendido em 416 e 360 milhões de anos atrás), a micropaleontologia e a história das pesquisas paleontológicas no estado. Lange evidenciou em suas pesquisas características locais e novas interpretações da ciência paleontológica por meio de suas publicações e participações em diversas sociedades científicas.

O município de Ponta Grossa, estudado por Lange, caracteriza-se pela ocorrência de fósseis de invertebrados marinhos devonianos que se apresentam, em grande parte, em folhelhos argilosos e arenitos, conhecidos desde o ano de 1876 quando da passagem da Comissão Geológica do Império do Brasil (1875-1877) pela região. Foi por meio dos trabalhos de campo de Luther Wagoner, dirigidos por Charles Frederick Hartt (1840-1878), que foram encontrados os primeiros fósseis pertencentes ao período Devoniano do estado do Paraná.

> A designação "Schistos de Ponta Grossa" foi usada pela primeira vez por Euzébio Paulo de Oliveira (Oliveira, 1912) para designar as camadas argilosas abundantemente fossilíferas dos terrenos devonianos próximos à cidade de Ponta Grossa, no estado do Paraná, Brasil. A proposição formal desta unidade litoestratigráfica como "Formação Ponta Grossa" foi efetuada por Petri (1948) e, posteriormente, Lange e Petri (1967) a subdividiram em três membros. No entanto, camadas de rochas sedimentares, contendo concentrações de inverte-

brados marinhos fósseis, foram pioneiramente registradas no estado do Paraná pela Comissão Geológica do Império do Brasil (1875-1877), constituída pelo governo do imperador Dom Pedro II. Coordenada pelo geólogo canadense Charles Friederich Hartt, a comissão iniciou seus trabalhos em 1875 e o planejamento preliminar enfocou o estudo da geologia, da paleontologia e das minas do Império. Como assistentes imediatos, foram designados ainda os geólogos norte-americanos Orville A. Derby, Richard Rathbun, John Casper Branner e Herbert Smith. Além destes, os exploradores Elias Pacheco Jordão, Luthero Wagoner, Francisco de Freitas e Marc Ferrez fizeram parte da equipe atuando diretamente nos trabalhos de campo (cf. Lange, 1954). No ano seguinte, Charles F. Hartt, então empenhado no reconhecimento da bacia carbonífera do estado de Santa Catarina, encarrega o auxiliar Luther Wagoner de percorrer parte do estado do Paraná. Durante esta excursão, Wagoner investiga a região de Ponta Grossa e encontra alguns fragmentos fósseis, que foram identificados posteriormente por Orville A. Derby e Richard Rathbun como sendo de provável idade devoniana. Outra excursão é realizada no estado do Paraná no ano de 1877. Desta vez o próprio Orville Derby visita as localidades fossilíferas do município de Ponta Grossa, descobertas no ano anterior por Luthero Wagoner. O relatório desta excursão noticia a presença de espécies de moluscos, braquiópodes e equinodermas muito semelhantes e provavelmente idênticas às já identificadas do Devoniano do estado do Amazonas. Estes fósseis fazem parte dos primeiros registros genéricos do estado do Paraná.[28]

Em 1967, Lange e Petri propõem uma divisão tripartite para os sedimentos da Formação Ponta Grossa, constituída a partir da base pelos membros Jaguariaíva, Tibagi e São Domingos.

A Formação Ponta Grossa sobrepõe-se à Formação Furnas (fig. 1) e é constituída por uma superposição de folhelhos, folhelhos sílticos, arenitos e siltitos cinza escuros a negros, localmente carbonosos, fossilíferos, micáceos. Quando alterada, apresenta cores variegadas, predominando as colorações amarela, arroxeada e castanha. A estrutura sedimentar predominante é a laminação plano-paralela. Em certos intervalos, observam-se estratificações do tipo *hummocky cross stratification* de pequeno porte, laminação flazer, marcas onduladas, bioturbação e estruturas de escorregamento. A sua espessura maior é numa seção de 654 m de rochas que vão do Lockoviano ao Frasniano. Assine (1996) atesta o paleoambiente plataformal marinho para grande parte da formação. Apesar da subdivisão tripartite proposta por Lange e Petri (1967) ser ainda amplamente utilizada, Northfleet et al. (1969) e Schneider et al. (1974), ao trabalharem com a estratigrafia do devoniano paranaense embasada em dados de subsuperfície utilizam a designação "Grupo Paraná", englobando as formações Furnas e Ponta Grossa sem mencionarem membros ou fácies, tratando-as como indivisas.[29]

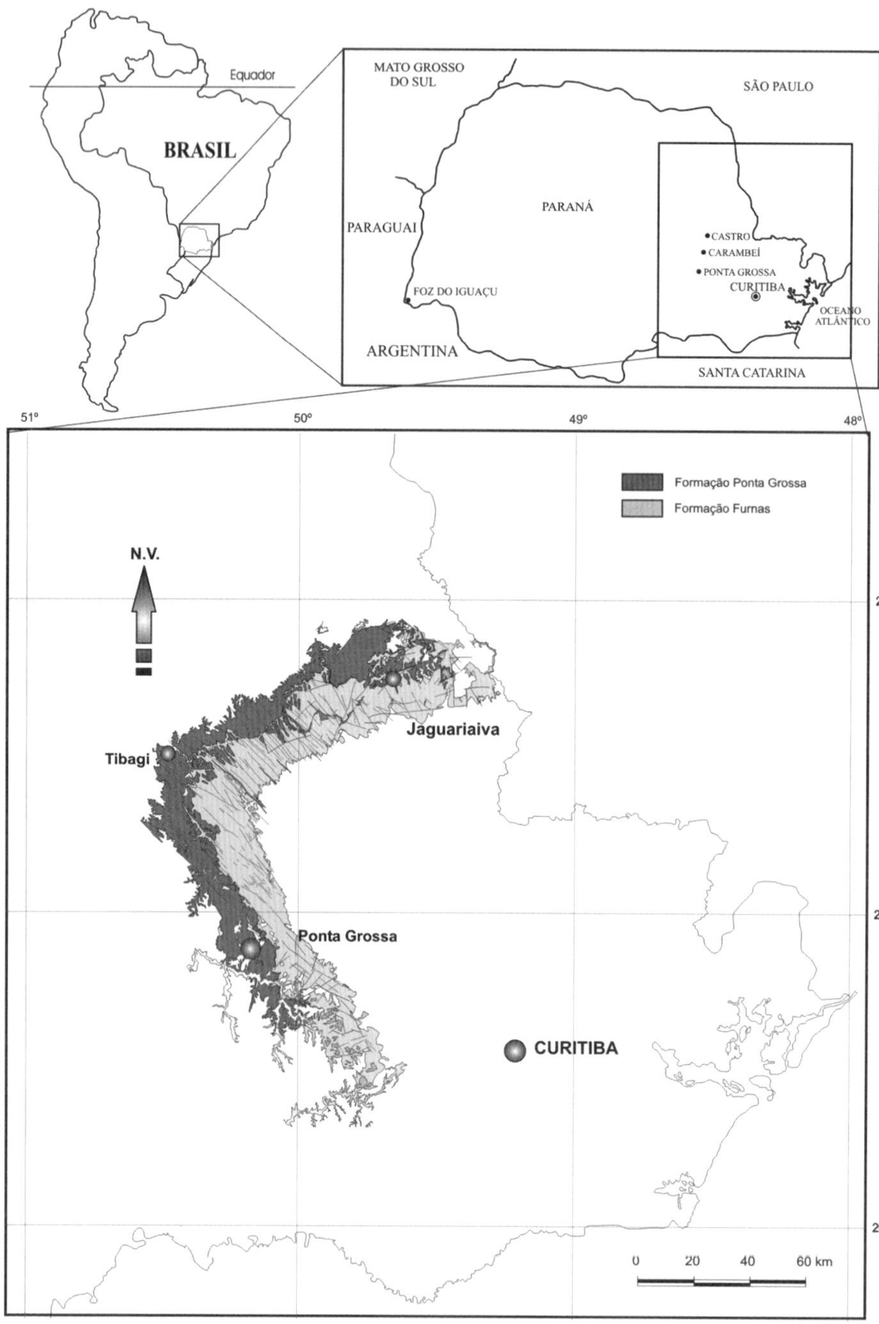

Sucessão devoniana (formações Furnas e Ponta Grossa) da bacia do Paraná, estado do Paraná, Brasil.

O trabalho de Lange envolveu descobertas de macrofósseis e microfósseis do Paraná, em especial aqueles do período Devoniano.[30] Tendo aprendido idiomas em casa, Lange se identifica desde muito cedo com leitura de obras estrangeiras referentes à área que o estimulariam a pesquisar na cidade de Ponta Grossa por paixão e interesse pela natureza que o circundava.

> A cidade de Ponta Grossa é muito privilegiada relativamente à ocorrência de fósseis de invertebrados marinhos, pois assenta em grande parte sobre folhelhos argilosos do Devoniano, conhecidos desde o ano de 1876. Afloram também na área sedimentos do subgrupo Itararé, constituídos de arenitos, diamictitos e ritmitos, dentro de estrutura falhada intrudida por diabásico do cretáceo.[31]

Lange não apenas evidenciou em suas pesquisas características locais. Ele, por meio de suas publicações e participações em diversas sociedades científicas, promoveu novas interpretações e criou novos modelos para a ciência paleontológica.

Em 1947, foram encontrados restos de um Megatério (Mammalia – Xenarthra), no município de Porto União. A reportagem publicada no jornal *O Dia* tem como encarregado da escavação o paleontólogo Frederico Waldemar Lange.

> Interessados em saber como se deu a descoberta dos referidos restos, interrogamos o nosso entrevistado, a esse respeito, o qual apenas nos pode confiar a primeira notificação enviada pelo diretor da Seção de Geologia e Mineralogia, doutor F. W. Lange, que se acha dirigindo as excavações para a remoção do fóssil, e que atualmente se encontra no Rio de Janeiro, onde foi tomar parte nos trabalhos do Congresso Brasileiro de Geologia.
>
> Inicialmente, a referida notificação se ocupa da situação da localidade fossilífera que fica a "15 km a SE de Valões, município de Porto União, próximo à colônia São Jorge, onde ocorrem duas elevações conhecidas legalmente por Serra Emidia e Serra da Casemira, que se destacam nitidamente do terreno em geral apenas suavemente ondulado. Embora de constituição idêntica aos demais terrenos da região, pois são formadas pelos folhelhos de cores variegadas da formação do rio do Rasto, devem estas serras a sua conformação alongada à presença de diversos diques de diabásio que atravessam, bem como a um sill que as encobre, tornando-se assim mais resistente à erosão.
>
> Aproximadamente na metade da encosta da Serra da Casemira, do lado norte, ocorrem dois degraus um tanto inclinados, cujas depressões foram ocasionadas por pequenos cursos d'água."
>
> Posteriormente, descreve a mencionada nota como se deu o achado.
>
> "Desejando aproveitar o pequeno córrego existente neste local, os filhos do sr. Guilherme Senn, proprietário do terreno, iniciaram a escavação de uma das margens afim de fazer um tanque para a criação de carpas, quando encontraram alguns fragmentos de ossos pertencentes a um animal de grande porte. Posteriormente, foram retirados mais alguns ossos, inclusive um fêmur, segundo

> informações obtidas, tendo parte do material sido enviado à Divisão de Geologia e Mineralogia, do Ministério da Agricultura no Rio de Janeiro que, por sua vez, avisou a seção de Geologia do Museu Paranaense ao mesmo tempo gentilmente cedendo o direito da coleta do material."
>
> Foi em princípios de novembro do corrente ano, que o encarregado da subseção de paleontologia do Museu Paranaense, sr. Frederico Waldemar Lange, visitou a localidade fossilífera afim de estudar a natureza do fóssil e para verificar a possibilidade da sua remoção; foram, nesta ocasião, retiradas diversas costelas e uma [ilegível], além de outros fragmentos menores, cujo estudo demonstrou tratar-se do esqueleto fossilizado de um megatério, animal extinto há alguns milhares de anos e cuja forma se aproximava à uma preguiça, de enormes dimensões porém, pois chegava a atingir em, alguns casos, 5 metros de comprimento por 2 de altura.
>
> A presença da ossada nesta depressão na encosta da serra faz supor tratar-se de antigo pântano em que o animal pereceu atolado, tendo, em seguida, seus ossos sido espalhados por outros animais, possivelmente por abutre, visto não mais se encontrarem na sua posição atual, mas sim separados uns dos outro. Posteriormente, todo o local foi encoberto por material de erosão transportado pela água, de tal forma que hoje se encontra uma camada de mais de um metro de espessura de terra sobre os despojos. Os ossos não estão de todo petrificados, notando-se apenas uma delgada casca em algumas peças, originadas pela infiltração da sílica; de um modo geral, os restos estão muito mal conservados, tornando-se necessário o emprego de colas para juntar e remover os diversos fragmentos.
>
> Dentro de pouco tempo será reiniciado o trabalho afim de ser removido o restante do material, tendo-se a esperança de ser então encontrada a cabeça do animal. Depois de devidamente preparados, deverão os ossos fósseis ser expostos no Museu Paranaense, cuja diretoria aproveita o ensejo para agradecer ao sr. Guilherme Senn (bem como aos srs. Teodoro Lemos e Alípio Ortiga) pelo auxílio prestado aos funcionários do Museu durante o trabalho da remoção.[32]

Neste mesmo ano da descoberta, Lange tornou-se chefe do Setor de Geologia do Museu Paranaense, onde permaneceu até 1954. Durante sua passagem pelo Museu, entre os anos de 1941 e 1955, Lange publicou 14 trabalhos:

1. "Restos vermiformes do Arenito Furnas", em *Arquivos Museu Paranaense*, 1942;
2. "Novos fósseis devonianos do Paraná", em *Arquivos Museu Paranaense*, 1943;
3. "Arenitos da Vila Velha", em *Arquivos do Museu Paranaense*, 1944;
4. "Novas localidades fossilíferas da série Itararé", em *Anais Academia Brasileira de Ciências*, XVI, 1944;

5. "Anelídeos poliquetas dos folhelhos devonianos do Paraná", em *Arquivos do Museu Paranaense*, 1947;
6. "Polychaete Annelids from the Devonian of Paraná, Brazil (Chitinozoa)", em *Ithaca*, Paleont Research Institution, 1949;
7. "Novos microfósseis devonianos do Paraná", em *Arquivos do Museu Paranaense*, 1949;
8. "Um nôvo escolecodonte dos folhelhos Ponta Grossa", em *Arquivos do Museu Paranense*, 1950;
9. "Revisão da fáunula do folhelho Passinho", em *Dusenia*, 1952;
10. "Chitinozoários do folhelho Barreirinha, devoniano do Pará", em *Dusenia*, 1952;
11. "Paleontologia e Evolução dos seres vivos", em *Evolução dos seres vivos*, Centro de Estudo História Natural, Faculdade de Filosofia, Ciências e Letras da Universidade do Paraná, 1953;
12. "Estratigrafia e idade geológica da Série Tubarão", em *Arquivos do Museu Paranaense*, 1954;
13. *Paleontologia do Paraná*, volume comemorativo do 1º Centenário do Paraná, 1954;
14. "Nota preliminar sobre a fáunula do arenito El Carmen", em *Sociedade Brasileira de Geologia*, 1955.

Esses trabalhos projetariam Lange no cenário científico nacional e internacional. Por exemplo, o artigo intitulado "Anelídeos poliquetos nos folhelhos do devoniano do Paraná", publicado em 1947, foi reconhecido logo após a publicação como atestava a imprensa da época. O jornal *Gazeta do Povo* do Paraná, de 29 de abril de 1949, na Seção Vida Científica, destacou a descoberta e enfatizou a honrosa apreciação do *Journal of Paleontology* sobre o trabalho de Lange, de Ponta Grossa.

> No ano passado, os *Arquivos do Museu Paranaense*, em seu volume sexto, pp. 161-230, publicaram um artigo sobre "Anelídeos poliquetos nos folhelhos devonianos do Paraná" que teve grande repercussão nos meios estrangeiros especializados tendo seu autor, Sr. Frederico Waldemar Lange, de Ponta Grossa, recebido uma solicitação no sentido de que o mesmo artigo fosse traduzido para o inglês e publicado no *Journal of Paleontology*, afim de ter maior divulgação dada a sua capital importância para o estudo dos escolecodontes.
>
> O Museu Paranaense, de cuja Seção de Paleontologia e Geologia é diretor o Sr. F. W. Lange, acedeu à solicitação concedendo licença para a referida tradução e publicação, dando assim todo apoio para que se projete no estrangeiro toda grandeza desse notável pesquisador que, trabalhando só e contando apenas com

> seu esforço e denodo pessoal, chegou a especializar-se notavelmente em alguns grupos de fósseis do Devoniano paranaense, que permitirão um melhor estudo comparativo do nosso passado geológico.
>
> Deixamos a palavra ao crítico do artigo, o professor Dr. Kenneth E. Caster, da Universidade de Chicago, que em um "Review" aparecido no *Journal of Paleontology*, assim se expressa sobre o mesmo:
>
> "Esta é provavelmente a mais importante monografia até agora escrita sobre os escolecodontes, sendo, certamente, a mais preciosa destes últimos anos.
>
> Representa, ao mesmo tempo, significativa contribuição, que até hoje não se tinha elaborado em anos anteriores, ao conhecimento da forma devoniana da América do Sul".[33]

Neste trabalho, Lange descreveu uma coleção que incluía milhares de espécimes de escolecodontes (aparelhos mandibulares de vermes poliquetos), cuidadosamente coletados nos folhelhos devonianos de Ponta Grossa.

No ano de 1954, Lange tornou-se diretor do Museu Paranaense, onde permaneceu até 1955. Durante sua direção, como podemos observar na publicação do jornal *O Diário do Paraná*, de 29 de março de 1955, acumulou o cargo de direção da Seção de Geologia:

> Em março de 1955, o Museu Paranaense compunha-se de seis seções: Antropologia e Etnografia, Botânica, Cinema Educativo, Geologia e Paleontologia. História e Zoologia. A seção de Geologia era dirigida por Frederico Waldemar Lange, o qual também era o atual diretor do Museu, definido no jornal *O Diário do Paraná* como "geólogo paranaense, que dirige em Ponta Grossa serviços do Conselho Nacional do Petróleo". [...]
>
> Um mapa mural apresentando síntese da história geológica do Paraná, com as respectivas legendas, ocupa lugar de relevo da Seção de Geologia e Paleontologia. Coleções de figuras de fósseis devoneanos, organizadas no século passado por Orville Derby, e ossos de um megatério, grande mamífero com dimensões de elefante, coletados pelo professor Lange em Valões, formam entre as preciosidades da sala. O megatério, que surgiu no período terciário na América do Sul, de que apenas se conhecem os ossos fósseis, está disposto acima de alguns exemplares répteis do período permiano, encontrado nos folhelhos betuminosos de Irati. Esses répteis têm cerca de 250 milhões de anos.
>
> Há também uma exposição ampla dos recursos naturais do território, além do mapa mural, mostrando fragmentos geológicos.[34]

Em 1955, Lange encerrou seu trabalho como diretor do Museu Paranaense, contribuindo com a organização e construção dos estudos de geociências no estado. Entre os anos de 1950 e 1955, Lange também vinha lecionando Geologia e Paleontologia na Faculdade Católica de Filosofia em Curitiba.[35] De fato, Lange havia participando ativamente da fundação daquela Faculdade, que ocorreu em 5 de agosto de 1950 em Curitiba, e foi autorizada a funcionar a partir de 20 de fevereiro de 1952, quando começou suas atividades letivas. A carreira de Lange como docente, no entanto, seria curta. Em 1955 ele pediria seu afastamento e, a pedido da instituição, Lange sugeriu e relatou em algumas cartas possíveis nomes para a sua substituição. Em uma delas, formam mencionados nomes do prof. João José Bigarella e Riad Salamuni.

> Senhor diretor
>
> Cumpre-me comunicar a V. Excia. que acabo de receber um ofício do prof. João José Bigarella, informando não lhe ser possível continuar com a cadeira de Geologia e Paleontologia em que me vinha substituindo nessa faculdade.
>
> Como me encontro desempenhando um cargo, em função de tempo integral, na Petróleo Brasileiro S.A. – Petrobras, com sede distrital em Ponta Grossa, ainda no corrente ano não me será possível desempenhar-me do honroso cargo com que fui distinguido junto a essa faculdade.
>
> Diante desse impedimento, venho pelo presente sugerir o nome do licenciado Riad Salamuni como substituto para a referida cadeira. O mencionado licenciado, após a sua conclusão do curso, permaneceu aproximadamente um ano como bolsista em universidades norte-americanas, com real aproveitamento, conforme me foi dado verificar quando de um recente estágio de um mês, feito pelo mesmo no laboratório da Petrobras, nesta cidade. Há a adicionar ainda o fato de que o referido licenciado vem já há tempo substituindo o professor de idêntica cadeira na Faculdade de Filosofia da Universidade, durante os seus impedimentos. Isso me leva a crer que o licenciado Salamuni saberá desempenhar perfeitamente o cargo, caso V. Excia. haja por bem aceitar a indicação.
>
> Ao ensejo, reitero a V. Excia. os meus protestos de elevada estima e consideração.
>
> Frederico Waldemar Lange.[36]

Durante esse período participou ativamente de sociedades relacionadas ao assunto, como exemplo a Sociedade Brasileira de Geologia (1947), eleito vice-presidente em 1950, 1951, 1956 e 1959, The International Mark Twain Society (1950), Sociedade Brasileira para o Progresso da Ciência (1951), Society for the Study of Evolution (1952), Society of Systematic Zoology (1952) e American Association for the Advancement of Science (1952).

Em 1955, Lange encerraria seu trabalho no Museu Paranaense e na Faculdade Católica de Filosofia, transferindo-se para a função exclusiva de paleontólogo na Petrobras. Com a fundação da empresa em 1953 e a instalação de um de seus polos regionais em Ponta Grossa (PR) no ano de 1955, Lange foi convidado a continuar suas atividades de pesquisa paleontológicas nesta empresa.[37]

O TRABALHO DE LANGE NA PETROBRAS

Na década de 1940, Lange já auxiliava os geólogos do Conselho Nacional do Petróleo (CNP), determinando a posição estratigráfica de fósseis encontrados em amostras de campo de regiões do Paraná.[38] O Conselho Nacional do Petróleo (CNP) havia sido criado em 1938, para avaliar os pedidos de pesquisa e lavra de jazidas de petróleo. O decreto que instituiu o CNP também declarou de utilidade pública o abastecimento nacional de petróleo e regulou as atividades de importação, exportação, transporte, distribuição e comércio de petróleo e derivados, e o funcionamento da indústria do refino no país. As possíveis descobertas de jazidas passaram a ser consideradas como patrimônio da União.[39]

Assim, o CNP foi considerado como um "organismo autônomo, subordinado diretamente ao presidente da República".[40] A alteração de impostos, fiscalizações e a intensificação de pesquisas de petróleo e derivados também eram funções do CNP.

O CNP surge também como uma forma de controlar e intensificar a busca e o pertencimento do petróleo no país, criando um grande serviço nacional. A criação

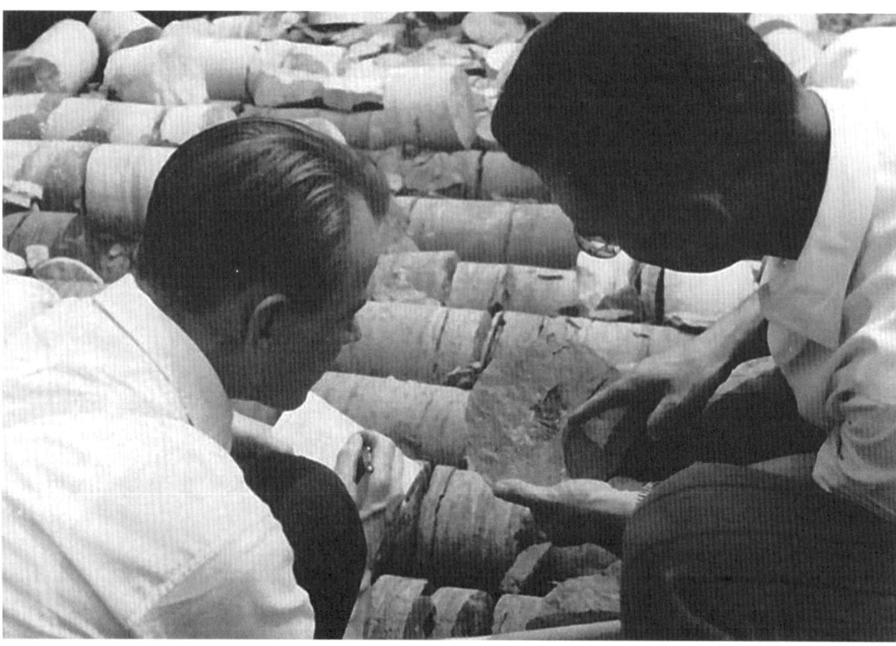

Elvio Pinto Bosetti

Frederico Waldemar Lange, à direita, em trabalho de campo entre as décadas de 1940 e 1950. Ao fundo, amostras de sondagem em busca de evidências de petróleo.

do CNP alimentou também o nacionalismo que crescia com a convicção e esperança de que o território brasileiro era rico em petróleo. O início do CNP marca uma nova fase da história do petróleo e das geociências no Brasil.

> As limitações e deficiências do CNP nos setores técnico e administrativo, em seus primeiros anos de atividade, encontram expressão, ainda que de modo indireto, no seu primeiro relatório oficial, referente a 1944, mas só publicado em 1946.
>
> Por esse relatório se verifica que o Conselho operou durante os seus primeiros anos com falta ou inadequação de equipamento, com pessoal insuficiente, tanto do ponto de vista da quantidade quanto da habilitação profissional, e se encontram numerosos exemplos de desperdício de tempo, equipamento e dinheiro.[41]

No final da década de 1940, muitos brasileiros endossavam a xenofobia em seu apoio à campanha "O petróleo é nosso". Em palavras simples, diziam eles que o brasileiro era igual a qualquer estrangeiro e tão capaz de criar uma indústria petrolífera quanto qualquer um.[42] Assim, o nacionalismo passa a ser um ponto de referência fundamental tanto na política interna como na externa.[43]

Utilizando-se ao mesmo tempo da campanha "O petróleo é nosso", o governo Vargas acabou por afastar a possibilidade de participação estrangeira no desenvolvimento dos recursos petrolíferos nacionais.

"Em 1950, os círculos políticos e econômicos do país concentravam a sua atenção no pleito presidencial."[44] Dirigindo-se aos trabalhadores de modo direto e emocional, defendendo o nacionalismo econômico, a industrialização e a necessidade de ampliar as leis trabalhistas, Getúlio Vargas venceu as eleições presidenciais nessa época. Com esse retorno de Vargas ao poder, o país retomou o desenvolvimento sob o patrocínio do Estado tanto por meio de subsídios como da implantação de uma infraestrutura necessária ao crescimento do capital privado. Dessa maneira:

> O retorno de Vargas ao poder no início de 1951 representou afirmação de um projeto, claramente exposto na campanha eleitoral pelo então candidato, centrado na industrialização e na modernização agrícola, tendo como ênfase a produção para mercado interno e no qual se reservava ao Estado importante papel de articulador e estimulador.[45]

O segundo governo de Vargas (1951-1954) caracterizou-se pelo nacionalismo e pelo populismo. A industrialização apoiada em grandes investimentos do Estado brasileiro voltou a ser vista como condição para o progresso.

Esse modelo de desenvolvimento pretendido por Vargas dividiu a sociedade brasileira. De um lado estavam os nacionalistas, que tinham como líder a figura de Getúlio Vargas, e defendiam a ideia de um Estado interventor da economia, investindo em áreas estratégicas, como petróleo, siderurgia, transportes e comunicações. Do outro lado estavam seus adversários, chamados de entreguistas, defensores de uma economia sem a interferência do Estado.

Os debates entre os nacionalistas e seus adversários se intensificaram quando se levantou a questão do petróleo. Estudantes, sindicalistas, parte dos militares – liderados pelo general Newton Estillac Leal – e os políticos do PTB (Partido Trabalhista do Brasil) e do PCB (Partido Comunista Brasileiro) defendiam que o Brasil deveria ter uma indústria própria de extração e refino de petróleo. A oposição, liderada por políticos da UDN (União Democrática Nacionalista) e por militares antigetulistas, era favorável à exploração do petróleo nacional por empresas estrangeiras que já operavam no Brasil, como Esso, Texaco, Shell etc.[46]

A exaltação dos ímpetos nacionalistas com a campanha pela nacionalização do petróleo, em 3 de outubro de 1953, cria-se a Petróleo Brasileira S.A. Iniciando suas atividades com o acervo recebido do antigo CNP e com a edição da Lei n. 2.004, a constituição da Petrobras foi autorizada com o objetivo de executar as atividades do setor de petróleo no Brasil em nome da União.[47]

De início, a Petrobras começou a enfrentar dificuldades em nível nacional. Principalmente por meio de uma decisão administrativa relacionada a atividades de exploração de petróleo. Ocorreu, então, a contratação de Walter K. Link, "antigo profissional da Standard Oil Company,[48] para a chefia do Departamento de Exploração".[49]

Sua contratação beirava o escândalo, pois a contratação de estrangeiros era contra os princípios do nacionalismo. Mas, para os envolvidos no projeto nacional, havia um fator decisivo para a tomada dessa decisão: a carência de pessoal especializado.

> Não havendo no país cursos universitários de Geologia, as atividades oficiais sempre tiveram que se valer de engenheiros de minas ou mesmo de engenheiros civis que tivessem alguma especialização e estudo na área. Sob a administração do CNP, alguns técnicos já haviam sido enviados ao exterior e o próprio Centro de Aperfeiçoamento e Pesquisas de Petróleo – Cenap – havia realizado alguns convênios com universidades brasileiras para a formação de geólogos de petróleo. Mesmo com esses constrangimentos, destacaram-se inúmeros profissionais brasileiros, como demonstra a qualidade dos trabalhos do corpo técnico do antigo Serviço Geológico e Mineralógico do Brasil e do CNP, mas eram ainda muito poucos para as exigências de expansão após 1953.[50]

Após a contratação de estrangeiros pela Petrobras e a formação de profissionais no exterior, os resultados esperados e a certeza de que o Brasil era rico em petróleo eram aguardados "pela opinião pública, pelo meio político e pela própria economia brasileira", tendo que ser demonstrados em prazos mais curtos e através de soluções intermediárias.[51]

Em princípio, a Petrobras estabeleceu três laboratórios regionais no país – Belém (PA), Salvador (BA) e Ponta Grossa (PR) – para pesquisas, exploração e procura de regiões petrolíferas.

Ao iniciar as suas atividades exploratórias, a Petrobras contava então com apenas um laboratório de paleontologia, localizado em Belém, incumbido da análise das amostras da bacia do Amazonas.[52]

Após alguns anos, o ponto da pesquisa concentrou-se na instalação do laboratório regional do município de Ponta Grossa, denominado Departamento de Exploração da Bacia Sedimentar do Paraná (DEBSP), em Ponta Grossa. Criado oficialmente em março de 1955, vários fatores favoreceram as instalações do DEBSP no município, dentre os quais sua localização geográfica, ponto de entroncamento ferroviário com o restante do país e seu desenvolvimento urbano.

Em 15 de março de 1955, Lange iniciou o que culminaria em sua carreira profissional dentro da Petrobras. Atuando como paleontólogo no Departamento da Bacia Sedimentar do Paraná, realizou atividades relacionadas à sua área até 1958.

Elvio Pinto Bosetti

Frederico Waldemar Lange em trabalho de campo, fim da década de 1950.

Sobre as obras indispensáveis e o conhecimento do que estava sendo publicado mundialmente, Lange já colecionava vários livros e artigos sobre paleontologia, micropaleontologia, estratigrafia e assuntos correlacionados em sua biblioteca particular.

Em 1955, Lange desenvolveu o trabalho de exame de amostras de alguns poços da região e de amostras de superfície, como também relatórios preliminares sobre exame de amostras de poços e *oil speeps* nos estados do Paraná e Santa Catarina. Em 1956, realizou atividades complementares às já realizadas no ano anterior, que eram exames de amostras *structure drill*, principalmente na área de Cândido de Abreu (PR), e descrição de amostras coletadas na região de Lages (SC).

No ano de 1957, participou como membro da Conferência sobre a geologia da bacia do Paraná, durante a fase preparatória do curso de Geologia do Petróleo, assim como do Centro de Aperfeiçoamento e Pesquisas de Petróleo, em Salvador, lecionando a matéria "Bacia do Paraná".

No ano seguinte, Lange viria a trabalhar com amostras de poço e superfície de vários estados brasileiros, e na preparação para a execução de um programa de perfuração estratigráfica da bacia de Pelotas (RS). É nesse período também que Lange passaria a ser convidado a proferir palestras na sua área de pesquisa. Em uma delas ele discorreu sobre a "Estrutura geológica do Brasil e zonas petrolíferas", na Associação dos Geógrafos Brasileiros, seção regional do Rio de Janeiro, e em outra tratou dos "Aspectos econômicos da exploração do petróleo no Brasil", durante o ciclo de conferências promovido pelo Instituto Brasileiro de Petróleo, no Rio de Janeiro, através do Simpósio sobre a economia do petróleo.

Em 1958, Lange transferiu-se de Ponta Grossa para o Rio de Janeiro para assumir a Superintendência-Geral como adjunto do Departamento de Exploração do Rio de Janeiro. Além disso, participou da primeira reunião para a fundação da Sociedade Brasileira de Paleontologia, no mesmo ano.

Essa nova fase da trajetória científica de Lange, quando a pesquisa aplicada passaria a receber uma atenção especial, não representou um afastamento da pesquisa básica. O vínculo com a comunidade científica persistia. Em 1959 ele seria eleito vice-presidente da Sociedade Brasileira de Geologia, durante a realização do XIV Congresso Brasileiro de Geologia, em São Paulo. Neste mesmo ano ele publicaria sobre "Aspectos econômicos da exploração do petróleo no Brasil" (1959) e um artigo com Mr. Roberto M. Sanford intitulado "Basin Study Approach to Oil Evaluation of Paraná Miogeosyncline of South Brazil", o que coincidiu com sua viagem aos Estados Unidos para várias reuniões com empresas estrangeiras como a American Association of Petroleum Geologists, Universidade de Oklahoma, Centros de Pesquisas da Jersey Oil Company, Humble Oil Company, Schlumberger (onde realizou o curso de Análise de Perfilagem Elétrica), Seismic Survey Corporation.

Em 1961, assumiria a chefia do Depex, quando proporia a instalação de laboratórios distritais e também estudos na região do Amazonas. O intercâmbio com a comunidade científica das ciências aplicadas também se ampliaria. Logo no início daquela década ele participaria de reuniões e visitas nos centros de pesquisa do Institut Français des Pétroles, Compagnie Génerale de Geophysique, Agip Mineraria/ENI, Prakla, Amt fuer Bodenforschung e Compagnie Française des Pétroles. Posteriormente, em 1964, Lange viajaria à Europa para reuniões e contatos referente às pesquisas da Petrobras e se torna membro efetivo da Comission International du Microflore du Paleozóique, Bordeaux.

Em meados da década de 1960, o DEBSP, conhecido agora como Departamento de Exploração do Sul (Desul), se constituía em três divisões: Setor de Estratigrafia, Laboratório de Paleontologia e Laboratório de Sedimentologia. Ao Setor de Estratigrafia coube coordenar os trabalhos dos laboratórios regionais de Paleontologia e de Sedimentologia. Tecnicamente, estes laboratórios se encontravam subordinados ao Setor de Geologia de Subsuperfície, e a principal atividade da paleontologia se concentrava no exame de amostras para a identificação dos topos das zonas, como apoio às perfurações exploratórias.

Em 1965, Lange foi designado para supervisor do Laboratório de Paleontologia do Desul. Realizou atividades de separação e processamento de amostras do paleozoico da bacia do Amazonas, preparação de lâminas, estudos sistemáticos, descrição e ilustração de microfósseis, e ainda a elaboração do relatório "Subdivisão bioestratigráfica e revisão da coluna siluro-devoniana da bacia do Baixo Amazonas". Iniciou também a preparação de amostras e estudos de microfósseis da bacia do Paraná.

Em 1967, Lange elaborou trabalhos como "Biostratigraphic Subdivision and Correlation of the Devonian of the Paraná Basin";[53] em colaboração com Setembrino Petri, "The Devonian of the Paraná Basin";[54] uma revisão da "Coluna siluro-devoniana da bacia do Baixo Amazonas";[55] e "Les *Leiofusidae*", com A. Combaz e J. Pansart.[56]

Já no fim da década de 1960, Lange passaria a focar no aprofundamento de seus estudos relacionados à paleontologia. No ano de 1968, ele participaria da viagem do navio oceanográfico Discoverer, durante a pesquisa do trajeto Miami-Recife. No ano seguinte, coordenou estudo sobre o projeto com a Woods Hole Oceanographic Institution para o mapeamento da plataforma continental brasileira, e providenciou a mudança das instalações dos laboratórios de Paleontologia e Sedimentologia para que a execução de pesquisas oceanográficas na plataforma continental pudessem ser otimizadas.

Na transição da década de 1969 para 1970, realizou uma "especialização" através do Curso de Atualização em Técnicas Exploratórias (Catex II), de 7 a 30 de julho de

1969. E de 5 a 28 de julho de 1971 participou do Catex III. Essa especialização era ofertada através da parceria com a Petrobras, o Serviço Nacional de Aprendizagem Industrial e a American Association of Petroleum Geologists.

Em 1970, proferiu a conferência sobre "Trabalhos de paleontologia, sedimentologia e estratigrafia desenvolvidos nas bacias paleozoicas e mesozoicas do Brasil" e "O problema do mapeamento da plataforma continental brasileira", como participante do grupo de técnicos da Petrobras, durante o Encontro de Araxá promovido pelo Ministério de Minas e Energia.

Após três décadas estudando e pesquisando microfósseis, Lange já havia se tornado uma referência na área. No começo de 1972, ele seria convidado a participar de um evento sobre micropaleontologia, realizado na Etiópia. Lá, participou de reuniões técnicas e excursões de pesquisa, e fez contatos com companhias de petróleo, como exemplo a South African Oil Exploration Corporation (Soekor), o Departamento de Exploração da Companhia Française des Pétroles, na França, realizando também visitas a Atenas.

> Em Paris, tivemos a oportunidade de participar de uma reunião do Cimp, realizada no Centre Nationale de la Recherche Scientifique. Após a reunião, discutimos alguns problemas de sistemática de microfósseis com o doutor Serge Jardiné, da ELF-E. R., de interesse para a datação geocronológica das nossas bacias paleozoicas. Com o doutor Alpern, da Cherchar, discutimos a aplicação prática do índice de reflexão dos carvões para a determinação da maturidade dos sedimentos; o doutor Alpern deverá vir ao Brasil ainda no ano em curso para proferir algumas palestras a respeito desse assunto.[57]

Lange permaneceu como chefe do Setor de Estratigrafia até a sua aposentadoria por tempo de serviço em outubro de 1972, quando publicou ainda os artigos intitulados "Silurian of Brazil in Correlation of the South American Silurian Rocks", e "Stratigraphy of the Cretaceous Sedimentary Basins of Brazil".

As evidências nesse sentido se dão pelo fato de que, de 1955 até março de 1972, Lange encerrou sua participação como cientista e profissional da Petrobras, após alternar cargos e estar sempre contribuindo em vários setores para uma boa estruturação e funcionalidade da empresa. Lange sempre almejou que seu trabalho rendesse bons frutos à pesquisa e à ciência.

De 1955 até março de 1972, período em que trabalhou ativamente na Petrobras, Lange apresentou cerca de setenta relatórios técnicos que versavam sobre geologia de superfície e de subsuperfície, paleontologia, estratigrafia e análise de bacias.

Em 1972, então aposentado da Petrobras, Lange continuou sua participação como estudioso e pesquisador das geociências no país. Nesse mesmo ano, tornou-se coordenador suplente do Léxico Estratigráfico Internacional, subcomissão encarregada da parte do Brasil; e publicou mais um artigo intitulado "Silurian of Brazil".

Em 15 de janeiro de 1973, tornou-se membro titular da Academia Brasileira de Ciências – Seção de Ciências da Terra. Em 1975, publicou o que seria seu último artigo intitulado "Stratigraphy of the Cretaceous Sedimentary Basins of Brazil", apresentado no V Colóquio Africano de Micropaleontologia na Etiópia, em 1972, e publicado na *Revista Española de Micropaleontologia.*

Mesmo afastado da empresa, Lange continuou a desenvolver seus trabalhos na área. Além disso, a empresa doou parte dos equipamentos para que Lange pudesse continuar suas pesquisas, mesmo aposentado. Microscópios, lâminas e outros materiais também compõem atualmente o Acervo Frederico Waldemar Lange (1911-1988).

Em março de 1975, atendendo a um convite da Mineração Colorado Ltda., colaborou na qualidade de geólogo sênior e como encarregado de projetos de pesquisas de minerais do país, permanecendo nesse cargo até janeiro de 1986.

Durante seu trabalho na Mineração Colorado Ltda., Lange dirigiu seus estudos à mineração, e muitos jornais catalogados no acervo deste período se restringem às pesquisas de mineração no país.

Na década de 1970, a discussão em relação à política nacional de mineração ganhou um espaço maior do que esperado, enquanto a política petrolífera ficou no viés de novas descobertas. Ao mesmo tempo, desenvolveram-se cursos e especializações na área de carvão mineral.

> Pela "urgente necessidade de aumentar o consumo de carvão mineral nacional, para economia do óleo combustível", e necessitando-se, para tanto, de técnicos especializados, a Universidade Federal do Rio Grande do Sul e a Companhia Auxiliar de Empresas Elétricas Brasileiras, do Rio, assinaram um protocolo na abertura do VII Simpósio Brasileiro de Mineração, ontem à noite, na UFRGS.
>
> Pelo documento será ministrado o "Curso de Especialização sobre o Carvão Mineral Nacional", de setembro deste ano a julho de 1978, em regime de tempo integral, com recursos materiais e humanos da UFRGS. Assinaram o protocolo o reitor Homero Só Jobim e o presidente da Companhia Auxiliar de Empresas Elétricas Brasileiras, José Esmeraldo da Silva, que representou o ministro Shigeaki Ueki, de Minas e Energia.[58]

Muitas ações e projetos foram coordenados para a exploração de minerais, principalmente do carvão do país. Nesse ritmo é que Lange, ao trabalhar na Mineração Colorado Ltda., desenvolveu projetos de exploração e pesquisas nessas áreas. Pois, por muitos anos, utilizou-se do carvão como opção para a crise do petróleo.

O país acabou encarando com otimismo a sua luta para se livrar da dependência do petróleo como única fonte de energia. Mas foi somente na década de 1980 que se alcançaram bons resultados, buscando novas alternativas de matéria-prima.

Além do desenvolvimento deste trabalho, e do envolvimento em sociedades e congressos, Lange era sempre convidado a participar de bancas examinadoras e correções de trabalhos e teses em virtude de seu conhecimento e habilidade crítica.[59]

Por meio disto, é possível observar em grande parte das cartas catalogadas no Acervo assuntos que dizem respeito ao auxílio de Lange para revisão de artigos, análise de amostras, convites para palestras etc. Como se pode observar na carta para o engenheiro civil Geraldo Muniz, estudioso e pesquisador da área de paleontologia.

> Caro Dr. Geraldo
>
> Rio, 14.09.78
>
> Recebi há poucos dias do doutor Lent uma cópia xerox do seu trabalho para os *Anais* da Academia e acabo de terminar a leitura. Em princípio, está de acordo com as normas e não tenho dúvidas em promover a publicação – salvo o assunto discutido abaixo (na xerox as fotos das estampas não estão muito boas, espero que o original esteja com mais contraste para permitir uma boa reprodução).
>
> Já fiz algumas correções de datilografia e no nome do autor de **Asteriacites** Schlotheim ao invés de "Schiketeheim", como consta do texto – coisas sem importância.
>
> O que me faz escrever ao amigo são os termos "Ichnofósseis" e "Ichnogênero" que empregou. Embora originado do grego *ichnos* = pista, traço, já se emprega em bom português o icno, conforme o mestre Aurélio e outros. Também em paleontologia tenho um trabalho em castelhano datado de 1949, e do qual anexo cópia, tratando de "paleoicnologia". Considero essa grafia mais simpática, mas deixo a seu critério adotá-la ou não. Caso concorde com a sugestão, peço responder-me por carta para comprovar a mudança junto ao doutor Lent; todavia, caso deseje manter o *ichno*, basta me telefonar que em seguida encaminharei o trabalho à Academia sem essa modificação. Oportunamente lhe enviarei a lista das corrigendas de datilografia que anexarei quando do retorno do trabalho ao doutor Lent.
>
> Fico, pois, aguardando notícias suas, e aqui peço dispor inteiramente.
>
> Um grande abraço
>
> Lange.[60]

Geraldo Muniz era engenheiro civil e possuía também doutorado na área de paleontologia, desenvolveu a maioria de seus trabalhos em Pernambuco. Conhecido por seu trabalho no Brasil, e também por muitos ingressantes dessa área trabalharem na Petrobras, o contato com Lange era fundamental para se obter uma referência segura acerca de trabalhos publicados na área.

> Prezado Dr. Lent
>
> Rio, 24.09.78
>
> Recebi no devido tempo a sua nota de 11 do corrente, acompanhada da cópia xerox do trabalho do Dr. Geraldo Muniz intitulado "Novos ichnofósseis devonianos da Formação Inajá, no Estado de Pernambuco". [...]

> [...]
> Quanto ao mérito do trabalho: trata-se de trabalho original, muito bem apresentado, constituindo apreciável contribuição ao conhecimento das pistas e traços fósseis do Devoniano de Pernambuco, com definições sistemáticas bem fundamentadas e que, na minha opinião, merece publicação nos *Anais* da nossa Academia, recomendação com a qual o devolvo em anexo.
> [...]
> Um grande abraço
> Lange.[61]

No dia 16 de junho de 1988, Lange falece de enfisema pulmonar, na cidade do Rio de Janeiro. Por todo seu trabalho científico desenvolvido e em respeito a sua paixão pela paleontologia, por muitas vezes Lange foi homenageado tanto em vida como *in memoriam*. Muito do trabalho de Lange e de seus dados pessoais, tais como o ano de seu nascimento, são ainda desconhecidos por sociedades e estudiosos da área.

A influência de Lange para uma geração de pesquisadores pode ser atestada nos trabalhos de diversos paleontólogos brasileiros, dentre os quais se podem citar Josué Camargo Mendes, Setembrino Petri, Carlos de Paula Couto, Rubens da Silva Santos, Júlio Magalhães, Irajá Damiani Pinto, Silva Ivan de Medeiros Tinoco, Nicéa Marchesini Trindade, Lélia Duarte, Friedrich W. Sommer, Maria Eugênia Marchesini Santos e Karl Beurlen, entre outros.

Na Petrobras, Lange também foi pioneiro dessa ciência, introduzindo e aperfeiçoando técnicas em lâminas de vidro para o estudo e pesquisas de microfósseis.

> Ao regressar do Rio em 14 do corrente, encontro aqui a sua carta de 29 de outubro, bem como a caixa com as amostras. Junto segue cópia do relatório preliminar que estou encaminhando à Depex: a forma "preliminar" é devida ao fato de que estes bichinhos são de difícil preparação e montagem, e só depois de preparada a lâmina e secada é que posso proceder ao estudo detalhado com aumento de 500X para cima.
>
> Quanto ao seu pedido sobre literatura: logo após o meu regresso de Belém, enviei ao Médio diversas publicações, inclusive um livro sobre paleontologia em castelhano; os demais que tenho aqui são em inglês e um tanto especializados; caso o Otávio não tenha deixado aí, informe que procurarei obter outro exemplar para remeter. Não esqueci igualmente do atlas geográfico prometido ao Miguel, cuja encomenda se encontra na Livraria do Globo e assim que receber a nova edição farei a remessa. Vocês têm aí na biblioteca o *Index Fossils* que serve pelo menos para uma orientação.[62]

Nesta carta, Lange relata algumas peculiaridades das técnicas utilizadas por ele, enquanto paleontólogo do DEBSP. Muitas das cartas que se encontram no acervo se relacionam às pesquisas no Nordeste.

Muitos iniciantes da paleontologia que conviveram com um Lange metódico e organizado, características observadas pelo Acervo, puderam aprender e contribuir para a ciência no país.

> A micropaleontologia teve grande impulso nos laboratórios de paleontologia da Petrobras, principalmente a paleopalinologia, usada como base para o estabelecimento de zonas bioestratigráficas. Como se vê, a geologia do petróleo contribuiu aqui, também, para o advento da micropaleontologia aplicada. Trabalharam nos referidos laboratórios, no decorrer desse período, os paleontólogos europeus Karl Krömmelbein e Johanes Troelsen e os brasileiros Roberto Daemon, Luiz Padilha Quadros, Marília da Silva Pares Regali, Namio Uesugui e Waldemar Lange, entre outros.[63]

Também foram realizados tanto a implantação da pesquisa paleopalinológica no país por Sommer como estudos na área de paleoictiologia por Rubens da Silva Santos, além de revisão de faunas marinhas, estudos de moluscos, mamíferos, entre outros.

Essas conquistas testemunham uma carreira científica de êxito que havia começado quase seis décadas antes, quando em 1942 Lange publicaria seu trabalho sobre escolecodontes devonianos do Paraná, ainda no Museu Paranaense. Lange também ficaria conhecido pelo estudo de quitinozoários devonianos do Pará. Por exemplo, em 1952, "Kegel e Teixeira da Costa estudaram uma nova associação de moluscos marinhos descoberta por Lange no Paraná, no grupo Tubarão".[64]

A OBRA *PALEONTOLOGIA DO ESTADO DO PARANÁ* (1954)

Um dos grandes projetos de Lange foi a organização da obra intitulada *Paleontologia do estado do Paraná*, publicada em 1954 em comemoração ao centenário do Paraná. Contém artigos de grande impacto, dentre os quais se destacam o do paleobotânico alemão Richard Kraüsel introduzindo uma nova talófita devoniana do Paraná, *Spongiophyton*, e o de Kenneth E. Caster, descrevendo um placocistoide da mesma idade e procedência.

Outros eminentes cientistas das geociências da época também estavam na obra, como Karl Beurlen, Elias Dolianiti, Jordano Maniero, Josué Camargo Mendes, Sergio Mezzalira e Friedrich Wilhelm Sommer.

O objetivo inicial para a apresentação desse volume previa a reedição de todos os trabalhos que versassem sobre a paleontologia do Paraná. Posteriormente, atendendo a uma sugestão do colega prof. Dr. Kenneth Caster, resolveu dar à obra a forma pela qual foi publicada, isto é, contendo apenas um resumo histórico das investigações paleontológicas relativas ao estado do Paraná, acompanhado de uma lista dos fósseis encontrados e de uma relação bibliográfica. Como parte principal, fez constar do volume uma série de trabalhos originais, que ficaram a cargo dos diversos colegas, cujas pesquisas em parte foram baseadas em material coletado por eles próprios no Paraná e pertencente à coleção paleontológica do Museu Paranaense.[65]

Em 29 de agosto de 1955, Lange dirigiu uma carta para Sommer, um dos colaboradores daquele volume, e um dos parágrafos demonstrava os entraves do projeto e o comprometimento de Lange.

> Com referência à *Paleontologia do Paraná*: depois de feita a quarta revisão, ainda com muitos erros, mandei que imprimissem e, se necessário, seria feito uma página de "Errata" para evitar mais demoras. Ao revisar a descrição das estampas, notei a falta de uma, nº 19, que pertence ao trabalho do amigo; procuraram de alto e baixo, e não encontraram nem o clichê e nem o original! Assim, agora me vi obrigado a fazer uma nova; felizmente possuia o film que o amigo me mandou dos desenhos e, já tendo previsto um eventual extravio, tinha guardado comigo um esquema com a indicação de todas as figuras, de modo que felizmente me foi possível proceder à montagem como constava do original, e já mandei a Curitiba. Vamos ver se agora o negócio finalmente sai; não imagina as dificuldades que tenho encontrado para desencantar este volume.[66]

O empenho dos envolvidos e de Lange também é demonstrado no prefácio da obra, o qual cita o apoio e o incentivo dos membros da Comissão de Comemorações, assim como agradece ao governador do estado e aos colegas, os quais com múltiplas ocupações profissionais não deixaram de atender a construção e elaboração da publicação.

A divisão do volume constitui-se de nove capítulos: 1. "Paleontologia do Paraná", por Frederico Waldemar Lange; 2. "As faunas de lamelibrânquios do sistema gonduânio no Paraná", por Karl Beurlen; 3. "A Devonian Placocystoid Echinoderm from Paraná, Brazil", por Kenneth E. Caster; 4. "Glossopteris Orbiculares Feistmantel in Teixeira Soares, Paraná", por Elias Dolianiti; 5. "Contribuição ao estudo das pteridíneas do sul do Brasil", por Jordano Maniero; 6. "Conchostrace: os permianos do sul do Brasil", por Josué Camargo Mendes; 7. "Novas ocorrências de crustáceos fósseis da formação Irati do sul do Brasil", por Sergio Mezzalira; 8. "Contribuição à paleofitografia do Paraná", por Friedrich Wilhelm Sommer; e 9. "*Spongiophyton* Nov. Gen. (Thallophyta) und Haplostigma Seward (Pteridophyta) im Unter-Devon von Paraná", por Richard Kräusel.

Em retrospectiva, os vários capítulos que utilizaram ou faziam referência às pesquisas, aos estudos e publicações de Lange, além de suas publicações, atestam algumas de suas mais importantes contribuições. Em 1941, por exemplo, a publicação póstuma de "Paulino Franco de Carvalho sobre o Devoniano do Paraná, encontram-se referências e fotografias de pistas fósseis da formação Furnas e de escolecodontes da formação Ponta Grossa, encontrados no Paraná por F. W. Lange".[67] No ano seguinte, Lange descreveria "os primeiros fósseis identificados da formação Furnas, Devoniano do Paraná, representados por pistas de origem problemática para as quais foi proposta a designação de *Fraena furnai*".[68]

> Ainda em 1943, Frederico Waldemar Lange faz um resumo das pesquisas anteriores no Devoniano do Paraná e descreve as seguintes novas espécies da formação Ponta Grossa: *Nuculites depressus, Diaphorostoma paranensis, Orbiculoidea excentrica, Pholidops kozlowskii*, referindo-se ainda à ocorrência das seguintes formas: colunas e entroclas de Crinoides, "Conodontes" (= Escolecodontes), e Ostracodes.[69]

Quase sem interrupção, em 1944, seria a vez de publicar "uma nota preliminar a respeito de novas localidades fossilíferas em camadas marinhas do grupo Itararé, descobertas no Paraná em Rio da Areia e em Baitaca";[70] ao mesmo tempo em que trabalharia no esclarecimento do porquê de Vila Velha no Paraná vinha sendo ultimamente citada na literatura como constituída por arenito devoniano Furnas, quando na realidade consistia de arenitos do grupo Itararé, do carbonífero.

Na sequência, Lange descreveria, em 1947, o novo escolecodonte *Paulinites paranaensis* da formação Ponta Grossa, série Eodevoniana do Paraná.

> No Relatório de 1947 (1948) do Conselho Nacional do Petróleo, encontra-se o resultado das pesquisas de Camilo Soares Sollero a respeito da estratigrafia do Paraná, trabalho esse em que se encontram referências à fósseis de diversas formações, identificados por F. W. Lange, e que ainda é acompanhado de duas seções geológicas, a primeira entre Engenheiro Gutierrez e a Serra da Esperança, ao longo do ramal de Guarapuava, e a segunda entre Itaiacoca e a Serra da Esperança, ao longo das rodovias municipais e estaduais.[71]

Depois, em 1949, Lange descreveria o novo microfóssil *Conochitina biconstricta* da formação Ponta Grossa, série Paraná, antes de descrever o novo escolecodonte *Paulinites caniuensis* da formação Ponta Grossa, referindo-se ainda ao ambiente de deposição, à associação faunística, à paleoecologia e aos problemas de especiações relacionadas a estes microfósseis. No início da década de 1950, ele ainda citaria fósseis característicos que ocorrem nas diversas formações:

> Frederico Waldemar Lange (1952) descreve a ocorrência de seis novas localidades fossilíferas do folhelho Passinho no Paraná e procede à revisão sistemática de alguns fósseis destas camadas, descrevendo ainda a nova espécie *Mourlonia oliveirai*, de Teixeira Soares.
>
> [...]

> Frederico Waldemar Lange (1953) refere-se à subdivisão estratigráfica da série Tubarão no Paraná e, baseado nos fósseis que ocorrem nesta série, sugere a sua idade carbonífera superior como mais provável.[72]

Como paleontólogo, sempre descrevendo afloramentos e coletando material, Lange tinha como base de estudos a monografia de John Mason Clarke (1913), que se destacou por descrever pioneiramente a fauna devoniana do estado do Paraná.

Em relação à ciência construída por Lange, utilizada como base para estudos paleontológicos até os dias atuais, ele também foi o pesquisador que mais se concentrou em estudar a fauna fóssil marinha de Ponta Grossa desde o final do século XIX, principalmente nos anos 1942, 1947, 1949, 1950, 1967.[73] Suas publicações marcaram o desenvolvimento da paleontologia e tornaram a região de Ponta Grossa referência obrigatória em todos os livros que tratam da história desta ciência.

Suas pesquisas abrangeram estudos de fósseis, com destaque para a pesquisa sobre quitinozoários devonianos e anelídeos poliquetas (escolecodontes), os quais projetaram o paleontólogo no cenário científico nacional e internacional.

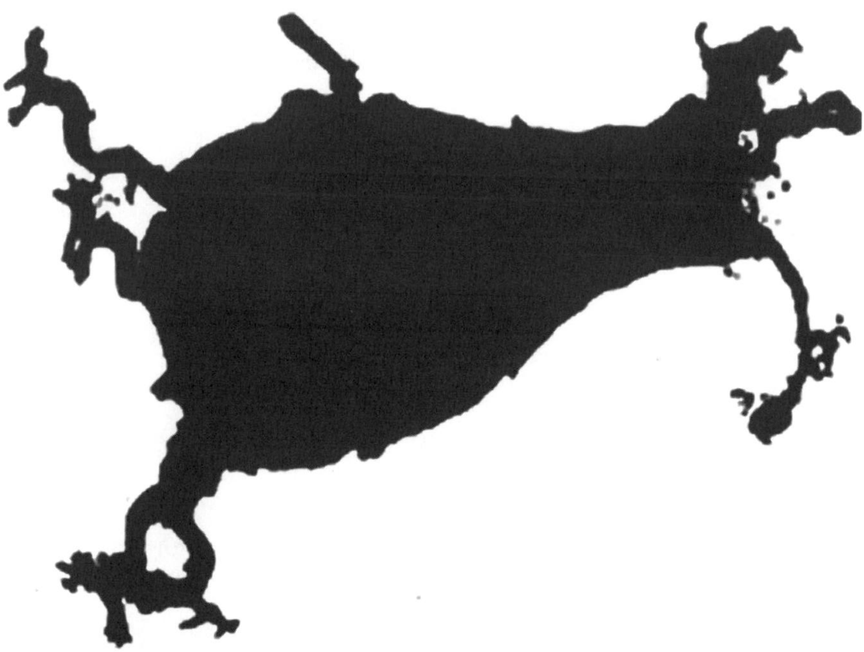

Elvio Pinto Bosetti

Imagem de um quitinozoário devoniano "reproduzida" por Lange.

Elvio Pinto Bosetti

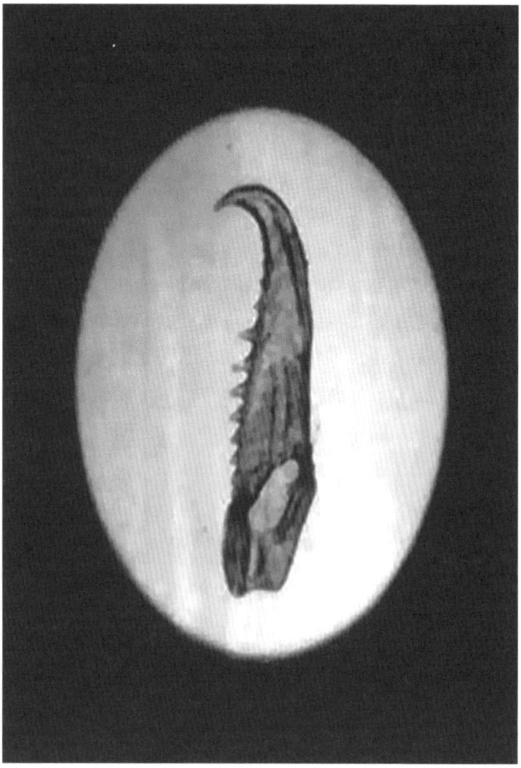

Parte da mandíbula de anelídeos poliquetos.

Suas lâminas de microfósseis, seus livros, artigos e documentos pessoais permanecem como fonte de pesquisa de variadas áreas e contextos diferentes e contribuem para a construção da história das geociências no país.

CONSIDERAÇÕES FINAIS

O paleontólogo Frederico Waldemar Lange (1911-1988), além de visto como um desprendido pesquisador e talentoso cientista, foi profundo conhecedor da paleontologia do Devoniano brasileiro.

Com toda a sua dedicação e paixão pelas geociências, tornara-se um dos pesquisadores mais respeitados do seu meio. As obras publicadas, a ciência construída, o trabalho intensivo e sua extrema dedicação ainda permanecem vivos nos dias atuais. Muitos de seus escritos ainda são utilizados como base para estudos de paleontologia e micropaleontologia.

A relevância dos trabalhos paleontológicos e estratigráficos projetou Lange muito além do seu pequeno laboratório, instalado inicialmente em sua residência em Ponta Grossa. Veio a se tornar uma referência internacional em sua área com frequentes citações em diversos livros e artigos de universidades norte-americanas e europeias.

Pela leitura do acervo pessoal de Lange, pode-se descrever sua trajetória intelectual e científica, utilizando um recorte temporal das fontes que compõem o acervo. Mais do que a ciência desenvolvida por Lange, os documentos revelam também a paixão desse paleontólogo pelo progresso e construção científica das geociências no país.

A ciência e as obras de Frederico Waldemar Lange (1911-1988) permanecem vivas e revivem com a leitura e desdobramentos do material que compõe o acervo criado e organizado pelo paleontólogo.

Notas

[1] Este capítulo é um texto parcial da dissertação de mestrado do Programa de Pós-Graduação em Geografia, área de concentração em Gestão do Território, pela Universidade Estadual de Ponta Grossa (UEPG), intitulada *A trajetória do paleontólogo Frederico Waldemar Lange (1911-1988) e a História das Geociências*, de autoria de Drielli Peyerl, orientação do professor doutor Elvio Pinto Bosetti e coorientação do professor doutor Edson Armando Silva, 2010.

[2] Giralda Seyferth, *Imigração e cultura no Brasil*, Brasília, UnB, 1990, p. 59.

[3] A expressão “Campos Gerais do Paraná” foi consagrada por Maack (1948), que a definiu como uma zona fitogeográfica natural, com campos limpos e matas-galerias ou capões isolados de floresta ombrófila mista, onde aparece o pinheiro araucária. Nessa definição, a região é ainda limitada à área de ocorrência desta vegetação que a caracteriza situada sobre o **segundo planalto paranaense**, no reverso da escarpa devoniana, a qual o separa do primeiro planalto, situado a leste (“Os Campos Gerais do Paraná”, disponível em: <http://www.uepg.br/dicion/campos_gerais.htm>, acesso em: 8 ago. 2009).

[4] José Carlos Milléo de Paula, “Poder local em Ponta Grossa: algumas considerações sobre sua evolução”, em Carmencita de Holleben Ditzel e Cicillian Luiza Löwen Sahr, *Espaço e cultura*: Ponta Grossa e os Campos Gerais, Ponta Grossa, Editora UEPG, 2001, p. 56.

[5] Francisco Lothar Paulo Lange, *Família Lange*: genealogia, notas biográficas, fatos contemporâneos, Curitiba, F. L. P. Lange, 2003.

[6] Idem, pp. 4-150.

[7] N. B. Chaves (org.), *Visões de Ponta Grossa*, Ponta Grossa, Editora UEPG, 2001.

[8] Francisco Lothar Paulo Lange, op. cit.

[9] Idem, pp. 8-210.

[10] Carmencita de Holleben Mello Ditzel, “O arraial do Pitangui: o Centro Cultural Euclides da Cunha de Ponta Grossa”, em Carmencita de Holleben Ditzel e Cicillian Luiza Löwen Sahr, op. cit., pp. 211-28.

[11] Idem, p. 213.

[12] Idem, p. 217.

[13] Eno Theodoro Wanke, *Faris Michaele, o tapejara*: uma biografia, Rio de Janeiro, Edições Plaquette, 1999, p. 99.

[14] Lauro Justus, ponta-grossense, médico, professor universitário, o primeiro obstetra da cidade. Traduziu artigos do alemão e escreveu outros no jornal *Tapejara*.

[15] Foram mantidas as grafias originais das transcrições, embora graficamente incorretas de acordo com as normas ortográficas atuais, excetuando-se as com letras invertidas.

[16] “Eleitos os novos imortais do Centro Cultural Euclides da Cunha”, *Jornal do Paraná*, Ponta Grossa, ano VI, n. 1.456, 12 mar. 1950.

[17] Josélia Maria Loyola de Oliveira Gomes, “Instrumento de Pesquisa para a História de Ponta Grossa: Acervo do Centro Cultural Euclides da Cunha”, trabalho de conclusão de especialização, Ponta Grossa, UEPG, 1997.

[18] Carmencita de Holleben Mello Ditzel, op. cit., p. 217.

[19] Idem, p. 218.

[20] Faris Michaele (1911-1972), nascido em Ponta Grossa, foi o idealizador, um dos principais organizadores e presidente vitalício do CCEC.

[21] "Centro Cultural Euclides da Cunha", em *Jornal do Paraná*, Ponta Grossa, ano VII, n. 2.066, 1º maio 1952.

[22] Frederico W. Lange, "Caso sui-generis na ciência brasileira", em *Tapejara*, Ponta Grossa, ano III, n. 11, 7 set. 1953.

[23] "Regulamento do Museu do Centro Cultural Euclides da Cunha", em *Documentos* CCEC, 1950, Acervo Frederico Waldemar Lange (1911-1988), UEPG, Cx. 52.

[24] "Uma secção do governador Moisés Lupion, ao visitar a primeira exposição em nosso estado", *Diário dos Campos*, Ponta Grossa, n. 13.127, 8 jul. 1947.

[25] Estatus, 1952, apud Maurício José Kaczmarech, "Ponta Grossa: berço da astronomia no Paraná", em Carmencita de Holleben Ditzel e Cicillian Luiza Löwen Sahr, op. cit., p. 244.

[26] Idem, ibidem.

[27] Idem, p. 246.

[28] Elvio Bosetti et al., "Formação Ponta Grossa: história, fácies e fósseis", em *Anais do I Simpósio de Pesquisa em Ensino e História de Ciências da Terra* e *III Simpósio Nacional sobre Ensino de Geologia no Brasil*, Campinas, Unicamp, 2007, p. 354.

[29] Idem, p. 356.

[30] Na escala de tempo geológico, o devoniano, é o quarto período da era paleozoica do éon fanarozoico, que está compreendida entre 416 milhões e 359 milhões de anos atrás, aproximadamente.

[31] Olavo Soares e Helena Felippo Soares, *Coletânea de trabalhos pioneiros do paleontólogo Frederico Waldemar Lange (1942-1955)*, Paraná, edição comemorativa, 1996, p. 1.

[32] "Valiosa aquisição para o Museu Paranaense", *O Dia*, Curitiba, ano XXIV, n. 7.700, 30 nov. 1947.

[33] "Vida científica", *Gazeta do Povo*, ano XXXI, n. 8.613, Curitiba, 29 abr. 1949, p. 5.

[34] "Na casa das coisas antigas repousa a glória do Paraná", *Diário do Paraná*, ano I, n. 1, Curitiba, 29 mar. 1955, p. 2.

[35] "Em franco progresso a Faculdade Católica de Filosofia", *Gazeta do Povo*, ano XXXV, n. 9.832, Curitiba, 11 abr. 1953, p. 8. Acervo Frederico Waldemar Lange (1911-1988), UEPG, Cx. 52.

[36] Afastamento das aulas de Geologia e Paleontologia. Carta. Para: Dr. Liguaru Espírito Santo. De: Frederico Waldemar Lange, 1955. Acervo Frederico Waldemar Lange (1911-1988), UEPG, Cx. 52.

[37] Drielli Peyerl e Elvio Pinto Bosetti, "Levantamento dos estudos de paleontologia, cultura material e patrimônio histórico através da trajetória do paleontólogo pontagrossense Frederico Waldemar Lange (1911-1988)", em *Anais de resumo do III Simpugeo (Simpósio Paranaense de Pós-Graduação em Geografia)*, Ponta Grossa, Universidade Estadual de Ponta Grossa, 2008.

[38] A posição estratigráfica dos fósseis é importante porque estabelece a correspondência entre duas ou mais camadas de rochas que contenham o mesmo material fóssil. A isso se dá o nome de biocorrelação, que é regida pelos bio-horizontes da primeira aparição à última presença de fósseis característicos, em diferentes seções estratigráficas.

[39] "Histórico da Petrobras", disponível em: <www2.petrobras.com.br>, acesso em: 1º de agosto de 2008.

[40] Gabriel Cohn, *Petróleo e nacionalismo*, São Paulo, Difusão Europeia do Livro, 1968, p. 50.

[41] Idem, p. 59.

[42] Peter Seaborn Smith, *Petróleo e política no Brasil moderno*, Rio de Janeiro, Artenova, 1978, p. 75.

[43] Paulo Fagundes Vizentini, *Relações exteriores do Brasil (1945-1964)*: o nacionalismo e a política interna independente, Petrópolis, Vozes, 2004, p. 32.

[44] Mário Victor, *A batalha do petróleo brasileiro*, 3. ed., Rio de Janeiro, Editora Civilização Brasileira S.A., 1993.

[45] Pedro Cezar Dutra Fonseca e Sérgio Marley Modesto Monteiro, "Credibilidade e populismo no Brasil: a política econômica dos governos Vargas e Goulart", em *Revista brasileira de economia*, v. 59, n. 2, jun. 2005, p. 222.

[46] Mário Victor, op. cit.

[47] "Histórico da Petrobras", op. cit.

[48] Standard Oil Company (1870-1911) foi a maior companhia de seu tempo, produzindo, transportando e refinando petróleo. Começou em Ohio, em uma sociedade formada por John Davison Rockefeller, seu irmão, William Rockefeller, Henry Flagler, o químico Samuel Andrews e o silencioso Stephen V. Harkness. A Standard Oil se beneficiou de economias de escala e se transformou na maior empresa de petróleo do mundo. Numerosos concorrentes foram absorvidos, a produção aumentou e os preços se tornaram competitivos. Inicialmente o

petróleo era transportado nos comboios do magnata Cornelius Vanderbilt, que detinha as ações da maior empresa ferroviária dos Estados Unidos. Mais tarde foram construídos os primeiros oleodutos. A indústria do petróleo floresce e a Standard Oil torna-se a líder deste novo mercado, formando um monopólio. Ida M. Tarbell, *The History of the Standard Oil Company*, v. I, Nova York, Cosimo Publications, 2009.

[49] José Luciano de Mattos Dias e Maria Ana Quaglino, *A questão do petróleo no Brasil*: uma história da Petrobras, Rio de Janeiro, Fundação Getúlio Vargas, 1993, p. 113.

[50] Idem, p. 113 e 114.

[51] Ida M. Tarbell, *The History of the Standard Oil Company*, v. I, Nova York, Cosimo Inc. 1904-2009.

[52] "Instalações Debsp, 1968", Relatório, *Acervo Frederico Waldemar Lange (1911-1988)*, UEPG, Cx. 35, p. 1.

[53] Review of Paleobotany and Palynology, Amsterdam, 1 (único): 291-307.

[54] Lange, F. W.; Petri, S. 1967. "The Devonian of the Paraná Basin", em *Boletim Paranaense de Geociências*, Curitiba, (21/22): 5-55.

[55] Lange, F. W, Subdivisão bioestratigráfica e revisão da coluna Siluro-Devoniana da bacia do baixo Amazonas, em *Simpósio sobre a biota amazônica*, Belém, 1966, Atas do Simpósio sobre a Biota Amazônica, Rio de Janeiro, CNPq, 1967. v. 1, pp. 215-326.

[56] Combaz, A; Lange, F. W.; Pansart, J. 1967, Les "*Leiofusidae*", Eisenach, 1938.

[57] "Relatório de viagem", Relatório 1972, *Acervo Frederico Waldemar Lange (1911-1988)*, UEPG, Cx. 26.

[58] "VIII Simpósio de Mineração abriu com protocolo para formação de técnicos", *Folha da Tarde*, 1º ago. 1977, p. 32.

[59] Olavo Soares e Helena Felippo Soares, op. cit.

[60] Trabalho de Geraldo Muniz. Carta. Para: Geraldo Muniz. De: F. W. Lange, Rio de Janeiro, 14 set. 1978.

[61] Dr. Lent. Carta. Para: Dr. Lent. De: F. W. Lange, Rio de Janeiro, 24 set. 1978.

[62] Trabalho técnico. Carta. Para: Francis. De: Lange, Ponta Grossa, 10 nov. 1956, Acervo Frederico Waldemar Lange (1911-1988).

[63] Josué Camargo Mendes, "A pesquisa paleontológica no Brasil", em Mário Guimarães Ferri e Shozo Motoyama, *História das ciências no Brasil*, São Paulo, EPU, 1981, pp. 63-4.

[64] Idem, p. 61.

[65] Frederico Waldemar Lange (org.), *Paleontologia do Paraná*, Curitiba, Comissão do Centenário do Paraná, 1954.

[66] Livro *Paleontologia do Paraná*. Carta. Para: Sommer. De: Lange, 20 de agosto de 1955. Acervo Frederico Waldemar Lange (1911-1988), Cx. 52.

[67] Frederico Waldemar Lange (org.), op. cit., p. 16.

[68] Idem, p. 17.

[69] Idem, ibidem.

[70] Idem, p. 18.

[71] Idem, p. 19.

[72] Idem, pp. 22-3.

[73] Olavo Soares e Helena Felippo Soares, op. cit.

O incansável explorador Reinhard Maack

Alessandro Casagrande

Este trabalho tem por objetivo apresentar um dos expressivos personagens da história do ambientalismo brasileiro que protagonizou, em meio a um Brasil de profunda transformação da paisagem no século XX, um papel importante no desenvolvimento das ciências naturais e sociais.

Misto de explorador multicontinental e cientista interdisciplinar, formou inúmeros discípulos que se embasaram em sua vultosa produção técnico-científica, compreendida em mais de uma centena de trabalhos, cobrindo um período de 1923 até 1969, o ano de sua morte.

Inquieto por natureza, produziu em sua trajetória científica ensaios sobre a história, paleontologia, botânica, geologia, economia florestal e geografia. Dentre todas estas áreas, porém, chamamos a atenção àqueles destinados à nova disciplina que fora cunhada pelo patrício alemão Haeckel com o nome de Ecologia.

No Paraná, estado que o acolheu por 43 anos de sua vida, o geólogo e geógrafo alemão tentou alertar a sociedade através de trabalhos e palestras que versavam sobre a mudança climática regional, erosão de solos, perda de biodiversidade, conservação da água, entre outros.

Sua reputação científica, porém, expandiu-se no Brasil e no mundo afora. Seus estudos internacionais de maior expressão são aqueles relacionados aos problemas da Terra de Gonduana e as ligações entre a África e a América do Sul. Para a verificação da teoria do meteorologista alemão Alfred Lothar Wegener (1880-1930),[1] empreendeu inúmeras expedições, como a de 1950 através da Argentina, Patagônia e Andes Meridionais, e a de 1952, pela Tunísia e pelo Saara Central.

O homem de vanguarda, nos campos da tecnologia e das ciências naturais, utilizou o que de mais moderno havia no romper do século XX para compor a sua parafernália de campo: registrou, anotou e arquivou um enorme acervo de imagens, muitas das quais nunca antes vistas pelo homem europeu de sua época.

Maack, como bom cientista da escola germânica, tinha um apreço ímpar ao registro de datas e topônimos – organização que incluía, em algumas circunstâncias, as coordenadas geográficas para cada imagem obtida pela então moderna câmera alemã modelo Contessa-Nettel.

A despeito de ser um homem avesso à vida em escritório, encontrava inexplicavelmente tempo entre as inúmeras expedições de que participou para escrever, estudar e publicar como poucos.

O filho mais famoso de Herford[2] sempre soube o que queria ser: um explorador de mundos, e assim o foi, mesmo que em detrimento de sua vida familiar e afetiva. Maack chegou ao Rio de Janeiro em junho de 1923, a convite do irmão Franz, na época representante cinematográfico do estúdio alemão UFA-Film. Atraído pelas possibilidades do enigmático país tropical, o calejado alemão de 31 anos forjado nas linhas de frente da Primeira Guerra Mundial na África do Sudoeste,[3] conheceu um país de oportunidades para o trabalho que escolhera que o encantou e o desiludiu. Segundo as suas palavras: "O Brasil, com a sua imensidão, seus rios e matas pouco explorados, suas montanhas, seu desejo de crescimento dinâmico, foi um campo de trabalho rico e grato. Começou então a minha aventura brasileira".[4]

Como um ímã, atraiu para si admiradores, detratores e seguidores. Conheceu continentes, tribos selvagens, seus ídolos de infância, cientistas renomados e personalidades históricas. Atuou como um protagonista em um século conturbado por guerras e de destruição ambiental aniquiladora. Fez, projetou e construiu a sua história como o exímio engenheiro que foi. A sua passagem pela vida foi de certa forma surreal.

No fim de sua existência e escrevendo sobre os seus feitos exploratórios e científicos, Maack autodenomina a sua trajetória terrestre como o "espetáculo de minha vida", cujo protagonista revela, em linhas gerais, uma existência repleta de episódios que, por si só, renderiam dezenas de livros.

A SUA VIDA ANTES DA CHEGADA AO BRASIL (1892-1923)

A infância na Alemanha

Reinhard Maack nasceu na Alemanha em 2 de outubro de 1892, conforme indicam os registros de sua cidade natal Herford, "às 23 horas e quarenta e cinco minutos".[5] Filho do mestre de carga Peter Maack e de sua esposa Karoline, foi-lhe dado o nome composto de Reinhard Robert Richard. Os dois últimos nomes ele nunca usara e só eram reconhecidos por ele através de sua certidão de nascimento.

Passou a infância como Reinhard Maack em Radewiger Feldmark, Herford n. 307. A mãe, Karoline, era natural de Gierswalde no Solling, e o pai veio do norte da Alemanha. Entretanto, passou toda a sua vida em Herford. A família Maack é natural de Dithmarschen e faz parte de famílias tradicionais, portadoras de brasão. Os antepassados emigraram para Bardowick, na região de Lüneburg, onde o "Winkelhof"[6] há séculos era de sua propriedade e onde seu pai nasceu.

O interesse pela astronomia

Durante a sua infância na idílica Herford, o despertar científico de Maack começou pelo estudo da astronomia. Nos últimos três anos de colégio, o livro do astrônomo autríaco Joseph Johann von Littrow (1781-1840) *Die Wunder des Himmels oder gemeinfaßliche Darstellung des Weltsystems* lhe impressionou de uma maneira especial e do qual o grande mapa celeste permitiu identificar logo a constelação mais importante do firmamento Norte.

Mais tarde, ele ganhou novos mapas celestes, que podiam ser girados dentro de um esquema com o horizonte e em que se podia ajustar também o sol e a lua de acordo com as estações do ano e a posição de latitude da terra. Nas noites estreladas, particularmente no inverno, tentava mostrar as constelações aos amigos de sua vizinhança e aos seus colegas do colégio, pelo que logo lhe deram o apelido de "professor". Naquela época, Maack não podia imaginar a vantagem que representaria mais tarde essa paixão pelas estrelas, segundo ele mesmo afirmou: "acabei precisando do conhecimento das estrelas para as localizações geográficas durante as minhas viagens".[7]

De abril de 1899 a 1907 estudou na escola pública Wilhelmsplatz, em Herford. Aprendia com facilidade e sempre alcançava boas notas em suas matérias preferidas: Geografia, História, Ciências Naturais e Desenho, como comprovam os documentos do colégio de Herford. Maack só não foi o melhor aluno da sala devido a nota "insuficiente" em comportamento.[8] O motivo era seus passeios pelos campos de Herford e as reclamações pelo roubo de frutas das árvores dos sítios vizinhos.

A admiração pela exploração da Terra

Segundo Maack, a predição de uma cigana que interpelou sua mãe em uma rua de Herford proferindo a frase "Este menino um dia será explorador das regiões polares" fora decisivo no seu interesse pela exploração terrestre.[9]

Apesar do desdém da família sobre a profecia da cigana, esta surtiu efeito positivo em sua vida, pois lhe despertou o interesse em devorar grandes nomes da literatura polar na sua juventude, tais como James Cook,[10] Nansen,[11] Nordenskjoeld[12] e Sven Hedin.[13]

Porém, os sonhos de explorar o mundo foram interrompidos quando Maack completou 15 anos, em 1907. Por ordem de seu pai, fora enviado a contragosto a Lüdenscheid, 120 quilômetros ao sul de sua cidade natal, para ajudar seu tio devido a seus dotes para o desenho, trabalhando como litógrafo.

O tédio em desempenhar uma função que não lhe trazia nenhum prazer foi decisivo para encerrar, em 1908, a carreira nas artes gráficas e retornar a Herford. A conselho de um vizinho, tomou uma decisão que mudaria para sempre os rumos e destinos de sua vida: torna-se um aprendiz no Serviço de Cadastro Prussiano Herford I.

O estudo e a elaboração de mapas desempenhados neste serviço e o registro da paisagem local com suas montanhas, rios, lugarejos e cidades a fim de produzir uma imagem gráfica que representasse a sua totalidade despertaram a sua fascinação para a geografia física. Aos 19 anos, em 1911, recebe o diploma de especialização em Geodésia. Porém, a insatisfação pelo baixo salário e o excesso de trabalho dentro do escritório fizeram-no desistir de seguir esta carreira em Herford.

A carta de Filchner

Foi nessa época de desânimo em relação ao seu futuro que ele leu uma notícia no jornal sobre a organização de uma expedição alemã à Antártica sob o comando do doutor Wilhelm Filchner,[14] que se tornara conhecido pela sua cavalgada da China até a cordilheira do Pamir.

Pareceu-lhe ser uma oportunidade única de sair para o mundo. Imediatamente escreveu para Filchner se candidatando para participar da expedição. Houve uma grande curiosidade e agitação entre os seus colegas do Serviço de Cadastro quando, certo dia, chegou uma carta endereçada para Reinhard Maack com a chancela "Expedição alemã à Antártica sob proteção do príncipe-regente Luitpold von Bayern". A carta lhe foi entregue com certa solenidade e sob os olhares curiosos dos seus colegas, que comentaram: "Pelo jeito você quer ficar na salmoura no polo sul?".

Maack não revelou o conteúdo da carta aos seus pares, que consistia em poucas linhas gentis de Filchner. Ele informara que os candidatos já haviam sido selecionados e, devido à pouca idade de Maack, sua participação havia sido indeferida. Diante de suas enormes expectativas, essa resposta lhe causou uma profunda decepção. Esta carta foi guardada até o fim de sua vida, porque a recusa traçou seu caminho. Mais tarde, quando já era um conhecido expedicionário, Maack encontrou Filchner pessoalmente e este fez o seguinte comentário: "Ainda bem que o senhor não participou naquela vez, a expedição teria sido frustrante para o senhor. Ela ocorreu diferente do planejado e teve que ser abandonada precocemente".[15]

OUTRA TENTATIVA DE EXPLORAR O MUNDO: DESTINO ÁFRICA

Em abril de 1911, na rua, em Herford, um homem fardado da tropa colonial lhe chamou a atenção. O ingresso na tropa colonial na África do Sudoeste talvez fosse a sua passagem para exploração de outro continente. Alistou-se como voluntário e logo foi chamado para o exame médico. Durante algum tempo o médico o observou, depois olhou para outro médico e disse:

– O rapaz tem bastante saúde, mas para a África ele ainda é muito jovem. O que o senhor médico do Estado Maior acha? Vamos deixá-lo esperar mais um ano? E o médico do Estado Maior concordou.[16]

Mais uma derrota arrasadora na tentativa de deixar a pequena Herford e desbravar o mundo. Ficou profundamente decepcionado quando ouviu o resultado daquele exame, que para um jovem alemão naquela época era vergonhoso. Maack ficou parado, cabisbaixo, na porta do Comando Regional. No esforço de vencer a desilusão profissional e sair para o mundo, aquela era a sua segunda decepção dentro de um mês.

O destino de Maack começou a mudar quando, na escrivaninha no Serviço de Cadastro, folheava as ofertas de emprego de uma revista especializada e nela leu um artigo sobre "Geodésia na África do Sudoeste". Decidiu então viajar às próprias expensas emprestando mil marcos de seu pai. Partiu do porto de Hamburgo no dia 17 de maio de 1911 com destino à África, continente que permaneceria pelos próximos 11 anos de sua vida, longe de sua pátria e de sua família.

África

Maack pisou pela primeira vez em solo africano em 14 de junho de 1911, na cidade de Karibib,[17] localizada entre a capital Windhoek e Swakopmund, onde ficou hospedado na casa de um missionário alemão de nome Elger.

Na sua chegada, recebeu do missionário três cartas com negativas de propostas durante os primeiros dias, porém não mais de uma semana se passou quando ele recebeu um telegrama do Serviço Geodésico de Windhoek sobre uma vaga para fazer o levantamento topográfico e a triangulação da costa da baía da Conceição (Empfängnisbucht) até Swakopmund e, na sequência, até Cabo Cross. Com um salário de trezentos marcos, em vez do salário mensal de trinta marcos de Herford, recebeu ainda da empresa mais noventa marcos como ajuda de custo.

O Serviço Geodésico: a "universidade" do futuro explorador-cientista

A estadia na África, por sua vez, preparou-lhe fisicamente e mentalmente para vencer a vida por conta própria. O Serviço Geodésico e suas viagens de campo foram, conforme suas próprias palavras, "sua universidade".

O trabalho estafante das equipes de topografia do Serviço Geodésico, predominantemente realizado em regiões desérticas, consistia em percorrer enormes distâncias. Além de efetuarem a triangulação das terras em conjunto com o Serviço de Agrimensura da tropa colonial, tinham a incumbência de definir os limites geográficos das fazendas e reservas de pasto de acordo com as orientações da metrópole.

As fazendas no norte chuvoso da área colonial mediam em geral entre três mil e cinco mil hectares. Na porção central, nos distritos de Omaruru, Okahandja e Windhoek, tinham entre sete mil e dez mil hectares. Nos arredores do Kalahari e de Namaland, uma região mais seca, as fazendas tinham que medir mais de vinte mil hectares, para que não faltasse pasto.

O serviço de agrimensura de campo dos departamentos geodésicos era extremamente cansativo e cheio de privações. Os pontos-limite das fazendas tinham de ser determinados trigonometricamente e atribuídos mediante triangulação às redes de primeira ordem,[18] pelo que escaladas difíceis das montanhas eram frequentes. Era praticamente impossível traçar linhas poligonais sobre grandes distâncias.

Completavam a equipe muitos serventes nativos, cuja função principal era guiar as carroças pesadas, com rodas largas e cobertas, juntas de 18 a 20 bois. Havia ainda três a quatro cavalos, tendas e equipamentos e muitas vezes uma carroça com duas rodas puxada por mulas, que na maioria das vezes permaneciam em campo de seis a oito meses.

O levantamento topográfico do território colonial alemão na África do Sudoeste, efetuado pelo Serviço de Levantamento Geodésico em conjunto com os agrimensores da tropa colonial, foi exemplar. Quando, após a Primeira Guerra Mundial, os sul-africanos assumiram o território colonial como mandato da Liga das Nações, a África do Sudoeste era uma das áreas mais bem medidas da África.

Estes trabalhos realizados em condições adversas e o contato com a natureza selvagem da África foram fundamentais para a formação daquele que seria um explorador independente e realizaria, por sua própria conta e risco, as suas primeiras expedições científicas no continente africano.[19]

A Primeira Guerra Mundial na África do Sudoeste

No início de 1914, um companheiro de serviço foi enviado como diretor de repartição topográfica em Samoa e o requisitou como técnico topográfico de primeira classe para a ilha.[20] Porém, o início da Primeira Guerra Mundial não permitiu que essa viagem acontecesse: Maack alistou-se como voluntário na tropa colonial na África do Sudoeste e imediatamente foi engajado no Primeiro Regimento de Campo.

O seu batismo de fogo foi a batalha de Sandfontein, no dia 26 de setembro de 1914. Seguiram-se as batalhas entre as dunas vermelhas do deserto Namib, perto de Garub e Aus, e a batalha em Kakamas, no Korannaland, em território sul-africano, ocasião de um dos acontecimentos mais marcantes de sua vida, a horrível marcha da sede: três dias sem água pelo sul do deserto Kalahari, ocasião em que perderam 120 cavalos. Mais tarde o Primeiro Regimento de Campo combateu no Namib central e participou da terrível batalha de Treckkoppje.

A tropa colonial da África do Sudoeste, que havia lutado durante um ano contra a superioridade esmagadora de sessenta mil combatentes anglo-sul-africanos e equipamentos modernos e com apenas mil armas em condições de uso, foi cercada em julho de 1915 em Khorab, norte da colônia, e finalmente rendeu-se.

Ao fim da guerra, Maack se tornou prisioneiro de guerra no lugarejo chamado Aus, no Namaland, conseguindo escapar com sete cavaleiros do regimento, furando o cerco inglês. O plano de fuga era atravessar o continente rumo à também colônia alemã da África Oriental e juntar-se às tropas de Lettow-Vorbeck, que ainda estavam em guerra. Após longas caminhadas exaustivas, conseguiram furar o cerco das tropas inglesas em Khorab.

Ao chegar perto da fronteira nordeste com a então Rodésia do Norte (atual Zâmbia), na região conhecida como Caprivizipfel, o grupo foi perseguido pela tropa inglesa dos *Cape Mounted Rifles*; Maack, encurralado, foge para o sul com mais dois companheiros rumo ao deserto do Kalahari, percorrendo grandes distâncias, enfrentando privações e sede. Quando alcançaram a região das fazendas alemãs em Omantumb, Maack teve que viajar sozinho durante dez dias, pois os dois companheiros ficaram para trás devido a uma lesão na perna de um deles.

Atravessou a imensa Dornbushland,[21] até a fazenda da família alemã Herboth no leste de Windhoek. Quando chegou a Windhoek, ficou sabendo que os ingleses estavam oferecendo uma recompensa pela recaptura dos fugitivos. Maack era então uma pessoa muito conhecida em Windhoek; sua presença chamou logo a atenção, e os ingleses ficaram sabendo. Alertado, pôde fugir antes que soldados ingleses cercassem a casa de seu amigo Beyer.[22]

Andando a pé pela savana, chegou novamente à fazenda dos Herboth. Como uma patrulha inglesa estava a sua procura na fazenda, ele se escondeu.

Após a saída dos ingleses, a família Herboth cedeu um cavalo, mas ainda em Hohewarte as patrulhas inglesas acharam o seu rastro. Depois começou a caça. As patrulhas o afugentaram para a região sul do Kalahari, mas ali o perderam de vista.

Junto a um olho d'água distante, o Kuwinamab, permaneceu durante seis meses na companhia de dois nativos das etnias ovamba e xhosa,[23] respectivamente, que conduziram até lá algumas vacas da fazenda dos Herboth, para que ele pudesse sobreviver na solidão. Lá foi ferido gravemente por uma carroça, o que lhe obrigou a procurar assistência médica em Windhoek.

Um fazendeiro, durante o transporte, lhe emprestou o seu *parole-permit*.[24] Dessa forma chegou a Windhoek sob o pseudônimo de "Hans Ritter", para ser atendido pelo médico de Estado Maior da tropa colonial.

AS EXPEDIÇÕES CIENTÍFICAS DE MAACK NA ÁFRICA DO SUDOESTE

Primeira Expedição ao Brandberg, 1916

Recuperado dos seus ferimentos e da insuficiência cardíaca ocasionada pelo acidente, Maack teve a oportunidade de observar, em companhia de um colega da Sociedade Colonial Alemã, A. Hofmann, uma estranha formação, semelhante a nuvens, que surgia regularmente nos dias sem neblina no horizonte do oceano Atlântico.

Apesar da grande deformação devido à refração no horizonte, era possível medir as distâncias zenitais. Logo chegaram à conclusão de que deveria se tratar de uma montanha aproximadamente 250 quilômetros a nordeste de Swakopmund, registrada nos mapas como Messumberg. A altitude dessa montanha estava indicada, no entanto, como sendo de apenas 1,1 mil metros.

Concluíram que na direção daquela formação sobre o horizonte do Atlântico Sul deveria estar a maior cordilheira da África do Sudoeste. Só poderia ser uma montanha conhecida com o nome de Brandberg, que na maioria dos mapas estava registrada sem a indicação da altitude. Chegaram à mesma conclusão a partir de uma fotografia, tirada pelo geólogo Ernst Reuning. A. Hofmann, que além de excelente cartógrafo era um agrimensor talentoso, calculou a partir da distância indicada por Reuning uma altitude de aproximadamente três mil metros.

Alessandro Casagrande. Foto: Reinhard Maack, 1916

Brandberg, a maior montanha da Namíbia. Magistral visão do sudoeste da Brandberg da localidade de Goarab.

Em companhia de A. Hofmann, Maack preparou a primeira expedição à referida montanha. Viajou imediatamente para Windhoek e, com o nome de Hans Ritter, organizou uma pequena expedição, adquirindo de um companheiro do Primeiro Regimento de Campo, Alois Höbel, uma carroça forte com rodas largas. O fazendeiro Stern, de Ongos, forneceu os bois. Um hotentote que tinha participado da campanha com o seu regimento e um jovem berg-damara integravam a equipe. Hofmann os esperou em Karibib.

A época de chuvas intensas facilitou a expedição. Precisaram de 19 dias para chegar ao maciço do Brandberg. A partir das montanhas Erongo, efetuaram ininterruptamente levantamentos fototrigonométricos da região do Ugab-Rivier até a encosta de Tsisab, no monte Brandberg. Quando escalaram pela primeira vez o Brandberg, ficaram impressionados com a abundância de água que corria pela encosta de Tsisab.[25]

Durante a primeira expedição efetuaram o levantamento fototrigonométrico das frentes leste, sul e oeste do maciço montanhoso. Os trabalhos na parte ocidental da montanha representaram alguns dias difíceis de sede, apesar das intensas chuvas ocorridas anteriormente. Conseguiram constatar que o Brandberg era a

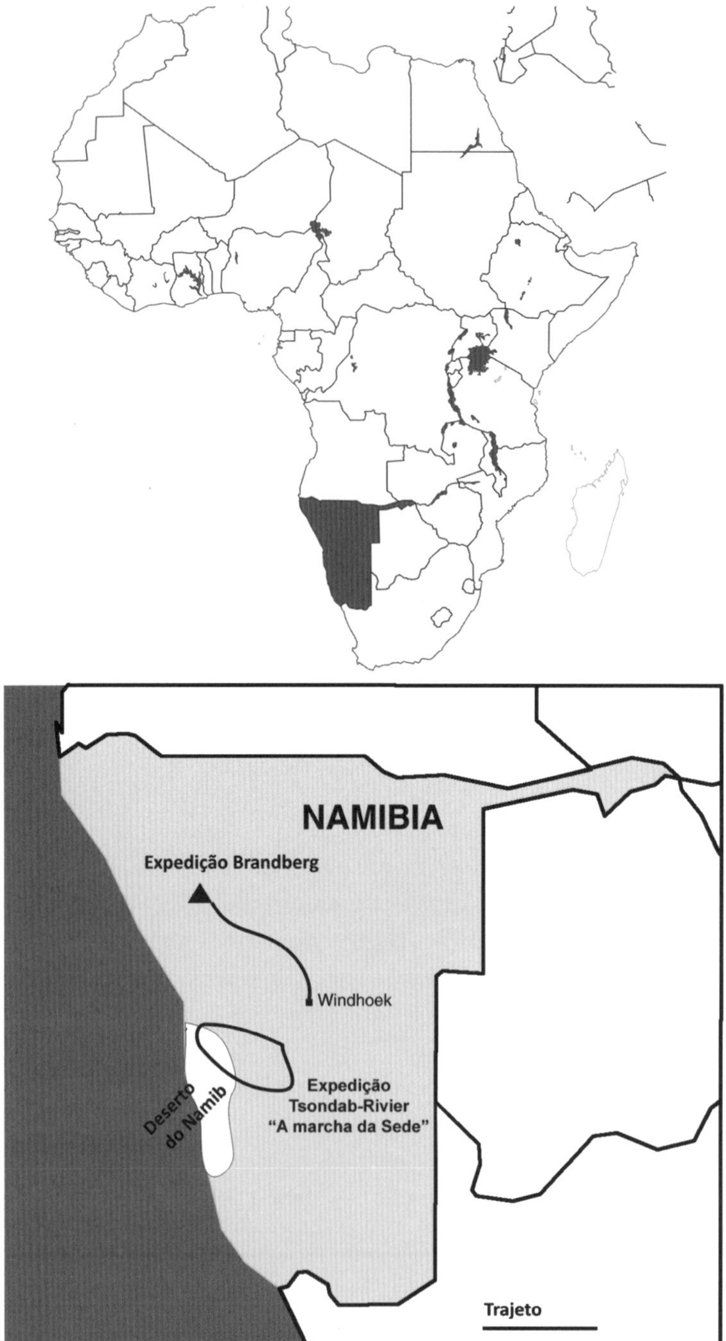

Alessandro Casagrande

Principais expedições de Maack na Namíbia.

elevação mais alta da África do Sudoeste. A primeira tentativa de escalar o cume mais alto realizada por Hofmann e Höbel fracassou. E, após quatro dias, retornaram completamente exaustos e com a roupa rasgada.

Segunda expedição ao Brandberg e a descoberta da pintura rupestre "Dama Branca", 1917

Enquanto Hofmann avaliava o material obtido cartograficamente, Maack organizou uma segunda expedição em dezembro de 1917, em companhia dos colegas, o prof. Dr. A. Gries, o oficial da tropa colonial tenente Schultz, na função de caçador, e o perito agrícola Köppel, como botânico da equipe.

Durante essa expedição foi concluído o levantamento cartográfico do Brandberg, tendo sido pesquisados em especial o lado norte e o interior da montanha. O cume principal foi escalado pela primeira vez em quatro dias difíceis, apesar da falta de água na montanha.

A altitude do Brandberg foi determinada como sendo de 2.606 metros – medida posteriormente redefinida por Hofmann, a partir de novas medições trigonométricas, como sendo de 2.585 metros. Na volta dessa escalada descobriu, durante a procura por água e por sinais de civilizações antigas, uma gruta com pinturas rupestres, que posteriormente foram reconhecidas internacionalmente.

Como não havia mais material fotográfico, Maack desenhou as figuras principais no seu caderno de anotações. Posteriormente, esses desenhos foram fotografados na Universidade de Witwatersrand. Ainda no ano de 1921, apresentou à Administração da África do Sudoeste o primeiro trabalho das suas pesquisas sobre culturas antigas das cavernas, e nele reconstituiu os afrescos da encosta de Tsisab, de acordo com as suas anotações.

Os pesquisadores de pré-história Hugo Obermaier e Herbert Kühn adquiriram uma parte desse material e o publicaram em uma grande obra sobre arte bosquímana (1930). Também Leo Frobenius recebeu uma lista dos seus locais de descoberta e publicou uma parte das pinturas rupestres descoberta por ele.[26]

As cópias e reconstituições, que se encontravam na Universidade de Witwatersrand, chamaram a atenção do famoso pesquisador da pré-história francês Abbé Henry Breuil (1877-1961). Este arqueólogo viajou em 1937 até o Brandberg e eternizou a figura principal da pintura rupestre com o nome de "Dama Branca" (*White Lady*). Com este nome a figura principal da pintura rupestre alcançou fama mundial. A gruta na encosta de Tsisab ficou conhecida, a partir daquela época, como "Maack Shelter" ou "gruta Maack".[27] Ainda em 1918, Maack se casa aos 26 anos com Lillian Mähler – filha de um fazendeiro local – em 31 de agosto em Swakopmund, Namíbia. Após 13 anos eles viriam a se separar na Alemanha.[28]

A desastrosa expedição ao Tsondab-Rivier: a marcha da sede no deserto do Namib, 1919

Em fevereiro de 1919, organiza então a sua primeira expedição, por iniciativa própria, às montanhas Naukluft, no meio do deserto do Namib. A inquietude de Maack se resumia em saber onde desembocava o rio Tsondab, diretamente no mar ou se era um afluente do grande Kuiseb-Rivier.

A representação vaga do Tsondab o incentivou a estudar e levantar cartograficamente o percurso do rio. Ao mesmo tempo, Maack queria determinar o limite oriental das grandes dunas do deserto e levantar fotogrametricamente[29] a grandiosa orla do planalto e a pitoresca baía de Ababis, antes da saída do Tsondab-Valley da cadeia de montanhas Naukluft.

As dificuldades de uma viagem por essa região eram conhecidas pelos relatórios de duas expedições mal-sucedidas anteriores, nas quais se baseavam os conhecimentos

Alessandro Casagrande. Foto: Reinhard Maack, 1919

Aloe dichotoma (Kökerbaum), Naukluft. Ao fundo, Maack registra as montanhas Naukluft e o hotentote companheiro de expedições. Neste maciço, corre o rio efêmero Tsondab, cuja foz ele tentaria descobrir enfrentando a terrível marcha de 221 km de sede.

das condições geográficas daquela região. O primeiro pesquisador, J. E. Alexander, relatou as dificuldades de uma viagem por esse deserto. Ele partiu de Ababis para Kuiseb em 1837, mas sua expedição fracassou por falta de água e em virtude das grandes perdas de animais.[30]

O Major Märker foi o segundo pesquisador a tentar resolver o enigma geográfico do Tsondab e cruzar o deserto até a costa, em 1910, com uma caravana de camelos da tropa colonial. Märker não conseguiu vencer as dunas movediças com seus camelos e teve que voltar antes de chegar à costa. Relatou os seus sentimentos após sua volta do deserto, usando as palavras do escritor alemão Freiligrath: "Quem passou por elas, ficou horrorizado".[31]

Após as experiências de Alexander e Märker, Maack decidiu realizar o levantamento cartográfico do Tsondab e do deserto com poucos cavalos e apenas dois hotentotes, que já o tinham acompanhado nas expedições ao Brandberg. Estava previsto que na falta de água seria necessário cruzar as grandes dunas ao norte do Tsondab para procurar um olho d'água no cânion do Kuiseb.

Para poder vencer o difícil retorno, ordenou a um hotentote que viesse ao seu encontro com dois animais e quatro sacolas de água sob os alforjes. Para tanto, planejou fazer o levantamento do rio a pé para poupar os animais em virtude da falta de água. Somente um dia depois um hotentote com um cavalo e cinco litros de água em duas sacolas deveria segui-lo. Partiu então de Ababis com um cantil com dois litros de água nas costas no dia 16 de março de 1919.

Na noite do terceiro dia de expedição, quando ouviu o som da ferradura de um cavalo se aproximando, aliviou a sua sede ardente e bebeu um copo de água do cantil, achando que logo iria receber água suficiente para mais dois dias de caminhada. Porém, quando o hotentote chegou perto, ficou surpreso: ele não trazia água consigo. Aparentemente ele não havia fixado bem as sacolas d'água e acabou perdendo-as durante a cavalgada.

A chance seria procurar água no vale do Kuiseb, arriscando-se em mais dois dias de caminhada pelo deserto ardente. Os três dias seguintes de sede foram considerados por Maack como "o acontecimento mais difícil e marcante da minha vida".[32] Foram dias de delírios, morte do cavalo por sede, e uma caminhada de retorno de 48 quilômetros inconsciente, quase sem vida, até a fazenda Ababis, ponto inicial da expedição.

A segunda expedição ao Tsondab-Rivier, 1919

Maack empreendeu uma segunda expedição ao deserto do Tsondab, a fim de procurar as suas anotações e os instrumentos deixados na areia do cânion do

Kuiseb. Agora mais preparado, ele encontrou os seus pertences na porção sudoeste do cânion, perto de Hudaob.

A elaboração do mapa demonstrou que do dia 16 até a manhã do dia 22 de março de 1919, Maack percorreu uma distância de 221 quilômetros pelo ardor do deserto e pela areia movediça, e que no início da caminhada duas pessoas dispunham de apenas três litros de água. O mapa e o relatório de viagem foram publicados em uma revista de geografia em Berlim, em 1924.[33] Esta expedição ficaria marcada em sua memória até o fim de seus dias: "Esses sacrifícios horríveis, três dias e quatro noites de sede, dores provocadas pelas queimaduras do sol e pelas mordidas dos carrapatos, continuo sentindo na memória mesmo depois de cinquenta anos".

Assim, Maack encerra sua participação de expedições na África do Sudoeste e retorna à Alemanha. Passariam 31 anos até que ele voltasse novamente para o continente africano para realização de estudos e novas expedições.

O RETORNO À ALEMANHA, 1921

Em junho de 1921, Maack decide retornar à pátria. Após uma escala no Estado Livre de Orange e em Transvaal, chega a Lourenço Marques, na baía da Lagoa, na África Oriental portuguesa, em companhia da esposa e das duas filhas, em direção a Gênova no navio português "Quelimane". Maack depositou as economias em bancos europeus, assim distribuídas: quinhentas libras na Itália e mil libras na Alemanha. Motivo pelo qual se encontrou em dificuldades financeiras durante o regresso.

Durante a viagem, o navio naufragou num recife de corais perto de Mtundu Island, ao sul da foz do Rovuma. Após quatro dias no mar, foram salvos pelo navio "Baroda", da British Indian Steamship Co., que ouviu o pedido de socorro. Em setembro de 1921, chegaram a Gênova, onde eram aguardados pelo seu irmão Ewald.

Maack encontra uma Alemanha em plena turbulência política e econômica. A inflação estratosférica do pós-guerra fez com que as libras economizadas e depositadas no Herforder Bank, sem o seu consentimento, fossem convertidas a uma taxa de câmbio de uma libra inglesa para quatro mil marcos, e logo atingiu dez mil marcos. O dinheiro no banco virou poeira. Além disso, separou-se de sua esposa, que na época estava apaixonada por um italiano, segundo o relato do amigo Hofmann.

NOTAS BIOGRÁFICAS: MAACK NO BRASIL (1923-1969)

Brasil, 1923: o país em que ele passaria os próximos 44 anos

O Brasil surge na vida de Reinhard Maack através de seu irmão Franz. Ele havia inaugurado no Rio de Janeiro uma exposição alemã de amostras de mercadorias, como já havia feito em Saloniki, Grécia. Então o convida para vir para o Brasil, onde ele teria grandes oportunidades na área da pesquisa. Maack vendeu assim o seu pequeno carro modelo Opel e conseguiu o dinheiro para a viagem. Ficou por pouco tempo no Rio de Janeiro com o seu irmão Franz. Ainda no final de 1923, recebeu uma oferta para fazer um levantamento cartográfico e emitir um parecer sobre jazidas primárias de ouro perto de Onça de Pitangui, em Minas Gerais.

A primeira expedição científica: Minas Gerais, 1926

Naquela ocasião foi pela primeira vez para o vale dos rios Paraopeba e São Francisco. Por meio do prof. Fritz Jaeger, em Berlim, ele havia recebido da antiga Repartição Colonial Imperial todos os instrumentos necessários para o trabalho,

Alessandro Casagrande. Foto: Reinhard Maack, 1926

Café da manhã em acampamento. Descanso antes de começar os trabalhos de levantamento topográfico e triangulação das fazendas da Companhia Brasileira-Alemã de Mineração.

tais como bússola líquida, hipsômetro, barômetro, termômetro e um teodolito portátil, instrumento prático para viagem, adquirido na empresa Hildebrand, de Freiberg, na Saxônia. Agora ele tinha todos os documentos para exercer sua profissão. O trabalho lhe proporcionou dinheiro suficiente para poder pagar todos os instrumentos e ainda ter folga para avaliar cuidadosamente os resultados dos testes através de análises químicas.

Esse trabalho logo originou um segundo pedido maior. Viajou então para o oeste de Minas, sendo a sua tarefa verificar a origem dos diamantes encontrados na região. Seguiram aventurosos dias com os garimpeiros que procuravam a pedra entre as localidades de Patos, Coromandel e Água Suja.

Dessa forma pôde ampliar o escopo do seu trabalho, fazendo uma pequena expedição pelo planalto no oeste de Minas, a fim de familiarizar-se com a geologia do Brasil. Durante a viagem, descobriu, a oeste de Patos, basalto-olivina-melílito[34] e limburgite,[35] assim como rochas eruptivas ultrabásicas na serra do Salitre: foiaite, alnoíto e porfirita-picrite.[36]

Durante os ensaios de lavagem com uma pequena peneira hidráulica encontrou, em uma amostra degradada na região de Coromandel, seu primeiro diamante de três quartos quilates. Mesmo contendo pequenas inclusões de óxido ferroso e carbonato, mandou lapidar a pedra e fez um prendedor de gravata com ela, como lembrança.

As primeiras evidências da deriva continental em Minas Gerais

O acontecimento mais surpreendente durante este período inicial foi a descoberta, sob uma camada de vegetação dos Campos Cerrados (Savana), da mesma formação geológica que Maack constatou no Kaokoveld, na África do Sudoeste. Percebeu com isso a ligação geológica entre a América do Sul e a África, que formaram o supercontinente gonduânico.[37]

Mesmo não estando ainda bem familiarizado com a geologia do Brasil, tentou uma publicação na *Revista da Sociedade de Geografia em Berlim* ("Uma viagem de pesquisa do planalto de Minas Gerais até o Paranahyba").[38] Apesar de todas as falhas deste primeiro trabalho no Brasil, sua observação e opinião foram mais tarde inteiramente comprovadas. Desde aquela ocasião ocupou-se intensamente com os problemas de *Gondwanaland* e da Deriva Continental, seguindo a teoria de Alfred Wegener – mesmo antes que o geólogo sul-africano Alexander L. Du Toit[39] (1878-1948) publicasse seu trabalho comparando a geologia da África com a da América do Sul.[40]

MAACK CHEGA AO PARANÁ

A expedição ao rio Tibagi de 1926

No retorno dessa viagem a Minas, enquanto Maack elaborava os mapas e relatórios deste serviço na ilha de Paquetá no Rio de Janeiro, recebe uma proposta da Cia. de Mineração e Colonização Paranaense com a finalidade de levantar cartográfica e geologicamente a região dos diamantes do rio Tibagi, no estado do Paraná.

Nesta primeira expedição, o trabalho do cartógrafo alemão abrangeu a região do rio Tibagi entre Conchas (atual Uvaia) e o salto Mauá. Realizou ainda o levantamento das áreas diamantíferas de abril a novembro de 1926, enfrentando o mundo perigoso dos garimpeiros e sendo sequestrado por revolucionários remanescentes da Revolução de 1924, que o aprisionaram junto com os seus equipamentos e cadernetas contendo os dados deste último trabalho.

Depois de ter sido liberado em Três Barras (SC), Maack retorna ao Rio de Janeiro passando por Curitiba, traumatizado com a experiência no Paraná e pretendendo nunca mais voltar.[41]

A expedição ao rio Tibagi de 1930

No final do ano de 1926, Maack faria a sua segunda expedição a Minas Gerais contratado pelo diretor da Companhia Brasileira de Mineração de Carvão de Ferro, sr. Traugott Thiem. Traugott era proprietário de uma grande jazida de diamantes em Coromandel, no oeste mineiro, e também representante de um grupo de grandes indústrias sob o comando da companhia de aço Vereinigte Stahlwerke, de Dortmund, Alemanha.

Nesta ocasião, Maack viajou outra vez para o oeste de Minas, a fim de analisar a jazida de diamantes da propriedade de Traugott, em Coromandel, e realizar um levantamento cartográfico. O ano de 1927 seria atribulado para Maack. Em janeiro de 1927, foi contratado para examinar as ocorrências de minério de manganês no vale do Itajaí-Mirim. A expedição fatigante se estendeu até o mês de março. Conforme relata o próprio Maack: "Nestes trabalhos sujeitei-me a fadigas, e cartograficamente levantei, em longas marchas e penosas viagens de canoa, todo o vale do Itajaí-Mirim, entre Santa Cruz (atual Aristiliano Ramos) e Brusque, até onde era geograficamente desconhecido".[42]

Porém, seu trabalho principal daquele ano seria a triangulação e o levantamento fotogramétrico das fazendas da Companhia Brasileira-Alemã de Mineração – uma grande região de minério de ferro do pico de Itabira do Campo, entre Congonhas e a serra de Piedade, de um lado, e do rio das Velhas ao rio Paraopeba, do outro lado.

Alessandro Casagrande. Foto: Reinhard Maack

Segunda expedição ao rio Tibagi, na cachoeira Vira-Panela, em novembro de 1929. Corredeira Vira-Panela, um dos múltiplos obstáculos encontrados por Maack e seus homens a caminho da foz do rio Tibagi no Paranapanema.

Antevendo a demora em mais de um ano para o processamento do material, Maack comunica à companhia que realizará os cálculos e a reconstituição fotogramétrica na Alemanha, recebendo o honorário mensal de 1,5 mil marcos.

Desta forma, finalmente teve a oportunidade de satisfazer o seu desejo de estudar geografia e geologia. Apesar de seu inegável conhecimento técnico nas áreas naturais, Maack só entraria na Faculdade de Filosofia da Friedrich-Wilhelm Universität em Berlim aos 36 anos, avaliado como "superdotado".[43]

No terceiro semestre de curso, no seu escritório do Instituto Geográfico de Berlim, certo senhor de Paris chamado Wolff faz um contato e lhe comunica que uma companhia franco-suíça e os acionistas da Mexican Mine of El Ouro haviam adquirido a grande Fazenda Monte Alegre, de mais de 150 mil hectares, bem como a concessão para a exploração dos diamantes e para a construção de uma estrada de ferro no Paraná. A diretoria da companhia soubera que Maack, em 1926, havia resgatado dos revolucionários os levantamentos cartográficos e os documentos geológicos de Tibagi, e que a antiga Companhia de Mineração Paranaense ainda lhe devia os instrumentos roubados e uma quantia em dinheiro equivalente a quatro mil dólares.

O advogado de Maack em Curitiba, doutor Pâmphilo Assumpção, que dera início ao processo judicial contra sua ex-companhia, informara o seu endereço em Berlim aos novos sócios. Apesar de não querer mais saber do rio Tibagi, o senhor Wolff lhe pediu que fosse a Paris a fim de negociar o seu material e o devido pagamento.

A Fazenda Monte Alegre (a futura Klabin)

A companhia de Paris – Cia. de Mineração, Agrícola e Estrada de Ferro Monte Alegre – restituiu-lhe o valor devido pela Companhia de Mineração Paranaense e solicitou que Maack retirasse o processo que movia contra a ex-empresa em Curitiba. Pediu ainda que, após a conclusão do seu quarto semestre na Faculdade de Filosofia da Friedrich-Wilhelm Universität, ele não assumisse outro compromisso. Recebeu até o final do seu quarto semestre 1,5 mil marcos mensais, como garantia, além dos 1,5 mil marcos mensais da companhia de aço Vereinigte Stahlwerke, de Dortmund.

Ainda antes do final de 1929, foi contratado por um período inicial de 18 meses com um salário mensal equivalente a três mil marcos mais 1% de participação na exploração bruta dos diamantes. Em contrapartida, deveria supervisionar a exploração de diamantes e levantar cartograficamente a gigantesca Fazenda Monte Alegre, bem como o trajeto do rio Tibagi até o Paranapanema. Após a conclusão do seu quarto semestre, solicitou férias na universidade, trancando a matrícula. Somente em 1936/1937, aos 45 anos, teve a oportunidade de dar continuidade e concluir os seus estudos na Universidade de Berlim.

Como ele tinha que estar em Tibagi em novembro de 1929, a Companhia Monte Alegre enviou-lhe uma passagem de primeira classe no navio “Cap. Arcona” e lhe deu 5 mil marcos como ajuda de custo. Com isso, comprou um microscópio de polaroide da Leitz com iluminação opaca, um barco desmontável, duas barracas desmontáveis e dois conjuntos de montaria, todos objetos que posteriormente se mostrariam necessários e úteis. Além disso, dispunha de uma filmadora 16 milímetros, fazendo o primeiro registro, em película, do médio e baixo Tibagi.

Em dezembro de 1929, Maack chega à região de Tibagi. Sobre a selvageria dos sertões do Tibagi, a tensão e as dificuldades de trabalho na exploração do rio, Maack relatou:

> Conduzi a primeira expedição rio Tibagi abaixo até o Paranapanema, com o barco desmontável, duas canoas de cedro e cinco acompanhantes. Tivemos que vencer grandes quedas de água e cachoeiras longas e selvagens. Os aventurosos e selvagens acontecimentos entre os garimpeiros do rio Tibagi não podem ser relatados aqui. Mas para dar uma ideia daquele período devo mencionar que 28 dos meus colaboradores tiveram uma morte violenta. No instante em que minha esposa chegou a Tibagi, um dos meus homens mais experientes, Waldemar

Brettschneider, foi morto numa emboscada; um certo Hans Ernst, de Elbinger, afogou-se no rio; meu fiel companheiro João Caviúna, presente em todas as expedições ao rio, morreu esfaqueado; outro fiel companheiro caiu do cavalo e morreu; outros foram fuzilados ou envenenados.

Tive oportunidade de filmar alguns acontecimentos e muitas paisagens pitorescas de matas e rios; mais tarde esse filme foi apresentado no Instituto Ibero-Americano em Berlim. Certa vez recebemos a visita do cônsul alemão, e mostrei a ele a selva intacta do rio Tibagi. Ele ficou muito assustado vendo minha vida perigosa e cheia de aventuras no universo dos garimpeiros.

Diamantes não faltavam no rio Tibagi. Organizei os garimpeiros de modo a que com minha autorização eles podiam retirar e lavar livremente o pedregulho diamantífero. Para cada equipamento submersível eles tinham que pagar, naquela época, uma taxa de mil réis, e por cabeça do grupo de exploração vinte mil réis, e deviam entregar 10% dos diamantes extraídos à Companhia Monte Alegre. O resto do achado eles podiam vender para a Companhia ou, após a entrega da parte obrigatória, estavam autorizados a vender livremente. Alguns garimpeiros confiáveis fiscalizavam a lavagem dos diamantes.

Alessandro Casagrande

Expedição Ivaí na Corredeira do Ferro, em 11 de agosto de 1934. Em primeiro plano o barco desmontável *Klepperboot* — espécie de caiaque comprado na Alemanha especialmente para enfrentar as corredeiras do rio Tibagi na expedição de 1930.

Certa ocasião, perto de Conceição e na cachoeira Grande, exploramos 11 mil quilates numa semana. Diamantes de 8 a 10 quilates não eram raros. Certa vez mandei lapidar uma pedra em azul e branco para a minha esposa. A maior parte dos diamantes brutos eram pedras de um quarto a 2 quilates. A maior pedra encontrada na minha época pesava 110 quilates. No decorrer do tempo eu tinha feito muitos amigos entre os garimpeiros, mas a revolução de Getúlio Vargas, em 1932/1933, suspendeu rapidamente minha atividade no rio Tibagi. Foram distribuídos panfletos nos quais fui chamado de "usurpador alemão" e tive que fugir porque fui ameaçado de morte.

Durante a fuga para Ponta Grossa meus inimigos me cercaram e me levaram de volta para Tibagi. Colocaram-me contra a parede, mas fui salvo por um telegrama do cônsul Aeldert, endereçado ao líder dos garimpeiros e aos revolucionários em Tibagi. Fui libertado e cheguei a Curitiba mediante um "salvo-conduto", em companhia de garimpeiros da minha confiança. A Companhia Monte Alegre acabou sendo liquidada. Tive que voltar para Tibagi como administrador da massa falida, a pedido do Banco Nacional, que tinha adquirido os direitos de propriedade da Monte Alegre em leilão.[44]

Instalação de uma estação meteorológica em meio à selva paranaense

Em 1933, Maack adquire uma fazenda no Paraná na localidade de Faxinal de São Sebastião (atual município de Faxinal). Segundo o alemão, a selva tropical inexplorada se estendia dali até o rio Paraná. Em meio ao nada do sertão paranaense, o geógrafo instala uma inédita estação meteorológica com instrumentos Lambert-Göttingen e, três vezes ao dia, mede a pressão do ar, temperatura, umidade relativa, ventos, nuvens e precipitações.

De acordo com Maack, estes dados meteorológicos seriam necessários para a expedição ao rio Ivaí, que seria realizada em 1933/1934 com a ajuda da Sociedade de Pesquisas Alemã (Notgemeinschaft der Deutschen Wissenschaft). Devido ao seu envolvimento com esta instituição alemã, Maack começou a ser monitorado pelas autoridades policiais do estado, intrigadas com a sua presença perscrutando as selvas e rios paranaenses, o que acabou precipitando em sua prisão nove anos mais tarde, em 29 de janeiro de 1942.

Durante as viagens com barco desmontável e pirogas pelo rio Ivaí e as suas caminhadas pela selva, os instrumentos de medição de temperatura e pressão do ar eram lidos regularmente pela sua solitária esposa alemã na Fazenda Arroio da Campina. Dessa forma, conseguiu obter ininterruptamente as diferenças de pressão de ar imediatas, para poder controlar as hipsometrias barométricas[45] durante a expedição. O nível do barômetro era controlado regularmente pelo termobarômetro.[46]

Alessandro Casagrande

Maack realiza a construção da casa da fazenda Arroio da Campina, onde mais tarde estabeleceria uma estação meteorológica em meio à floresta intocada. Nessa época, ele se preparou para a sua expedição mais extensa no Paraná: a expedição ao rio Ivaí, passando pelas cataratas do Iguaçu e retornando a pé para a fazenda, totalizando 2.050 km por terra e água.

A expedição de Reinhard Maack ao rio Ivaí (1933 e 1934)

A pré-expedição o levou, em 1933, às ruínas de Vila Rica, que estavam cobertas pela selva. Tratava-se de um antigo reduto dos jesuítas, fundado em 1630, porém destruído ainda em 1632 pelos bandeirantes paulistas. Durante a expedição principal ao Ivaí, em 1934, foram levantados cartograficamente o percurso do rio e suas características geológicas até o Paraná, bem como o majestoso rio Paraná, repleto de ilhas, da foz do Ivaí até Guaíra. Das quedas e gigantescas cachoeiras das Sete Quedas ele viajou até Porto Mendes, e de lá desceu a garganta do rio Paraná até Foz do Iguaçu.

Em 1934 era necessário cavalgar para chegar às Cataratas do Iguaçu, na época ainda isoladas. Maack relata as dificuldades do retorno da expedição fluvial que percorrera surpreendentes 2.050 quilômetros em terras semi-inóspitas:

Expedição Rio Ivaí de Reinhard Maack (1933/1934)

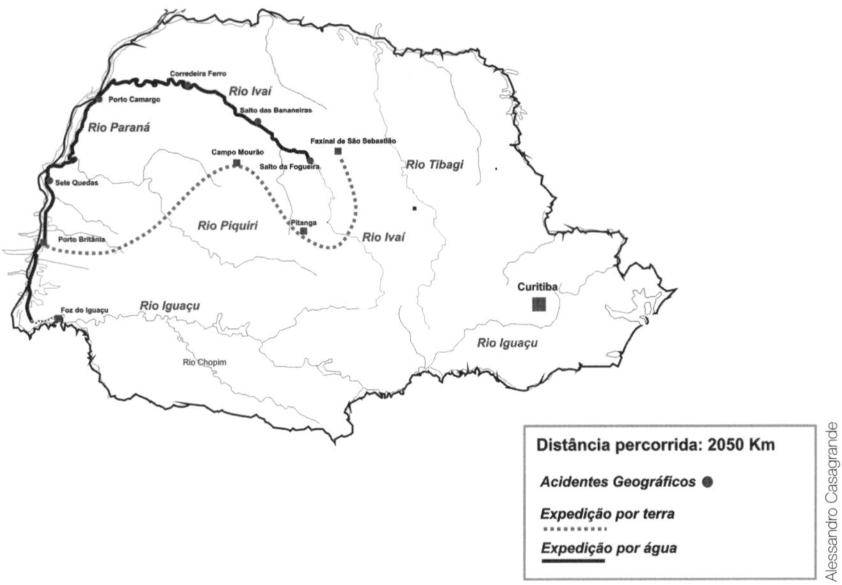

Mapa demonstrando o trajeto da expedição ao rio Ivaí e a distância de 2.050 km percorrida.

Cruzei matas subtropicais e florestas de araucárias até Campo Mourão, partindo de Porto Britannia e passando por Toledo, Porto Piquiri e Rancho Pensamento. Até as aldeias dos índios guaranis, na reserva em Santa Cruz, ainda cheguei em uma grande carroça com toldo, puxada por sete cavalos. Nas estradas difíceis, quase intransitáveis, o carro finalmente quebrou.

Em Santa Cruz somente pude alugar uma mula, um peão argentino e um índio guarani. A mula teve que carregar os instrumentos, a barraca e o barco desmontável. Meus cinco acompanhantes e eu tivemos que andar a pé, e aproveitei para levantar a rota. Durante a caminhada em trilhas primitivas, por matas sem fim, lembrei-me da observação de Ulrich Schmiedel, aquele patrício que cruzou as mesmas florestas em 1552/1553: "Depois passamos por uma floresta selvagem, como nunca tinha visto antes, e posso dizer que viajei muito." Esta grandiosa floresta subtropical e de araucárias existia até 1945; depois foi destruída.

Durante a viagem levantamos o posicionamento geográfico dos seis pontos mais importantes, dados que mais tarde seriam analisados no Instituto Geodésico de Potsdam e mostrariam ser de grande precisão. De Campo Mourão continuamos o levantamento da rota passando por Pitanga, rio Ivaí e Cândido de Abreu, e finalizamos o levantamento em Arroio de Campina. Levantei cartograficamente uma distância de 2.050 km.

Alessandro Casagrande

Maack registra as capivaras no leito do rio Ivaí em 1933. A fauna exuberante local também foi registrada em filme 16 milímetros.

Quando retornei minha esposa tinha acabado de preparar uma viagem para Curitiba, para falar com o cônsul alemão. Ela não tinha notícias minhas há quatro meses; surgira o boato de que me tinha afogado numa cachoeira com meus companheiros, e ela queria verificar. Era verdade que numa cachoeira grande uma canoa tinha virado; com muito esforço tivéramos que salvar, das águas turbulentas, os alimentos embalados em sacos à prova de água.

Alessandro Casagrande

Acampamento no Salto das Bananeiras, rio Ivaí, em 2 de agosto de 1934. Maack aproveita o momento de pausa na expedição para estudar. No detalhe, teodolito e batatas secando em cima do pano.

> Durante a expedição ao Ivaí pudemos ainda observar a vida animal selvagem das matas e dos rios; filmamos antas, capivaras, ariranhas, lontras, jacarés, macacos, veados, muitas víboras e um jaguar. Comemos peixes e pássaros. Todos os outros alimentos levamos conosco em pirogas de madeira nobre. Uma vez por semana eu tinha que assar meu próprio pão num buraco na terra.[47]

O RETORNO À ALEMANHA E O PRELÚDIO DA SEGUNDA GUERRA MUNDIAL

No início de 1936, Maack contratou uma família de colonos alemães para administrar sua fazenda enquanto voltavam para a Alemanha.

Essa permanência na Alemanha permitiu outros quatro semestres na Universidade de Berlim, desta vez na Faculdade de Ciências Naturais e Matemáticas. Cursou Geologia com o prof. Dr. Hans Stille (1876-1966) e admirou neste mestre a clareza e a beleza das aulas ministradas. No último semestre, após uma palestra na Associação dos Engenheiros Alemães e a apresentação de um filme em 16 milímetros das suas expedições no Brasil no Instituto Ibero-Americano, estabeleceu contato com o Conselho de Propaganda da Economia Alemã. Nos limites do chamado Plano Quadrienal, recebeu a incumbência de adquirir no Paraná minério de ferro e madeira, a serem pagos através de veículos ferroviários.

Deveria também realizar todos os estudos preliminares para a construção de uma estrada de ferro passando pelo Paraná central, assunto administrado pelo advogado Dr. A. Buckeley.

A EXPEDIÇÃO AO PICO DO PARANÁ, 1941

Maack tinha paixão pelas montanhas e pela história de suas conquistas. No seu currículo, já tinha escalado e medido o cume da maior montanha da Namíbia em 1917 – o maciço rochoso Brandberg com seus 2.573 metros de altitude. Segundo a sua filha Úrsula, os primeiros interesses pelo Pico do Paraná se deram a partir da vista da sua residência em Curitiba, localizada na avenida Sete de Setembro, em frente à atual praça Oswaldo Cruz. No início dos anos 1940, a esplêndida visão da Serra do Mar paranaense ainda não estava encoberta pela profusão de prédios e construções da atualidade.

Daquele ponto da cidade, Maack fez as suas primeiras medições e inferências sobre o destacado conjunto granítico chamado hoje de Ibiteruçu. A partir daí, fez várias incursões na Serra do Mar paranaense antes de tentar a ascensão a este cume. Em uma das investidas, acabou revelando que o Marumbi não era o ponto mais alto do estado, como também a sua medição era equivocada:

> Durante aquele período dei prosseguimento a minhas pesquisas geográficas e geológicas, com a autorização do governo brasileiro. Durante as pesquisas na Serra do Mar, no estado do Paraná, descobri o maior maciço montanhoso do sul do Brasil, com o ponto culminante orográfico do estado do Paraná.[48]
>
> Executada uma triangulação da frente da serra a partir da zona do litoral, sendo a Serra do Mar levantada cartográfica e fotogrametricamente. Pelos cálculos das medições resultou, com surpresa, que o pico do Marumbi não é o mais alto morro do Paraná, pois foi verificado que tem a altitude de apenas 1.517 metros, portanto 263 mais baixo que a indicada pela literatura geográfica e pelos mapas [...]. Ao prosseguir-se a pesquisa da Serra do Mar na medição de todos os blocos altos e baixos foi descoberta a mais alta elevação do estado do Paraná e de todo o sul do Brasil. Era um monte até aí sem nome e antes não ascendido, de formas ousadas, visível de Curitiba como cone duplo. O monte foi por mim denominado Pico do Paraná.[49]

Sobre a dificuldade da expedição de 21 dias partindo de Curitiba, Maack relata:

> Para a primeira ascensão ao Pico do Paraná equipei expedição de cinco homens. Foi um empreendimento difícil. O morro situa-se no sertão, afastado de todas as vias de transporte. Os caminhos de chegada tiveram que ser descobertos, perguntando-se a um e outro, e abertos a foice e facão. Nem mesmo picadas de caçador atravessavam a paisagem difícil, coberta de mata virgem. Os moradores próximos nem conheciam o morro que para eles se situava em ângulo morto.[50]

Mesmo Maack sendo o mentor intelectual da escalada, preferiu se limitar aos cálculos e dar a primazia de se colocarem os pés no cume aos companheiros alemães que o acompanhavam:

> Enquanto a cerca de 50 metros abaixo do cume eu executava levantamentos fotogramétricos, antes que as frentes de morros e os vales em altitude menor desaparecessem, dois dos meus companheiros alemães mais jovens, Stamm e Mysing, pediram-me licença para ascender ao ponto mais elevado antes de mim. Foram assim os primeiros a chegar ao cume que só atingi mais tarde. Das medições barométricas e observações de ebulição no hipsômetro de Dankelmann resultaram 1.941 metros, por conseguinte 19 metros mais que a média de 1.922 metros, obtida de medições trigonométricas.

O jornal curitibano *Diário da Tarde* estampou na sua capa de segunda-feira, dia 4 de agosto de 1941, a notícia: "'O Pico do Paraná' e sua primeira escalada: onze morros mais alto que o Marumbi. Três vaqueanos acompanharam os excursionistas, os audazes pioneiros gastaram 21 dias para escalar o ponto mais alto do nosso estado".

Foram dedicadas duas páginas inteiras com fotos e um diário da aventura, que foi descrita por Irineu Pedro Bonato de 28 de junho até 13 de julho, dia da conquista do cume.[51]

A SEGUNDA GUERRA MUNDIAL E A INTERRUPÇÃO DAS PESQUISAS

O verão de 1942 mudaria radicalmente a vida do pesquisador alemão no Brasil. O ataque japonês à base americana de Pearl Harbor, no Havaí, em dezembro de 1941, forçou o Brasil a tomar uma posição em relação às nações do Eixo. Em 28 de janeiro de 1942, Getúlio Vargas assina o ato de rompimento das relações diplomáticas com a Alemanha e demais países do Eixo,[52] e após 24 horas desta assinatura Maack se encontrava preso em Curitiba.

Nos anos que sucederam à guerra as atividades de alemães que possuíam negócios com grandes empresas germânicas eram vigiadas, e toda movimentação e estudo científico eram atitudes suspeitas em território nacional. O chamado "perigo alemão" gerou uma onda de delação e pânico entre a população contra as culturas dos países integrantes do Eixo.

As análises dos documentos da Delegacia de Ordem Política e Social (Dops) sob a chancela de "Reservado", de 12 de dezembro de 1941, da Segunda Secção do Estado Maior Regional, Quinta Região Militar, revelaram que Reinhard Maack aparece na "relação nominal de alemães, japoneses e brasileiros fichados", daqueles cujos antecedentes configuravam a lista dos "elementos mais perigosos do momento".[53]

Na pequena descrição de sua ficha no Dops, lê-se: "Alemão residente em Curitiba. Verbal – um dos chefes nazistas. Suspeito. Intitula-se engenheiro. Diz ter feito levantamento do mapa do estado. Doc-1 de 13.X.33. Consta ser nazista. Fichado em 25.XI.38".[54]

Surpreendentemente, as atividades e expedições de Maack no Paraná vinham sendo vigiadas desde o ano de 1933. Exatamente nesta época, ele se encontrava na expedição ao rio Ivaí (setembro a novembro de 1933 e junho a setembro de 1934).

A sua verve expedicionária e a publicação de suas pesquisas realizadas no país e publicadas em periódicos na Alemanha despertavam estranheza e suspeita para a polícia da época. O que lhe custou um preço alto: dois anos de prisão para o homem que viveu intensamente a liberdade em meio à imensidão dos desertos africanos e a exuberante floresta tropical paranaense intocada.

Alessandro Casagrande

Maack (de chapéu), em 1940, nos preparativos e estudos preliminares para a escalada do pico mais alto do sul do Brasil, o Pico do Paraná, cujo nome foi dado por Reinhard Maack em homenagem ao estado que o acolheu.

Alessandro Casagrande

Acampamento no Pico do Paraná, 1941 (vista N-S). Imediatamente atrás, o Pico Ciririca com 1.782 m, após este, o Agudo da Cotia. Maack permanece atento às anotações e cálculos. A honra de ser o primeiro a pisar no cume do Pico do Paraná ficaria por conta de Stamm e Mysing, enquanto Maack resignou-se aos trabalhos técnicos de medição e registro da conquista da maior elevação do sul do Brasil, após 21 dias de expedição partindo de Curitiba.

Podemos destacar o seguinte cenário que motivou a prisão de Maack, atribuindo a ele o exercício de "supostas" práticas nazistas:

1. A realização da expedição ao rio Ivaí com a ajuda da Sociedade de Pesquisas Alemã (Notgemeinschaft der Deutschen Wissenschaft)[55] em 1933 e 1934, quando começou a ser monitorado.
2. A publicação tardia da obra "Exploração geográfica e geológica em Santa Catarina" ("Geographische und Geologische Forschungen in Santa Catarina") realizada em 1927, mas publicada em Berlim em 1936. Sugerindo para a polícia um plano de invasão nazista em Santa Catarina conforme relatório de 8 de novembro de 1944 do Dops sobre Reinhard Maack:

> [...] E a importante obra foi publicada na Alemanha, em língua alemã, sendo um inestimável roteiro para qualquer investida que se quizesse fazer...
> [...] elaborando trabalhos científicos, ou culturais em geral sobre as zonas onde a colonização alemã é mais densa, vão preparando reforços para futuras reivindicações sobre o território. Esses estudos serão assim como descobrimentos, como direitos sobre aquilo que primeiro revelaram a cultura mundial, depois de haverem, com os braços dos colonos, desbravado e tornado fontes de riqueza. Como um dos fundamentos da obra de brasilidade que nos cumpre, daqué por diante, cuidar seriamente, em defesa de nossa soberania, devemos inscrever o despreso e a oposição a esses pseudo cientistas, frutos de uma sutilíssima política imperialista.[56]

O que o Dops não sabia é que a obra já tinha sido publicada em 1939 aqui no Brasil, em versão portuguesa, incluindo mapas, figuras e fotografias das expedições em Santa Catarina, com os seguintes agradecimentos no prefácio a Maack e à Sociedade de Geografia de Berlim:

> O presente trabalho do geógrafo e geólogo Reinhard Maack, radicado há algum tempo entre nós, poderia ser chamado "Geologia e recursos minerais de Santa Catarina". De fato, o autor conhece quasi toda a literatura sobre a região, pelo menos o que nela existe de substancial, e acrescentou observações suas, valiosas aliás, terminando por produzir um trabalho que é a atualização de quási tudo que se conhece neste tocante, sobre esta região do sul do Brasil.
>
> De pronto compreendendo o significado da obra, quando recebeu o original alemão, o Dr. Gerson de Faria Alvim, geólogo desta Divisão, resolveu traduzí-lo, solicitando para isso a necessária permissão do autor e da "Sociedade de Geografia de Berlim", editora do original, os quais nenhum obstáculo criaram à publicação desta edição portuguesa.

Uma vez que o citado trabalho se enquadra no espírito do "serviço geológico" que objetiva o avanço da ciência geológica entre nós e a construção progressiva da carta geológica do Brasil, consegui permissão do Exmo. Sr. ministro da Agricultura para publicá-lo como boletim da D. G. M.

Glycon de Paiva

Diretor do Departamento Nacional da Produção Mineral
Divisão de Geologia e Mineralogia
Ministério da Agricultura.[57]

3. A realização de estudos e pesquisas e o trânsito de Maack na Serra do Mar paranaense, que levaram a sua expedição à conquista do Pico do Paraná em julho de 1941, despertaram o temor das autoridades de que estaria realizando alguma sinalização ou mapeamento para uma suposta invasão alemã.
4. As acusações do sociólogo Gilberto Freyre[58] contra Maack no artigo publicado no jornal O *Estado de S. Paulo*, em 3 de abril de 1940, intitulado "Questão de culturas". Na sua crítica, Freyre o acusa de exaltar a cultura alemã em detrimento da cultura luso-brasileira, referindo-se a um ensaio da revista da Universidade de Harvard, publicado por Maack.[59]

A PRISÃO EM CURITIBA E O CÁRCERE EM ILHA GRANDE

Não coincidentemente, Maack foi preso no mesmo dia em que foi publicada a também famigerada Portaria n. 30, de 29 de janeiro de 1942, pelo chefe de polícia do Paraná, que colocava sob suspeição todo cidadão representado pelos países que integravam o Eixo.

A draconiana Portaria n. 30 transformou radicalmente o cotidiano da vida de alemães, italianos e japoneses, que entre outras sanções impedia: a reunião, ainda que em casas particulares, a título de comemorações de caráter privado (aniversários, bailes, banquetes etc.); a discussão ou troca de ideias em lugar público sobre a situação internacional; o uso de idioma das três nações nas conversações em lugar público (rua, cafés, casas de diversões etc.); de se viajar de uma localidade para outra sem estar munido de salvo-conduto etc.[60]

Maack foi levado para a Casa de Detenção do Ahú, em Curitiba. Com ele estiveram Otto Braun, da Livraria Alemã, Alberto Blum, Herbert Hebmüller e Oscar Grothe. Desse grupo alguns foram liberados após 25 dias de prisão, enquanto outros foram encaminhados para Ilha Grande.[61]

Com menos de seis meses de cárcere, o alemão de 50 anos foi hospitalizado na Santa Casa de Misericórdia de Curitiba para uma intervenção cirúrgica em

25 de junho de 1942. A sua família soube por acaso de sua internação no hospital. Em uma ocasião, sua filha Úrsula e sua mulher Gretel estavam passando ao lado daquele hospital quando viram Maack no jardim da instituição. Assim, conseguiram falar com ele por alguns dias no leito do hospital, a despeito de Maack estar sendo escoltado por dois vigias que ficavam ao seu lado 24 horas por dia. Em outra oportunidade, quando tentaram revê-lo, ele não se encontrava mais no hospital, pois já havia sido enviado para o seu novo cárcere: o Rio de Janeiro.

A sua ficha no Dops registra que, no dia 1 de agosto de 1942, foi conduzido até a cidade de Paranaguá, onde embarcou no vapor Itaquera e seguiu transferido primeiramente a Ilha das Flores, na baía de Guanabara, para quarentena e, após este período, foi para a Colônia Penal Cândido Mendes na Ilha Grande.

Não há muita informação sobre o seu período de prisão na Ilha Grande. De sua passagem pelo cárcere, talvez o fato mais inusitado foi a realização do levantamento cartográfico e a produção de um mapa 1:10.000 da gigantesca ilha de 193 quilômetros quadrados e de perímetro aproximado de 130 quilômetros elaborado pelo cientista. O diretor do presídio, sabendo de suas habilidades científicas, não se melindrou em lhe solicitar o trabalho.[62]

Percebendo que suas habilidades poderiam ser mais úteis fora do que dentro de uma cela, convenceu as autoridades a levar consigo uma turma de ajudantes presos e, ainda por cima, condicionou também a permissão de tomar banho de mar. Pôde, assim, novamente caminhar livre no fatigante relevo da ilha, subir morros e ver o verde que tanto o encantou no Brasil. Isso, por alguns meses, tornou a sua experiência insular menos desagradável.

Nesses dois anos de prisão, Maack tentou não se afastar do que estava acontecendo na ciência paranaense. Agradece, em uma carta de 28 de fevereiro de 1943 encaminhada ao então diretor do Museu Paranaense, José Loureiro Fernandes, o envio de um volume dos *Arquivos do Museu Paranaense*:

> [...] confirmo hoje o recebimento do valioso n. 2 dos *Arquivos do Museu Paranaense*, acompanhado por um separato do meu trabalho. Para mim especial os mais valiosos artigos foram do Frederico Lange e os estudos sobre a língua caigangue e o vocabulário kiriri-portuguez, mas os artigos biológicos e zoológicos acharam muito interesse do meu amigo Dr. Helmuth Sick[63] do Museu das Sciencias Naturais de Berlim que achava-se numa viagem de estudos no Brasil e o que está atualmente preso como eu aqui.[64]

Além disso, solicita mais livros para leitura, pois a colônia penal não dispõe dos mesmos e nem de uma biblioteca:

> [...] ele me pediu [se referindo ao Dr. Helmuth Sick] que não seja possível arrangar o volume n. 1 para estudar aqui, porque nos faltam aqui livros e uma biblioteca.

> [...] Esperando com grande interesse um exemplar do seu valioso trabalho geografico sobre o litoral paranaense agradeço mais uma vez a sua gentileza.[65]

Em outro trecho revela a preocupação com a interrupção de seus trabalhos: "[...] O sr. doutor guardou aqueles 2 amostras do arenito Caiua da minha coleção para o Museu? [...] Mas seria bom de guardar por enquanto aqueles unicos provas".[66]

A sua liberdade foi obtida ainda durante a Segunda Guerra em 5 de janeiro de 1944, com a ajuda do interventor do estado do Paraná, Manuel Ribas, que lhe prometera passar o Natal de 1943 em casa, o que para a infelicidade de seus familiares não se realizou.

O contato para sua libertação teria sido intermediado pelo desembargador Ernani Guarita Cartaxo, pois sua filha Maria Rosa Cartaxo era amiga de escola da filha de Maack. A conversa entre o desembargador e o interventor Manuel Ribas foi realizada informalmente no hipódromo de Curitiba: "Pode avisar a amiga de sua filha que o professor Maack estará em casa no Natal!".

Como não fora liberto no tempo prometido, a filha e esposa se dirigiram ao gabinete do interventor, que gentilmente atendeu a solicitação da família e resolveu a lide com um simples telefonema. Neste período de cárcere, a família enfrentou dificuldades econômicas para sobreviver.

Maack nunca se conformou em ter sido preso, fato que carregou até os seus últimos dias de vida. Dessa época triste, a família guardou um navio montado dentro de uma garrafa cuja lateral, magistralmente feita por Maack, reproduz a Ilha Grande e as construções de seu claustro.

Maack enviara também um broche de um avião vermelho esculpido em um pedaço de escova de dente. Quase todas as cartas que ele enviou para a família foram violadas e censuradas, ainda que ele as numerasse disfarçadamente, para que a família pudesse notar caso houvesse a destruição de alguma delas. Além disso, a sua produção científica foi afetada, o que resultou em quatro anos sem publicações. Apenas é retomada em 1946, com a obra "Geologia e geografia da região do Vila Velha, estado do Paraná, e considerações sobre a glaciação carbonífera no Brasil".[67]

O MUSEU PARANAENSE E O INSTITUTO DE BIOLOGIA E PESQUISAS TECNOLÓGICAS (IBPT)

Após a sua libertação em dezembro de 1943, o interventor do Paraná, Manoel Ribas, solicitou os seus conhecimentos para colocar à disposição do estado. Maack relata a sua entrada no Museu Paranaense:

> Trabalhei inicialmente no Museu Paranaense. Quando a guerra terminou, com um final triste para nossa pátria alemã, fui nomeado geólogo no Instituto de Biologia e Pesquisas Tecnológicas do estado do Paraná. Ao mesmo tempo a Universidade do Paraná ofereceu-me a regência dos cursos de Geologia e Paleontologia. [68]

O recém-inaugurado Instituto de Biologia e Pesquisas Tecnológicas (IBPT), em 1942, era considerado a "menina dos olhos" do interventor Manoel Ribas, que incumbiu o engenheiro agrônomo Lycio Grein de Casto Vellozo para que convidasse Maack a se apresentar no Palácio São Francisco, ocasião em que Manoel Ribas o

Alessandro Casagrande

Maack em seu gabinete do Serviço de Geologia e Petrografia do Instituto de Biologia e Pesquisas Tecnológicas (IBPT), anos 1950.

contratou para o IBPT e depois acabou se tornando chefe do Serviço de Geologia e Petrografia do Instituto.[69]

Eram comuns as incertas de Manoel Ribas na Instituição como forma de fiscalizar o asseio e a produtividade do lugar, passando o seu lenço nos corrimões para verificar a limpeza do prédio. O piso do IBPT era lustrado como um espelho, refletindo não só o cuidado para com a Instituição, mas também um lugar que representava a elite científica do estado.[70]

Inicialmente, o Instituto de Biologia e Pesquisas Tecnológicas desempenhava suas atividades nas divisões de Biologia Animal, Biologia Vegetal, Química e Tecnologia, Geologia e Mineralogia, Solos, Patologia Experimental.

Dentro do IBPT, Maack iniciou a escola da geologia paranaense, entre eles o professor João José Bigarella (1923-) que foi destinado a auxiliar Maack e acabou se transformando em seu discípulo, assim como outro geólogo importante, Riad Salamuni (1927-2002), e que viria a ser o futuro reitor da Universidade Federal do Paraná entre 1986 e 1990.

Alessandro Casagrande

Aula de campo com os alunos dos cursos de Geologia e Paleontologia da Universidade Federal do Paraná, nos anos 1950.

Maack tinha contatos com inúmeros geólogos e cientistas do mundo inteiro. Indicou a contratação do etnólogo e botânico alemão Günter Tessman (1884-1969), que o auxiliou na identificação de espécies para a confecção do mapa fitogeográfico do estado de 1950. Outro botânico que integrou a sua equipe de colaboradores foi o pesquisador Gerdt Guenther Hatschbach (1923-) e o paleontólogo Frederico Waldemar Lange (1911-1988).

O Instituto editou uma publicação que obteve grande respeito do mundo acadêmico nacional e internacional intitulada *Arquivos de Biologia e Tecnologia*, cujo primeiro volume publicado em 1946 contou com a participação de dois artigos de Maack: "Estudo contribuitivo ao conhecimento de algumas águas minerais do estado do Paraná" e "Contribuição ao conhecimento dos solos dos Campos Gerais no estado do Paraná", com a participação de Reinaldo Spitzner e Carlos Bodziak.

Segundo o cientista Aziz Nacib Ab'Saber (1924-) a Instituição jovem e produtiva permitia a Maack uma investigação mais continuada, de campo e de gabinete, a favor de uma produção científica de valor mais definitivo. As pesquisas de campo estiveram voltadas para diversas metas: compreensão dos traços básicos da fisiogeografia paranaense, visualização global da geologia de superfície e, finalmente, em uma notável contribuição paralela, um esforço para a compreensão da distribuição dos tipos de vegetação tropicais e subtropicais exibidos no espaço ecológico e fisiogeográfico do território paranaense.[71]

Após a sua entrada no IBPT, Maack relembra que teve que se tornar brasileiro para entrar na universidade:

> Para ser professor universitário eu tinha que ser brasileiro; recebi, por causa da minha atividade e pelo fato de ser pai de uma filha nascida no Brasil, bem como proprietário de terras paranaenses desde 1934, o título declaratório que me tornava cidadão brasileiro. Quando a Universidade do Paraná se tornou Universidade Federal,[72] assumi a regência do curso de Geografia Física da Faculdade de Filosofia, Ciências e Letras da Universidade em Curitiba. Ocupo essa posição ainda hoje em dia, permanecendo ao mesmo tempo chefe do Serviço Geológico e Petrográfico no Instituto de Biologia e Pesquisas Tecnológicas.[73]

A EXPEDIÇÃO AOS ÍNDIOS XETÁS, 1961

Maack também flertou com a antropologia. Quando, por meio da informação de que alguns indígenas tinham sido avistados e se encontravam refugiados na selva densa do oeste do Paraná entre os rios Ivaí e Piquiri, tratou de organizar uma expedição de contato:

Alessandro Casagrande

Maack com os índios xetás na expedição de 1961.

Éramos quatro homens brancos da Universidade do Paraná e do Instituto de Biologia de Curitiba: um pesquisador de línguas e bom conhecedor das línguas indígenas, um cineasta, meu genro e eu.[74]

Retornamos à idade da pedra e vivemos alguns dias num dos últimos paraísos intocados, convivendo com pessoas nuas. Os xetás não conheciam outras ferramentas além das de pedra e madeira. Fomos testemunhas de como eram processadas as flechas com ferramentas de pedra e fabricados os machados polidos de pedra, e a caça trinchada com facas de pedra. Passamos dias tranquilos, em paz com os filhos da natureza, que viviam nos casebres mais primitivos de folha de palmeira e dormiam na maioria das vezes apenas atrás de proteções contra o vento, como os aborígines do Kalahari.[75]

O AMBIENTALISMO DE REINHARD MAACK

Uma das maiores heranças científicas deixadas por Maack foi a sua verve ambientalista. Maack foi pioneiro em um novo campo de estudos e preocupações que passava ao largo da sociedade e do *zeitgeist* do início do século XX. Ao lado de figuras como José Bonifácio (1763-1838), Romário Martins (1874-1948), Frederico

Hoehne (1882-1959), entre outros, o alemão tinha um apreço especial às idiossincrasias ambientais dos brasileiros.

Apesar de viver em uma época em que o desrespeito às plantas e aos animais era lugar comum, tentou em vão chamar a atenção da sociedade para a obtenção do lucro fácil advindo da exploração madeireira e de todas as agruras ambientais decorrentes desta atividade. Além disso, reiteradamente se preocupava com a criação de reservas florestais para as gerações futuras.

Até os anos 1930, o cenário destrutivo que avançava no norte do estado do Paraná era quase ignorado por grande parte da sociedade. Em linhas gerais, os homens de visão da época enfrentavam os madeireiros opositores que consideravam inacabável a floresta, além de se defrontar com a soberba dos barões da madeira e o desprezo do legislativo. Nas diversas palestras e artigos que produziu entre 1949 e 1968, o pesquisador alertava sobre a opção equivocada de um modelo insustentável de desenvolvimento, cujo efeito afetaria as várias gerações subsequentes. O seu clamor foi, simplesmente, ignorado.

UMA TESTEMUNHA OCULAR DO FIM DAS FLORESTAS DO ESTADO

Nas dezenas de viagens que empreendeu ao interior do Paraná, acompanhou um estado em transformação. Seguindo as exortações do naturalista patrício Karl Friedrich Philipp von Martius (1794-1868), que, se referindo aos historiadores brasileiros sugeria a estes "que penetrem com os próprios olhos as particularidades da natureza", relatava em suas palestras o que via nos confins inacessíveis do estado: a ação espoliadora dos madeireiros, uma destruição flagrantemente gananciosa e incompatível com a demanda de madeira do processo colonizatório:

> Para quem muito viaja no interior do Paraná, nada é tão impressionante, nada tão comovedor como o rápido desaparecimento das nossas matas, desaparecimento que não corresponde ao aumento da população.
>
> Enquanto a população em 18 anos sofreu acréscimo de cerca de 26,8%, no mesmo tempo, segundo minhas verificações, foram destruídos 35% das matas então existentes...O ritmo de destruição das matas tomou tal extensão que cada habitante do Paraná tem como obrigação de labutar com todos os meios para que a destruição das matas seja impedida por força da lei.[76]

No seu texto sobre "Problemas de reflorestamento", Maack resigna-se por ter sido ignorado:

> Já se pode prever que com o atual ritmo de produção das serrarias, as últimas reservas de Araucaria angustifolia se esgotarão no máximo em 15 anos. Há decênios o autor já advertiu sôbre este perigo, entretanto, nunca lhe foi dado crédito.
>
> Devemos proteger às matas e mais sistemáticos reflorestamentos. Infelizmente, nestes últimos anos não percebi nenhuma séria reação neste sentido e, em conseqüência disto, sou pessimista quanto ao destino das matas do Paraná.[77]

Neste outro trecho da mesma obra reafirma em dizer que o estado perdeu a chance da criação de reservas e prevê um futuro nada promissor:

> Em pouco tempo as primitivas regiões das matas estarão completamente destruídas no estado do Paraná. As últimas reservas de matas virgens talvez resistirão ainda durante uma geração. O destino da mata já está traçado, pois o estado não criou oportunamente as reservas naturais necessárias.
>
> A indústria madeireira para exportação, confecção de móveis e construções, de tão grande importância econômica para o estado do Paraná,[78] está se autodestruindo. A crise já se manifestou. Não se deixaram reservas de matas o suficiente para obtenção de sementes das diversas madeiras de lei que garantem o reflorestamento de elementos necessários de araucárias, imbuias, cedros, perobas, das diversas espécies de canelas e de muitas outras madeiras preciosas.[79]

Sobre o fim da floresta com araucária, Maack alertava:

> A araucária angustifolia é uma das árvores mais belas e raras do globo terrestre e deve ser conservada indiscutivelmente. Mesmo que se inicie o reflorestamento imediato em grande escala não haverá quantidade suficiente de araucária no ano de 1980 para suprir as necessidades de exportação, construção e confecção de móveis.
>
> A araucária necessita de 60 a 80 anos para atingir o diâmetro de 30 a 36 cm. Caso se faça o reflorestamento de araucária em mata mista até 1970, apenas nos anos de 2030 a 2050 os componentes estarão aptos a fornecer vigas e tábuas boas.
>
> Se não forem tomadas as medidas necessárias que equilibrem o consumo de madeira e o crescimento da nova geração, o estado do Paraná se verá obrigado a importar a madeira tipo pinho durante 50 a 60 anos.

O CENÁRIO AMBIENTAL DO PARANÁ NO INÍCIO DO SÉCULO XX

Em cinquenta anos de atividade humana do século XX, o estado do Paraná perdeu aproximadamente 50% de sua riqueza florestal. Segundo Maack, a área de mata virgem primitiva que cobria o Paraná era de 177.395 km^2. No ano de 1930, a área de mata derrubada era de 38.800 km^2, e em 1950 foram verificadas matas devastadas e matos secundários, totalizando 87.990 km^2.[80]

Alessandro Casagrande. Foto: Reinhard Maack, 1940

Aspecto de uma floresta estacional semidecidual do norte do Paraná queimada para implantação da cultura do café. A queima era um manejo comum e rápido para se abrirem novas áreas para o plantio.

As primeiras manifestações de preocupação com o que restaria das florestas paranaenses podem ser observadas logo no primeiro decênio do século XX. Romário Martins, um intelectual paranaense contemporâneo de Maack, compartilhou com ele as mesmas inquietações com o futuro da natureza do estado. Em parte, esta preocupação ocorreu por influência dos alertas do viajado botânico sueco Per Karl Hjalmar Dusen (1855-1926), que esteve no Paraná de novembro de 1903 a maio de 1904 e já se mostrava preocupado com o ritmo exploratório da época.

Martins foi a sua maneira um paranista preocupado com os desígnios das florestas e um amante particular das árvores, dedicando ao tema uma publicação especial intitulada *Livro das árvores do Paraná*, de 1944. Durante toda a vida pública, defendeu e legislou sobre a proteção das florestas no estado, muito embora não tenha tido sucesso nos objetivos propostos no seu código florestal, que infelizmente virou uma *lei morta*. Na prática, podemos perceber na imagem a seguir como era o manejo que dominou o século XX no estado.

O FRACASSO DO PRIMEIRO CÓDIGO FLORESTAL ESTADUAL DO BRASIL

O deputado Romário Martins vislumbrou em abril de 1907, como deputado da Assembleia Legislativa do Paraná, a necessidade de criar o primeiro código florestal brasileiro, impingindo à sociedade uma política de razoabilidade no uso dos recursos florestais do estado. Infelizmente, a flagrante insensibilidade ambiental que reinava no alvorecer do século XX não permitiu o êxito de sua aplicação.

Doze anos mais tarde, em março de 1919, Romário Martins refez seu projeto inicial e propôs um novo código mais simples, estabelecendo medidas práticas para que, segundo ele, "se impedisse a imoderada espoliação das florestas paranaenses", já que a lei anterior não obtivera resultado prático e nem aceitação alguma pelo setor madeireiro.

Apesar de sua desilusão diante da indiferença e hostilidade suscitadas pela proposta de sua arrojada lei florestal, a qual prescrevia, dentre outras medidas, áreas de preservação e incentivos fiscais para os plantios industriais, Romário Martins não se deixou abater e veio a publicar, em abril de 1924, mais uma tentativa de atuar na preservação ambiental do Paraná, agora com a moderna Lei de Caça e Pesca do estado.

Em meados dos anos 1930, uma nova esperança preservacionista surgiu no cenário florestal com a promulgação por Getúlio Vargas do primeiro Código Florestal Brasileiro (Decreto n. 23.793, de 23 de janeiro de 1934). O código, que tinha aspectos inovadores como as florestas protetoras e remanescentes, na prática, também não logrou nenhum êxito. Pode-se verificar nesta legislação a primeira preocupação do governo com a destruição do patrimônio florestal nacional pela exploração particular das florestas:

> Art. 1º – As florestas existentes no território nacional, consideradas em conjuncto, constituem bem de interesse commum a todos os habitantes, do paiz, exercendo-se os direitos de propriedade com as limitações que as leis em geral, e especialmente este código, estabelecem.[81]

Mesmo após a promulgação do Código Florestal Brasileiro de 1934, nada parecia conter a indústria madeireira e a desfiguração acelerada da paisagem paranaense. A sociedade dos anos 1930 parecia desconhecer a sua existência, conforme relata Maack:

> Mas dirá alguém, não existe uma lei? Ora, a lei por certo existe. Temos até um Código Florestal, bastante satisfatório, promulgado em 1934. Nele se dispõe sobre "florestas protetoras" e se exige nas explorações industriais a preservação

de, no mínimo, 25% da mata, e o reflorestamento sistematizado, etc. Mas quem cumpre isto? Onde estão os agentes federais, "fiscais de mato", ou "guardas florestais", que exijam o cumprimento da lei?[82]

A COLONIZAÇÃO DO NORTE DO PARANÁ E AS IMPRESSÕES DE MAACK

A marcha da destruição ambiental varreu a fisionomia do estado do Paraná sob a égide mítica do progresso, principalmente no norte do estado, onde se estabeleceram os primeiros núcleos de povoamento cujos nascimentos se deram em meio à floresta que era derrubada e queimada impiedosamente. Na profusão calcinada de tocos, troncos carbonizados e cinzas, nasciam como a fênix da selva as primeiras das 63 cidades e cerca de 80 patrimônios que seriam fundados na colossal área de 13.166 km^2, criadas pela Companhia de Terras do Norte do Paraná.[83]

A decisão da Companhia de estabelecer a colonização partindo-se da linha norte-sul, que passa pela confluência do Tibagi com a Paranapanema, e não do eixo projetado leste-oeste, que passaria por Cambará, poupou em alguns anos as florestas situadas a oeste do rio Tibagi. Porém o ano de 1928, devido ao desânimo dos acionistas ingleses pelo insucesso da Brazil Plantations Syndicate com a cultura do algodão no Paraná, fez com que os investimentos agrícolas ingleses migrassem para a compra de terras com fins meramente especulativos, já que os ganhos projetados com a proximidade da ferrovia eram de 1.000%. Entre 1925 e 27 a Companhia adquiriu 515 mil alqueires de terras fertilíssimas cobertas de mata, dos quais 450 mil alqueires provinham de terras do estado.[84]

Assim, em não mais de uma década de ocupação a oeste do rio Tibagi, revelou-se o aparecimento das primeiras alterações ambientais regionais nas novas urbes em meio à floresta semi-intocada.

O enorme contingente humano em busca de oportunidades, a retirada da cobertura florestal, a consequente queima e a implantação dos cafezais levaram algumas cidades do norte do Paraná ao colapso no fornecimento de água devido ao rebaixamento do lençol freático.

Após uma década de fundação da cidade de Londrina em meio à floresta, surgem as primeiras alterações no ciclo hidrológico local devido à retirada da cobertura florestal, a sua consequente queima e a implantação dos cafezais. Os serviços de geólogo de Maack foram solicitados pela empresa Companhia T. Janér, com intuito de perfurar poços na cidade. Lembra ainda que os cidadãos londrinenses clamavam por água, tamanho desespero dos novos habitantes da recém-fundada cidade:

> O nível do lençol d'água subterrânea baixou assustadoramente em todo o norte do Paraná e, assim, as fontes de água de Londrina diminuíram a sua produção de 1 milhão de litros diários, em anos anteriores, para 550 mil litros em fins de 1948 e, atualmente para 140 mil litros em 24 horas.
>
> A situação da cidade, quanto à provisão de água, tornou-se tão catastrofal que os seus habitantes ficaram alarmados e se veriam obrigados a abandonar a cidade se a Companhia Terras Norte do Paraná não tivesse tomado a tempo as providências necessárias. Examinei o lençol d'água subterrâneo nas rochas de *trapp* e determinei diversos pontos para perfurações profundas. Os poços da Companhia T. Janér, perfurados nos pontos por mim determinados, produzem cerca de 3 milhões de litros diários, com o que a provisão de água para Londrina ficou garantida. Mas o problema de água de subsolo, para abastecer a população crescente, continua. No norte do Paraná já foram perfurados mais de 100 poços até 150 metros de profundidade.[85]

A debandada dos novos colonos surpreendidos pela escassez de água foi suspensa pela ação da companhia de colonização, que prospectou e furou poços artesianos em caráter de urgência.

Apesar dos flagrantes sinais de desequilíbrio ambiental, a marcha colonizadora seguiu em direção ao Rio Paraná em ritmo alucinante. No noroeste do estado, predominantemente formado pelo frágil arenito Caiuá, cidades como Paranavaí, Cruzeiro do Oeste e Nova Esperança sentiram os primeiros efeitos da retirada da cobertura florestal que ocasionaram processos erosivos, alterando significativamente a paisagem urbana e rural. No início dos anos 1950, surgiam as primeiras voçorocas[86] que engoliram casas e ruas, demonstrando mais uma vez o caráter predatório de ocupação do solo.[87]

Ausente do Paraná entre 1926 a 1930, quando retornou para Alemanha, Maack ficou perplexo com o panorama de surreal destruição encontrado no norte do estado, resultado de apenas quatro anos de exploração da natureza. Ele relata:

> O que os homens no Paraná executaram pelas derrubadas e queimadas do mato não pode ser descrito. Em nenhum outro país do mundo o mato é destruído tão absurdamente como aqui e enormes áreas cobertas de matas, que no ano de 1926 me impressionaram profundamente pela sua primitividade e grandiosidade, encontrei, em 1930, como capoeira.[88]
>
> Não se pretende criticar os costumes do país, porém se deve frisar a profunda influência exercida pelo homem referente à modificação da paisagem natural, mesmo em regiões longínquas e em tempo muito reduzido. Não deve ser muito distante a época em que também o Brasil se verá obrigado a manter uma silvicultura regulada, pois uma destruição ilimitada da mata não se processa durante muito tempo sem graves consequências.[89]

O cenário desolador dos primeiros núcleos colonizatórios era caracterizado pelo isolamento e precariedade destas cidades, que muitas das vezes deixavam as toras gigantescas de madeira de lei apodrecendo ao redor das rudimentares moradias, pois não havia ainda tecnologia para demovê-las dali. Em alguns lugares, não havia nem mesmo tração animal, pois naquela época o pasto era incipiente nestas zonas recém-fundadas. Apenas porcos destinados a banha e carne eram criados, circundados pela exuberante floresta estacional paranaense.

INCENTIVOS FISCAIS PARA DESTRUIR: OS PREJUÍZOS DE UMA FLORESTA EM PÉ

Os novos núcleos que surgiam no norte do Paraná estavam em ebulição. Todos queriam um pedaço de terra sobre a fertilíssima terra roxa. No total havia colonos de 33 nacionalidades diferentes. Maack não se conformava com a absurda isenção de impostos para a terra cultivada. O que promovia uma ensandecida corrida de destruição no norte do estado:

> A mata virgem e o mato secundário atualmente não gozam da proteção do governo, pois as leis de imposto no estado do Paraná favorecem a destruição da mata. O imposto territorial sobre a mata virgem e capoeira, no Paraná, é o dobro do que para campo e terras de produção.
>
> No norte do Paraná, por exemplo, onde já predomina a falta de lenha, pagam-se no município de Apucarana, 5 cruzeiros de taxa de melhoramentos públicos rurais por alqueire com plantações de café e outras culturas, enquanto que para terras de mata virgem e secundária cobram-se Cr$ 10,00 por alqueire (Diário Oficial de 6 de janeiro de 1949).
>
> Para conseguir abatimento de 100% no imposto, é suficiente derrubar a mata e formar pasto porque assim trata-se de "terra de cultura" na opinião da legislação.
>
> Enquanto que às terras em produção ou terras em preparo cabe apenas a metade do imposto territorial do estado do Paraná, as terras com mato não têm nenhum abatimento, pagando imposto total de 6 por mil do valor do terreno. Esta política de imposto tem como consequência que, no norte do Paraná, desaparecem também as últimas reservas de belas matas, transformando-se em cafezais ou roças primitivas para a engorda de suínos.[90]

O RASTRO DE DESTRUIÇÃO PRODUZIDO PELO CAFÉ

Em 1900, a área plantada de café despontava no norte pioneiro, se alastrando rapidamente para o norte novo, principalmente em Londrina. Em fins dos anos 1930 e início da década de 1940, seguia para o norte acima de Londrina (Apucarana) e eram vendidos os lotes no norte novo de Maringá.

O período pós-guerra é caracterizado pelo plantio intensivo de cafezais. Em menos de uma década, a onda do "ouro verde" cobria o norte novíssimo de Paranavaí, Umuarama e Campo Mourão. Em 1959, o Paraná torna-se o maior produtor de café do Brasil. Durante a década de 1960, atinge o extremo oeste Paranaense perto da fronteira do Paraguai, dominando quase todo terceiro planalto paranaense.[91]

Sobre a substituição das florestas pelos cafezais, Maack já alertava sobre os efeitos das alterações ambientais regionais em curso:

> A destruição das matas pluviais no norte do Paraná e sua substituição por cafezais, sem deixar reservas de matas ou florestas de proteção das nascentes, aumentou em dois decênios o coeficiente de variação das precipitações. Atualmente assinala-se no norte do Paraná um coeficiente de variação de 2 a 2,9 em vez de 1,4 a 1,6. Isto indica que as precipitações se tornaram mais irregulares.
>
> Com as sucessivas derrubadas e queimas, a mata é recuada, dominando a estepe e savana novamente no seu terreno primitivo. Assim, o procedimento inescrupuloso do homem faz retornar condições climáticas e florísticas que predominavam no quaternário antigo. Seja aqui mencionada a zona do deserto mesozoico, cujos solos de areia movediça no norte e oeste do Paraná são desmatados e plantados com café. Dentro dos próximos cinquenta anos as consequências catastróficas se manifestarão, se não forem formadas grandes reservas de matas.[92]

Outro aspecto observado por Maack em seus estudos era o avanço dos processos erosivos causados pela retirada da floresta estacional sobre o frágil arenito Caiuá do noroeste do Paraná:

> O acúmulo do ritmo de erosão, que foi criado pela intervenção do homem, em consequência da modificação das condições naturais, ocasiona formas de erosão completamente anormais e outros estados contrários à natureza.
>
> Observam-se agora barrancos pluviais e vossorocas, especialmente destructivas em Paranavaí, Cruzeiro do Oeste e Nova Esperança, desabamentos e corrimento lento do solo, afloramento do subsolo pelas lavagens em lençóis e o preenchimento de reservatórios naturais e artificiais de água e cursos de rios pelos sedimentos.
>
> As vossorocas são os sintomas mais catastróficos desta destruição. São os documentos da perda irrecuperável de solos e se não lutarmos contra elas, esta perda não só causará grandes prejuízos, como também ameaçará o trabalho agrícola e destruirá os solos de culturas e, consequentemente, os meios de existência humana.

> Já hoje podemos ver claramente as consequências desastrosas da destruição das florestas, tanto no sentido fisiográfico como econômico. Essas consequências, em sua extensão total, são tão alarmantes que apenas podemos dizer: chegou a última hora para pedirmos socorro.[93]

O MAPA FITOGEOGRÁFICO DO PARANÁ, 1950: UM RETRATO DA DESTRUIÇÃO

Histórico e evolução de sua elaboração

O mapa fitogeográfico do Paraná de 1950 (vide p. 313) é um dos trabalhos cartográficos mais bem elaborados produzidos por Maack. Percebe-se neste mapa o panorama de um estado em plena transformação da paisagem com o auge do ciclo do café no seu período expansivo do pós-guerra (1945-1971).

Na metade do século XX, a desfiguração paisagística era tal que Maack plotou no seu mapa final uma classificação regional que se apresentava como novidade na época: a *região de matas devastadas.*

Em uma era pré-satélite e de poucos meios de transporte, ele percorreu o estado em penosas marchas, em canoas de cedro e muares quase por todos os rincões do estado do Paraná, elaborando, em 1932, uma versão simplificada da fitogeografia estadual dividindo-lhe da seguinte forma: vegetação praieira e de mangue, floresta de latifoliadas do litoral, floresta de latifoliadas do norte, floresta de transição, floresta de araucária, estepe e zonas principais de erva-mate.

Em 1931, um ano antes desse mapa ser produzido, Maack denuncia o ritmo selvagem da destruição das florestas do Paraná na obra *Urwald und Savanne im Landschaftsbild des Staates Parana* ("Mata virgem e savana na paisagem do estado do Paraná"). No ano de 1940, publica outra versão do mapa com algumas alterações conceituais e atualizações.

Em agosto de 1949, publicou-se uma *versão provisória* do que viria a ser o mapa fitogeográfico definitivo do estado, conforme apresentado na palestra de Aristides S. de Mello intitulada "Reflorestamento", publicada pela revista *A Pioneira* do Rotary Club de Londrina.

Mas foi apenas 18 anos mais tarde da primeira edição de 1932, em 1950, que produziu o impressionante mapa fitogeográfico do Paraná, na escala de 1:750.000, cuja versão, elaborada a partir de pesquisas e levantamentos próprios, foi o primeiro desta categoria no Brasil e reproduz uma visão espacial detalhada da distribuição dos tipos florestais do estado. Nesta edição, Maack divide o estado em cinco regiões: litorânea, pantanosas, altas das serras, das matas, dos campos e de matas devastadas.

Esta última classificação foi introduzida, pois, segundo Maack, no início dos anos 1950 a destruição das duas décadas anteriores foi algo indescritível:

> Assim, o aspecto fitogeográfico das primitivas regiões de matas é tão profundamente modificado pela ação do homem que, em 50 anos, os homens não poderão mais fazer ideia da magnificência e extensão das matas virgens do Paraná. O fim das matas também determina o desaparecimento da fauna nativa.[94]

Mesmo tendo sido confeccionado com limitados recursos tecnológicos, seu mapa foi utilizado por duas gerações e ainda é referência para os estudos na atualidade como fonte primária de identificação da fitogeografia do estado do Paraná. Neste sentido, vale destacar outra grande contribuição cartográfica de Maack três anos após a edição deste mapa, a realização do mapa geológico do estado do Paraná, em 1953, base de informação para os estudos futuros da geologia paranaense.

CONSIDERAÇÕES FINAIS

Na sua última década de vida, o incansável pesquisador alemão ainda tinha fôlego para empreender o que seria a sua penúltima expedição de aventura. Aos 68 anos, escalou o Kongressberg, em Cap Wyk, no Ártico, sofrendo uma queda terrível:

> Caí vinte metros do planalto superior, quando uma placa de aproximadamente um metro desabou abaixo de mim. Caí outros vinte metros até que um jovem geólogo polonês chamado Birkemajer me segurasse a partir da quina de um arenito. Tive a sorte de não ter caído em argila mole, senão com certeza a queda teria sido fatal para mim.[95]

A queda resultou em uma lesão grave na bacia que reduziu em 3,5 centímetros a sua perna esquerda e encerrou definitivamente as suas expedições após a sua última viagem com a etnia xetá, em 1961.

Mas os últimos dez anos de vida também foram coroados pelo reconhecimento da comunidade científica nacional e internacional pelos seus feitos. Em 1959, na Alexander Von Humboldt-Feier, em Berlim, recebeu a medalha de prata Karl Ritter em reconhecimento aos seus estudos nos trópicos africanos e americanos em um evento em alusão aos cem anos de morte de Humboldt.

Em 30 de outubro de 1967, os geólogos brasileiros reuniram-se em Curitiba para realizar o XXI Congresso Brasileiro de Geologia e, em sessão solene, foi conferida a Reinhard Maack a medalha de ouro "José Bonifácio de Andrada e Silva" pelo Dr. Viktor Leinz, em nome da Sociedade Brasileira de Geologia.

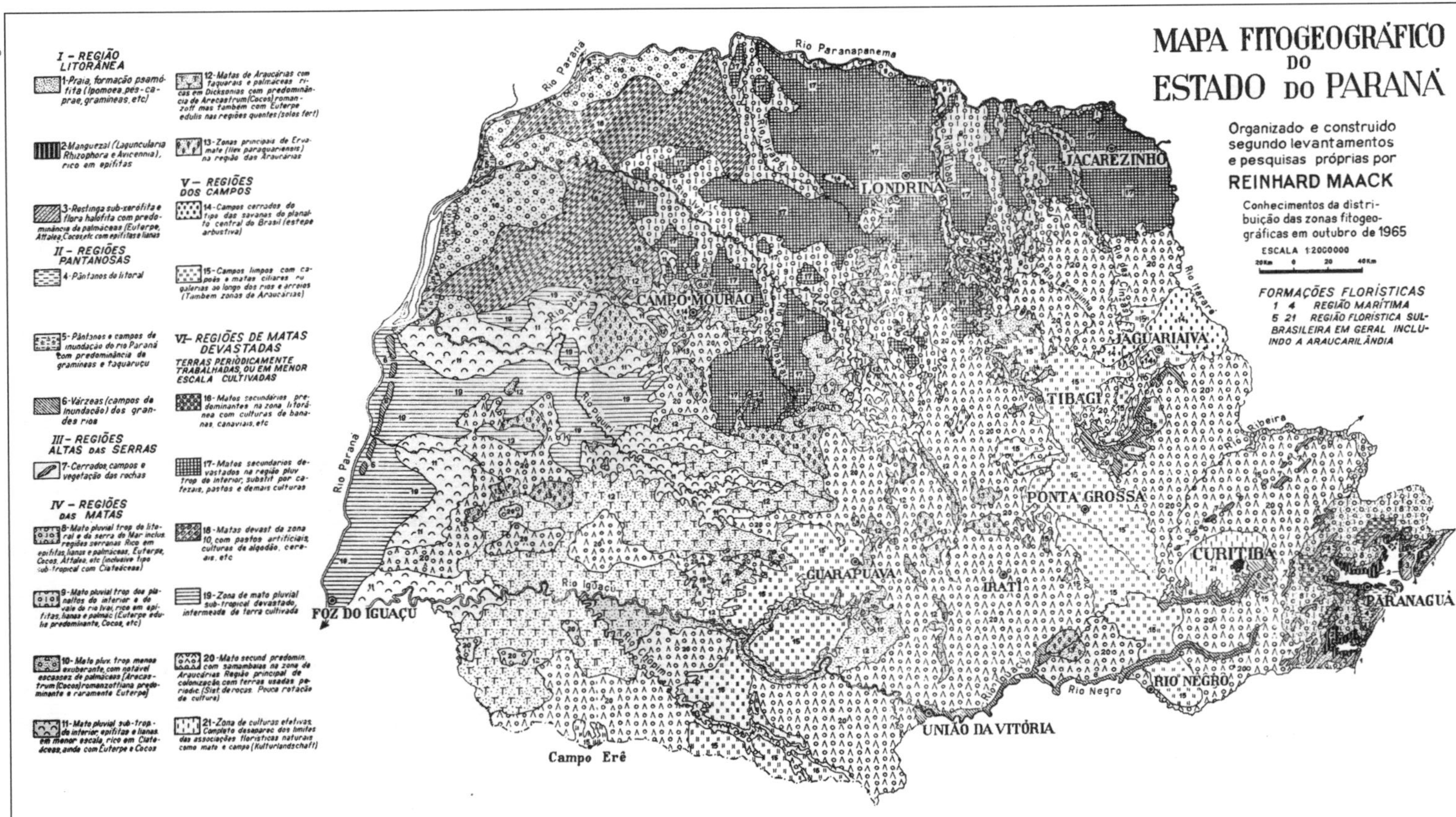

O mapa fitogeográfico do estado do Paraná de 1950, de Maack. Antes dessa edição, ele já havia lançado outras edições, porém pela primeira vez identifica áreas de matas devastadas.

Em 1968, Maack publica a sua obra-prima A *Geografia Física do Paraná*, considerada por muitos e ainda hoje utilizada nas ciências naturais como uma obra de referência.

No dia 1º de julho de 1969, Maack recebe a insígnia da Ordem ao Mérito no grau de comendador agraciado pelo presidente da República Federal da Alemanha, sr. Heinrich Lübke. Um mês mais tarde, sofre uma intervenção cirúrgica em meados de agosto e vem a falecer na madrugada de 26 de outubro de 1969 após ter sofrido um infarto do miocárdio.

Maack foi, provavelmente, um dos maiores exploradores-cientistas que o Paraná já teve. Apesar de ser um apaixonado pela Alemanha, foi no estado do Paraná que passou a maior parte de sua vida. Aprendeu a gostar daquela terra e demonstrou, através de sua ciência, um legado de amor às nossas florestas, montanhas e rios que ele nos ensinou a cuidar.

> Se a linha de base da minha vida pudesse ser resumida em sua busca e seu caminho agitado, eu poderia defini-la com as palavras de um poeta desconhecido: "Ser carregado pelos dias é o destino de alguns na terra. Mas carregá-los caminhando é o destino dos outros!"[96]

Alessandro Casagrande

Linha do tempo biográfica de Reinhard Maack

ANO	OBRA
1892	Reinhard Maack nasce no dia 2 de outubro em Herford, Vestfália, na Alemanha.
1907	Com quinze anos ingressa na tipografia de seu tio Wilhelm, em Luedenscheid.
1908	Com apenas 16 anos se candidata para participar da expedição alemã à Antártica de Wilhelm Filchner.
1910	Especializou-se em geodésia no Serviço de Cadastro Prussiano.
1911	Como seu requerimento à expedição alemã à Antártica fora indeferido devido a sua pouca idade, Maack viaja à África do Sudoeste (atual Namíbia), ex-colônia germânica.
1912	É empregado no Serviço Geodésico de Windhoek, capital da Namíbia.
1914	A transferência de Maack para a ilha Samoa é cancelada em virtude da eclosão da Primeira Guerra Mundial. Participa da Primeira Guerra Mundial nas tropas coloniais da África do Sudoeste até a rendição da Companhia de 900 homens em Khorab, após ter lutado durante um ano contra 60 mil homens das tropas anglo-sul-africanas.
1915	Pertenceu ao grupo de sete cavalheiros germânicos que tentaram cruzar o continente africano em julho para encontrar as tropas de Lettow-Vorbeck na África Oriental. Quatro companheiros foram aprisionados pelos ingleses, Maack dirige-se ao deserto de Kalahari. Patrulhas inglesas afugentam Maack para o sul do Kalahari. Permanece seis meses num solitário olho d'água. Ferido, obriga-se a ir a Swakopmund, buscando auxílio médico sob o pseudônimo de Hans Ritter para tratar de grave lesão cardíaca.
1916	Durante sua permanência em Swakopmund, juntamente com A. Hofmann, observa uma estranha formação a mais de 250 km desta cidade. Através de medições concluem ser a montanha mais alta da África do Sudoeste, o Brandberg. Partindo de Windhoek, uma pequena expedição viaja em direção ao sul do Ugab-Rivier para levantamento fototrigonométrico. Maack confirma sua tese, mas não alcança o cume da montanha.
1917	No fim deste ano, Maack e mais três companheiros realizam uma segunda expedição ao Brandberg. Conclui-se o levantamento e Maack atinge o cume principal determinando 2.606 metros, reduzida posteriormente para 2.586 metros através de levantamentos topográficos. Em 4 de janeiro de 1918, na volta desta escalada, Maack descobriu uma gruta com afrescos pré-históricos que nomeia de "Dama Branca" e sobre a qual o pesquisador da pré-história Abbé Henry Breuil publicou importantes obras, assim como Hugo Obermaier, Herbert Kuehn e Leon Frobenius.
1919	Maack empreende a segunda expedição cartográfica a fim de estudar o percurso do Tsondab-Rivier no meio do deserto do Namib. Maack vive três dias dramáticos quase morrendo de sede, na quarta noite encontra um olho d'água em Ababes. Um nativo e dois cavalos ficam perdidos nas dunas do deserto do Namib.
1920	Ministra aulas de Matemática e de Desenho Matemático em Windhoek.
1921	Regressa à Alemanha, passando pela África Oriental, Síria e Arábia.
1923	Chega ao Brasil como engenheiro de Minas para a Companhia de Mineração e Colonização Paranaense; trabalha no oeste de Minas e Tibagi até 1926, onde realiza a sua primeira expedição ao rio.

1927	Levantamento das jazidas de carvão e ferro de Criciúma e no pico de Itabira do Campo, respectivamente, pela Companhia Brasileira de Mineração de Carvão e Ferro no Rio de Janeiro. Expedição ao rio Itajaí.
1928	Matricula-se na Faculdade de Filosofia da Universidade Friedrich-Wilhelms, em Berlim.
1930	Maack é contratado, através da Universidade de Berlim, pela Companhia Agrícola de Mineração e de Estrada de Ferro Monte Alegre, para supervisionar a exploração dos diamantes no rio Tibagi e efetuar a medição deste rio (segunda expedição).
1933	Expedição ao rio Ivaí, retoma em julho a outubro de 1934.
1936	Retorna a Berlim e conclui seus estudos em 1937 no Instituto de Geografia e Geologia.
1938	Maack atua como procurador das firmas Otto Wolf e Deutsche Bahnbau A. G. para exportar minério de ferro e madeiras do Brasil em troca da importação de locomotivas.
1941	Maack constatou que o pico Marumbi com 1.505 metros (e não 1.801 metros indicados erroneamente até então), não era a maior elevação do Paraná. O Pico do Paraná é escalado pela primeira vez em 13 de julho de 1941 pelo grupo de Maack. Com cerca de 1.922 metros de altitude, é considerado a maior elevação do estado e do Brasil meridional. Maack homenageia o pico com a terra que o acolheu, atribuindo-lhe o nome de Paraná.
1942	O Brasil entra na Segunda Guerra e Maack é preso por ser representante de firmas alemãs e devido às desconfianças a respeito de suas pesquisas notacientíficas na Serra do Mar. É detido na Penitenciária de Curitiba e após seis meses é levado à Ilha Grande.
1944	Maack é libertado por iniciativa do interventor do estado do Paraná, Manoel Ribas, sendo solicitado para colocar seus conhecimentos à disposição do estado no Museu Paranaense como geólogo, e depois no Instituto de Biologia e Pesquisas Tecnológicas.
1946	Contratado como professor de Geologia e Paleontologia da Universidade do Paraná.
1949	Recebe a cidadania brasileira mediante "Título Declaratório", recebe o título de doutor Rer. Nat.[97] com o predicado "Eximia"[98] sobre a glaciação gonduânica do carbonífero superior, apresentada à Rheinische Friedrich-Wilhelms-Universitaet de Bonn.
1950	Publicação do mapa fitogeográfico do estado do Paraná e expedições para Argentina, Patagônia e Andes meridionais para estudos sobre a Terra de Gonduana.
1952	Continua os estudos gonduânicos em expedições através da Tunísia e Saara central.
1953	Publica o mapa geológico do Paraná.
1957	Viaja à África do Sul. Nesta expedição, Maack encontrou a rocha-mater do material impelido que ocorre nos tilitos do Brasil meridional. De seus estudos conclui que o oceano Atlântico não poderia ter existido até o mesozoico médio.
1959	Ganha a medalha Karl Ritter em reconhecimento por seus trabalhos de pesquisas na África e América do Sul.
1960	Viaja a Islândia e Noruega. Durante a excursão em Spitzbergen, Maack sofreu uma queda perigosa no Cabo Wyk, resultando em uma séria lesão na bacia ilíaca, da qual jamais se recuperou. Depois do incidente faz expedição ao Kilimanjaro.
1961	Maack viaja com seu genro, um perito em linguagem indígena e um cinegrafista famoso a uma tribo recém-descoberta de índios denominados xetás, vivendo ainda na idade da pedra.

1964	Participa do Congresso Internacional de Geologia em Nova Delhi, na Índia.
1965	Viaja para o Cairo para estudar antigas esculturas do Egito e suas pinturas. Em setembro viaja para floresta amazônica.
1967	Apresenta tese no Uruguai sobre "Continental Drift and Geology of Southern Atlantic Ocean".
1968	É publicada a obra que consagrou Reinhard Maack, *A geografia física do estado do Paraná.*
1969	No dia 1º de julho, Maack recebe a insígnia da Ordem ao Mérito no grau de Comendador agraciado pelo presidente da República Federal da Alemanha. Sofre uma intervenção cirúrgica em meados de agosto e vem a falecer na madrugada de 26 de outubro de 1969, após ter sofrido um infarto do miocárdio.
1989	Com 78 mil m² de área, o Bosque Reinhard Maack é criado em Curitiba.
2001	A consultoria Lobo-Guará inicia os trabalhos de recuperação do acervo e do legado de Reinhard Maack
2003	Recebe postumamente o título de doutor *honoris causa* pela UFPR.
2004	É inaugurada a Escola Municipal Rural Professor Reinhard Maack em Guarapuava, em 29 de maio. A escola está instalada numa área (doada pela família do professor Reinhard Maack) de 75 mil metros quadrados, dividida em oito salas de aula, biblioteca, cozinha, refeitório, quadra esportiva, além das áreas onde são desenvolvidos os projetos agropecuários. Com este conceito e estrutura, a escola é uma nova concepção que já está sendo vista como modelo para todo o país.

Bibliografia de Reinhard Maack

N.	OBRA	ANO
1	"Der Brandberg. Ein Beitrag zur Landeskunde von Südwestafrika", *Zeitschrift der Gesellschaft für Erdkunde zu Berlin*, pp. 1-14.	1924
2	"Die Tsondab-Wüste und das Randgebirge von Ababes in Südwestafrika", *Zeitschrift der Gesellschaft für Erdkunde zu Berlin*, pp. 13-29.	1924
3	"Eine Forschungsreise über das Hochland von Minas Gerais zum Paranhyba", *Zeitschrift der Gesellschaft für Erdkunde zu Berlin*, pp. 310-23.	1926
4	"Über Felszeichnungen im Staate Rio de Janeiro", *Zeitschrift f. Ethnologie.*	1926
5	"Lycopodiopsis derbyi aus dem Küstengebiet von Santa Catarina", *Zentralblatt f. Mineralogie*, Abt. B, n. 10.	1929
6	H. Obermaier & H. Kühn, "Buschmannskunst, Felsmalereien von Südwest-Afrika, auf Grund des von Reinhard Maack gesammelten Materials","Bushmen art, rock paintings of South West Africa, on the basis of material collected by Reinhard Maack", London, Nova York, Paris.	1930
7	"Urwald und Savanne im Landschaftsbild des Staates Parana", *Zeitschrift der Gesellschaft für Erdkunde zu Berlin*, pp. 95-116.	1931

8	"Über den geologischen Bau des Hochplateaus von Westminas", *Zeitschrift der Gesellschaft für Erdkunde zu Berlin*, pp. 299-306.	1932
9	"Die Gondwanaschichten in Südbrasilien und ihre Beziehungen zur Kaokoformation Südwest-Afrikas", *Zeitschrift der Gesellschaft für Erdkunde zu Berlin*, pp. 194-222.	1934
10	"Deutsche Ivahy-Expedition 1934", *Zeitschrift der Gesellschaft für Erdkunde zu Berlin*, pp. 44-6.	1936
11	"Die neu erschlossenen Siedlungsgebiete und Siedlungen im Staate Paraná", *Ibero-Amerikanisches Archiv*, 2, 11, Berlin, pp. 208-42.	1937
12	"Geographische und geologische Forschungen in Santa Catarina (Brasilien)", *Zeitschrift der Gesellschaft für Erdkunde zu Berlin*, Erg. H. 5.	1937
13	"Die deutsche Literatur über die deutsche Einwanderung und Siedlung in Südbrasilien", *Handbook of Latin American Studies*, Cambridge, pp. 399-417.	1938/ 1939
14	*Exploração geográfica e geológica em Santa Catarina*, Trad. de G. de Faria Alvim. Div. de Geologia e Mineralogia, Rio de Janeiro.	1939
15	"The Germans of South Brazil. A German view", *The Quarterly Journal of Inter-American Relations*, 1, 3, Cambridge, pp. 5-23.	1939
16	"Sobre a extensão de sedimentos mais recentes na capa das camadas eruptivas básicas no estado do Paraná", *Eighth American Scientific Congress*, Proceedings, v. 4, Washington, pp. 577-91.	1940
17	"Über einige neue Entdeckungen im Staate Parana", *Aurora Alemã*, 25 out., São Paulo.	1940
18	"Algumas observações a respeito da existência e da extensão do arenito superior São Bento ou Caiuá no estado do Paraná", *Arquivos do Museu Paranaense*, 1, Curitiba, pp. 107-29.	1941
19	"Picos do Paraná (a propósito de uma comunicação do R. Maack)", *Revista Brasileira de Geografia*, 4, 1, Rio de Janeiro, pp. 137-42.	1942
20	"Geologia e geografia da região do Vila Velha, estado do Paraná e considerações sobre a glaciação carbonífera no Brasil", *Arquivos do Museu Paranaense*, 5, Curitiba, 305 p.	1945/ 1946
21	Notas preliminares sobre uma nova estratigrafia do devoniano do Estado do Paraná, Tese n. 47 apresentada ao II Congresso Pan-americano de Engenharia de Minas e Geologia, Rio de Janeiro.	1946
22	"Traços fundamentais geológicos da praia de Leste", em *Loureiro Fernandez*, "Contribuição a geografia da praia de Leste", *Arquivos do Museu Paranaense*, 6, Curitiba.	1946
23	Em coautoria com C. Bodziak Jr., "Contribuição ao conhecimento dos solos dos Campos Gerais no Estado do Paraná", *Arquivos de Biologia e Tecnologia*, 1, Curitiba, pp. 197-214.	1946
24	Em coautoria com R. Spitzner, "Estudo contribuitivo ao conhecimento de algumas águas minerais do Estado do Paraná", *Arquivos de Biologia e Tecnologia*, 1, Curitiba, pp. 129-76.	1946
25	"Breves notícias sobre a geologia dos estados do Paraná e Santa Catarina", *Arquivos de Biologia e Tecnologia*, 2, Curitiba, pp. 62-154.	1947
26	"Lycopodiopsis derbyi Renault: documento da idade paleozoica das camadas Teresina do Brasil meridional", *Arquivos de Biologia e Tecnologia*, 2, Curitiba, pp. 155-207.	1947

27	"O problema do petróleo em relação ao xisto piro-betuminoso no Paraná: a Retorta", *Revista de Química e Ciências Afins*, 3, 4, 5, Curitiba, pp. 5-8.	1948
28	"Notas preliminares sobre clima, solos e vegetação do Estado do Paraná", *Arquivos de Biologia e Tecnologia*, 3, Curitiba.	1948
29	"Notas complementares a apresentação preliminar do mapa fitogeográfico do estado do Paraná (Brasil)", *Arquivos do Museu Paranaense*, 7, Curitiba, pp. 351-61.	1949
30	"Espessura e sequência dos sedimentos quaternários no Litoral do Estado do Paraná", *Arquivos de Biologia e Tecnologia*, 4, Curitiba, pp. 271-86.	1949
31	*O problema da destruição das matas no Paraná*, Publ. do Rotary Clube de Curitiba, 5 p.	1949
32	"Notas preliminares sobre clima, solos e vegetação do estado do Paraná", *Boletim Geográfico*, 7, 84, Rio de Janeiro.	1950
33	Mapa Fitogeográfico do Estado do Paraná. Instituto Nacional do Pinho, Escala 1:750 000.	1950
34	"Comentários sobre o Geologic Map of South America 1950", *Arquivos de Biologia e Tecnologia*, 5, 6, Curitiba, pp. 173-96.	1951
35	"Vestígios pré-devonianos de glaciação e a sequência de camadas devonianas no estado do Paraná", *Arquivos de Biologia e Tecnologia*, 5, 6, Curitiba, pp. 197-230.	1951
36	"Über prädevonische Vereisungsspuren und die Schichtfolge des Devon im Staate Paraná", XIX Congr. Geol. Intern., Comptes Rend. Sect. 13, pt. 1, Algier, pp. 241-60.	1952
37	"O desenvolvimento das camadas gonduânicas do sul do Brasil e suas relações com as formações Karru da Africa do Sul", *Arquivos de Biologia e Tecnologia*, 7, Curitiba, pp. 201-53.	1952
38	"Die Entwicklung der Gondwanaschichten Südbrasiliens und ihre Beziehungen zur Karru-Formation Südafrikas", Symp. sur les series de Gondwana, XIX Congr. Geol. Intern., Comptes Rend. Alger.	1952
39	"A desmatação incontrolada e suas funestas consequências para a nossa economia", *Revista IBPT*, órgão dos técnicos do Instituto de Biologia e Pesquisas Tecnológicas, Curitiba.	1952
40	Mapa geológico do Estado do Paraná. Curitiba, IBPT. (Escala 1:750.000).	1953
41	"O aspecto fitogeográfico atual do Paraná e considerações sobre o problema do reflorestamento", *Arquivos de Biologia e Tecnologia*, 8, Curitiba, pp. 425-36.	1953
42	"As consequências da devastação das matas no estado do Paraná", *Arquivos de Biologia e Tecnologia*, 8, Curitiba, pp. 437-57.	1953
43	"A situação atual das pesquisas geográficas no Paraná e alguns problemas de geografia histórica", *Arquivos de Biologia e Tecnologia*, 8, Curitiba, pp. 459-72.	1953
44	"Vila Velha, documento de uma historia dramática do livro da natureza", *Revista Ilustração Brasileira*, 224, Rio de Janeiro.	1953
45	"O aspecto fitogeográfico atual do Paraná e considerações sobre o problema do reflorestamento", *Anuário do I Congr. Florest. Bras.*, Curitiba, pp. 149-56.	1954

46	"Mapa fitogeográfico de 1950 do Estado do Paraná", Anhembi, São Paulo, pp. 227-41.	1954
47	"Über Waldverwüstungen und Bodenerosion im Staate Paraná", Die Erde, 87, pp. 191-228.	1956
48	"Os propósitos de geografia moderna e a situação atual do ensino e das pesquisas geográficas no Paraná", *Arquivos de Biologia e Tecnologia*, 11, Curitiba, pp. 163-95.	1956
49	*"Fenômenos carstiformes de natureza climática e estrutural nas regiões de arenitos do Estado do Paraná"*, Arquivos de Biologia e Tecnologia, 11, Curitiba, pp. 151-62.	1956
50	"Über klam- und strukturbedingte karstförmige Erscheinungen in Sandsteingebieten im Staate Parana", XIX Congr. Intern. de Geografia, Rio de Janeiro.	1956
51	"Hebungsmarke und Abtragungsniveaus im Staate Paraná", XIX Congr. Intern. de Geografia, Rio de Janeiro.	1956
52	"Der Reiseweg von Ulrich Schmidel in den Jahren 1552/1553. Eine geschichtsgeografische Untersuchung", XIX Congr. Intern. de Geografia, Rio de Janeiro.	1956
53	"Über das Vorkommen von Alkali-Graniten im Staate Paraná und ihre Stellung innerhalb der algonkisch-orogenetischen Phasen", XX Congr. Intern. de Geologia, México.	1956
54	"Über Vereisungsperioden und Vereisungsspuren in Brasilien", Geologische Rundschau, 45, pp. 547-95.	1957
55	"Sobre a ocorrência de rochas alcalinas no Estado do Paraná", *Arquivos de Biologia e Tecnologia*, 12, Curitiba.	1957
56	"Relatório preliminar sobre as resultados de uma viagem através da África do Sul. Material geológico documentário sobre o problema de drift continental", *Revista Engenharia, Mineração de Metalurgia*, 25, 150, Rio de Janeiro.	1957
57	"Vorläufige Ergebnisse einer Forschungsreise durch Südafrika zum Problem der tangentialen Krustenverschiebungen der Erde", Die Erde, 89, pp. 284-305.	1958
58	*Sobre o itinerário de Ulrich Schmidel através do sul do Brasil (1552-1553)*, Publ. do Conselho de Pesquisas da Universidade do Paraná, ser. II, n. 1, Curitiba, 64 p.	1959
59	"Arenito caiuá no Paraguai. Notas preliminares e estudos", *Revista IBPT* - Instituto de Biologia e Pesquisas Tecnológicas, Serviço de geologia e mineralogia, Curitiba, pp. 1-14.	1959
60	"Hidrologia e geologia das bacias dos Rios Acaray e Monday. Cap. II. A geologia, a fisiografia e a cobertura vegetal das bacias dos rios Acaray e Monday", Hidroserviço, Rio de Janeiro, Dep. Nac. de Obras de Saneamento, pp. 43-76.	1959
61	"Breuil, Abbé Henry:The White Lady of the Brandberg", London, pp. 2; 26-31.	1959
62	"Erstbesteigung des Brandberges und Entdeckung der Weißen Dame. Mit einem Nachwort von E. Scherz, Tagebuchauszug Dez. 1917/Jan. 1918", *Journal S.W.A. Scientific Society*, 14, Windhoek, pp. 5-38.	1959/ 1960
63	"Die Veränderung der Naturlandschaft in Nordparana durch die Besiedlung und ihre Folgen", *Staden-Jahrbuch*, 7-8, São Paulo, pp. 21-32.	1960

64	"Die Veränderung der Naturlandschaft und ihre Folgen in Nordparana", *Mitteilungen de Bundesforschungsanstalt für Forst- und Holzwirtschaft*, 45, Reinbek-Hamburg, pp. 1-7.	1960
65	"Zur Paläogeographie des Gondwanalandes", XXI Intern. Geol. Congr., pt. 12, Regional Paleogeography, Kopenhagen, pp. 35-55.	1960
66	"Vila Velha, documento de uma história dramática do livro da natureza", *Revista Hotéis do Brasil*, 135, São Paulo, pp. 21-6.	1961
67	"Sobre a ocorrência de granitos alcalinos no estado do Paraná e sua posição dentro das fases orogenéticas algonquianas", *Boletim da Univers. do Paraná*, Inst. de Geologia, Geologia 4, Curitiba.	1961
68	"Contribuição a paleogeografia do continente Gonduana", *Boletim Paranaense de Geografia*, 4-5, Curitiba, pp. 126-52.	1961
69	"A modificação da paisagem natural pela colonização e suas consequências no norte do Paraná", *Boletim Paranaense de Geografia*, 2-3, Curitiba, pp. 29-48.	1961
70	"O mapa fitogeográfico do estado do Paraná e João Angely", Comment. Bibliogr. Boletim Paranaense de Geografia, 4-5, Curitiba, pp. 202-08.	1961
71	"Considerações sobre a formação Furnas de J. J. Bigarella, R. Salamuni e F. P. L. Marques", Comment. Bibliogr. Boletim Paranaense de Geografia, 4-5, Curitiba, pp. 208-16.	1961
72	"Spitzbergen. Palestras", *Boletim Paranaense de Geografia*, 6-7, Curitiba.	1962
73	"Neue Forschungen in Paraguay und am Rio Parana. Die Flußgebiete Monday und Acaray", Die Erde, 93, pp. 4-48.	1962
74	"Unbekannte Indianer in Westparana. Das Drama eines neuentdeckten Indianerstammes in Brasilien", Kosmos, Zeitschrift f. Freunde der Natur, 58, 9, Stuttgart, pp. 385-94.	1962
75	"Vorläufiger Bericht über eine Forschungsreise durch das Kaokoveld. Ein Beitrag zur Frage der tangentialen Krustenverschiebung", Die Erde, 94, pp. 247-64.	1963
76	"Geologia e geografia física da bacia hidrográfica do rio de Contas no estado da Bahia", Bol. Univ. Paraná, Instituto de Geologia, Geogr. Física, n. 5, 55 p.	1963
77	"Notas para a história, geologia e geografia de Paranaguá", *Revista do Inst. Hist. e Etnogr. Paranaense*, 8, pp. 3-22.	1963
78	"O ritmo da devastação das matas no estado do Paraná, suas consequências e problemas de reflorestamento", *Revista Ciência e Cultura*, 15, 1, São Paulo, p. 25-33.	1963
79	"Die Weiße Dame vom Brandberg. Bemerkungen zu den Felsmalereien des paläolithischen Kulturkreises in Südwest-Afrika", *Ethnologica (Gesellschaft f. Völkerkunde, Rautenstrauch-Joest-Museum)*, Neue Folge, Bd. 3, Köln, 84 p.	1963
80	*"Characteristic features of the paleogeography and stratigraphy of the Devonian of Brazil and South Africa"*, em A .E. M. Nairn, *Problems in paleoclimatology*, London, Wiley, pp. 285-93.	1963
81	"R. Maack: Fouquet, K., Hans Stadens Wahrhaftige Historia", 237 p.	1963

82	"50 Jahre Kontinental-Verschiebungs-Theorie; Alfred Wegener zum Gedächtnis", Geografische Rundschau, 16, pp. 343-56.	1964
83	"Devastação das matas no estado do Paraná, suas consequências e problemas de reflorestamento", Bol. Geogr., 22, 178, Rio de Janeiro, pp. 40-8.	1964
84	"Edição comemorativa ao 70º aniversário de Reinhard Maack — Festschrift zum siebzigsten Geburtstag von Reinhard Maack", *Boletim Paranense de Geografia*, 10-15.	1964
85	"Probleme des Gondwanalandes im Sinne tangentialer Krustenverschiebungen", [zum 22. Intern. Geol. Congr. New Delhi 1964 (auf engl., port., deutsch)], *Boletim Paranaense de Geografia*, 18-20, Curitiba, pp. 25-70.	1966
86	*"Gletscherschrammen des oberkarbonen Gondwana-Inlandeises im Staate Paraná"*, Geologische Rundschau, 56, pp. 918-26.	1967
87	"Problemas referentes a situação geográfica e ao percurso da divisa entre os estados do Paraná e São Paulo", *Arquivos de Biologia e Tecnologia*, 12, Curitiba, pp. 123-46.	1967
88	"Es begann in Herford. Der Weg durch ein bewegtes Leben", Herforder Jahrbuch, Bd. 8, Herford Bonn, pp. 7-79.	1967
89	Geografia Física do Estado do Paraná. Curitiba: BADEP/UFPR/IBPT, p. 350.	1968
90	"Einige Vorläufige Mitteilungen über den Gondwana-Vulkanismus", An. Acad. Brasil. Cienc., 40 (supl.), pp. 159-66.	1968
91	"Continental drift and geology of the South Atlantic", An. Acad. Brasil. Cienc., 40 (supl.), pp. 313-16.	1968
92	"Diamante no tilito do Tibagi, Paraná u. Diamante no tufito de Coromandel, Minas Gerais – Resumo", An. Acad. Brasil. Cienc., 40 (supl.).	1968
93	"Linhas fundamentais de geografia física do Paraná", *Revista Paranaense do Desenvolvimento*, n. 12, Curitiba, pp. 7-23.	1969
94	*Kontinentaldrift und Geologie des südatlantischen Ozeans*, Berlim, de Gruyter, 164 p.	1969
95	"Die Serra do Mar im Staate Paraná", Die Erde, 100, pp. 327-47.	1969
96	*Notas preliminares sobre as águas do subsolo da bacia Paraná-Uruguai*, Curitiba, Comissão Interestadual da Bacia Paraná-Uruguai, 162 p.	1970

Notas

1 Alfred Lothar Wegener (1880-1930), geofísico e meteorologista alemão que realizou pela primeira vez a formulação completa da hipótese da deriva continental. Wegener chamou em 1912 o hipotético protocontinente de Pangeia.

2 Cidade localizada na Renânia do Norte – Vestfália (Nordrhein – Westfalen), região oeste da Alemanha.

3 A África do Sudoeste (Deutsch-Südwestafrika) foi uma ex-colônia alemã entre 1884 e 1919. Hoje é chamada de Namíbia. Durante a Primeira Guerra Mundial (1914-1918), as forças de defesa da colônia foram obrigadas a capitular em julho de 1915 para as forças sul-africanas, dez vezes maior numericamente. Maack participou como voluntário da Guerra Mundial na África do Sudoeste no 1º Regimento de Campo.

4 Reinhard Maack. "Es begann in Herford - Der Weg durch ein bewegtes Leben" em *Herforder Jahrbuch*, Maximilian-Verlag Herford, v. 8, 1967, p. 7-79.

5 Idem, p. 8.

6 Construção típica alemã com formato em "L".

7 Reinhard Maack, op. cit., 1967, p.10.

8 Idem.

9 Reinhard Maack, op. cit., 1967, p. 11.

10 James Cook (1728-1779), capitão da marinha inglesa que explorou as costas do Canadá (1759, 1763-1767) e conduziu três expedições ao oceano Pacífico (1768-1771; 1772-1775; 1776-1779).

11 Fridtjof Nansen (1861-1930), explorador norueguês e oceanógrafo que liderou uma série de expedições ao Ártico (1888, 1893, 1895-1896) e expedições oceanográficas ao Atlântico Norte (1900, 1910-1914). Foi premiado com o Nobel da Paz em 1922.

12 Otto Nordenskjöld (1869-1928), geógrafo e explorador sueco cuja expedição para a Antártida (1901-1903) foi distinguida pelo seu volume de descobertas científicas.

13 Sven Anders Hedin (1865-1952), explorador sueco que liderou uma série de expedições através da Ásia Central, a qual resultou em importantes descobertas arqueológicas e geográficas. O grande ídolo da infância de Maack se tornaria, anos mais tarde, seu amigo e correspondente.

14 Wilhelm Filchner, (1877-1957), cientista e explorador alemão que conduziu a expedição Antártica Alemã (1911-1912).

15 Reinhard Maack, op. cit., 1967, p. 12.

16 Idem, p. 13.

17 Karibib está entre a capital Windhoek e Swakopmund, a segunda maior cidade da Namíbia localizada no litoral.

18 Os levantamentos geodésicos de primeira ordem são um conjunto de operações destinado à execução de medições para a determinação da forma e das dimensões do planeta. Possuem alta precisão e são de âmbito nacional. Os levantamentos de primeira ordem compreendem os pontos básicos para amarração e controle de trabalhos geodésicos e cartográficos, desenvolvidos segundo especificações internacionais, constituindo o sistema único de referência.

19 De 1911 até o início da Primeira Guerra Mundial em 1914, Maack, aproveitando os trabalhos de campo em várias partes da África do Sudoeste, registrou em fotografias a flora, a fauna e os grupos étnicos de regiões inexploradas.

20 Reinhard Maack, op. cit., 1967, p. 17.

21 Formação de Savana caracterizada pela longa estação seca e formada por vegetação espinhosa.

22 Reinhard Maack, op. cit., 1967, p. 17.

23 Ovamba é o maior grupo étnico da atual Namíbia e os xhosas são os nativos falantes da língua bantu que vivem no sudeste da África do Sul e respondem por 18% de sua população.

24 Documento necessário para a permissão de reentrada em território estrangeiro.

25 Garganta na montanha Brandberg onde Maack descobriu a "Dama Branca" e outras pinturas rupestres.

26 Reinhard Maack, op. cit., 1967, p. 23.

27 Idem.

28 Lilian faleceu em 1973 aos 75 anos.

29 Processo em que se obtém medidas dignas de confiança utilizando-se de fotografias (American Society of Photogrammetry).

30 Reinhard Maack, op. cit., 1967, p. 24.

31 Idem.

32 Idem, p. 31.

33 Reinhard Maack,"Die Tsondab-Wüste und das Randgebirge von Ababes in Südwestafrika", em *Zeitschrift der Gesellschaft für Erdkunde zu Berlin*, 1924, pp. 13-29.

34 Rocha ígnea vulcânica escura derivada do resfriamento direto do magma.

35 Limburgite é uma cor escura da rocha vulcânica semelhante ao basalto na aparência, mas que normalmente não contém feldspato.

36 Rochas de origem vulcânica.

37 Continente hipotético que teria existido no hemisfério sul, unindo num só bloco a Índia e a África, segundo Eduard Suess (em 1900), e cuja fragmentação, durante o Mesozoico (entre 225 milhões e 65 milhões de anos), teria originado a América do Sul, a África do Sul, a Índia, a Austrália e a Antártida, segundo Alfred Wagener (1912).

[38] Reinhard Maack, "Eine Forschungsreise über das Hochland von Minas Gerais zum Paranhyba", em *Zeitschrift der Gesellschaft für Erdkunde zu Berlin*, 1926, pp. 310-23.

[39] Du Toit, A. L. e Reed, F.R.C. (1927) A *Geological Comparison of South America with South Africa*, Carnegie Institution of Washington, Washington, USA. Nota do autor: A obra em questão foi publicada em 1927, um ano depois da publicação de Maack em Berlim.

[40] Houve um grande desenvolvimento no estudo da geologia e da geofísica do fundo do mar após a Segunda Guerra Mundial. Harry Hammond Hess (1906-1969), geólogo da marinha americana e professor de geologia na Universidade de Princeton, sugeriu a expansão dos fundos oceânicos em uma publicação de 1962, intitulada "History of Ocean Basins", cuja obra foi uma das mais importantes contribuições para o estudo do desenvolvimento das placas tectônicas e para a compreensão da teoria da deriva continental de Alfred L. Wegener.

[41] Reinhard Maack, op. cit., 1967, p. 39.

[42] Reinhard Maack, *Geographisce und Geologische Forschungen in Santa Catarina (Brasilien)*, publicado pelo Governo de Santa Catarina, 1939.

[43] Reinhard Maack, op. cit., 1967, p. 40.

[44] Idem, p. 44.

[45] A hipsometria barométrica consiste na determinação da altitude de pontos situados sobre um plano de referência através da medição da pressão atmosférica a diferentes altitudes relacionadas com um ponto de altitude conhecida.

[46] Instrumento que registra ao mesmo tempo indicações termométricas e barométricas.

[47] Reinhard Maack, op. cit., 1967, p. 46.

[48] Idem, p. 47.

[49] Reinhard Maack, "A serra do mar no estado do Paraná", em *Boletim Geográfico*, 31(229), Rio de Janeiro, jul./ago. 1972, p. 81.

[50] Idem, ibidem.

[51] Maack, em sua autobiografia, registra o dia 19 de julho de 1941 como sendo o dia da conquista do cume.

[52] Reunião de consulta dos ministros das Relações Exteriores das Repúblicas Americanas, que se realizou no palácio Tiradentes, no Rio de Janeiro, de 15 a 28 de janeiro de 1942.

[53] Os documentos foram acessados pelo autor em dezembro de 2008 no Arquivo Público do Paraná, nas chamadas "Pastas temáticas da Dops", no dossiê "Nazismo: informes de delegacias e fotografias".

[54] Idem.

[55] Instituição fundada em 30 de outubro de 1920, cujo objetivo era a unificação das universidades alemãs, academias e institutos de investigação com a finalidade de angariar fundos para as necessidades da totalidade das ciências alemãs. Até 1934 ficou sob a supervisão do Reichsinnenministerium (Ministério do Interior do Reich), e depois do Reichserziehungsministerium (Ministério da Educação). Em 1937, foi renomeada para Deutsche Gemeinschaft und zur Erhaltung Förderrung der Forschung (Associação Alemã de Apoio e Desenvolvimento da Pesquisa Científica). No fim da guerra, a Notgemeinschaft der Deutschen Wissenschaft encerrou suas atividades.

[56] Documento acessado pelo autor no Arquivo Público do Paraná nas chamadas "Pastas temáticas da Dops", intitulado "Relação n. 2 – Presos que estiveram recolhidos no presídio de Ilha Grande e que ora se acham em liberdade condicional e vigiada", de 8 de novembro de 1944.

[57] Prefácio da obra de Reinhard Maack: *Geographisce und Geologische Forschungen in Santa Catarina (Brasilien)*, publicado pelo Governo de Santa Catarina, 1939.

[58] Freyre provavelmente soube do artigo de Maack publicado em julho de 1939 no Quarterly Journal of Inter-American Relations, pois o historiador norte-americano da América Latina, Lewis Hanke, publicou, na mesma obra, um artigo chamado "Gilberto Freyre: Brazilian Social Historian". Freyre se referiu a Maack como "incauto e pouco versado em coisas hispânicas"(FREYRE, Gilberto, *Uma cultura ameaçada*: a luso-brasileira, Recife, Edição do Autor, 1940, p. 73.)

[59] Reinhard Maack, "The German of South Brazil: a German view", em *The Quarterly Journal of Inter-American Relations*, v. 1, n. 3, jul. 1939.

[60] Norberto Toedter, *E a Guerra Continua*.... Curitiba, Edição do Autor, 2001.

[61] Juliana Reinhardt, *Dize-me o que comes e te direi quem és*: alemães, comida e identidade. Tese de doutorado, UFPR 2007, p. 64.

[62] Depoimento da filha de Maack, Úrsula Maack (1931-), em 2009.

[63] Heinrich Maximilian Friedrich Hellmuth Sick (1910-1991) – ornitólogo e naturalista alemão nascido em Leipzig. Foi preso durante uma viagem de estudos pelo *Reichsforschungsdienst* – Serviço de Pesquisas do Reich – como assistente do Museu de Zoologia da Universidade de Berlim. Foi também nomeado *in absencia* diretor da Seção de Ornitologia do Museu Nacional de Viena, Áustria. Foi libertado de Ilha Grande em dezembro de 1944.

64 Acervo do Museu Paranaense. Correspondências enviadas e recebidas de Maack para Fernandes em 28 de fevereiro de 1943. Cedido por Fabiano Ardigó. Cópias literais e com eventuais erros de português de Reinhard Maack (p. 1).

65 Idem.

66 Ibidem, p. 2.

67 Reinhard Maack, "Geologia e geografia da região de Vila Velha, estado do Paraná, e considerações sobre a glaciação carbonífera no Brasil", em *Arquivos do Museu Paranaense*, v. 5, 1946.

68 Reinhard Maack, op. cit., 1967, p. 48.

69 Depoimento de Úrsula Maack, abril de 2010.

70 Idem.

71 Reinhard Maack, *Geografia Física do Paraná*, 2. ed., Rio de Janeiro, J. Olimpio, 1981 (prefácio), 450 p.

72 Nota do autor: A federalização ocorreu em 1951, tornando-se uma instituição pública. De 1946 a 1952 Maack foi professor contratado de Geologia e Paleontologia da Faculdade de Filosofia, Ciências e Letras da Universidade.

73 Reinhard Maack, op. cit., 1967, p. 48.

74 Tratava-se do médico e antropólogo José Loureiro Fernandes (1903-1977), do cineasta, fotógrafo, pintor e pesquisador tcheco Vladimir Kozák (1898-1979) e de seu genro Gilberto Kurowski, respectivamente.

75 Reinhard Maack, op. cit., 1967, p. 65.

76 Reinhard Maack, *O problema da destruição das matas no Paraná*, publicação especial do Rotary Clube de Curitiba, p. 1, segundo a palestra proferida na reunião de 15 de dezembro de 1949.

77 Reinhard Maack, *As consequências da devastação das matas no Estado do Paraná*, Curitiba, Arquivos de Biologia e Tecnologia, v. VIII, Art. 19, 1953, p. 425.

78 Nota do Autor: A mudança do perfil extrativista para a de indústrias produtoras de bens intermediários e de capital aconteceria apenas na segunda metade do século XX, quando as reservas florestais do estado começam a escassear. Até 1940, as indústrias de caráter extrativista, como a madeireira, respondiam por 80% da produção industrial do estado do Paraná.

79 Reinhard Maack, op. cit., 1968, p. 245.

80 Reinhard Maack, op. cit., 1953, p. 437.

81 Decreto n. 23.793, de 23 de janeiro de 1934, que aprova o Código Florestal Brasileiro.

82 Reinhard Maack, op. cit., 1949, p. 3.

83 Companhia Melhoramentos Norte do Paraná (CMNP). *Colonização e desenvolvimento do norte do Paraná: publicação comemorativa do cinquentenário da Companhia Melhoramentos Norte do Paraná*, 2. ed., São Paulo, Ave Maria Ltda, 1977.

84 Idem.

85 Reinhard Maack, op. cit., 1949, p. 7.

86 Nota do Autor: Escavação no solo ou em rocha decomposta causada por erosão do lençol de escoamento de águas pluviais; boçoroca, buracão, vossoroca.

87 Reinhard Maack, "A modificação da paisagem natural pela colonização e suas consequências no norte do Paraná", em *Boletim Paranaense de Geografia*, v. 2-3, Curitiba, 1961, pp. 29-48.

88 Reinhard Maack, op. cit., 1953, p. 439.

89 Reinhard Maack, op. cit., 1949, p. 7.

90 Reinhard Maack, "O aspecto fitogeográfico atual do Paraná e considerações sobre o problema do reflorestamento", tese apresentada ao I Congresso Florestal Brasileiro, em *Arquivos de Biologia e Tecnologia*, v. VIII, Curitiba, 1953.

91 Nadir Apparecida Cancian, *Cafeicultura paranaense (1900-1970)*, Curitiba, Grafipar, 1981.

92 Reinhard Maack, op. cit.,1953, p. 438.

93 Ibidem, p. 440.

94 Reinhard Maack, op. cit., p. 231, 1968.

95 Reinhard Maack, op. cit., 1967, p. 55.

96 Idem, p. 79.

97 Dr. rer. nat. – *Doutor rerum naturalium*, significa, literalmente, "Doutor em coisas da natureza".

98 Que revela perfeição naquilo que faz; excelente.

As ciências agrícolas e suas perspectivas para estudos comparativos

Graciela de Souza Oliver

As iniciativas científicas identificadas neste livro ocorreram em um contexto em que a agricultura era a principal atividade econômica do estado do Paraná. Algumas delas estavam evidentemente relacionadas com a "pesquisa aplicada", como era o caso do Instituto de Biologia e Pesquisas Tecnológicas. Outras, mesmo de caráter "básico", influenciaram a pesquisa agrícola local. A forte tradição sistemática das pesquisas em entomologia do Museu Paranaense, por exemplo, influenciou a forma como as pragas da lavoura paraense eram identificadas. De forma semelhante, o programa de pesquisas em paleontologia do Museu gerou dados que foram posteriormente utilizados para estudos sobre volume de chuvas, tipologia de solos e cartografia, todos úteis para a atividade agrícola. Portanto, as iniciativas científicas narradas nos capítulos anteriores indicam como não existiam rígidas fronteiras entre aquilo que, na dedada de 1950, referendou-se como ciência básica e aplicada, bem como entre as ciências naturais e as ciências agrícolas ou, posteriormente agrárias, e ainda evidencia as distâncias que existem entre o discurso político e o efetivo resultado das ciências na mudança agrícola.

Além disso, o olhar regional deste livro possibilitaria um incentivo aos estudos comparativos em História das Ciências, e uma interpretação mais ampla sobre as comunidades e práticas científicas brasileiras fora dos grandes centros de poder. O objetivo deste capítulo é oferecer um quadro teórico a partir da historiografia das ciências agrícolas, em particular, de seu processo de institucionalização, em que esses estudos possam ser situados no futuro. Assim, inicio o texto discutindo como a historiografia das ciências agrícolas se situa perante outras áreas da História das Ciências, buscando discutir e exemplificar a constituição atual da História das Ciências no Brasil, como disciplina autônoma. Depois encaro com maior fôlego a construção de uma visão de conjunto sobre o processo de institucionalização das ciências agrícolas, a fim de exemplificar como podem ser articulados os diferentes vieses e tradições historiográficas na análise histórica das ciências agrícolas. É através desses recortes, da análise historiográfica e da exemplificação, que pretendo oferecer problemáticas que poderão se relacionar com os estudos de caso discutidos nos capítulos anteriores e algumas conexões entre agricultura, ciência, política e instituições de ensino e pesquisa no Brasil. O trabalho é, portanto, um ensaio que, apesar de prover uma visão do todo, não tem a intenção de esgotá-lo.

OS DIFERENTES OLHARES PARA AS CIÊNCIAS AGRÍCOLAS

Desde fins do século XIX encontramos um tipo de registro dedicado tanto à pluralidade das áreas científicas como em nome de uma "ciência" escrita pelos próprios cientistas ou por leigos.[1] Principalmente de forma escrita, essas "memórias", assim identificadas ou subentendidas, descrevem datas comemorativas relativas a algum evento, realização de alguma obra ou descoberta científica, criação de instituições de ensino e pesquisa, e assim nos revelam alguns momentos do passado científico brasileiro. É nesse rico e nem sempre bem conservado acervo que explicita ou implicitamente acham-se discursos recorrentes acerca da necessidade de maior apoio político, de mais divulgação e aplicação, bem como da construção de utopias científicas e a identificação de um dado papel ao cientista na sociedade brasileira do século XX.

Em relação às ciências agrícolas, o maior volume desse tipo de registro concentra-se principalmente em artigos de jornais diários e revistas agrícolas ao longo da primeira metade do século XX. Também se nota a publicação de livros sobre o surgimento das escolas e instituições de pesquisa científica orientada para a agricultura.[2] Como essa produção não é uniforme nem escrita por autores consagrados, tampouco se concentra em um determinado período, não se pode falar em um gênero literário específico, mas observar a expressão que visava o entendimento do passado das ciências agrícolas, seus personagens, datas e motivações. Este tipo de registro gerou sem dúvida uma tradição memorialista, que, para a História das Ciências, serve ainda como fontes primárias ou secundarias.

Num segundo momento, temos outra tradição na historiografia da História das Ciências, fundada a partir do trabalho organizado por Fernando de Azevedo, *As ciências no Brasil* (1954), e revigorada com a coletânea *História das ciências no Brasil* (1979-1981), organizada por Shozo Motoyama. Escritos em momentos distintos, fazem parte de uma tradição positivista da historiografia da História das Ciências à qual importa afirmar e descrever a existência da ciência no país, interpretando como se deu seu processo de implementação. Em grande parte de seus capítulos, as ligações contextuais entre ciência, tecnologia e sociedade são dadas por modelos de difusão das ciências unilaterais e universais, salvo algumas exceções, tanto em um como em outro. São narrativas ricas em nomes, datas e descobertas que servem de bons guias para o início de uma pesquisa em qualquer área sobre as ciências brasileiras.

Para as ciências agrícolas, apenas o segundo título apresenta algo de específico. Enquanto no primeiro as informações estão dispersas entre as ciências básicas, visto que as ciências agrícolas eram de caráter recente e de fins aplicados e, portanto, não mereciam um capítulo à parte, segundo a concepção de Fernando de Azevedo; no segundo, as ciências agrícolas destacam-se como contribuintes a uma gama de ciências e suas aplicações. Em ambos os textos ressaltava-se, assim, uma sólida identidade científica brasileira. É digno de nota que os textos de Malavolta e Dantes (1979), pertencentes à segunda coletânea, já sugeriam, no entanto, que não só as escolas como os institutos de pesquisa agrícola teriam sido relevantes para a construção das ciências agrícolas, e até mesmo de uma comunidade científica no Brasil.[3] Segundo aqueles autores, esses arranjos institucionais apresentaram diferentes formas de consolidação e organização da ciência, nos diversos estados brasileiros desde fins do século XIX, a despeito do sistema universitário que se instalaria somente após 1930.

A partir dessas duas publicações, tornou-se necessário problematizar de forma cada vez mais sistemática as metodologias e arcabouços teóricos usados para o entendimento desses espaços de ensino, pesquisa e extensão como lugares das ciências. Não bastaria apenas escolher o referencial mais recente para escrever sobre as ciências em países que não participaram sistematicamente da construção da ciência moderna, era necessário compreender-lhe as principais características sem que isso descaracterizasse o empreendimento científico em sua própria temporalidade.[4] Mas como narrar sobre o passado das ciências brasileiras sem cair em determinismos e presentismos? Como realizar uma história das ciências que permitisse compreendê-la em seus sentidos de época, nas suas normas e definições consensuais da época, em relação às suas ideias de desenvolvimento científico, nas finalidades de seus atores e políticas, na espontaneidade de seus mais corriqueiros acontecimentos da prática científica? Com qual suporte teórico-metodológico poderíamos dialogar?

A partir da década de 1980, historiadores latino-americanos das ciências buscaram responder a essas perguntas, rompendo com tradições ainda calcadas em determinismos históricos, por meio da leitura de Thomas Kuhn, Alexandre Koyré e da Sociologia da Ciência, mantendo-se constantemente atualizados e reflexivos. Ao se voltarem para a crítica dos trabalhos realizados, construíram uma disciplina autônoma, com locais de publicação e programas de pesquisa próprios, e contribuíram para a revisão de grande parte do passado das ciências no Brasil.[5] No que tange as ciências agrícolas os trabalhos de Lunardi (1993), Domingues (1995), Santos (1998), Baiardi (1999), Meloni (1999), Oliver (2001 e 2009b) Silva (2006) e Araújo (2006 e 2010)[6] figuram entre os principais nomes desta vertente que passou a buscar uma leitura diversificada, dando historicidade às ciências agrícolas. Da mesma forma, um ponto em comum nesses trabalhos era o interesse por compreender até que ponto as ciências, tecnologias e os arranjos sociais apresentavam relações específicas e/ou variavam de local para local, e de que forma essas especificidades eram peças integrantes/constituintes do processo de recepção e criação de novos conhecimentos científicos. Embora nessa tradição chamada revisionista da História das Ciências, encontramos autores que inicialmente não têm na História sua formação ou atuação exclusiva, suas contribuições são significativas por várias razões. A partir do trabalho de Santos a respeito da Estação Agronômica e de Veterinária do estado de Santa Catarina, por exemplo, foi possível não só o alargamento dos marcos cronológicos do início das ciências naquele estado como também a ampliação dos objetos e locais de pesquisa.[7] Além disso, essa abordagem revisionista possibilitou não só a firme contestação de modelos lineares de desenvolvimento científico como também um melhor entendimento das razões pelas quais encontramos sucessivas crônicas da ausência de um passado, ou desmantelamento da ciência brasileira, ao identificar distintas noções de ciência em diferentes períodos históricos.

Essa vertente historiográfica inaugurou também uma nova agenda de pesquisa em História das Ciências, bem como novos usos desta. Com uma perspectiva mais complexa e rica do desenvolvimento científico do país, pudemos elaborar suposições mais gerais sobre como e por que ela aconteceu. Assim, dentro dessa variação de localidade e contextualidade, podemos passar a questionar, por exemplo, que tipo de práticas científicas podiam ser encontradas durante o século XIX no país? Quais eram as concepções de ciência e modelos institucionais que disputaram o apoio político? Em relação às ciências agrícolas, seria possível afirmar que a iniciativa do Estado sempre superou a iniciativa particular no fomento à atividade científica? Ou ainda, se a ciência estava mesmo dentro de uma cultura de elites, o que explicaria a formação de esferas públicas de opinião científica em que os especialistas e conhecedores debatiam?

Paralelamente a essas tradições memorialistas e revisionistas, destacam-se os trabalhos oriundos da área de História da Educação, os quais desde longa data identificaram os espaços de ensino das ciências agrícolas, problematizando a criação e manutenção do ensino técnico no país. Pautados inicialmente em uma história social, essa abordagem focalizava o ensino agrícola dentro da estrutura política e da legislação da educação brasileira, por exemplo, os estudos de Torres Filho (1926), Moacyr (1942) e Azevedo (1943).[8] Posteriormente, amparados pela efetiva criação do campo de História da Educação, outros trabalhos enfocaram o ensino agrícola em seus diferentes graus de convergência com problemáticas educacionais maiores como, por exemplo, Nadai e Cunha.[9]

Especificamente sobre o ensino agrícola, temos os trabalhos contidos em Lima et al. (1961) e Capdeville (1991), que, apesar de não serem historiadores da educação, guardam as marcas dos dois períodos mencionados anteriormente.[10] Tendo como objetivo compreender o surgimento de um novo profissional — o agrônomo ou engenheiro agrônomo —, esses dois autores propuseram o que seria a primeira periodização do ensino agrícola. Eram elas: 1. fase de criação, do seu início em 1876 a 1910, quando se deu a primeira legislação; 2. fase de consolidação, de 1910 a 1961, quando da formulação da Lei de Diretrizes e Bases da Educação Nacional; 3. fase de crescimento, de 1961 em diante, quando se nota uma verdadeira explosão dos cursos de graduação e pós-graduação em ciências agrícolas no país.

A partir da década de 1980, a História da Educação multiplicou-se em relação aos olhares, objetos e temáticas, fazendo diversas aproximações com pressupostos teóricos e metodologias diversas das ciências humanas. Da mesma forma, multiplicaram-se também os olhares da História, viabilizando as ligações desta com outros campos de pesquisa. No caso das ciências agrícolas temos os estudos de Ferreira (1989), que problematizou historicamente a comunicação rural, e Coelho (1999), que enfocou historicamente a criação da profissão de engenheiro agrônomo no país, sob um viés sociológico.[11]

De forma semelhante, podemos também citar a contribuição de Mendonça à História das Ciências como aquele que atribuiu um primeiro sentido histórico ao desenvolvimento do ensino das ciências agrícolas no país dentro de uma nova historiografia brasileira.[12] No caso de Minas Gerais, nota-se que a partir dessa autora essa temática teve enorme crescimento. Saímos de uma historiografia voltada para o entendimento das ideologias presentes na criação do ensino agrícola para trabalhos que compreendem a criação deste como um assunto que funda o próprio Estado e a sociedade, aprofundando outras discussões próprias da História da Educação.[13] Ainda assim, esses trabalhos não chegam a fundar uma tradição na historiografia da História das Ciências.

Esses estudos, no entanto, abordam os aspectos científicos das escolas agrícolas apenas de forma tangencial, e, por isso, os chamarei aqui de historiografia em geral. Apesar de se aproximarem da História das Ciências, uma vez que utilizam as mesmas fontes e problematizam os processos de modernização das cidades, da agricultura, da educação, da indústria, do Estado, do uso e dos costumes sob os auspícios de ideias científicas, quando discutem o que é a modernidade brasileira sobre a perspectiva de como a ciência foi recrutada para essa finalidade, apenas em parte contemplam os objetivos da História das Ciências. Ou seja, estes estudos servem principalmente para ligar o contexto mais amplo das relações entre ciência, tecnologia e sociedade com os períodos e momentos da história brasileira. Para aproximar ainda mais a História das Ciências da historiografia em geral, surge uma outra tradição historiográfica na primeira, que além de rever os marcos usuais, traça um diálogo aprofundado com a segunda. Para as ciências agrícolas, podemos citar Araújo (2010), Bhering (2008), Temperini (2003), Weltman (2008) entre outros.[14] No entanto, muitos dos trabalhos dessa tradição, por vezes, são facilmente compreendidos como trabalhos da historiografia em geral, porque salientam como, através do estudo histórico das ciências, também podemos compreender a sociedade brasileira. Esse tipo de trabalho fundou definitivamente um diálogo com a História. Suas interpretações e narrativas servem para desbancar uma dada tradição positivista ou simplista em História das Ciências. Todavia, com esse tipo de tradição tem-se muitas vezes a impressão de que o estudo histórico das ciências seria apenas mais uma temática da História Cultural, o que gera tanto possibilidades como dificuldades para a área como campo autônomo de pesquisa.

É necessário dizer que não basta apenas ter o foco no estudo das atividades científicas e contextualizá-las ao máximo possível, fazendo um diálogo com a historiografia em geral. A História das Ciências prima no mínimo em compreender o que é a "ciência" e seus processos de desenvolvimento em diversas sociedades e contextos no tempo, sob o respaldo não só da História, mas das ciências, das demais ciências humanas e da filosofia da ciência. Ela busca compreender a atividade científica no tempo em seus diferentes tipos institucionais, práticas, experimentações, instrumentação, processos de instituição e teorização, bem como no estabelecimento das relações mais amplas com a sociedade da época. Os usos disso podem ser variados e não somente para o conhecimento histórico.[15]

Além desses olhares, temos ainda um outro foco ligado à História Econômica, que buscou compreender a agricultura, mencionando os estabelecimentos de educação e de pesquisa científica e suas realizações, como em Amaral (1941) e outros.[16] De forma semelhante, outra linha da História Econômica buscou compreender minimamente o lugar das instituições científicas no desenvolvimento econômico da agricultura brasileira, tais como Pastore (1976, 1984), Szmrecsányi (1979), Rodrigues (1985), Velho (1995), Albuquerque et al. (1986), Schimist (1996), Lunardi (1993), Ramos Filho (1999), situando ora na Economia Política, na Economia da Inovação ou na área de Ciência, Tecnologia e Sociedade (CTS).[17] Nesses trabalhos a periodização e a tipificação dos arranjos institucionais do passado servem de modelos comparativos para avaliar o desenvolvimento econômico e social atual. E nem sempre a recuperação histórica é um trabalho historiográfico propriamente dito.

Algumas críticas ainda podem ser direcionadas a esse tipo de trabalho que, vez ou outra, ainda vê a história como uma ferramenta direta e neutra para a formulação de políticas. Ou ainda vê a recuperação histórica como uma forma de abstrair uma lei histórica, negando-se que é o historiador quem constrói o passado histórico. Mas isso é exceção. A maior parte compreende que não há mais lugar para o uso "mágico" da história na transformação social, como se pensava possível até a primeira metade do século XX. Como em qualquer área científica, entende-se que o passado não está lá guardado à espera do historiador ou pronto para testemunhar ao presente suas grandes revelações definitivas e verdadeiras.

Há atualmente um consenso dentro do que se chama de estudos da ciência e tecnologia (C&T) que o historiador problematiza as visões, interpretações e discursos que chegam até nós do passado a partir de um conjunto de conceitos formulados e fontes primárias. É nesse momento que os trabalhos sobre as relações atuais entre ciência, tecnologia e sociedade se mostram mais fecundos do que a própria historiografia em geral para quem deseja fazer história das ciências ou das tecnologias. Conhecemos o passado das ciências ao problematizarmos, a partir dos documentos históricos disponíveis, a validade de ideias formuladas atualmente sobre o passado das ciências. Por exemplo, questionando como certos conteúdos científicos são construídos para depois se desenvolverem, se difundirem e tornarem-se fatos ou "verdades" científicas. Além disso, a forma como os cientistas se organizam, conduzem seus trabalhos, se comunicam e até que ponto essas atividades estão imbricadas social e culturalmente a um local, condições, ou circulação de objetos, instrumentos e pessoas também constitui os objetivos mais amplos da História das Ciências.

Para alcançar esses objetivos devem ser utilizadas diferentes abordagens para com as ciências, fontes primárias diversas e a própria análise historiográfica. Portanto, historiadores das ciências e da tecnologia partem dos mesmos referenciais teóricos e, por vezes, usam as mesmas metodologias, nascidas da sociologia, da antropologia, da economia, da educação e também da filosofia da ciência e tecnologia produzida nos últimos trinta anos, e não somente da historiografia. A historiografia da História das Ciências é sempre uma colagem a partir de diversos olhares do passado e do presente, cujo centro das discussões ocorre no campo de CTS.

Nessa perspectiva, podemos usar a História das Ciências para subsidiar as políticas de ciência e tecnologia do presente? Entendo que há uma salutar divisão do trabalho, uma vez que o aprofundamento na pesquisa quase sempre não permite aos historiadores um olhar a longa distância a partir de seu presente. Mas pela afinidade teórica e metodológica profissional, aqueles mais voltados ao presente e às ações sociais e políticas, e conjuntamente a outros profissionais, podem reconhecer mudanças e permanências em relação ao passado em grandes quadros panorâmicos ou pela utilização de estudos de caso. Ao historiador, individualmente, ousaria dizer que é através dos elementos constituintes de sua narrativa que ele se posiciona politicamente no presente, possibilitando ou não o diálogo entre atores e leitores, calando ou trazendo à tona detalhes e informações para os mais diferentes tipos de debates, criando ou ratificando objetos de pesquisa. Quanto a sua esfera de ação, entendo que esta não está restritamente vinculada à práxis de pesquisa acadêmica, mas à promoção da cultura científica. Nesse tipo de agir ele contribui de uma forma mais geral para as tomadas de decisão do presente.

Mas podemos citar também intervenções mais próximas do presente. Por exemplo, no nosso entendimento mais geral sobre a agricultura atual e sua relação com as ciências agrícolas, destaco que esses vínculos passam necessariamente pela compreensão do longo processo de criação e estabelecimento de espaços institucionais para as ciências e da formação de um mercado agrícola, ambos intimamente relacionados. Aquilo que chega a nossa mesa, com suas características mais visíveis ou não, é fruto de uma densa trama de relações entre mercados, produtores, fluxos de coisas, pessoas e capitais, das relações sociais e, principalmente, da possibilidade política e cultural (e/ou vantagem econômica) da aplicação das pesquisas científicas.

Somente para exemplificar de que forma estudos históricos podem contribuir para o entendimento dessas "tramas", em trabalhos anteriores sugeri que as pesquisas em ciências agrícolas foram capitaneadas pela recepção e desenvolvimento destas nas escolas superiores de agricultura, quer fosse pela formação de pessoal capacitado para atuar em diversos tipos institucionais e comunidades científicas, quer pela formulação política de demandas agrícolas e científicas. Entretanto, se considerarmos que existem diferentes olhares sobre as ciências agrícolas e mais particularmente dentro da própria História das Ciências, falar sobre a sua institucionalização apenas dessa maneira é por deveras simplista. Apesar de capital em um dado momento no âmbito nacional, priorizar apenas um tipo de arranjo institucional esconderia forçosamente o processo de acomodação dos múltiplos interesses de diferentes públicos e produtores de divulgação científica para a agricultura em outras regiões não estudadas diretamente, bem como as iniciativas particulares de pesquisa e experimentação agrícolas em empresas, sem considerar o desenvolvimento de trajetórias tecnológicas na agricultura brasileira e sua compreensão na cultura brasileira.

Finalizando, observo então, na constituição dos estudos históricos e sociais das ciências agrícolas, três focos de pesquisas relevantes, provenientes da História em geral, da Educação e da História Econômica, e que a partir da História das Ciências temos uma tradição memorialista e três correntes historiográficas que coexistem no tempo presente: a positivista, sua crítica revisionista e seu debate mais próximo com a História. Essa multiplicidade de olhares, brevemente exposta aqui revela acima de tudo o caráter interdisciplinar da historiografia das ciências, que apresenta em sua essência o entrecruzamento de disciplinas da área de sociologia, antropologia, economia, política, educação, história e filosofia das ciências e tecnologias.

CIÊNCIAS AGRÍCOLAS E SUAS INSTITUIÇÕES NO BRASIL

Se as ciências agrícolas representam apenas um dos recortes possíveis dentro da História das Ciências, a institucionalização dessas ciências cumpre função semelhante. O foco nos espaços em que as ciências agrícolas se desenvolveram permite uma compreensão histórica da trajetória dos diferentes caminhos de consolidação do conhecimento científico relativos aos setores da produção agropecuária da primeira metade do século XX e do próprio entendimento do que se constituíram no passado as ciências agrícolas. Esses caminhos são entendidos aqui como arranjos de suportes institucionais, desde revistas, grupos de pesquisadores e trajetórias de formação até objetos científicos, ementas de disciplinas, laboratórios, práticas e locais de experimentação e visitação. Os vestígios escritos, dado por relatórios, artigos científicos, manuais e memórias, que circulavam e ganhavam a adesão das pessoas a cada momento são as formas em que se podem "ler" esses diversos caminhos. Foi esse viés que permitiu, em outros trabalhos, construir proposições sobre como era ser um praticante das ciências agrícolas no início do século XX. Por outro lado, a institucionalização das ciências agrícolas não significa a união das diversas histórias particulares de cada instituição. Também não significa contar a história de uma única comunidade científica, nem mesmo de um único paradigma científico, regendo toda a área, coisas que de fato nunca existiram. Unidade só parece ter existido no plano político e na identidade profissional dos agrônomos e engenheiros agrônomos, a partir de um determinado momento, como a tensão simbólica necessária para também selecionar ou descartar conhecimentos. A diversidade representada por uma comunidade científica sempre foi velada como uma estratégia política, visando a legitimação da área agronômica frente ao poder e à sociedade. Nesse sentido, uma visão mais geral da institucionalização das ciências agrícolas é um ponto de partida privilegiado que possibilita o destaque de outros arranjos regionais possíveis. De fato, novas perspectivas sobre os caminhos de institucionalização e o entendimento das razões e tipos de influência da circulação internacional de profissionais e conhecimentos que permearam esses arranjos regionais são apenas alguns dos pontos que requerem estudos futuros. Portanto, para ampliar o foco de análise sobre a institucionalização das ciências agrícolas em que esses estudos possam ser conduzidos, abordarei alguns elementos institucionais, que muitas vezes antecederam, conflitaram e modificaram esse processo.

Antes de iniciar, uma ressalva. Os conhecimentos agrícolas sofreram um processo de cientificação e escolarização a partir do século XVIII, que se estendeu até o século XX de forma lenta e gradual. Da família, diversos saberes foram transportados para o ambiente escolar ao mesmo tempo em que a ciência tornou-se cada vez mais um assunto de Estado e dirigida por especialistas[18]. Mais precisamente, em trabalhos anteriores identifiquei o período de 1930 a 1950 como a etapa final do processo em que os diversos elementos formativos e constituintes estariam mais salientes e não se modificaram em sua essência, ao menos até a década de 1970. Portanto, ainda não é possível inferir maiores aspectos e características desse amplo processo de emergência das ciências agrícolas no Brasil, uma vez que isso exigiria outro tipo de análise.

Se tomarmos os fins do século XVIII como ponto de partida, notaremos um amplo conjunto de instituições científicas voltadas à agricultura, tais como escolas agrícolas, hortos, jardins botânicos, museus de história natural, cadeiras de agricultura, fazendas e campos experimentais, museus de agricultura, institutos e estações agrícolas etc. Ao mesmo tempo a imprensa, as sociedades agrícolas e a circulação de especialistas das coisas agrícolas em si – como sementes, mudas, ferramentas, instrumentos, máquinas – também foram determinantes para a criação de casas de lavoura, na constituição de bibliotecas e na circulação de periódicos diários, periódicos agrícolas, manuais e livros sobre agricultura, que não eram totalmente controlados pela nascente comunidade científica brasileira.

Para Amilcar Baiardi, a partir da Revolução Científica do século XVIII, "[...] a moderna agronomia tomou um impulso em termos de mecanização, de manejo de solo, de seleção de animais e plantas e proteção às colheitas", sendo estas supostamente as principais áreas privilegiadas na literatura de divulgação.[19] Entretanto, até meados do século XIX, tais conhecimentos permaneceram como aplicações úteis à agricultura, amparadas pelo desenvolvimento de diversas outras disciplinas científicas. Disciplinas específicas para os problemas da agricultura, como a fisiologia vegetal, a produção racional e a química tradicional, ainda não tinham uma base teórica e metodológica para conjugar a multiplicidade de fenômenos envolvendo as relações entre as plantas e suas partes, o solo e o ar.[20] De fato, como ressaltou Bernal, ainda não se compreendia o papel desempenhado pelo solo ou pelo ar, o que foi sendo examinado e elucidado aos poucos entre 1790 e 1840.[21]

Segundo Rossiter, foi somente com a publicação de *Organic Chemistry and its Application to Agriculture and Physiology*, do químico alemão Justus Von Liebig em 1840, que várias práticas agrícolas foram reavaliadas em função das teorias sobre a função dos compostos orgânicos e minerais nas plantas.[22] Para realizar os experimentos que integravam esses vários aspectos a longo prazo, surgiram as primeiras estações experimentais. Paralelamente, na década de 1860, Jean Baptiste Boussingault e Julius Sachs foram descobrindo as relações da planta com o ar, caracterizando o processo de fotossíntese.

Nos Estados Unidos, a imprensa teve papel importante nesse período, divulgando na segunda metade do século XIX as novas descobertas e apresentando as experiências dos agricultores, amadores ou de pesquisadores das estações experimentais.[23] As notícias buscavam compreender qual o melhor "sistema agrícola", de acordo com as novas referências científicas. Até fins do século XIX, as novas leis da química agrícola possibilitavam aos agricultores tirar uma melhor vantagem da combinação dos fatores naturais e locais, tal como em um sistema. Daí a necessidade da imprensa em promover o debate e a atualização nas aplicações científicas para a agricultura. É nesse momento que o profissional das ciências agrícolas começará a ter maior destaque em meio a diversos especialistas científicos, conhecedores e praticantes, como aquele capaz de compreender os melhores sistemas em seus lugares específicos, possibilitando um trânsito internacional destes.[24]

Na Espanha, por exemplo, a partir de 1746, houve um considerável aumento das publicações dedicadas ao pensamento econômico voltado para a agricultura.[25] E depois, segundo Catañà i Pinén (2005), analisando periódicos agrícolas em geral, um segundo período principal de divulgação ocorreu entre 1770 e 1810.[26] Na sequência ele observa um período de transformação das formas de propriedade fundiária entre 1830 e 1860 e, depois, um aumento da produtividade entre 1890 e

1920. Essa sequência modelar, elaborada a partir do que ocorreu na Grã-Bretanha e na França, cinquenta anos antes, pode ser, portanto, identificada em diferentes temporalidades e cada qual de acordo com seu contexto político e agrícola e, muitas vezes, independentemente ou concomitantemente à divulgação dos novos conhecimentos. As publicações científicas para a agricultura precederiam e acompanhariam as mudanças científicas que ocorreram em fins do século XIX.[27]

É nesse momento que surge o termo agricultura científica relacionada aos conhecimentos da química agrícola e seus sistemas de produção. É dentro desse novo conjunto de conhecimentos que podemos localizar a "agricultura científica", que em fins do século XIX no Brasil consistia no programa exercido na Estação Agrícola do Estado de São Paulo, em Campinas, criada em 1882, atual Instituto Agronômico de Campinas.[28] Apesar de especificidades, esse longo processo coincidiria com o próprio crescimento da História Natural e de disciplinas científicas voltadas para a agricultura, recepcionando os novos conhecimentos científicos da agricultura. De um ponto de vista mais geral, é também nesse período que se observa o crescimento de uma motivação geral pela ciência, a criação e reformulação de instituições científicas, a profissionalização dos primeiros engenheiros, a criação de um mercado interno, do incremento da produção agrícola.

Desde fins do século XVIII, a administração luso-brasileira buscou racionalizar as atividades produtivas do Império por meio de viagens e publicações, e esse processo se intensificou no século XIX. Na base dessas transformações estavam as ciências e suas aplicações nas artes médicas e agrícolas, as obras dos agrônomos franceses e as ideias políticas e econômicas de diversos matizes, todos buscando conciliar o desenvolvimento das indústrias portuguesas com o bloqueio de atividades similares na colônia.[29] Vários desses membros da elite ilustrada luso-brasileira de fins do século XVIII fizeram sentir sua influência na política brasileira até depois da independência. Com o passar do tempo, a criação de instituições das ciências naturais na colônia e a formação de engenheiros científicos no Império tornou-se o padrão vigente.[30] Plantas, mapas, pedras, animais embalsamados, e tudo que pudesse constituir riqueza para a metrópole e contribuísse para a agricultura, indústria, comércio e farmácia também da colônia passaram a ser objetos de intercâmbio em vários níveis tanto dentro da colônia quanto com a metrópole.[31]

A imprensa agrícola também se diversificou e, se inicialmente o discurso científico para a agricultura era originado a partir dos trabalhos de membros da Real Academia das Ciências de Lisboa (1779), da Faculdade de Filosofia Natural da Universidade de Coimbra e nas Memórias Econômicas da Academia de Ciências, durante a segunda metade do século XVIII, entre os "homens de ciência" podiam ser encontrados funcionários do Estado, tais como os governadores e capitães-gerais, sustentando uma rede de conhecimentos científicos sobre as colônias portuguesas.[32] Contudo, como salienta Dias, essa produção deve ser estudada como mais uma forma de os brasileiros entrarem em contato com a realidade de sua terra, pois não se destinava à divulgação.[33] Em virtude da política de sigilo, serviriam apenas como instrução ao governo e para manter os domínios coloniais. O Brasil tornou-se, assim, o lugar preferencial para o desenvolvimento do espaço econômico metropolitano e para a regeneração agrícola, pela racionalização e diversificação da produção, e cujo sucesso dependeria somente da leitura e de "interpretar científica e empiricamente os segredos do solo e do clima".[34] Exemplo disso foi a publicação do *Fazendeiro do Brasil* (1799-1801), por Manuel Conceição Veloso na tipografia Arco do Cego.[35]

Com a instalação da Corte no Brasil seus trabalhos científicos foram dados a conhecer nos jornais *O Patriota, Jornal Litterario, Politico, Mercantil, &c. do Rio de Janeiro* (Rio de Janeiro, 1813-1814) e no *Correio Brasiliense* (Londres, 1808-1822).[36] Em Kury (2007) lemos que, apesar de ainda influenciados pelo movimento das Luzes, as publicações do século XIX transformaram-se paulatinamente em diversos aspectos, tais como a crescente relevância das "artes" e das ciências "aplicadas", da utilidade dos conhecimentos, e na ênfase nas especializações científicas.[37]

Domingos Borges de Barros, visconde de Pedra Branca, foi um grande animador da divulgação de conhecimentos para a agricultura nesse período e encaixa-se perfeitamente nesse novo ideal para a divulgação dos conhecimentos. Em sua carta a Paulo José de Melo, fazia menção à figura do agricultor ilustrado, "[...] que viaja pela Europa procurando informar-se das últimas invenções e processos úteis que pudesse introduzir".[38] Morando em Paris até 1811, ele pode ser considerado como um exemplo da geração de ilustrados, cuja principal preocupação era informar e introduzir novos métodos em sua terra. Dizia: "Tudo o que é bem da agricultura e que pode incitar a imitação, desejo que se publique [...]".[39] De volta ao Brasil, foi nomeado para dirigir o Jardim Botânico de Salvador e o Curso de Agricultura, publicando intensamente no *O Patriota*.[40] Para José Bonifácio, outro representante dessa geração de egressos da Universidade de Coimbra, a divulgação científica para a agricultura brasileira tinha por objetivo dar publicidade aos novos produtos, propagando os benefícios econômicos da diversificação da produção e do seu melhor aproveitamento.[41]

Seria ainda com o objetivo de tornar a agricultura guiada por uma nova racionalidade que obras editadas em Lisboa foram trazidas e distribuídas nas províncias no início do século XIX.[42] Entretanto, essa divulgação não obteve sucesso, sendo retomada apenas com a iniciativa de Carlos Augusto de Taunay (*Manual do Agricultor Brasileiro*, 1839) e das publicações da Sociedade Auxiliadora da Indústria Nacional, fundada em 1825. Entretanto, ainda no primeiro quartel do século XIX, e provavelmente sem apresentar grande alcance, surgiram os primeiros jornais que buscaram divulgar algum conteúdo científico, além do O *Patriota*. Enquadram-se nessa categoria os *Annaes Fluminenses de Sciencias, Artes e Litteratura, Publicados por huma Sociedade Philo–Technica no Rio de Janeiro* (Rio de Janeiro, 1822); *o Jornal Scientifico, Economico e Literario* (Rio de Janeiro, 1826), O *Propagador das Sciencias Medicas* (Rio de Janeiro, 1827) e O *Beija–Flor: Annaes Brasileiros de Sciencia, Politica, Litteratura* (Rio de Janeiro, 1830-1831).[43] Essa combinação peculiar entre ciência e literatura remete a algo não especializado, estando a ciência vinculada a outros aspectos e saberes da cultura letrada. Por exemplo, esses jornais traziam traduções, comentários de outras obras e resumos, bem como "[...] artigos técnico-científicos redigidos na linguagem própria da ciência, com várias observações sobre experimentos realizados, gráficos, tabelas e fórmulas".[44] Nesses periódicos, Maria Freitas destaca a existência de artigos sobre a agricultura ou seções destinadas à agricultura e botânica. Em geral e também para os assuntos agrícolas, apontavam para a necessidade de que os conhecimentos científicos divulgados tomassem por base as referências científicas nacionais. Também notavam que a agricultura brasileira diferiria da europeia quanto ao seu clima, diversidade dos terrenos e dos gêneros cultivados, sinalizando, portanto, para a importância do desenvolvimento de conhecimento científico brasileiro.

Essa teria sido a fórmula do sucesso da obra *Cathesismo de Agricultura*, de Frederico Leopoldo Cesar Burlamarque (1803-1866), publicada em folhetos nas páginas do O' *Auxiliador* (1833-1892), a partir de 1838. Esse naturalista formou-se na Academia Militar do Rio de Janeiro, ingressando como lente de mineralogia dessa instituição em 1835. Já gozando de prestígio e reconhecimento na nascente comunidade científica brasileira, em 1847 foi nomeado diretor do Museu Nacional, permanecendo nesse cargo até o ano de sua morte. À frente do Museu, assim como o seu sucessor Landislau Netto (1875-1893), buscou consolidar as ciências naturais no país, interesse específico dos membros daquela instituição, sem deixar de atender aos interesses de um conjunto de dirigentes empenhados na construção do Estado nacional.[45] Nesse contexto as práticas naturalistas da instituição foram justificadas mediante sua utilidade para a racionalização da agricultura e da mineração brasileiras, fazendo crescer o número de publicações nessas áreas no país. Seguindo o exemplo do Museu Nacional, outras instituições de ciências naturais seriam criadas a partir da década de 1850.[46]

Dito de outra maneira, a divulgação científica para a agricultura teria sido retomada na segunda metade do século XIX, tanto para um público maior ou de leitores ilustrados, e em paralelo à constituição de uma dada comunidade científica em ciências naturais. Isto é, na medida em que não só fosse dado a conhecer as riquezas nacionais e seus possíveis usos, mas fazendo notar a especificidade local das práticas agrícolas no país. Como salientou Domingues, "E, se não se pode afirmar que a política dominou a ciência, pode-se dizer que a apropriação da botânica pelo campo político, com o propósito de desenvolver a agricultura do país, contribuiu para o desenvolvimento desta ciência no país".[47]

Nos catálogos da Fundação Biblioteca Nacional, do Instituto de Estudos Brasileiros, da Biblioteca "Barbosa Rodrigues" do Jardim Botânico do Rio de Janeiro, encontramos também um indicativo desse movimento de tradução da agricultura científica europeia para a brasileira. Em uma breve consulta pudemos encontrar 29 manuais publicados majoritariamente em Lisboa, Paris e no Rio de Janeiro, principalmente a partir de década de 1860. Encontramos manuais do agricultor, tratados, manuais de agricultura e periódicos agrícolas. Supõe-se que essas publicações estiveram relacionadas a esse processo, trazidas em virtude dos interesses gerais, mas também em função das atividades de instituições das ciências naturais e dos recém-criados imperiais institutos de agricultura (Rio de Janeiro, Bahia, Rio Grande do Sul), bem como da constituição da Secretaria de Estado da Agricultura, Comércio e Obras Públicas, na mesma década. Contudo, no contexto de uma sociedade escravocrata, de baixa escolarização e de população não alfabetizada, compreendemos que esses manuais eram restritos, se não aos próprios naturalistas, a uma elite agrária ilustrada.

Além dos museus, jardins botânicos, institutos agrícolas e escolas superiores de agricultura, criadas no último quartel do século XIX, e outros tipos institucionais, as elites regionais buscaram promover a divulgação científica para a agricultura por meio também de sociedades, cada qual com seus interesses de representação no Estado nacional que se formava. A Sociedade Auxiliadora da Indústria Nacional (1825) e a Sociedade Nacional de Agricultura (1897), ambas no Rio de Janeiro, cumpriram com esse papel em fins do século XIX e início do século XX, com a criação de prêmios e exposições. Seguindo seu exemplo, em fins do século XIX e início do XX, diversas outras sociedades de agricultores são criadas pelo país, constituindo o chamado movimento ruralista, tendo como principal emblema a recriação do Ministério da Agricultura, Indústria e Comércio em 1909.[48]

Foi pela iniciativa de particulares e dessas sociedades agrícolas que diversos periódicos e escolas de agricultura foram criadas. Nas páginas do O' *Auxilador* e no *A Lavoura*, da Sociedade Nacional de Agricultura, nota-se uma adaptação dos temas e interesses científicos concomitantes à divulgação científica em geral e também à formação e circulação de especialistas em ciências e em aplicações científicas para a agricultura brasileira.[49] Aos poucos, a necessidade de difundir e divulgar conhecimentos científicos para a agricultura seria passada das mãos de particulares para os mecanismos de poder do Estado e para as escolas de ensino agrícola.[50] Seria, portanto, a partir de fins do século XIX, que poderíamos falar em uma inflexão em termos de divulgação científica para a agricultura. Observaríamos nesse momento uma clara convicção de uma utilidade do conhecimento científico para o desenvolvimento da agricultura brasileira, a partir também da formação de um grupo cada vez maior de agrônomos e engenheiros agrônomos.[51]

Além de uma adesão ao cientificismo, esse movimento estaria vinculado também ao surgimento de uma grande imprensa e aos valores e ideais de instrução que ela cumpriria no país. Depois, sob os ideais positivistas, já no período republicano e retomando os ideais iluministas de anos anteriores, o Ministério da Agricultura promoveu a figura do técnico e a aplicação da ciência para a agricultura até a década de 1940, criando diversos serviços e espaços públicos para a aplicação das ciências agrícolas no âmbito do Estado nacional e dos estados.[52] Ao mesmo tempo, diversos especialistas nacionais ou estrangeiros foram chamados para resolver problemas ou a articular demandas políticas e econômicas com os conhecimentos científicos gerados aqui e em outros lugares. As escolas superiores de agricultura se tornaram o espaço privilegiado em que todas essas demandas e circunstâncias se encontrariam, principalmente, a partir das décadas de 1910 e 1920. Por sua criação e desenvolvimento compreendemos como o conhecimento das ciências agrícolas foi recepcionado, mantido e criado, o que pode ser visto pelos programas das disciplinas, por seus volumes bibliográficos, pelas especializações que privilegiaram em laboratórios e campos de experimentação, pela área e local em que seus egressos iniciaram e desenvolveram suas carreiras.[53]

O fator essencial para essa consolidação ou etapa final de emergência das ciências agrícolas foi o processo de definição, composição e diversificação das disciplinas científicas que eram ensinadas. Esse processo de especialização que se inicia na década de 1920 e se finaliza na década de 1940 foi mais evidente nas instituições que não tiveram ou não se submeteram prontamente à fiscalização do Ministério da Agricultura, que dispunham de um amparo político, científico e público em seus estados para tanto, o que parece ter sido o caso do Paraná.

Como consequência geral, nota-se, nas décadas iniciais do século XX, um aumento constante das publicações dedicadas à agricultura, tanto voltadas para os pares científicos como para um público mais amplo. Esse número é crescente, mas é apenas a partir da década de 1940 que notamos um grande salto numérico. Ao realizarmos um breve levantamento de revistas relacionadas à agricultura no catálogo do Instituto Brasileiro de Informação em Ciência e Tecnologia, podemos inferir a ocorrência da mesma cumplicidade notada em períodos anteriores entre o desenvolvimento científico e o crescimento de um espaço de circulação dos conhecimentos cada vez maior em âmbito nacional.

Foi assim que as ciências agrícolas passaram a ser motivadas pela pesquisa e experimentação científicas, sendo consecutivamente cada vez mais difundidas em outros tipos de instituições de pesquisa e de divulgação científica. A partir da década de 1940, temos diversas comunidades científicas específicas das ciências agrícolas, e não mais das aplicações científicas para a agricultura, em atividade e em comunicação. E se a Escola Superior de Agricultura "Luiz de Queiroz" (Esalq), em Piracicaba (São Paulo), e a Escola Nacional de Agricultura, situada boa parte desse período na capital e depois em Seropédica (Rio de Janeiro), foram as duas maiores influências políticas e científicas da época, isso não significa que impediram a formação de capacitações científicas diferenciadas nos demais estados e, inclusive, dentro de empresas particulares.[54]

No estado do Paraná, a política agrícola seguiu as orientações tanto do governo federal quanto dos grupos envolvidos com a atividade agrícola que estavam por trás da expansão da fronteira agrícola, especialmente ao norte do estado, com as culturas do café, algodão, trigo, milho e feijão, e da criação, especialmente de suínos, nos Campos Gerais.[55] Em termos de instituições de pesquisa e de ensino presentes no estado, atendiam às demandas do Departamento de Agricultura do estado do Paraná, com suas inspetorias e fazendas experimentais, uma escola de Medicina Veterinária, uma de Agronomia e um instituto de Química, além das inspetorias agrícolas federais.

A Escola Agronômica do Paraná foi criada em 1918, vinculada diretamente ao estado e funcionando ora nas dependências do Ginásio Paranaense ora na Escola Normal ou Instituto Comercial. Era uma escola tida como teórico-prática, o que significava uma designação relativa aos tipos de conteúdos ensinados, e não à existência de lugares para a prática agrícola. Para as práticas de experimentação no campo lhe foram anexadas duas fazendas experimentais, para o desenvolvimento de atividades de ensino e pesquisa agrícola com milho, trigo e cevada, originalmente.

Segundo Lunardi (1993),

> As primeiras pesquisas realizadas nessa Escola devem-se ao professor João Cândido Ferreira Filho, formado na Escola Superior de Agricultura "Luiz de Queiroz" [em 1915], que ingressou na instituição em 1919, assumindo a cadeira de Agricultura Geral e Especial. O objetivo dessa disciplina era fornecer os elementos teóricos e práticos [sobre diversas culturas agrícolas brasileiras] sobre o controle de pragas, adubação racional e correto tratamento às plantas quanto aos nutrientes, uma vez que ainda não eram utilizados produtos químicos [...] A fazenda experimental do Bacachery era administrada pelo professor João Cândido que vinha desenvolvendo pesquisas com culturas de trigo, centeio, milho, batata, feijão, arroz, mandioca, fumo, batata-doce. Ainda em 1923, foram

> instalados dois laboratórios – química agrícola [com equipamentos adquiridos na Alemanha] e microbiologia agrícola – com recursos do governo estadual e federal [...] Em linhas gerais, este era o sistema organizado de apoio e fomento à agricultura e pecuária no estado: as inspetorias, além de prestarem assistência técnica às necessidades agrícolas mais urgentes, ainda coletavam materiais que eram investigados tecnicamente nos laboratórios da Escola e testados nas fazendas experimentais [...].[56]

Esse de fato foi o sistema em geral usado em muitos estados da federação, integrando as intenções federais às regionais tanto em termos de política agrícola como de orientação da pesquisa científica. As cisões ocorreram quando as escolas ganharam reputação por seus trabalhos científicos de laboratório, e não somente de experimentação no campo. Quando, em 1932, essas iniciativas foram deliberadamente colocadas como metas pelo estado do Paraná, reunindo todos os ensinos (médico veterinário, agronômico e técnico rural), começaram as dificuldades de manutenção do ensino agronômico no estado (profissional e financeira com o fim dos subsídios federais) e, consequentemente, para a sua equiparação ao projeto da Escola Nacional de Agronomia. Esse processo arrastou-se até 1941, quando as escolas depois de desmembradas fundiram-se novamente num Instituto Técnico de Agronomia, Veterinária e Química e Agronômico, e, depois de 1944, subdividiram-se outra vez, formando a Escola Superior de Agricultura e Veterinária (Esapar), mantendo-se dessa maneira até a década de 1960, quando esses cursos, junto com o de Química, foram integrados à Universidade Federal do Paraná.

O ensino agrícola do Paraná inicia com seu projeto de escola teórico-prática, tal como organizado pelo governo federal para os estados, a que muitos aderiram e mantiveram uma tensa relação, em face do reconhecimento de seus diplomas de ensino superior. Neste projeto federal, o único lugar para os "altos estudos" de laboratório seria na Escola Nacional de Agricultura (ENA) ou nas capitais. Por isso, a partir da década de 1940, o estado do Paraná investiu para manter as capacidades instaladas na forma de institutos diversos, buscando novamente o apoio federal e fomentando a criação de capacidades em diversas áreas científicas. Ao mesmo tempo, ao passo que as escolas se transformavam, pelo apoio dos governos dos estados, nas instâncias de assistência técnica aos agricultores, somando-se ou conflitando-se com as inspetorias ou postos federais, criou-se uma ampla estrutura de assistência técnica estadual, possivelmente atrelada à admissão desses formados nos quadros burocráticos do estado em diversas especializações agronômicas e científicas. Em geral, posso afirmar que enquanto um projeto federal visava diversificar a produção nacional, possibilitando o incremento dos produtos tradicionais de cada estado, alguns destes trataram de diversificar suas próprias produções, muito possivelmente com a ajuda de fazendeiros e grandes empresas agrícolas, tornando-se mais independentes do governo federal, trazendo máquinas, periódicos e víveres diretamente de outros países, por exemplo.

Com as diversas modificações do ensino agrícola a partir da década de 1940, a estrutura estadual criada foi rearticulada posteriormente pela criação em 1972 do Instituto Agronômico do Paraná, juntando-se novamente "ciência básica" e "aplicada", sendo que, até os dias de hoje, a estrutura dessa instituição supera os raios de ação da Embrapa, sede Paraná, cujo foco é apenas a silvicultura. Essa diferença de apoio federal ou estadual diz respeito a como o discurso sobre diversificação agrícola foi tomado em ambas as esferas no decorrer do século XX, em relação ao papel desempenhado pela atividade científica e a demanda de seus diferentes públicos e interesses locais.

A adesão dos diversos públicos paranaenses é fator que não se pode desconsiderar. Também se pode exemplificar isso por meio do perfil dos estudantes da Escola Superior de Agricultura do Paraná. De acordo com o quadro histórico, político, econômico e organizacional das instituições científicas para a agricultura paranaense exposto anteriormente, compreende-se, portanto, por que não encontramos muitos alunos nascidos nesse estado que buscaram o ensino agronômico nas Escolas Nacionais de Agricultura, bem como entre os transferidos da Esapar para estas (Quadro 1), depois de 1944, buscando, sobretudo, a certeza da titulação.

QUADRO 1

Número de alunos da região sul matriculados na Esalq e na ENA, 1929-1950

Estado de nascimento	Esalq	ENA
Rio Grande do Sul	11	16
Santa Catarina	4	11
Paraná	4	7

Fonte: Dados obtidos a partir dos registros de matrículas das duas escolas. Seção de Protocolo da UFRRJ e Seção de Graduação da Esalq-USP

QUADRO 2
Número de alunos transferidos da Esapar em relação ao local de nascimento, 1929-1950

Estado de nascimento	Esalq	ENA
São Paulo	35	7
Rio de Janeiro	1	1
Minas Gerais		1
Paraná		4
Santa Catarina		2
Alagoas	1	
República do Líbano	1	
Não identificado	1	

Fonte: Dados obtidos a partir dos registros de matrículas das duas escolas. Seção de Protocolo da UFRRJ e Seção de Graduação da Esalq-USP

Interessa observar que os quatro alunos paranaenses matriculados na Esalq não eram transferidos e vieram para Piracicaba nos anos de 1932, 1934 e 1939, das cidades de Jaguariaiva, Castro e Curitiba. Os transferidos da Esapar para a Esalq eram, em sua maioria, paulistas de cidades que se encontram próximas à região citada anteriormente e também das cidades de onde partiram a expansão da cafeicultura para o Paraná e Mato Grosso na década de 1940, como Ribeirão Preto, Catanduva, São José do Rio Preto, Jaboticabal, Jaú e Araraquara. Fora essa possível demanda, encontram-se entre os ingressantes na Esapar dez alunos nascidos em Piracicaba e quatro em São Paulo capital, o que reforça a ideia de que a Esalq tinha um público local muito evidente. Além das especulações que podemos fazer em relação à origem do alunado da Esapar pelo local de nascimento, pela circulação existente de coisas e pessoas nessas regiões, podemos mesmo inferir sobre a existência de parentes e conhecidos que poderiam dar pouso aos paulistas no Paraná, uma vez que a sua maioria cursou o ginásio na cidade em que nasceu.

Já os alunos paranaenses matriculados na ENA, apenas três matricularam-se desde o primeiro ano entre 1940 e 1944, provenientes de Curitiba e Ponta Grossa, sendo que todos, apesar de seu local de nascimento, fizeram seus ginásios na cidade do Rio de Janeiro. Um deles é justamente João Cândido Ferreira Neto, nascido em 1923, filho de João Cândido Ferreira Filho, que foi ser professor da mesma cadeira na Escola Nacional de Agronomia após a sua saída do Paraná. Estas localidades de nascimento também eram as dos transferidos, sendo que apenas um destes sabemos que realizou seus estudos ginasiais no Paraná. Entre o público de paulistas que se transferiram para a ENA depois dos primeiros dois anos na Esapar, temos uma divisão entre aqueles que são provenientes das cidades que estão ao sul do estado de São Paulo e aqueles que estão próximos às cidades de Ribeirão Preto, mantendo o perfil anteriormente descrito.

A localidade desses alunos que buscaram tanto a Esapar como a Esalq e a ENA indica um público cuja demanda histórica seria a expansão do café, o algodão e outras culturas menores, e não somente a silvicultura, a erva-mate e a pecuária. Essa constatação pode tanto atribuir maior peso ao projeto paulista de diversificação da agricultura no cenário nacional, em virtude do maior trânsito de pessoas entre os estados de São Paulo e Paraná do que este e à capital. Como também pode salientar que, ao tratarmos da difusão das ciências, não podemos atrelar o valor do termo "periferia política e econômica" ao termo "periferia científica". A existência de paulistas e estudantes de outros estados, mesmo em menor número, que saem da Esapar para a ENA implica que as três escolas conseguiram construir suas próprias competências, atraindo cada qual um conjunto diferenciado de públicos e seus interesses. Isso vem reforçar a ideia de que as ciências não reconhecem limites geográficos ou regionais, o que particulariza o aporte e os questionamentos específicos da história regional que podemos utilizar na História das Ciências. Quanto ao período em que ocorreram as transferências, podemos inferir que estas ocorreram em virtude tanto dos esforços ou dificuldades do transporte durante a Segunda Guerra Mundial, como das modificações do ensino superior de Agricultura no Paraná, em 1944, em face do reconhecimento federal das escolas. Nota-se que as transferências ocorreram em épocas semelhantes em ambas as escolas, concentrando-se nos anos de 1942, 1943 e 1944, e, sobretudo, entre 1946 e 1948. Além disso, a transferência era muitas vezes fruto das estratégias de ingresso no ensino superior da época. Para burlar os primeiros anos da Esalq, ingressava-se primeiramente em outra escola para depois retornar.

Os dois primeiros anos eram ditos os mais difíceis na Esalq, ao contrário da ENA, cujos dois últimos anos eram os mais penosos. Mas, a julgar por outros processos de equiparação estudados, a incerteza quanto à titulação e seu reconhecimento no Ministério da Agricultura pode ter sido o fator de maior peso.

CONSIDERAÇÕES FINAIS

A atividade industrial, ao invés da agrícola, por muito tempo foi associada com o desenvolvimento científico, algo notavelmente alardeado depois da Segunda Guerra Mundial na trajetória tecnológica dos Estados Unidos.[57] No entanto, no decorrer do século XX, os investimentos em pesquisa científica para a agricultura foram realizados em diferentes lugares institucionais, vinculados às mais variadas áreas científicas, tanto nos Estados Unidos como nos demais países.[58] Assim como em diversos outros países, foi o interesse do Estado na atividade agrícola que gerou pesquisa, ensino, extensão e divulgação científica.[59]

No Brasil, isso não foi muito diferente no decorrer do século XX. Nota-se que os diversos arranjos institucionais e políticos resultaram em distintos processos de restrição dos públicos e esferas de circulação, seja pelo delineamento de especialidades científicas ou de uma imprensa especializada. No caso do Paraná, "pesquisa básica" era exatamente ao que os pesquisadores do Museu Paranaense diziam dedicar-se como uma área neutra politicamente. Além disso, a fase científica do Museu Paranaense pode ser relacionada com a atividade agrícola ainda de outras formas. Embora a administração Ribas, por vezes, considerou o Museu como uma de suas iniciativas culturais, quando em 1944 o terreno do novo prédio foi doado, uma das justificativas foi que a instituição ajudaria a agricultura a expandir.[60] No caso do Instituto de Biologia e Pesquisas Tecnológicas nota-se como, apesar de ser uma instituição de "pesquisa aplicada", sua atuação suscitou outras iniciativas científicas, tidas como mais "neutras". Assim, a criação de determinadas características, a conceituação, organização, os espaços de divulgação e a apropriação dos saberes e das práticas científicas nos estados brasileiros, anteriores ao século XX, tornam-se fundamentais para entender o que foi compreendido como a "periferia" no Brasil republicano. Isso significa que agricultura, "pesquisa aplicada" e "básica" e discursos políticos relacionaram-se de diversas formas, recebendo pesos e valores ao longo do tempo em cada localidade. Como, no entanto, identificar essas relações não esteve no escopo desta publicação, proponho a seguir um conjunto de problemáticas que poderão contribuir para orientar estudos futuros tanto dentro do Paraná quanto em relação a outros estados. São eles:

1. De que forma projetos de modernização e diversificação, e os conflitos inter e intraelites no momento anterior e posterior à proclamação da República afetaram o desenvolvimento científico local?
2. Até que ponto os processos de regionalização da economia de cada estado (compreendendo a formação de economias regionais paralelamente ao adensamento populacional) caracterizaram uma demanda científica e tecnológica para a agropecuária?
3. Quais foram os diferentes papéis e conceitos atribuídos à C&T nesses projetos de modernização urbana e rural do período republicano?
4. Quais eram as diferentes topografias institucionais voltadas total ou parcialmente para pesquisa agrícola?
5. De que se constituíam os canais de circulação do conhecimento científico (entendidos aqui como tipos de formação, atuação e trânsito dos profissionais, existência ou não de periodismo e bibliotecas públicas e particulares, dimensão e tipos do processo de escolarização, áreas do conhecimento científico mais contempladas no ensino e pesquisa, bem como na popularização e uso cotidiano da C&T)?
6. Quais eram os processos de seleção e apropriação dos modelos de instituições científicas nacionais e internacionais, bem como do conteúdo científico a elas atrelado e suas diferentes formas de ensino?
7. Como eram formadas as comunidades científicas em ciências agrícolas, com formações e atuações diversas, capazes de criar demandas científicas e tecnológicas para o setor agropecuário, possibilitando processos de especialização e profissionalização da pesquisa científica?
8. De que forma se davam alianças das elites econômicas e científicas, possibilitando ou não a institucionalização dos seus interesses nos estados e no âmbito federal, via burocracia estatal, sociedades e Ministério da Agricultura?

Esses questionamentos fornecem pontos em comum que poderão ser explorados nos diferentes estados do que foi a federação brasileira no século XX, ou seja, nas regiões tidas como "periféricas" em relação aos chamados "centros" de pesquisa no Rio de Janeiro e em São Paulo. A partir de um número maior de estudos como estes, que focalizam outras localidades, poderemos assim discutir mais assiduamente a grande questão sobre a difusão das ciências no Brasil, seus diálogos internos e aqueles efetuados diretamente com outros países sem intermediações, bem como adensar as interfaces entre a História das Ciências, a História e a Geografia.

O texto que aqui apresento é resultado de meu pós-doutorado em História na UFMG (Fapemig/ Capes-Prodoc) e dos inúmeros e frutíferos debates sobre o que é a história das ciências com meus supervisores, em especial, prof. Dr. Bernardo Jefferson de Oliveira e profa. dra. Betânia Gonçalves Figueiredo. Agradeço a Fabiano Ardigó pelo convite, pelas revisões e contribuições para essa mesma discussão.

Notas

1 D. M. Sá, *A ciência como profissão, médicos, bacharéis e cientistas no Brasil (1895-1935)*, Rio de Janeiro, Fiocruz, 2006.

2 F. T. de S. Reis, *O ensino agrícola na escola Luiz de Queiroz*, São Paulo, Typ. Olegário Ribeiro, 1921; A. Neiva, *Esboço histórico sobre a botânica e zoologia no Brasil*, Brasília, UnB, 1989; S. Fiúza, "Apontamentos históricos sobre a Escola Agrícola da Bahia", em S. Fiúza (org.), *A Escola Agrícola da Bahia*, Salvador, Typographia do Commercio, 1934; J. C. de Miranda, *O ensino agrícola no Ministério da Agricultura*, Rio de Janeiro, Cenepa/Univ. Rural, 1949; J. M. Borges, *Escola Superior de Agricultura – origem – desenvolvimento – atualidade*, Viçosa, UREMG, Imprensa Universitária, 1966; J. M. Borges, *A universidade federal de Viçosa no século XX*, Viçosa, UFV, Imprensa Universitária, 2000; E. Malavolta, *Escola Superior de Agricultura Luiz de Queiroz – Universidade de São Paulo – Passado, Presente e Futuro*, Piracicaba, USP, 1970; J. P. Romero, (org.), *Luiz de Queiroz e a sua Escola Agrícola. A pré-história da Esalq*, São Paulo, Ceres, 1992; J. P. Romero, *Esalq Centenária. Escola Superior de Agricultura "Luiz de Queiroz", notáveis, docentes e filhos nobres*, São Paulo, Ceres, 2001.

3 E. Malavolta, "As ciências agrícolas no Brasil", em Mario Guimarães Ferri e Shozo Motoyama (eds.), *História das ciências no Brasil*, São Paulo, Edusp, 1979-1981; Maria Amélia Dantes, "Institutos de pesquisa científica no Brasil", em Mário Guimarães Ferri e Shozo Motoyama (eds.), op. cit.

4 J. J. Saldaña, "Marcos conceptuales de la historia de las ciencias en latinoamérica. Positivismo y economicismo", em José Saldaña (ed.), *El perfil de la ciencia en América*, México, Sociedade Latinoamericana de Historia de las Ciencias y la Tecnologia, 1986, pp. 56-82.

5 M. R. Vergara, "Ciência e modernidade no Brasil: a constituição de duas vertentes historiográficas da ciência no século XX", em *Revista da Sociedade Brasileira de História da Ciência*, v. 2, n. 1, Rio de Janeiro, 2004, pp. 22-31.

6 N. A. Araújo, *Escola Agrícola de São Bento das Lages e a institucionalização da agronomia no Brasil (1877-1930)*, dissertação de mestrado em Ensino, Filosofia e História das Ciências, UFBA, Salvador, 2006; Feira de Santana, UEFS, 2006; e *Pioneirismo e hegemonia*: a construção da agronomia como campo científico na Bahia (1832-1911), tese de doutorado em História Social, UFF, Niterói, 2010; A. F. C. Silva, *Ciência nos cafezais*: a campanha contra a broca-do-café em São Paulo (1924-1929), dissertação de mestrado em História das Ciências e da Saúde, Casa de Oswaldo Cruz/Fiocruz, Rio de Janeiro, 2006; A. Baiardi, "O 'Imperial Instituto Bahiano de Agricultura' e as mudanças na agricultura e na agroindústria da Bahia na segunda metade do século XIX", em *Anais do III Congresso Brasileiro de História Econômica*, 1999; R. A. Meloni, *Ciência e produção agrícola*, dissertação de mestrado, Faculdade de Filosofia, Ciências e Letras, USP, 1999; Maria Elizabeth Lunardi, *Organização da ciência no Paraná*, dissertação de mestrado, Unicamp, 1993; G. S. Oliver, *José Vizioli e o início da modernização tecnológica da agroindústria canavieira paulista, 1919-1949*, Campinas, DPCT/IG/Unicamp, 2001; G. S. Oliver, *A institucionalização das ciências agrícolas e seu ensino no Brasil (1930-1950)*, São Paulo, Annablume, 2009; H. B. Domingues, *Ciência*: um caso de política, tese de doutorado da FFLCH, USP, 1995.

7 L. Santos, *Estação Agronômica e de Veterinária do Estado*: (1895-1920) uma abordagem histórica sobre o início da pesquisa agrícola em Santa Catarina, Florianópolis, UFSC, 1998, pp. 20-22.

8 A. M. Torres Filho, *Contribuições para a regulamentação do ensino agrícola no Brasil*, Rio de Janeiro, Imprensa Nacional, 1926 e *O ensino agrícola no Brasil*: seu estado atual e a necessidade de sua reforma, Rio de Janeiro, Imprensa Nacional, 1926; P. Moacyr, *A instrução e a República*, Rio de Janeiro, Imp. Nacional, 1942; F. Azevedo, *A cultura brasileria*, São Paulo, UFRJ, 1971.

9 E. Nadai, *Ideologia do progresso e ensino superior*, São Paulo, Loyola, 1987; L. A. C. R. Cunha, *O ensino profissional na irradiação do industrialismo*, São Paulo, Editora da Unesp, 2000; *O ensino de ofícios artesanais e manufatureiros*

no Brasil escravocrata, São Paulo, Editora da Unesp, 2000; *Universidade temporã: o ensino superior da colônia à era de Vargas*, Rio de Janeiro, Civilização Brasileira, 1980.

10 J. P. Lima et al., *Técnicos para o desenvolvimento da agricultura*, Rio de Janeiro, ABCAR/IBGE, 1961; G. Capdeville, *O ensino superior agrícola no Brasil*, Viçosa, UFV, 1991.

11 L. Ferreira, *Imprensa agrícola no Império, na Primeira República e no Estado Novo*, dissertação de mestrado, UnB, Brasília, 1989; F. M. G. Coelho, *A construção das profissões agrárias*, tese de doutorado, ICS-UnB, 1999.

12 S. R. Mendonça, *Agronomia e poder no Brasil*, Rio de Janeiro, Vício de Leitura, 1998.

13 L. S. Barbosa, *Roupa nova para velha senhora agrária: engenheiros-agrônomos e a modernização no campo*, dissertação de mestrado, Extensão Rural, UFV, 2004; D. S. Azevedo, *Melhoramento do homem, do animal e da semente: o projeto político-pedagógico da Escola Superior de Agricultura e Veterinária do Estado de Minas Gerais (1920-1948), organização e funcionamento*, tese de doutorado, USP, São Paulo Imprensa Universitária, 2005; F. V. Silva, *Ensino agrícola, trabalho e modernização no campo: a origem da Escola Superior de Agricultura e Veterinária do Estado de Minas Gerais (1920-1929)*, Uberlândia, Imprensa Universitária, 2007; J. F. Botelho, *A formação do trabalhador do campo em Minas Gerais: o caso do Instituto Agronômico de Itabira (1880-1903)*, dissertação de mestrado em Educação Tecnológica, Centro Federal de Educação Tecnológica de Minas Gerais, 2007; I. A. Gonçalves e D. P. Versieux, "A criação das fazendas modelo em Minas Gerais: a política pública para a educação profissional republicana nas primeiras décadas do século XX", em *IX Congresso Iberoamericano de História da Educação Latino-Americana*, Rio de Janeiro, Quartet Editora & Comunicação Ltda., 2009, pp. 4-15.

14 N. A. Araújo, op. cit., 2010; R. S. de L. Temperini, *O sertão vai virar campo: análise de um periódico agrícola (1930-1937)*, dissertação de mestrado em História das Ciências e da Saúde, Casa de Oswaldo Cruz/Fiocruz, Rio de Janeiro, 2003; W. L. Weltman, *A educação do Jeca: ciência, divulgação científica e agropecuária na revista Chácaras e Quintais (1909-1948)*, tese de doutorado em História das Ciências e da Saúde, Casa de Oswaldo Cruz/Fiocruz, Rio de Janeiro, 2008; M. J. Bhering, *Positivismo e modernização*, dissertação de mestrado, Casa de Oswaldo Cruz/Fiocruz, Rio de Janeiro, 2008.

15 A. A. P. Videira, "Historiografia e história da ciência", em *Escritos: revista da Casa de Rui Barbosa*, v. 1, 2007, pp. 111-158.

16 M. Y. Linhares e F. C. T. Silva, *História da agricultura no Brasil*, São Paulo, Brasiliense, 1981; T. Szmrcsányi, *Pequena história da agricultura no Brasil*, São Paulo, Contexto, 1998.

17 R. H. Albuquerque et al., "O setor público de pesquisa agrícola no estado de São Paulo", em *Cadernos de Difusão Tecnológica*, n. 3, 1986, pp. 243-96; J. Pastore, "Brazilian Agricultural Research", em Yeganiantz (ed.), *Brazilian Agriculture and Agricultural Research*, Brasília, Embrapa-DDT, 1984; J. Pastore et al., "Condicionantes da produtividade de pesquisa agrícola no Brasil", Estudos Econômicos, n. 63, 1976, pp. 147-82; M. Wi Schmidt, *La relation entre le sysème productif et l'organisation de la recherche agricole au Brasil: une approche historique*, tese de doutorado, Université de la Sorbonne Nouvelle, Paris II, 1996; L. O. Ramos Filho, *O papel da pesquisa científica e tecnológica no desenvolvimento da citricultura paulista: análise histórica da atuação do IAC, 1920-1960*, dissertação de mestrado, DPCT-IGE, Unicamp, 1999; M. E. Lunardi, op. cit., 1993; C. M. Rodriguez, "Gênese e evolução da pesquisa agropecuária no Brasil: da instalação da Corte portuguesa ao início da República", em *Cadernos de Difusão de Tecnologia*, Brasília, 4(1), jan.-abr. 1987a, pp. 21-38; "A pesquisa agropecuária federal no período compreendido entre a República Velha e o Estado Novo", em *Cadernos de Difusão Tecnológica*, Brasília, 4(2), maio-ago., 1987b, pp. 129-153; L. M. L. S. Velho, *Science on the Periphery: a Study of the Agricultural Scientific Community in Brazilian Universities*, tese de doutorado, University of Sussex, 1995.

18 I. A. Gonçalves e D. P. Versieux, op. cit., 2009.

19 A. Baiardi, "A evolução das ciências agrárias nos momentos epistemológicos da civilização oriental", em R. A. Martins et al. (eds.), *Filosofia e história das ciências no Cone Sul*, III Encontro, Campinas, AFHIC, 2004, p. 26-7.

20 L. Velho e P. Velho, "The Emergence and Institucionalization of Agricultural Science", em *Cadernos de Ciência & Tecnologia*, Brasília, 14(2), 1997, pp. 205-23.

21 J. Bernal, *Desenvolvimentos das ciências nos séculos XVIII e XIX: ciência na história*, v. III, Lisboa, Livros Horizonte, 1969, p. 671.

22 M. W. Rossiter, *The Emergence of Agricultural Science: Justus Liebig and the Americans, 1840-1880*, New Haven, Yale University Press, 1975, pp. 25-6.

23 D. Nelkin, *Selling Science: How the Press Covers Science and Technology*, Nova York, W. H. Freeman, 1987, p. 86; Alan I. Marcus, *Agricultural Science and the Quest for Legitimacy*, Ames, Iowa State University Press, 1985, p. 17; M. W. Rossiter, op. cit., p. 29.

24 J. Picard, *Usinas açucareiras de Piracicaba, Villa-Rafard, Porto-Feliz, Lorena e Cupim. Missão de inspeção do Senhor J. Picard, engenheiro, de 1º de março a 15 de julho de 1903*, São Paulo, Hucitec- Editora da Unicamp, 1996; G. Denis, "A agronomia e a naturalização de vegetais estrangeiros (exóticos) na França do fim do século XVIII", em Ana Maria Alfonso-Golbfarb e Carlos A. Maia, *História da ciência*: mapa do conhecimento, Rio de Janeiro, Expressão e Cultura/São Paulo, Edusp, 1995, pp. 653-692.

25 M. Marti, "Historia y linguística: la agricultura en el discurso económico de la ilustración (1746-1808)", em *Brocar*, 20, 1996, p. 240.

26 J. Cartañá i Pinén, "La Agronomía En La España Del Setecientos", em M. Silva (ed.), *Técnica e ingeniería en España: El Ochocientos*, Instituciones y Professiones Civiles, v. V, Zaragoza, Real Academia de Ingeniería/institución Fernando "El Católico"/Prensas Universitárias de Zaragoza, 2007, pp. 323-66.

27 L. (Comp.): Argemi D'Abadal, *Agricultura e ilustracion*: antologia del pensamiento agrario ilustrado, Madrid, Mapa, 1988; apud J. Cartañá i Pinén, op. cit.

28 R. A. Meloni, *Ciência e produção agrícola*: a Imperial Estação Agronômica de Campinas (1887-1897), dissertação de mestrado, FFLCH-USP, 1999.

29 M. O. S. Dias, "Aspectos da ilustração no Brasil", em *A interiorização da metrópole e outros estudos*, São Paulo, Alameda, 2005; J. Arruda e F. Novais, "Prometeus e Atlantes na forja da nação", em *Economia e Sociedade*, 12, Campinas, 2003, pp. 225-43; F. Nunes, "Difusão agrícola na imprensa científica do liberalismo: as novas culturas", em Luis Ramos (ed.), *Actas do Congresso Internacional D. Pedro II imperador do Brasil, Rei de Portugal: do absolutismo ao liberalismo*, Universidade do Porto, Tipografia Lousanense, 1998.

30 Figueirôa, S. F. M. *A formação das ciências geológicas no Brasil*: uma história social e institucional, São Paulo, Hucitec, 1997.

31 A. Domingues, "Para um melhor conhecimento dos domínios coloniais: a constituição de redes de informação no império português em finais do setecentos", em *História, Ciências, Saúde – Manguinhos*, v. 8, supl., Rio de Janeiro, 2001, pp. 824-5.

32 F. Nunes, op. cit.

33 M. O. S. Dias, op. cit., p. 71.

34 F. Nunes, op. cit., p. 205.

35 R. Wegner, "Livros do arco do cego no Brasil colonial", em *História, Ciências, Saúde – Manguinhos*, v. 11, supl. 1, Rio de Janeiro, 2004, pp. 131-40.

36 M. O. S. Dias, op. cit.

37 L. B. Kury, "Descrever a pátria, difundir o saber", em Lorelai B. Kury (org.), *Iluminismo e império no Brasil*: O Patriota (1813-1814), Rio de Janeiro, Fiocruz/Biblioteca Nacional, 2007, p. 143.

38 Apud M. O. S. Dias, op. cit., p. 46.

39 Idem, p. 84.

40 M. H. Freitas, "Considerações acerca dos primeiros periódicos científicos brasileiros", em *Ciência da Informação*, 2006, p. 59.

41 J. A. Pádua, "A profecia dos desertos da Líbia", em *Revista Brasileira de Ciências Sociais*, 15, 2000.

42 T. J. M. K. Szmrecsányi, op. cit., p. 26.

43 M. H. Freitas, op. cit.

44 Idem, p. 57.

45 M. M. Lopes, *O Brasil descobre a pesquisa científica*: os museus e as ciências naturais no século XIX, São Paulo, Hucitec, 1997, p. 96.

46 Idem, pp. 151-8.

47 H. B. Domingues, *Ciência: um caso de política. As relações entre as ciências naturais e a agricultura no Brasil Império*, tese de doutorado, FFLCH-USP, 1995, p. 139.

48 S. R. Mendonça, *O ruralismo brasileiro*, São Paulo, Hucitec, 1997.

49 A. Domingues, "For a Better Understanding of Colonial Domains", em *História, Ciências, Saúde – Manguinhos*, 8, 2001, pp. 823-38; S. R. Mendonça, *O ruralismo brasileiro*, São Paulo, Hucitec, 1997.

50 S. R. Mendonça, op. cit., 1998.

51 G. S. Oliver, "Cultura científica e a vitivinicultura paulista", em *Territórios del Vino*, v. III, 2009a, pp. 40-65.

52 M. J. Bhering, op. cit., 2008.

53 G. S. Oliver, *A institucionalização das ciências agrícolas e seu ensino no Brasil (1930-1950)*, São Paulo, Annablume, 2009b.

[54] G. S. Oliver, "Análise comparativa das políticas de combate ao mosaico da cana-de-açúcar em São Paulo e em Minas Gerais", em *História Econômica & História de Empresas*, 6, 2008, pp. 63-90.

[55] M. E. Lunardi, *Organização da ciência no Paraná e a contribuição do IBPT*, dissertação de mestrado em Política Científica e Tecnológica, Universidade Estadual de Campinas, Conselho Nacional de Desenvolvimento Científico e Tecnológico, 1993, p. 61.

[56] Idem, pp. 66-7.

[57] D. Mowery e Rosenberg, *Trajetórias da inovação*, Campinas, Editora da Unicamp, 2005.

[58] D. Fitzgerald, "Mastering Nature and Yeoman. Agricultural Science in Twentieth Century", em J. Krige e D. Pestre (eds.), *Science in the Twentieth Century*, Paris, Harwood, 1997; Christophe Bonneuil, "Crafting and Disciplining the Tropics. Plant Science en the Frenc Colonies", em J. Krige e D. Pestre (eds.), op. cit., pp. 77-96.

[59] H. Vessuri et al., *Ciências agrícolas y cultura cientifica en América Latina*, Buenos Aires, Prometeo, 2005; J. Hardwood, *Technology's Dilemma: Agricultural Colleges between Science and Practice in Germany, 1934-1960*, Bern, Peter Lang, 2005; J. A. Berejano, "Ciências Agropecuárias en Colombia", em Hebe Vessuri (org.), *História Social de la Ciência en Colombia*, Bogotá, Colciencias, tomo III, 1993, pp. 363-459; J. Cotter, *Troubled Harvest*, Westport, Praeger, 2003.

[60] Nota adicionada pelo editor, "Decreto n. 1.992", *Diário Oficial do Estado do Paraná*, Curitiba, 16 jun. 1944.

Appendix

The text that follows is the original version presented at the beginning of the book as 'Prefácio".

Preface

THE POLITICS OF THEORY IN THE HISTORY OF SCIENCE

Pietro Corsi

At first sight, there would make little sense for a professor from the University of Oxford to write a foreword to a collection of essays by Brazilian colleagues, devoted to the assessment of scientific activities – broadly understood – carried on in the State of Parana during the middle decades of the twentieth century. Nor would it be a sufficient justification to reference the personal ties I have formed over the last three years with the organizer of this book, Fabiano Ardigó, a graduate student in the History of Science Programme at Oxford. True, I have read – out of sheer interest – earlier versions of almost all of the chapters contained in this collection, and discussed them at length with Fabiano. Yet, during the years in which Fabiano completed his M.Phil. – the substance of which constitutes Chapter 2 of this book– we also discussed how to approach classic methodological issues such as the dichotomy of centre-periphery, the question of transmission of knowledge, or the relationship between economic development and the growth of state-funded scientific and technological research (a topic particularly relevant to the history of contemporary Brazil). More generally, we engaged in a debate over the role and use of far-reaching historiographic models within the history of science and technology as it is practised today.

As far as the last point is concerned – the most generic, indeed, and usually the least discussed – I personally find it very difficult to convey to graduate students, let alone to convince colleagues, that the conscious or unconscious deployment of theoretical models is almost inevitable in all research, but that it does require that the historian increases the level of critical awareness and of reflexivity. There are of course colleagues, and entire sectors of the history of science and technology community, who are convinced that the theoretical work, the elaboration and critique of broad theoretical tools of analysis and frameworks of interpretation, is the most important feature of our work. This is quite legitimate, needless to say, and those who have the patience to peruse the indexes of the major international journals in our complex field of research over several decades will not fail to notice that the fascination for successive or competing theoretical and methodological issues has profoundly marked the development of the discipline. It is as if historians of science have for a long time (and many still do today) shared the implicit belief that "Science " can be reduced only to (in turn) a set of theoretical statements or experimental protocols, of paradigms, of institutional articulations and practices, of social and gender relationships, of literary styles or even of body postures. The preferred model further guarantees that "Science" can be described through discursive practices (our texts) capable of catching its essence, so to speak, or at least of isolating and highlighting those features that can be seen at work anywhere and at any time and which imply that something called (then or now) "science" is being debated or done. Equally, single albeit crucial episodes in the development of contemporary science, such as the so-called Scientific Revolution of the Seventeenth Century, have been narrated from the vantage point of a plurality – at times bitterly competitive – of wide-ranging epistemological, intellectual, social, literary and religious models, each seen by its supporters as the only, single factor capable of accounting for the historic event or moment under consideration. A furious debate was even engaged in as to whether Protestantism or Catholicism could be seen as the key pre-condition for the Scientific Revolution: as if the word "Protestant" or "Catholic" (or "Science", for that matter) indicated a unified body of beliefs, of social, political and institutional articulations and practices, of assumptions concerning God and His dealings with Nature.

A further feature of the predilection for broad theoretical pronouncements is not so much the descriptive role these are explicitly called upon to play, but the tendency to attach to them a strong prescriptive role. Almost without exception, major theoretical models have claimed and do claim to account for the phenomenon "Science": almost all sub-disciplinary articulations of the history of science assume "Science" to have existed and to exist still today in one particular form, characterized by essential features that only the new theoretical elaboration being proposed is at long last capable of conceptualizing and of accounting for. Strong theoretical statements appear to function as criteria of exclusion, more than of inclusion. They patrol disciplinary boundaries, and inform the seemingly objective economy of quotations and bibliographical reference; they indicate criteria of belonging, rather than engagement with the subject. Almost all proponents of strong theoretical models, and their followers, like to draw a rather simplified view of the past of the discipline, allegedly dominated by positivistic or idealistic accounts elaborated by rather simple-minded amateurs – as if the history of science had ever existed as a unified discipline, as if, indeed, unified monolithic disciplines have ever existed outside anachronistic, post factum and often self-serving ideological, political or merely academic reconstructions. Strong theoretical statements help to create a sense of excitement and belonging, the conviction that new research horizons are at long last opening up: truly reliable ones, this time. They dispense with tedious and time-consuming engagements with the historiography of the past: they select the primary sources or the issues worth working on, and indicate the kind of examples that would nicely fit the requirements of the model. An almost archaic, highly hierarchical division of labour is implicitly instituted: the theoretician indicates the ways to follow, and by implication the ones to avoid; the Ph. D. student or the aspiring academic will fill in the appropriate supporting evidence, and will perhaps propose slight variations to the model.

I am not arguing that new methodological insights are useless, or that they only answer generational, career or national needs, though it is well known that grant-giving bodies love to be told that the two or three years' research they are going to fund, framed by radically innovative theoretical insights, will change the face of scholarship and establish the primacy of a given school or research group at global level. But the practical research and career benefits of alignment to strong theoretical models should not obscure the fact that over the last four decades a rapid succession of theoretical options, often owing to the interest the history of science has aroused within a growing number of disciplinary domains – from sociology to literary studies, from geography, economic history and anthropology, to religious, gender and colonial and environmental studies – have indeed contributed new insights into a phenomenon, broadly and uncritically called "science", traditionally (but not exclusively) studied for its rarely doubted contribution to the progress of humanity. In more explicit albeit reductive terms, the historical, epistemological, cultural, social, economic and political complexity of the phenomenon we are accustomed to call "science" or "technology" allows, invites and indeed requires a plurality of approaches. Yet, instead of an opportunity, this plurality of approaches is often seen by the devotees of one or the other model as a problem to be faced, which is usually resolved by a dignified refusal to acknowledge each other's existence.

There is no space here, nor is it appropriate to insist in detail on the fact that the history of science has always been characterized by a plurality of approaches, and that the scholars who devoted their lives to singing the praises of the one or the other great scientific benefactor of humanity have rarely been in the majority. It remains true, nevertheless, that it is only in the very recent past that strong competitive models have been proposed, that new journals and new societies have been established, which often display a seemingly dismissive ignorance of all competitors. The new theoretical, social, and generational configurations of the multiplicity of trends devoted to the study of science and technology (however defined) in history do perhaps explain why theoretical models are rarely seen as heuristic, but tend instead to be presented as endowed with exclusive prescriptive connotations. Theoretical models are very rarely seen as tools or as methodological guidelines to be tested through research: increasingly they take on the much less flexible role of guardians of disciplinary boundaries. Adhesion to or rejection of a given model defines academic and personal relationships, determines the editorial policies of journals, and in many countries influences in fundamental ways the distribution of research funds, or the award of Ph.D. and post-doctoral scholarships.

Not that there were happy days when this did not happen. A Marxist historian of science did not have an easy life in finding a job in departments dominated by Popperians or classic positivist historians of science, and vice versa. If anything, during the long decades of the Cold War, even within the sparsely populated landscape of the history of science and technology, conflicts tended to be bitter, and straightforward militant politics was never far removed from the surface even of those who proclaimed that "science" had nothing to do with "politics", and never had. Today, the connections to politics of debates within the history of science are less immediate and dramatic: they are in any case much less talked about. The bitterness of some debates, or the *damnatio silentii* inflicted on rivals, often has to do with academic politics rather than with world politics, even though there are academics so genuinely devoted to their own model as to believe that the two coincide. So, our graduate class discussions at Oxford had a lot to do with the feeling that historians of science have to take very seriously indeed the proliferation of theoretical models and insights, but also that we must never lose sight of the essential difference between the heuristic value of a model, and its prescriptive, almost "degenerative" potential. This does not mean indulging in ecumenical blandness: quite the contrary. Precisely because the history of science broadly understood has very often been guided by a succession of quasi-monolithic theoretical models, and is now subdivided into a series of enterprises guided by models each seen as possessing at long last the key to all doors, it is important to have at least some ideas on why this situation has occurred, and to avoid the easy and often-heard explanation that the supporters of a rival methodology are simply wrong and have therefore to be ignored. Historians of science should simply accept that the highly complex object they try to understand – theoretically and historically – has never existed as such, that is, as a single set of practices. Moreover, a plurality of competitive heuristic models is probably more likely to help our work than a single imperialistic theoretical approach, one that can most surely make the best of a given feature, but at the price of reducing all complexity to the standards of its own prescriptive requirements. To take a classic instance, when during the 1970s sociologists of knowledge launched their powerful attack against Anglo-American positivism and the then hegemonic Popperian epistemology, they were rightly stressing features of the scientific enterprise traditionally ignored by historians of science inspired by classic philosophy of science. Again, when militant feminist theory invested the history of science, the result was undoubtedly a refreshing widening of the kind of questions historians need to keep in mind when researching the episodes in the science of the past they are interested in. More recent examples would take too long to list even in a cursory way. I will therefore only dwell, and very briefly, upon a methodological trend which has recently attracted much attention, in order to highlight the danger of falling into acritical prescriptive reductionism.

This is the renewed interest in objects and material culture in the history of science. There are various shades of opinion on this, and the two issues I put together – objects and material culture – would not be considered under the same heading by many colleagues. In my field of research, the history of the life sciences and in particular the history of evolutionary theories (a subject which is attracting less and less interest in mainstream history of science), attention to collections of specimens, indeed to the almost preliminary question of what constitutes a specimen, is indeed crucial. Colleagues who are concentrating on the study of collections, their moral economy and financial requirements, on the reconstitution of networks of collectors, merchants and users, are providing a deeper understanding of the colonial and global dimension of taxonomical debates in the modern and contemporary world, and are adding extremely important dimensions to our understanding of the history of the life sciences. But they are, at the same time, risking losing sight of the social, cultural and political dimensions of natural history practices within the societies that supported them. The sociology of collectors is only possible when there is a society or societies in which a sufficient number of individuals are prepared to pay for collections and for what comes with and around them: from specially designed furniture to specialized books and journals, from preservation practices and chemicals to innovative drawing and printing techniques. And why at a given time would members of that particular society be prepared to do so much for natural history specimens, and not palaeontological ones, or drawings and paintings, books, coins, Chinese porcelain? In fact, some collectors kept amassing all of them together well into the nineteenth century, but during the last decades of the eighteenth century, at the level of private collections and of institutional support, specialization grew exponentially, deeply favouring botanical, zoological and mineralogical specimens, especially colonial and exotic ones, thereby conditioning the relationship between demand and offer, with important effects on the market for specimens. Competition within the market for specimens took different forms, one of which – the one many pursued at great cost of time and money – was the production of theoretical works made possible by the superiority of the collection owned by the author. Thus, the distance between the theoretical work and the sale of specimens was often minimal. Theoretical works were an integral part of the business, and they cannot be ignored or relegated to the useless world of ideas. More generally, I contend that ideological debates, as well as theological and philosophical ones, are an integral part of the societies within which they occur, and they serve to position, orient, represent or condemn individual or group strategies. A purely theoretical work claiming universal reach may tell you more about the private interests and social practices of its author than his account books.

If one moves to the wider, and (paradoxically) still little-studied domain of public debates about natural history during the eighteenth and nineteenth centuries, and part of the twentieth, and to the debates on evolutionary theories, one is struck by the fact that specimens and collections obviously played a key role, but that only a fraction of individuals who took part in that complex story ever possessed specimens, let alone entire collections. This is of course still true today, in an age of expert opinion and well-defined disciplinary boundaries guaranteed by the existence of teaching and research institutions. Indeed, how many distinguished participants in the Darwin celebrations of the year 2009 have ever studied a natural history collection (or read Darwin's work, one may viciously ask)? How many debates on evolution, in the nineteenth as well as in the twentieth century, were carried on by people who did not feel they had to know all the fine detail of the matter to speak their mind? I am taking this example also in view of its paradoxical nature: if it would be impossible if not foolish to deny the role of specimens in natural history in general and in the history of evolution in particular, a history dealing only with material objects will scarcely be reliable and will risk being anachronistic, since it will assume an attribution of exclusive authority to the owners of collections or to the well-established naturalists working within prestigious specialized institutions. This was hardly the case up to the middle decades of the nineteenth century, when even prominent naturalists had difficulty in establishing their authority. As far as the question of evolution is concerned, influential commentators, interpreters and opponents of evolutionary doctrines, often mere readers of natural history works, challenged the authority of specialists in matters they considered to be too important to be left in their hands. Thus, for instance, to study natural history practices and their impact during the decades bridging the eighteenth and the nineteenth centuries by ignoring a priori amateurs and journalists, novelists and religious writers, politicians and educators, amounts in the last analysis to reintroducing positivistic assumptions about the "proper" procedures determining knowledge production, and about which historical actors must be looked at in order to understand the science of the past. What makes matters even more complicated is that the core of participants in natural history debates was not sharply divided into two camps, the experts and the non-experts, since the boundaries between the two groups were constantly shifting, and the number of "experts" in our sense of the word quite negligible.

A large portion of the scholarly production in the history of science has systematically neglected the so-called secondary figures, or scientific traditions that have ceased to occupy the central institutional, social, or cultural space they enjoyed in the past. One may perhaps indulge in a mild exaggeration, and say that almost every new theoretical model has been applied to the same core of individuals, institutions or historical events, whether real or mythical: Galileo, Newton or Darwin; the Royal Society or the Académie des sciences; the Scientific Revolution or the Chemical Revolution. It is as if the Hall of Fame of modern science proved capable of surviving the disappearance of the highly biased and hotly denounced criteria that had created it, that is, the very same criteria each new theoretical model implicitly or explicitly set out to oppose.

Until not so long ago, the same neglect that condemned to oblivion the so-called secondary figures applied to scientific practices within colonial or post colonial settings, or within countries and geographical areas that did not take an active part in the development of the scientific empires of the recent past or of today. The theoretical reflection on centres and peripheries, and the growing number of studies devoted to this issue, as well as the even more recent attention paid to colonial and global history, have done much to change this long-standing neglect. Yet, it is often the case that scientific practices and their social or cultural articulations are looked at, and selected for sustained study, with reference to what was going on in the "centres" or in the most "advanced" countries. In other words, the seemingly purely descriptive terms "centre" and "periphery" are in fact hiding an impressive series of assumptions, and are powerfully orienting research priorities and choices. Moreover, to name just a few additional difficulties, "centres" are very difficult to define in historical terms, since they are rarely monolithic authoritative proponents of unified views on a variety of areas of research, whereas individuals active in "peripheries" often prove to have been rather shrewd in playing with a variety of "centres" to maximize their local advantage. Peripheries deserve to be studied on their own terms, without assuming a universality of research priorities and values that has rarely existed, if ever, in the so-called centres, against which to judge local scientific practices.

This is the reason why, in my view, the apparently simple issue the present volume seeks to address, concerning the individuals, the institutions, the networks characterizing scientific practices in Curitiba during the middle decades of the twentieth century, has produced so many interesting perspectives. As Fabiano Ardigó argues in his introduction, the perspective he calls "regional history" allows his colleagues and himself to look at local institutions, individual career patterns, political and religious competition and factional strife, without asking themselves whether and to what extent Curitiba was a periphery – and if so, of what – and what it lacked that would have gained it access to the exclusive club of subjects worthy of the attention of the historian of science. As the editor of this collection rightly points out, countries like Brazil pose the further problem of their immense size: the route of regional histories appears therefore as a tool capable of mapping a social, scientific and institutional territory so far almost completely neglected. From their own perspective, the authors in this volume are also questioning current assumptions concerning the development of contemporary science in Brazil, which is seen as linked to the growth of the economy and the foundation of the system of the Federal Universities. This powerful model, it is fair to say, has inspired important studies of scientific development in major towns and States of Brazil, Sao Paolo and Rio de Janeiro in particular. As with all models, however, it should not be taken as the blueprint for all possible stories.

The authors of the essays that follow have certainly avoided the trappings of uncritically applied general models, and the results are in my view fully repaying their collective effort. Curitiba – a small town that reached 120.000 inhabitants in the period under examination, very difficult to reach, in view of the costs of the aviation industry of the time, and of the 250 impossible miles to reach Sao Paulo, the economic and scientific capital of Brazil – hosted an impressive variety of scientific activities, especially within the natural and agricultural disciplines. Individuals active in the town included the prominent entomologist Jesus Moure, who probably had more links with the Royal Society of London and the Rockefeller Foundation than with natural history institutions in his own country; and Reinhard Maack, the German traveller, mining expert, and geologist who was among the earliest supporters of Wegener's continental drift theory, providing as he did detailed comparative analysis of the palaeontology of areas in Parana and corresponding ones in South Africa. This is not to say that Curitiba is interesting because a few individuals active there deserve to be included in the history of science with a capital "S". Indeed, what emerges with fascinating clarity is the first sketch of the portrait of a town hosting a variety of competing lay or religious educational and research institutions, and of research laboratories providing services to agricultural interests, especially logging, coffee and cattle farms. The history of the Parana Museum, of its personnel and publications, its survival strategies and eventual failure due to the complex politics of the State and of the town, is also particularly telling.

It is not my task to enter into the strategies pursued by the various authors, or into the editorial logic that brought this volume together. For this, the introduction by Fabiano Ardigó that follows will amply suffice. It is clear that the tool of "regional history" will prove its full merits when further "regional" studies are carried out. Was Curitiba an exception, or did other regional capitals host the variety of institutions and activities described in this volume? To what extent did regional developments influence each other, and to what extent did personnel circulate through various regions? There are of course many further research questions to be put to the test, and the essays here collected are already answering some of them.

Finally, it is to be hoped that an English-language edition of this volume will one day be made available. Though it is also to be hoped that historians of science will soon realize that there exist more languages than are usual in the English-speaking world.

Os autores

SOBRE O ORGANIZADOR

Fabiano Ardigó é historiador e doutorando em História da Ciência pela Universidade de Oxford.

SOBRE OS AUTORES

Alessandro Casagrande é engenheiro agrônomo e mestrando do Programa de Meio Ambiente e Desenvolvimento (Made/UFPR).

André de Souza Carvalho é historiador e especialista em acervos de História da Ciência no Paraná.

Drielli Peyerl é historiadora e doutoranda em Ensino e História de Ciências da Terra do Instituto de Geociências da Unicamp.

Elvio Pinto Bosetti é paleontólogo e professor do Departamento de Geociências e do Programa de Mestrado em Gestão do Território da Universidade Estadual de Ponta Grossa (UEPG).

Graciela de Souza Oliver é doutora em Ensino e História de Ciências da Terra do Instituto de Geociências da Unicamp e professora de História da Ciência da Universidade Federal do ABC (SP).

Maria Elizabeth Lunardi é doutora em Estratégia e Gerenciamento de Organizações pela Université de Lille (França) e mestre em Política Científica e Tecnológica pela Unicamp.

Pietro Corsi é especialista em História e Filosofia das Ciências da Vida e autor de vários livros e artigos acerca das relações entre Ciência e Sociedade no Reino Unido, França e Itália durante o século XIX. Atualmente é catedrático de História da Ciência da Universidade de Oxford.

GRÁFICA PAYM
Tel. (011) 4392-3344
paym@terra.com.br